焊接应力变形有限元计算及其工程应用

张建勋　刘　川　著

科 学 出 版 社
北　京

内 容 简 介

本书系统介绍了采用有限元计算方法研究材料与结构焊接过程中产生的焊接应力变形问题的基本方法与结果，重点对有限元计算实现技巧和程序设计、焊接应力变形特点表征进行详细描述。主要包括焊接过程温度场的有限元计算过程，焊接应力变形计算过程，焊接应力变形有限元计算精度及其影响因素，焊接应力变形高效有限元计算方法，基于有限元计算的焊接应力变形机理及其影响因素，大型焊接结构应力变形有限元计算工程应用。

本书可作为大专院校焊接技术与工程、材料成型与控制工程、材料加工工程等专业师生的教学参考用书，也可作为科研单位焊接工作者、工厂企业焊接技术人员的参考书。

图书在版编目(CIP)数据

焊接应力变形有限元计算及其工程应用/张建勋，刘川著. —北京：科学出版社，2015.4

ISBN 978-7-03-043872-0

Ⅰ.①焊… Ⅱ.①张… ②刘… Ⅲ.①焊接结构-应力-有限元法②焊接结构-变形-有限元法 Ⅳ.①TG404

中国版本图书馆 CIP 数据核字(2015)第 055148 号

责任编辑：周 涵/ 责任校对：钟 洋
责任印制：张 倩/ 封面设计：迷底书装

科 学 出 版 社 出版
北京东黄城根北街 16 号
邮政编码：100717
http://www.sciencep.com

北京凌奇印刷有限责任公司 印刷

科学出版社发行 各地新华书店经销

*

2015 年 4 月第 一 版 开本：720×1000 1/16
2015 年 4 月第一次印刷 印张：17 彩插 3
字数：329 000

POD定价： 89.00元
(如有印装质量问题，我社负责调换)

前　　言

焊接技术在现代工业领域占据着非常重要的地位，是一种材料及结构的永久性连接技术。随着我国从制造大国向制造强国转变，人们对焊接技术的要求会越来越高，焊接技术的应用也会越来越普及与广泛。

焊接应力变形一直伴随着焊接过程，既是形成各种焊接缺陷的重要因素，又是造成焊接热应变脆化的根源，直接影响焊接结构的制造质量和使用性能，严重时会导致焊接构件失效甚至报废。因此，正确理解焊接应力变形的形成机理、作用与影响，掌握控制和调整焊接应力与变形的方法，对于提高焊接结构的制造质量和服役性能具有非常重要的意义。

然而，由于焊接应用领域的复杂性，材料科学进步引起的新材料不断涌现，极端环境导致对焊接结构及其焊接接头性能的特殊要求，使得焊接加工产生的应力变形也变得极为复杂和难以理解。虽然由传统的焊接理论，人们对于焊接应力变形的产生有了深入的了解，但是对于复杂的问题，传统的应力变形理论显得有些不足。随着计算机技术和信息处理技术的飞速发展，基于有限元的数值计算成为科学技术领域理解过程特性的重要手段，借助计算技术，人们可以理解在很短的时间内到底发生了什么，这对于深入理解焊接瞬态行为非常重要。

本书基于现代计算机技术和信息技术的发展基础，利用有限元数值计算方法，阐述新材料、新结构焊接过程中的应力变形产生机理和演变机制，重点分析了几种重要工程结构焊接应力变形的分布特点，强调有限元计算方法的工程应用。

本书力求简明扼要，通俗易懂，可作为焊接技术人员的参考书，还可供大专院校焊接技术与工程、材料成型与控制工程、材料加工工程等专业师生参考。由于作者水平有限，书中难免存在疏漏，恳请读者提出批评和指正，以便进一步修改和完善。

在本书编写过程中，我的研究生卓有成效的工作为本书提供了丰富的研究成果及资料，许多研究成果基于其学位论文和发表的学术论文，并得到国家自然科学基金（项目编号：50475093，50875200，51375370）、高等学校博士学科点专项科研基金（项目编号：20030698018，20070698088，20100201110065）和企业科技创新项目资助，同时也得到西安交通大学青岛研究院和江苏科技大学的大力支持，在此表示衷心的感谢。

作　者

2015 年 2 月

目　　录

第1章　焊接应力变形及其有限元计算过程

1.1　焊接应力变形

焊接应力变形是由多种因素交互作用而形成的。在不考虑外部约束的条件下，传统的焊接应力变形产生机理可表述为[1]：焊接热源引起材料不均匀的局部热过程，局部加热使焊接区熔化形成熔池，而与熔池毗邻的高温区材料的热膨胀则受到周围材料的限制，产生不均匀的压缩塑性变形；在冷却过程中，已发生压缩塑性变形的这部分材料（如长焊缝的两侧）又受到周围条件的制约，而不能自由收缩，在不同程度上又被拉伸而卸载；与此同时，熔池凝固，金属冷却收缩时也产生相应的应力与变形。由此在焊接区产生了不协调应变（有资料称为残余塑性应变、初始应变、固有应变等）。与焊接区产生的不协调应变相对应，在构件中会形成自身相平衡的内应力，通称为焊接应力。

焊接区金属在冷却到较低温度时，材料回复到弹性状态；此时若有组织转变（如奥氏体转变为马氏体），则伴随体积变化而出现相变应力。随焊接热过程而变化的内应力和变形称为焊接瞬态应力与瞬态变形。而焊后，在室温条件下，残留于构件中的内应力与变形称为焊接残余应力与焊接残余变形[1]。在不混淆的情况下，焊接应力与变形通常是指焊接残余应力与焊接残余变形。

1.1.1　焊接应力分布特征

焊接应力的分布和大小随焊接方法、工艺参数、焊接结构、焊接材料、坡口形式、拘束条件、厚度、修补、焊接前后处理等变化，因而影响焊接应力的因素众多，分布复杂。国内外众多学者对焊接残余应力的诸多形式、影响因素和形成机理进行了总结和深入分析[2-5]。Ueda 等[6]认为焊缝中的固有应变是产生焊接残余应力的源，并可用于测试和预测焊接残余应力。Dong[7] 和 Brickstad 等[8]采用有限元方法深入研究了环焊缝的残余应力分布，重点研究了残余应力沿厚度分布特征。焊接过程常涉及焊缝打磨和修补焊接等工艺，这些工艺会显著影响焊后残余应力的分布[9]。Teng 等[10]及 Wu 等[11]分别研究了焊接条件对 T 形接头和对接接头的影响规律。随着搅拌摩擦焊、线性摩擦焊和惯性摩擦焊这类半固态焊接方法的发展，其应力分布特征和相关测试方法也日益受到人们的关注[12-15]。激光、电子束等高能束焊接方法形成的焊缝窄小，其焊后残余应力分布在窄小的焊缝区域，应力变化梯度比电弧焊形成的应力梯度大，并且沿厚度分布特征有所不同。张建勋等[16-18]采用小孔法试验测试和有限元计算方法研究了大厚度钛合金电子束焊接的表层和内部应力分布特征，并研究了焊后去除材料对电子束焊接残余应力的影响。此外，张建勋等[19-22]还深入分析了激光焊接的应力分布特征，并和氩弧焊接形成的残余应力进行比较。

焊接应力根据分类方法不同可有多种分类，根据焊接应力的存在方式可以分为瞬态焊接应力和残余焊接应力；按相对于焊缝方向可分为纵向应力 σ_x（平行焊缝方向）、横向应力 σ_y（垂直焊缝方向）和厚度方向应力 σ_z。

本书以单道对接电弧熔化焊有限元计算为例，分析焊接残余应力特征。计算试板尺寸为 300 mm×120 mm×6 mm，材料为 16Mn 钢。由于试板相对焊缝对称，取一半试板建立有限元模型如图 1-1 所示，其中焊缝区域的单元尺寸为 5 mm×3.6 mm×1.2 mm。焊接方法为二氧化碳气保焊，单层焊接，焊接电流为 280 A，电压为 28 V，焊接速度为 6 mm/s。焊缝中心线所在的纵向截面施加对称约束，对称面上的节点只能在此平面内移动，不能沿板宽方向（y 方向）移动；焊接起始所在横向截面的远离焊缝端限制了纵向（x 方向）移动；远离焊缝端下表面两个节点约束 z 向的位移。

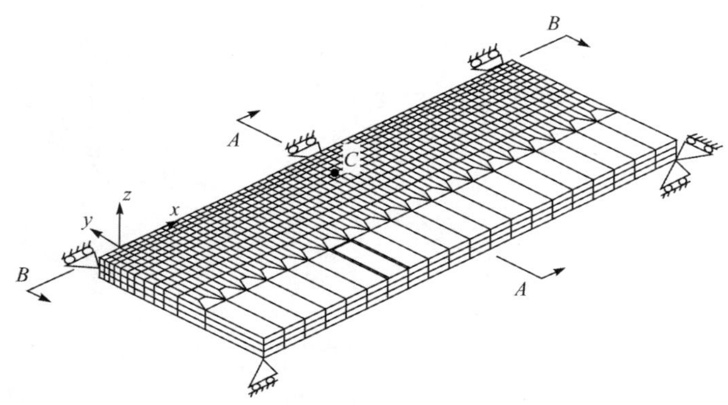

图 1-1　计算模型及拘束条件

1. 纵向残余应力

纵向残余应力是指焊接结构中平行焊缝方向的残余应力。图 1-2 表示了上下表面的纵向残余应力分布。由图可见，焊缝中部区域的纵向残余应力为高的拉伸应力，其峰值达到材料的屈服强度，引弧和熄弧端区域的纵向残余应力下降为较小的压缩应力；由于纵向残余应力沿横向（y 方向）应是自相平衡的，所以在中部远离焊缝的区域出现压缩应力。由图也可以看出，该焊接试板的厚度不大，且为单道焊接，故上下表面纵向应力变化不大。

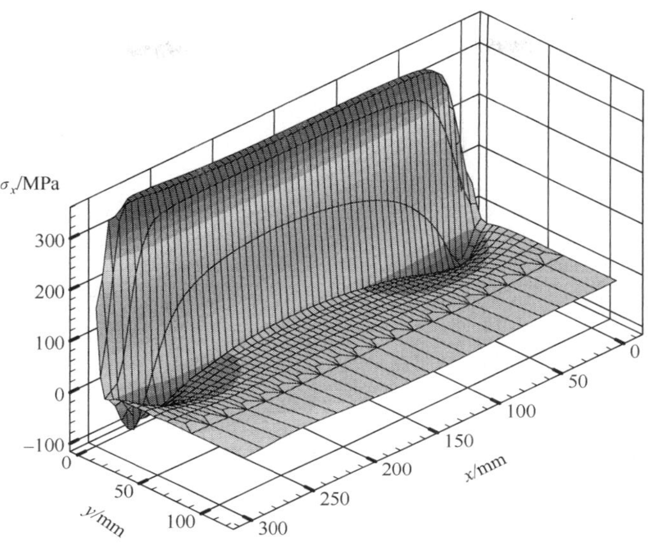

(a)上表面

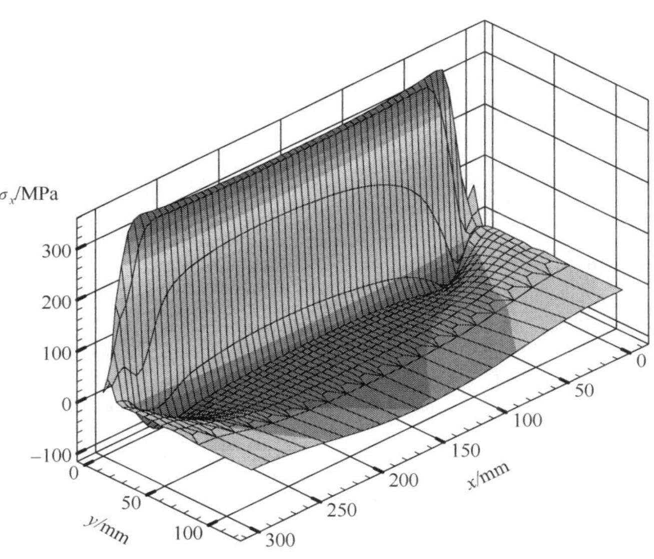

(b)下表面

图 1-2　纵向应力分布图

2. 横向残余应力

通常认为，焊接横向残余应力是由焊缝及其附近塑性变形区纵向收缩所引起的焊接残余应力以及焊缝及其附近塑性变形区横向收缩的不同时性所引起的残余应力的综合[1]。

图 1-3 所示为计算得到的低碳钢单道焊接试板上表面横向残余应力分布。由图可见，拉伸横向残余应力出现在试板的中部，压缩应力出现在焊缝引弧和熄弧端，而且压缩应力幅值超出了拉伸应力幅值，最大压缩应力幅值达到屈服强度。

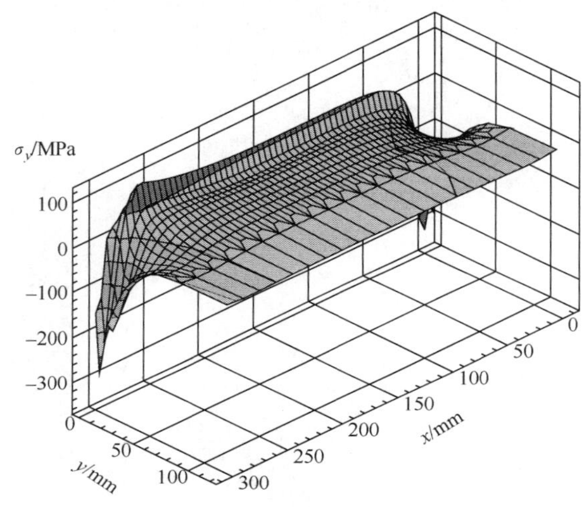

图 1-3　上表面横向应力分布

3. 厚度方向残余应力

通常来说，当板厚超过一定厚度或采用多层焊接时，由于焊接时沿厚度方向内部比表面冷却缓慢或经过多次的焊接热过程，会引起厚度方向的残余应力。图 1-4所示为本计算的上表面厚度方向应力分布。由于是单层焊接，从图中看出，相比纵向应力和横向应力，厚度方向残余应力幅值较小。

焊接试板的中截面位置(图 1-1 中 A—A 截面)上表面沿宽度变化的各方向应力如图 1-5 所示。由图可见，计算得到的纵向拉应力分布区域宽度约为 20 mm，远离焊缝区域为较小的压缩应力与焊缝区域的拉伸应力平衡；横向残余应力峰值出现在离焊缝金属边界 8～10 mm 的地方，这可能是由焊缝金属和母材金属在熔合线处存在很大温度梯度造成的；厚度方向残余应力相对纵向和横向应力幅值较小。

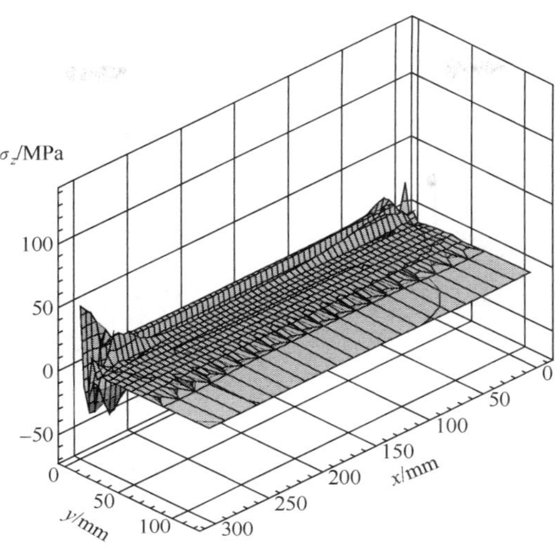

图 1-4　厚度方向残余应力

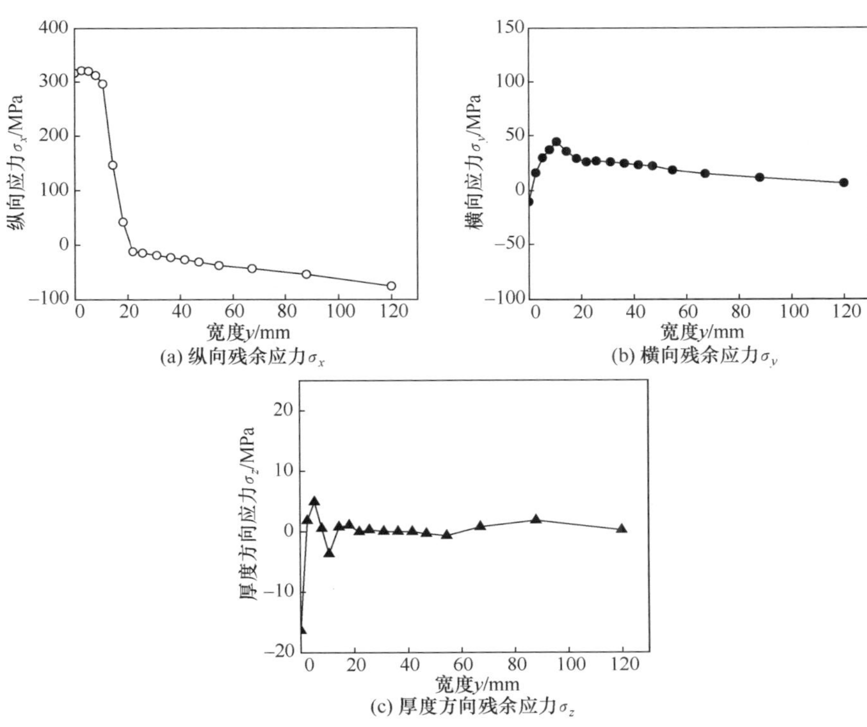

(a) 纵向残余应力σ_x

(b) 横向残余应力σ_y

(c) 厚度方向残余应力σ_z

图 1-5　中截面位置上表面残余应力分布

1.1.2 焊接残余应力的影响

焊接残余应力是焊接过程的固有产物。焊接残余应力对焊接结构服役性能和安全性的影响一直受到关注,并获得了丰富的研究成果[23-26]。Bussu等[27]研究认为,残余应力对2024-T351铝合金搅拌摩擦焊接接头的疲劳裂纹扩展速率及疲劳裂纹扩展门槛值的影响比局部区域硬度和组织变化的影响显著。瞿伟廉等[28]研究认为,焊接残余应力影响疲劳裂纹扩展速率,但裂纹扩展过程中残余应力会重新分布,不考虑残余应力的重分布将会对构件的疲劳寿命评估给出保守结果。王东坡等[29]指出,采用应力释放后的小尺寸试样疲劳试验结果进行大型结构的设计和安全评定是不合适的。薛小龙等[30]研究认为,焊接残余应力对在线焊接正交接管结构的强度性能产生了较大影响,故应尽量消除残余应力以减小其产生的不良影响,因此在进行强度性能研究时,应充分考虑残余应力的影响。众多研究表明,焊接残余应力会加速焊接结构的应力腐蚀和疲劳破坏,最终引起脆性断裂[31];焊接残余应力还是导致氢在焊接接头聚集的主要原因之一[32],也是影响焊接结构蠕变性能的重要因素[33],并影响CTOD设计曲线[34]。当以启裂作为管道失效准则时,必须考虑焊接残余应力的影响;另外,对管道进行晶间应力腐蚀裂纹分析时,必须计入焊接残余应力的影响[35]。

总体来说,焊接残余应力的影响可以分为以下几个方面[1]。

(1) 对构件承受静载能力的影响。在一般焊接构件中,焊缝区的纵向拉伸残余应力的峰值较高,在某些材料上可接近材料的屈服强度。当外载工作应力和它的方向一致而相叠加时,在这一区域会发生局部塑形变形,这部分材料就会丧失继续承受外载的能力,因而减少接构件的有效承载截面,降低结构的承载能力。

(2) 对结构断裂行为的影响。在实际构件中,当使用温度低于材料的脆性转变温度,或结构钢韧性较低时,焊接缺陷(如裂纹、未熔透、未熔合等)会导致焊接结构的低应力脆性断裂。因此,在断裂评定中必须考虑拉伸残余应力与工作应力共同作用的影响,在结构设计中应引入应力强度修正系数。如果裂纹尖端处于焊接残余拉应力范围内,则缺陷尖端的应力强度增大,裂纹扩展的可能性增大;当裂纹类缺陷扩展至残余压应力范围时,裂纹扩展的驱动力减小,裂纹扩展也变缓。随后,裂纹有可能继续扩展或停止扩展,这取决于裂纹长度、应力强度和结构运行环境温度。虽然焊接残余应力分布于焊接局部区域,但对焊接结构的断裂影响是全局的。

(3) 对疲劳强度的影响。焊接拉伸残余应力阻碍裂纹闭合,它会提高疲劳载荷的应力平均值,改变应力循环特征,从而加剧应力循环损伤。当焊缝区的拉应力使应力循环的平均值增高时,疲劳强度会降低。焊接接头是应力集中区,残余拉应力对疲劳的不利影响也会更明显。在工作应力作用下,在疲劳载荷的应力循环中,残余应力的峰值有可能降低,循环次数越多,降低的幅度越大。

(4) 对结构刚度的影响。当外部工作应力为拉应力时，与焊缝中的峰值拉应力相叠加，会发生局部屈服，在随后的卸载过程中，构件的回弹量小于加载时的变形量，构件卸载后不能回复到初始尺寸。尤其在焊接梁形构件上，这种现象会降低结构的刚度。若随后的重复加载均小于第一次加载，则不再发生新的残余变形。在对尺寸精度要求较高的重要焊接结构上，这种影响不容忽视。但若构件本身的刚度较小(如薄壳构件)，且材料具有较好的韧性，随着加载水平的提高，这种影响也会减小。

(5) 对受压杆件稳定性的影响。当外载引起的压应力与焊接残余应力叠加之和达到材料的屈服强度时，这部分截面就丧失进一步承受外载的能力，削弱了构件的有效截面积，并改变了有效截面积的分布，使稳定性有所改变。内应力对受压杆件稳定性的影响大小，与内应力场的分布有关。

(6) 对应力腐蚀的影响。一些焊接构件工作在有腐蚀介质的环境中，无论工作应力有多高，仅焊接残余拉应力本身就会引起应力腐蚀开裂。这是在拉应力与化学反应共同作用下发生的破坏，残余应力与工作应力叠加后的拉应力越高，应力腐蚀开裂的时间越短。

(7) 对构件精度和尺寸稳定性的影响。为保证构件的设计技术条件和装配精度，复杂焊接件在焊后需要进行机械加工。切削加工把一部分材料从构件上去除，使截面积相应改变，所释放掉的残余应力使构件中原有的残余应力场失去平衡而重新分布，引起构件变形。这类变形只有当工件完成切削加工从夹具中松开后才能显示出来，影响构件精度。

总体来说，焊接拉应力对于焊接结构具有不良的影响，因此，在实际结构的焊接中，应尽可能地使焊接残余应力得到释放，以提高焊接结构的可靠性。

1.1.3　大厚板焊接残余应力分布

大厚度焊接件由于其焊接过程复杂、焊接周期长、应用场合重要、应力变形测量困难以及计算分析困难等特点，加上大厚度焊接件的残余应力受很多因素影响，如材料、厚径比、焊接工艺、焊接顺序、坡口形式、拘束状态、热处理方式、焊缝强度组配等，特别是沿厚度方向的应力状态和分布特征的试验及计算都非常困难，因而大厚度焊接件的应力状态和分布特征到目前为止都不是很清楚。

然而，由于大厚度焊接结构在重要工业场合中的广泛应用，对这类焊接结构的应力状态和特征的研究受到国内外工程科研人员越来越多的重视。Leggatt[3] 以综述的形式综合分析了焊接结构中残余应力的大小、方向、空间分布、范围和变化，并分析了影响焊接残余应力的诸多因素，如材料属性、材料生产方法、焊接件几何形貌、试件加工方法、焊接过程、焊后处理和服役状态。该文献分析了无外拘束 60 mm厚板对接焊接残余应力的特征(图 1-6)。研究认为，由于厚板焊接在三个方向的拘束不同，所以三个方向残余应力沿厚度分布不同；纵向收缩受到纵向的强拘束作用，因而纵向残余应力在厚度方向上为较高的拉应力；最终焊道的横向收缩受到前一焊道的拘束，因而上表面呈现拉伸横向应力；中部区域产生压缩横向应力以及下表面产生拉伸横向应力来与上表面的拉伸应力平衡(横向应力在厚度上平衡分布)；由于上下表面熔敷金属在厚度上自由收缩，因而上下表面的 z 向残余应力为零，中部区域的压缩横向应力导致 z 向应力为压缩应力。

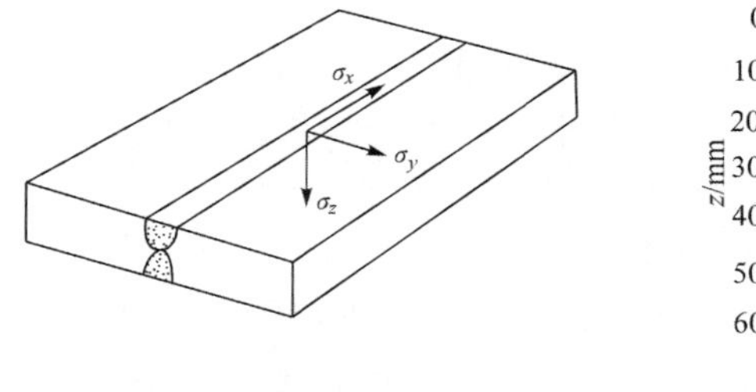

(a) 对接接头应力方向示意

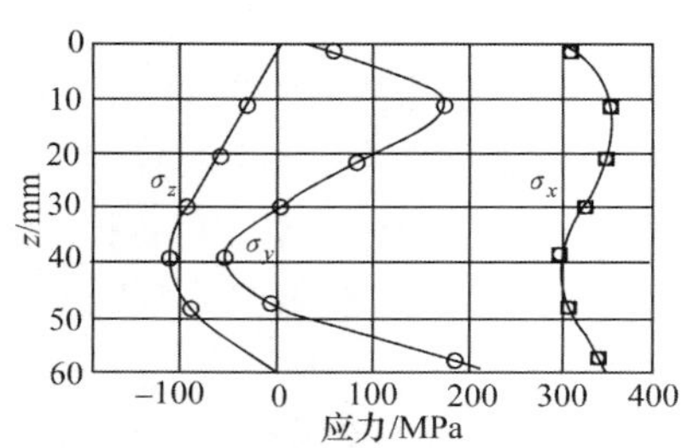

(b) 厚板对接残余应力沿厚度分布特征

图 1-6　无拘束情况厚板上的残余应力分布(60 mm)[3]

Leggatt[3]也研究了拘束下的厚板沿厚度方向焊接残余应力分布。50 mm 厚的 316L 不锈钢受到弯曲拘束以抑制角变形，会在焊缝处产生弯曲应力，造成近表面区域的拉伸横向残余应力幅值增加，内部的压缩横向残余应力幅值减小(图 1-7)。

当受到板内拘束作用时，施加的拘束抑制焊缝的横向收缩，因而会增加焊缝处的应力(图 1-8)。当拘束增加时，近表面区域由横向收缩产生的拉伸应力也增加，同时造成内部区域压缩应力减少。

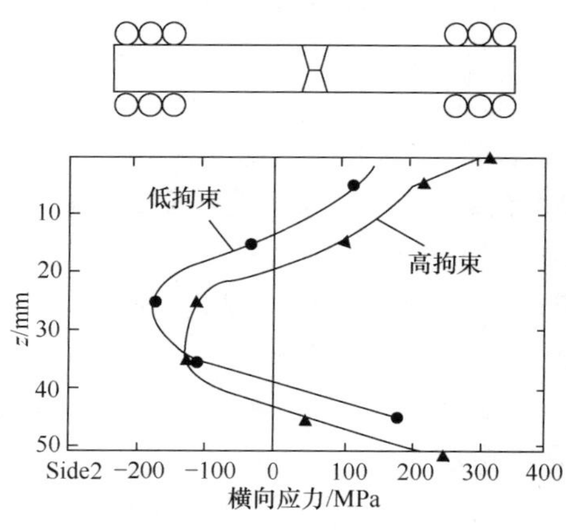

图 1-7　受到弯曲拘束的残余应力分布[3]

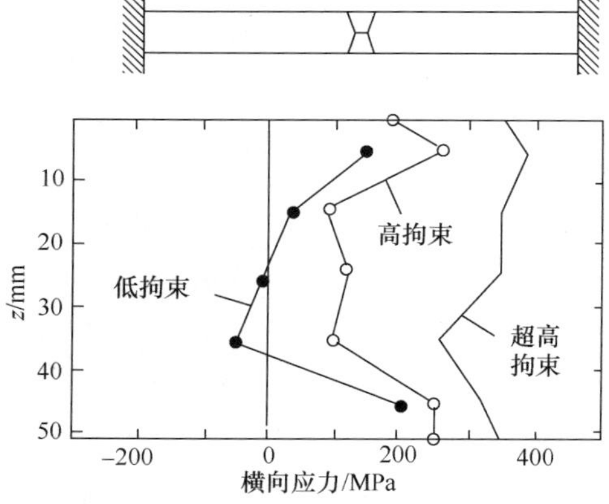

图 1-8　受到板内拘束作用的残余应力分布[3]

汪建华等[36]采用热弹塑性有限元法对厚板的表面堆焊、多次补焊和多层焊接的应力和应变特征进行了分析,得到了厚板焊接残余应力的共同特征:在表面焊道下面且离开焊缝中心线若干距离的地方出现相当高的三向拉伸应力和塑性应变积累;并分析了板厚 50 mm 窄间隙多层对接焊接的横向和纵向残余应力沿板厚的分布特点,结果表明,焊缝中心处沿厚度分布的纵向残余应力为拉应力,上表面大于下表面应力值,最大纵向拉伸应力出现在距下表面一定距离处;横向应力从上表面到下表面基本上为拉应力—压应力—拉应力的分布趋势(上表面为很小的压应力)。

Shim 等[37]分析了厚板焊接残余应力沿厚度方向的分布特征及其有限元计算方法,并通过表面残余应力测量来验证有限元计算结果;该文献中计算的板厚为 2 in(1 in=2.54 cm)的双 V 形坡口对接焊接件焊缝中心沿厚度分布的残余应力见图 1-9;焊接件材料为 ASTM A36 钢,其计算结果表明,横向残余应力在厚度上呈现拉应力—压应力—拉应力的分布,上表面横向应力大于下表面;纵向残余应力在整个厚度上都为拉应力,但中部应力小于上下表层的应力,且最大纵向拉伸应力出现在上表面以下 0.2 in 位置;该文献也分析了焊道集中方法和不集中方法计算的应力值差异。从图 1-9 中看出,上下表面应力值的计算结果差异较大,焊道集中方法计算值明显小于焊道不集中方法。

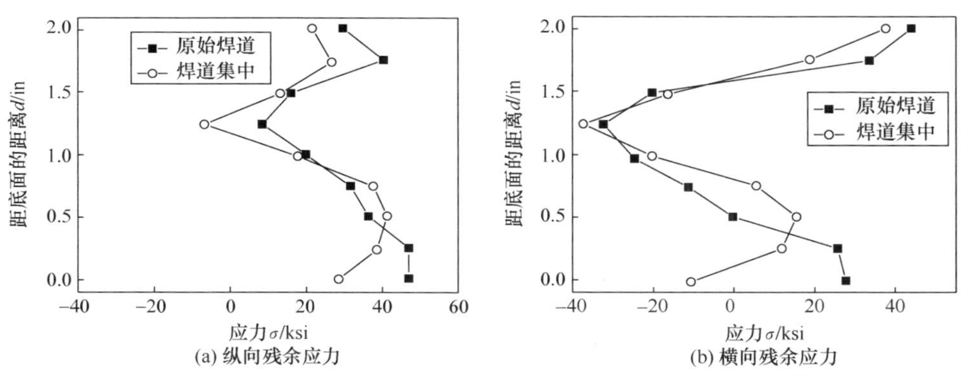

(a) 纵向残余应力　(b) 横向残余应力

图 1-9　厚板对接沿厚度分布的残余应力[37]

Smith 等[38]采用深孔法测量 108 mm 厚铁素体钢板的焊接残余应力,并和切条法测量结果比较,测量位置距焊缝中心 20 mm,表面残余应力采用盲孔法测量;研究结果表明,深孔法测量结果和切条法测量结果相近,测得沿厚度分布的纵向残余应力为较大拉应力,横向应力为拉应力—压应力—拉应力的平衡分布。该文献还采用深孔法测量不锈钢管对接焊焊缝中心位置沿厚度分布的残余应力,管道坡口为 J 形坡口,手工焊接,壁厚分别为 65 mm 和 35 mm,外径都为 432 mm;测量得到焊缝中心位置厚度上残余应力分布如图 1-10 所示。由图 1-10 看出,两种壁厚管道的残余应力沿厚度分布相似,壁厚 35 mm 管道的环向应力从外表面至 60% 壁厚区域(壁厚 65 mm 管道从外表面至 80% 壁厚区域)为拉伸残余应力,60% 壁厚至内表面区域为压缩残余应力；壁厚 35 mm 管道的轴向应力从外表面至 50%壁厚区域(壁厚 65 mm 管道从外表面至 40%壁厚区域)为拉应力，从 50%壁厚至距外表面 90%壁厚区域为压应力，其余区域轴向应力为拉应力；两种壁厚管道的压应力峰值都在近内表面区域。65 mm 壁厚管道的峰值拉伸环向应力大于 35 mm 壁厚情况，但 35 mm 壁厚管道的峰值压缩环向应力大于 65 mm 壁厚管道。

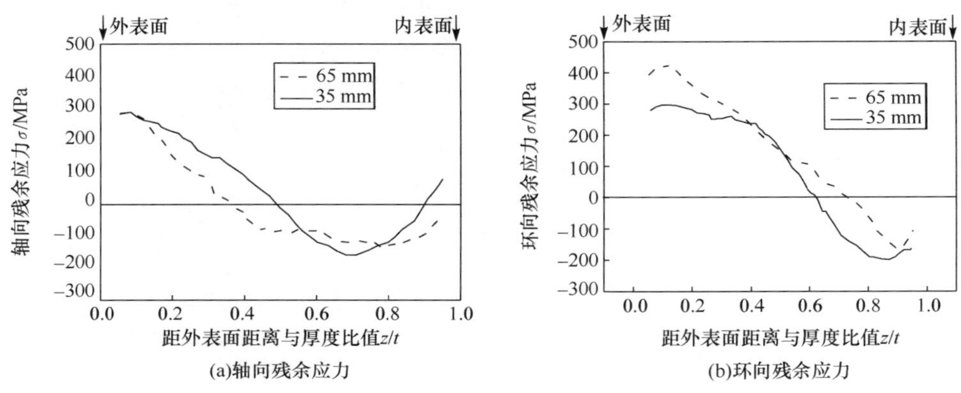

图 1-10　65 mm 和 35 mm 壁厚不锈钢管道焊缝中心残余应力沿厚度分布特征[38]

Zhang 等[39]采用有限元法计算 304 不锈钢焊接结构残余应力沿厚度方向分布特征。坡口形式为双 J 形，一侧坡口填满后再进行另一边焊接。壁厚为 2.5 in，有限元计算时采用焊道集中方法，将所有焊道简化成 18 道焊接。其计算结果表明，焊缝中心线和热影响区的环向应力都为拉应力，焊缝中心的拉应力大，其峰值拉应力出现在距外表面约 9.5 mm 的位置；轴向应力在厚度上呈现拉应力一压应力一拉应力的自平衡分布特征，峰值压应力出现在距外表面约 28 mm 位置(距内表面 9.5 mm 位置)；热影响区(距焊缝中心 19 mm 位置)的轴向和环向残余应力呈现明显的拱形分布，上下表面区域的残余应力大于内部区域残余应力。

Dong[8]收集了大量关于管道和压力容器焊接残余应力计算和试验方面的资料，分析沿壁厚方向残余应力的总体特征和普遍现象，概括了在役管道和压力容器焊缝的残余应力分布总体特征，并且研究了不同接头几何形状和焊接参数对沿厚度残余应力分布的影响，认为环焊缝在厚度方向上的轴向残余应力可以分为弯曲类型(bending-type)和自平衡类型(self-equilibrating-type)。弯曲类型残余应力就是沿厚度呈现拉应力一压应力的分布形式(大多数情况下外表面为压缩应力，内表面为拉伸应力)，自平衡类型应力在厚度上呈现拉应力一压应力一拉应力的分布形式。但是大多数环焊缝的轴向焊接残余应力在厚度上的分布是这两种形式的叠加。

值得一提的是，焊接残余应力在构件中并非都是有害的，分析其对结构失效或者使用性能可能带来的影响时，应根据不同材料、不同结构设计、不同承载条件和不同运行环境进行具体分析。因此,对焊接残余应力的分布状态及影响因素准确分析显得尤为重要[1]。

1.1.4 焊接变形

构件的焊接变形,不仅会影响生产工艺流程的正常进行,而且会降低结构承载能力,影响结构的尺寸精度与外形,焊后矫正残余变形不但延误生产周期,使生产成本上升,还会引起产品质量不稳定等不良后果。因此,根据焊接变形的不同分类,预测、分析、控制和消除结构件的焊接变形十分重要。

焊接变形可以分为在焊接热过程中发生的瞬态热变形和在室温条件下的残余变形。残余变形可以分为构件的面内变形和面外变形两种。大多数情况所说的焊接变形指焊后残余变形。面内变形分为焊缝纵向收缩、焊缝横向收缩和回转变形。面外变形分为角变形、弯曲变形、扭曲变形和失稳波浪变形[1]。焊接变形分类和示意图如图 1-11 和图 1-12 所示。

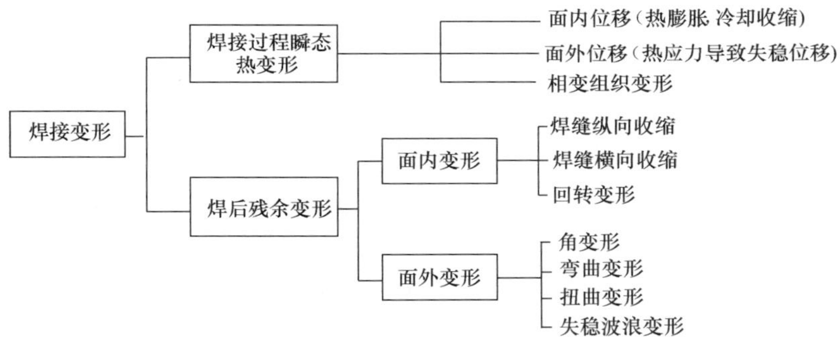

图 1-11　焊接变形分类[1]

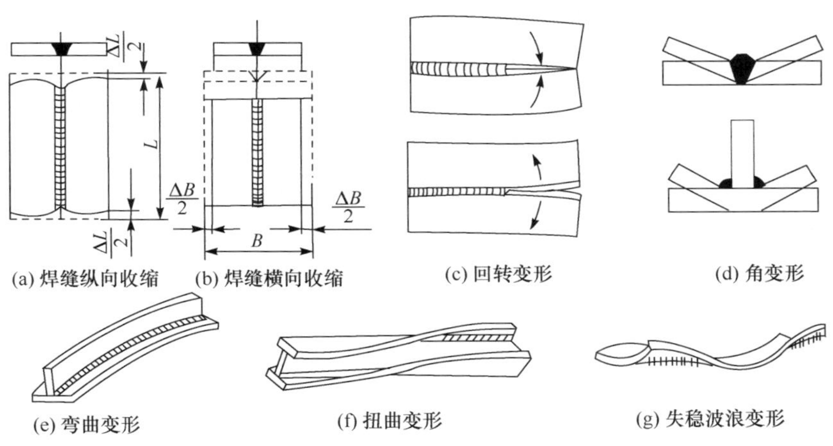

图 1-12　焊接残余变形类别示意[1]

1.2　焊接应力变形有限元计算过程

焊接过程是一个极其复杂的物理化学冶金过程，并伴随着温度、相变、热应力的产生和变化，多个因素相互耦合。焊接残余应力和变形是温度、相变和热应力耦合作用的结果。这三者之间耦合效应示意图如图 1-13 所示。

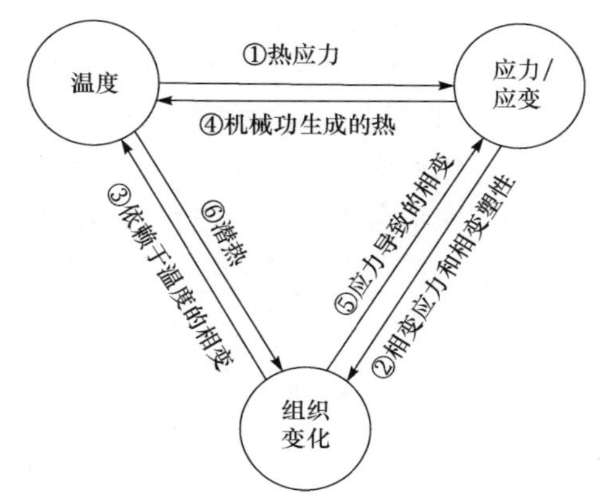

图 1-13　温度、相变、热应力三者之间的耦合效应[40]

图 1-13 中，由应力变形所产生的热对温度场的影响、相变潜热对温度场的影响以及由应力导致的相变是弱影响，在进行焊接残余应力计算时可以不考虑。因此，焊接残余应力与变形的有限元计算主要是对不均匀温度场造成的热应力进行分析。但目前已经开始关注焊接过程中组织转变所引起的应力对最终残余应力的贡献。

实际上，焊接温度过程、冶金过程和应力变形过程是相互耦合的，即焊接应力变形分析需要进行复杂的耦合分析。耦合分析需要考虑两个或多个物理场之间的相互作用。如果两个物理场之间有相互影响，那么单独求解一个物理场得不到正确结果。

耦合场的分析有两种：顺序法（也叫间接法）和直接法。顺序法是将第一个分析的结果作为载荷用于第二个（也就是另一领域）的分析，如热/应力分析，它可先进行一个非线性瞬态热分析，之后再进行一项线性静态应力分析，将其中热分析的某一处载荷步或时间点的节点温度作为应力分析的载荷，两个物理场间可以反复进行耦合递归，直到获得期望的收敛水平。直接法则是多个物理场同时进行计算的方法，采用直接耦合时，每个物理场的自由度越多，整体矩阵方程就越庞大，消耗的计算时间也就越多。间接耦合法一般来说比直接耦合法效率高，而且不需要特殊的单元类型。

对于复杂的焊接热弹塑性问题，采取间接法计算焊接应力变形比较合适，可以对焊接温度场和应力变形分别计算。即首先进行非线性瞬态热分析获得整个焊接过程的温度场，然后进行非线性静态应力分析，将瞬态热分析中的每一载荷步或时间点的节点温度作为应力分析的载荷，最终获得残余应力场分布。

本书以 ANSYS 软件为例，介绍焊接应力变形分析的计算过程。ANSYS 是美国 ANSYS 公司开发的大型通用有限元分析软件。利用该软件可以进行结构、热、声、流体、电磁场等学科的数值分析，它在核工业、铁道、石油化工、航空航天、机械制造、电子、土木工程等领域有广泛的应用。

该软件结构主要包括三部分：前处理模块、求解模块和后处理模块。前处理可以进行实体建模和网格划分；用户在求解模块中定义分析类型、分析选项、载荷步选项和施加载荷，然后在求解模块中进行有限元求解，获得分析结果；软件的后处理包括通用后处理模块 POST1 和时间历程后处理模块 POST26，可以图形和数据列表的形式输出计算结果。基于 ANSYS 软件进行焊接应力变形的间接耦合有限元计算时，包括以下几个部分。

1. 单元选择和网格剖分

根据焊接构件的几何尺寸和焊接热源的特点，利用 ANSYS 进行焊接温度场模拟时，可以选用四边形四节点单元 PLANE55 和六面体八节点三维实体单元 SOLID70。在计算焊接应力变形时，热分析单元转化为相应的结构单元 PLANE182 和 SOLID185。由于焊缝中心和热影响区的温度梯度较大，为了保证计算精度，又适当减少计算量，在焊缝及近缝区需采用细密网格（最小单元尺寸根据热源加热的有效半径确定），而在远离焊缝区域采用较大的网格尺寸。虽然自适应网格技术可以大大减少计算时间，但计算精度相应降低，而且网格自适应技术远未开发到最完善地步[10]。

2. 焊接移动热源的模拟

将长为 L 的焊缝分为 n 段，当以焊接速度 V 进行焊接时，每一段热载荷的作用时间为 L/nV。当下一步加载开始时，消除上一步所加的焊接热源载荷，而上一步加载所得的温度场作为下一步加载的初始条件。如此依次在有限元模型上加载可模拟移动热源的瞬态焊接温度场。这一过程可以通过 ANSYS 参数化设计语言（ANSYS parametric design language，APDL）定义循环语句来实现。

3. 材料热物理性能参数处理

分析焊接瞬态温度场过程时，材料的热物理性能随温度变化，是非线性的，主要的参数有导热系数 K_{xx}、密度 ρ 和比热容 c。ANSYS 处理材料热物理性能的方法是：给出几个关键温度点对应值，其余温度的值由 ANSYS 线性插值或外推求得。

4. 材料力学参数的处理

常用材料的低温性能可以通过手册获得，但高温数据却非常匮乏，难以查到。然而材料的高温性能对焊接过程有限元计算的结果和计算过程均有较大的影响，因此，对有限元计算的精确性产生影响。当熔池区的金属在电弧作用下熔化时，熔池区将进入零力学性能状态，即所有的应力应变将消失；当熔池凝固时，进入无应变历史的初始态，而且液态熔池金属对周围固体施加的力很小，对熔池周围区域的应力应变分布几乎无任何影响。因此为了正确模拟高温区的应力应变分布，必须考虑熔池的出现和消失。材料在足够高的温度（如力学熔点以上）时，屈服极限和弹性模量等重要参数的数值将失去其实际物理意义，但是焊接过程的有限元计算基本上是以弹塑性理论为基础的，因此这些参数必须非零，并且不能太小，否则会导致收敛困难，即使收敛也会大大增加计算时间；然而高温参数又不能取得过大，否则又会影响计算结果的准确性。对于高温下的材料，常用两种方法来模拟：一是采用单元生死法；二是将高温状态下材料的力学参数假定为某个合理且较小的值（改变单元材料属性）。采用单元生死法时，由于刚度矩阵突变，导致求解收敛困难，所以很多研究者采用第二种办法。在模拟多道焊接应力变形时，焊缝填充金属的模拟也是假定为一个可以忽略的材料参数，这些填充金属存在也对应力变形不产生影响。鹿安里等[41]以材料的屈服强度为例，采用插值和外推的办法很好地解决了计算时间和计算精度问题，其办法是：力学熔点到低于材料熔点下某一温度 t_0（如对于碳钢为 600～1300 ℃）的材料参数用插值的方法获得；而高于 t_0 时，用外推的方法，即高于温度 t_0 的参数等于温度 t_0 时的参数。赵海燕等[42]认为：高温时材料的弹性模量和屈服极限假定为某一数值，但该数值必须合适，如果假定不匹配，可能会导致卸载应力反而增大等不合理现象，因此得出如下结论，弹性模量随温度改变而导致的应力变化应小于热膨胀引起的变化，即令

$$\Delta E\sigma_y/E < E\alpha\Delta T \quad \text{或} \quad \mathrm{d}E/\mathrm{d}T < \alpha E^2/\sigma_y \tag{1.1}$$

5. 边界条件的处理

焊接温度场模拟时的边界条件主要是换热边界（对流、辐射、初始温度）。模型初始温度为室温（如 20 ℃）。在对接焊接时，取一半建模，因此焊缝中心截面可考虑绝热，而其他表面考虑对流和辐射。有试验表明，焊接时的热能损失主要通过辐射，而对流作用相对较小。温度越高则辐射换热作用越强。因此，辐射主要出现在焊缝及其附近很窄的高温区域。但是，辐射方程是高度非线性的，与对流方程形式

也不同，因此，可以采用总的换热系数来处理对流和辐射边界条件。这样，因边界换热而损失的热能可表示为

$$q_s=\beta(T-T_a)$$
$$\beta=\beta_C+\beta_E \tag{1.2}$$

式中，T_a 为周围介质温度；β 为总的换热系数；β_C 为对流换热系数；β_E 为辐射换热系数。

对于一般的焊接过程而言，可采用总的换热系数，或利用 ANSYS 软件提供的表面效应单元模拟对流和辐射边界条件。

6. 时间步的选择

瞬态分析中时间步的选择很重要，它决定了求解的精度。时间步越小，瞬态精度越高。时间步长也要适当控制，以保证获得稳定的焊接温度场，而且计算时间又在可接受的范围内。初始时间步计算公式为

$$\mathrm{d}t_{\mathrm{initial}}=\frac{\delta^2}{4\alpha} \tag{1.3}$$

式中，δ 为沿着最大温度梯度方向的单元传导边长；α 为材料的热扩散率。

时间步过小，会超过计算机运算精度的下限，导致错误。瞬态热分析时，可使用时间步优化，即根据运算结果，可在相邻子步间增大或减小时间步大小。

7. 计算流程

使用间接法进行焊接热分析和应力变形分析时，先完成焊接度场分析，再通过单元转换，将瞬态温度场分析的各载荷步结果作为载荷施加到应力变形分析的有限元模型上。具体过程如下。

1）瞬态温度场分析

进行温度场分析时，主要步骤包括建立几何实体、求解区域离散化，即网格划分、给定热物理性能参数；施加边界条件和载荷；采用生死单元技术实现焊缝金属的填充过程；求解。

2）应力分析

(1) 单元类型转换。在计算完温度场后，保存瞬态温度场文件，然后重新进入前处理，将热单元转换为相应的结构单元。或者按照与温度场计算模型一致的网格，采用结构单元（如 PLANE182，SOLID185 单元）重新划分网格。

(2) 设置材料性能及前处理。设置结构分析中的材料属性，如弹性模量、热膨胀系数、屈服强度及约束方程等，施加边界条件。结合生死单元技术实现焊缝金属的填充过程。

(3) 读入温度场分析的结点温度。可采用程序实现加载温度时刻与应力计算的时刻一致。

(4) 进行稳态求解。

(5) 后处理。焊接应力变形的间接耦合法有限元计算流程如图 1-14 所示。

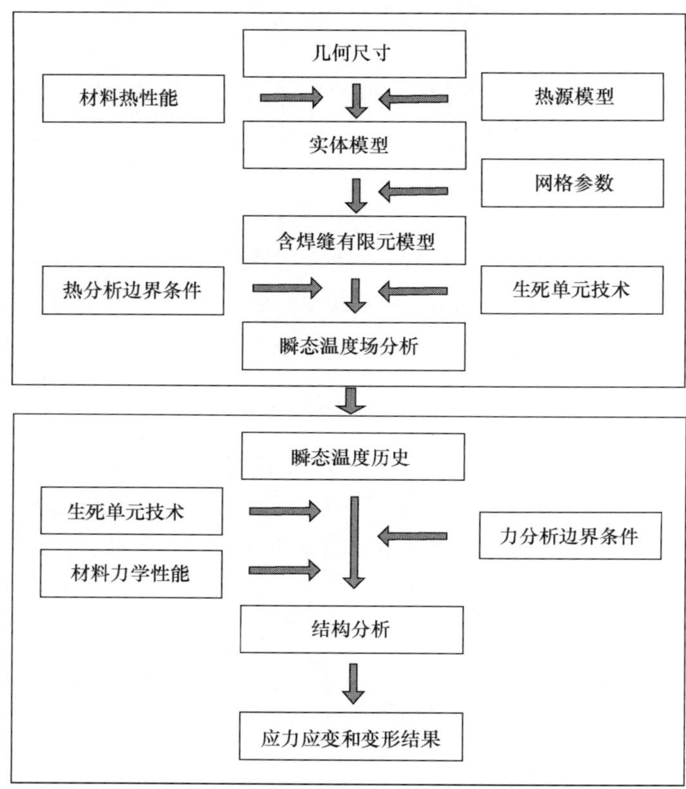

图 1-14　间接法焊接应力变形有限元计算流程图

参考文献

[1] 中国机械工程学会焊接学会. 焊接手册,焊接结构[M]. 3 版. 北京:机械工业出版社,2007.

[2] 拉达伊 D. 焊接热效应——温度场、残余应力、变形[M]. 北京:机械工业出版社, 1997.

[3] Leggatt R H. Residual stresses in welded structures[J]. International Journal of Pressure Vessels and Piping, 2008, 85(3): 144-151.

[4] Francis J A,. Bhadeshia H K D H, Withers P J. Welding residual stresses in ferritic power plant steels[J]. Materials Science and Technology, 2007, 23(9): 1009-1020.

[5] Aloraier A, Al-Mazrouee A, Price J W H, et al. Weld repair practices without post weld heat treatment for ferritic alloys and their consequences on residual stresses: A review[J].

International Journal of Pressure Vessels and Piping, 2010, 87(4): 127-133.

[6] Ueda Y, Yuan M G. The characteristics of the source of welding residual stress(inherent strain) and its application to measurement and prediction[J]. Transactions of Japan Welding Reasearch Institute, 1991, 20(2): 119-127.

[7] Dong P. On the mechanics of residual stresses in girth welds[J]. Journal of Pressure Vessel Technology, 2007, 129(3): 345-354.

[8] Brickstad B, Josefson B L. A parametric study of residual stresses in multi-pass but-welded stainless steel pipes[J]. International Journal of Pressure Vessels and Piping, 1998, 75(1): 11-25.

[9] Dong P, Hong J K, Bouchard P J. Analysis of residual stresses at weld repairs[J]. International Journal of Pressure Vessels and Piping, 2005, 82(4): 258-269.

[10] Teng T L, Lin C C. Effect of welding conditions on residual stresses due to butt welds[J]. International Journal of Pressure Vessels and Piping, 1998, 75(12): 857-864.

[11] Wu A P, Ma N X, Murakawa H, et al. Effects of welding procedures on residual stress of T-joints[J]. Transactions of Japan Welding Research Institute, 1996, 25(1): 81-89.

[12] Preuss M, Pang J W L, Withers P J, et al. Inertia welding nickel-based superalloy: Part II. Residual stress characterization[J]. Metallurgical and Materials Transactions A, 2002, 33A(10): 3227-3234.

[13] Woo W, Feng Z, Wang X L, et al. Neutron diffraction measurements of residual stresses in friction stir welding: A review[J]. Science and Technology of Welding and Joining, 2011, 16(1): 23-32.

[14] Deplus K, Simar A, Haver W V, et al. Residual stresses in aluminium alloy friction stir welds[J]. The International Journal of Advanced Manufacturing Technology, 2011, 56(5-8): 493-504.

[15] Frankel P, Preuss M, Steuwer A, et al. Comparison of residual stresses in Ti-6Al-4V and Ti-6Al-2Sn-4Zr-2Mo linear friction welds[J]. Materials Science and Technology, 2009, 25(5): 640-650.

[16] 吴冰，张建勋，巩水利，等. 厚板钛合金电子束焊接残余应力分布特征[J]. 焊接学报，2010，31(2)：10-12.

[17] Liu C, Wu B, Zhang J X. Numerical investigation of residual stress in thick titanium alloy plate joined with electron beam welding[J]. Metallurgical and Materials Transactions B, 2010, 41(5): 1129-1138.

[18] Liu C, Zhang J X, Wu B, et al. Numerical investigation on the variation of welding stresses after material removal from a thick titanium alloy plate joined by electron beam welding[J]. Materials and Design, 2012, 34: 609-617.

[19] 何小东，张建勋，裴怡，等. 线能量对 TC4 钛合金激光焊接残余应力和变形的影响[J]. 稀有金属材料与工程，2007，36(5)：774-777.

[20] Liu C, Zhang J X, Niu J. Numerical and experimental analysis of residual stresses in full-

penetration laser beam welding of Ti6Al4V alloy[J]. Rare Metal Materials and Engineering, 2009, 38(8): 1317-1320.

[21] 张可荣,张建勋. 钛合金激光焊接大梯度残余应力特征研究[J]. 焊接学报, 2010,31(3): 37-40.

[22] Zhang J X, Xue Y, Gong S L. Residual welding stresses in laser beam and tungsten inert gas weldments of titanium alloy[J]. Science and Technology of Welding and Joining, 2005, 10(6): 643-646.

[23] Withers P J. Residual stress and its role in failure[J]. Reports on Progress in Physics, 2007,70(12): 2211-2264.

[24] Dong P, Brust F W. Welding residual stresses and effects on fracture in pressure vessel and piping components: A millennium review and beyond[J]. Journal of Pressure Vessel Technology, 2000, 122(3): 329-338.

[25] James M N. Residual stress influences on structural reliability[J]. Engineering Failure Analysis, 2011, 18 (8): 1909-1920.

[26] Bouchard P J. Validated residual stress profiles for fracture assessments of stainless steel pipe girth welds[J]. International Journal of Pressure Vessels and Piping, 2007, 84(4): 195-222.

[27] Bussu G, Irving P E. The role of residual stress and heat affected zone properties on fatigue crack propagation in friction stir welded 2024-T351 aluminium joints[J]. International Journal of Fatigue, 2003, 25 (1): 77-88.

[28] 瞿伟廉,何杰,陈波. 对接焊缝残余应力对疲劳裂纹扩展的影响[J]. 武汉理工大学学报, 2009, 31(2): 116-119.

[29] 王东坡,霍立兴,张玉凤. 焊接残余应力对超声波冲击处理焊接接头疲劳性能的影响[J]. 机械工程学报, 2004,40(5): 150-154.

[30] 薛小龙,汤晓英. 焊接残余应力对正交接管结构强度性能的影响[J]. 压力容器, 2010, 27(7): 16-21.

[31] 李士杰. 焊接残余应力对 PWR 压力容器脆断的影响[J]. 核动力工程, 1989, 10(6): 23-28.

[32] 蒋文春,巩建鸣,唐建群,等. 焊接残余应力对氢扩散影响的有限元模拟[J]. 金属学报, 2006, 42(11): 1221-1226.

[33] 张国栋,周昌玉. 焊接残余应力对焊接接头蠕变性能的影响[J]. 焊接学报, 2007, 28(8): 99-102,107.

[34] 吕涛,赵海燕,史耀武. 残余应力对焊接接头 CTOD 设计曲线的影响[J]. 中国机械工程, 2002, 13(5): 437-440.

[35] 周剑秋. 压力管道缺陷评定中焊接残余应力的处理分析[J]. 焊接, 1998, (1): 15-18.

[36] 汪建华,陈楚. 厚板焊接时的残余应力与应变特征[J]. 焊接学报, 1991, 12(2): 109-115.

[37] Shim Y, Feng Z, Lee S, et al. Determination of residual stresses in thick-section weldments[J]. Welding Journal, 1992, 71(9): 305s-312s.

[38] Smith D J, Bouchard P J, George D. Measurement and prediction residual stress in thick section steel welds[J]. Journal of Strain Analysis for Engineering Design, 2000, 35(40): 287-305.

[39] Zhang J M, Dong P S, Brust F W, et al. Modeling of weld residual stresses in core shroud structures[J]. Nuclear Engineering and Design, 2000, 195(2): 171-187.

[40] Goldak J A, Akhlaghi M. Computational welding mechanics[M]. New York: Springer Science Business Media, 2005.

[41] 鹿安里，史清宇，赵海燕，等. 焊接过程仿真领域的若干关键技术问题及其初步研究[J]. 中国机械工程，2000，11(1-2)：201-205.

[42] 赵海燕，鹿安理，史清宇，等. 焊接结构 CAE 中数值模拟技术的实现[J]. 中国机械工程，2000，11(7)：732-734.

第2章 焊接温度场有限元计算

2.1 热源模型

由焊接热源决定的温度场是焊接过程进行的主要驱动力，它引起相变、热应变、热应力、变形和残余应力。要预测及分析焊接结构的行为，首先要对焊接过程的瞬态温度场进行相当准确的计算。焊接瞬态温度场分布主要依赖于焊接热能的分布和焊接件的热传导。

采用有限元方法对焊接过程进行计算，首先要对实现焊接过程的作用能源进行有效表达。对熔化焊接而言，热源模型即是对熔化焊接热能特征及其与工件作用后在工件上分布的数学表达。热源模型能否准确表达焊接热能特征及其在工件上的分布决定焊接过程温度场、应力场和变形有限元计算结果的准确性。科研人员不断探索合适的热源模型来尽可能准确地反映焊接热能的特征以及热能与焊接件的相互作用。

Goldak[1]将焊接过程有限元计算的热源模型发展分为五代，第一代热源模型主要以 Rosenthal[2]和 Rykalin[3]提出的点热源、线热源和面热源模型为代表。根据焊接热输入局部集中的特点，第一代热源模型将热源简化为集中于一点、一线或一面；并且假设材料各向同性，材料热物理性能参数不随温度变化，不考虑材料的物态变化；假设焊接件的几何尺寸无限大，初始温度均匀分布等。第二代热源模型为分布式热源模型，主要包含以 Pavelic[4]提出的高斯表面热源模型、Goldak[5]提出的双椭球热源模型、给定温度热源模型[6,7]和均匀体热源模型[8]。第二代热源模型能够反映焊接热能和熔池的特征，采用不同的分布函数来表达热能在工件加热区域或熔池内的分布，适用于复杂几何形貌的焊接热源描述，且这类模型能够反映材料随温度变化的热物理性能及相变潜热，可以将热能限制在分布函数所能表达的区域内，如熔池。不足的是这类模型忽略了熔池内部的对流、表面张力及凝固结晶等物理现象，不能准确反映熔池内部的温度分布。但是采用该类热源模型能够准确反映熔池外的温度分布，模拟的熔池形貌和焊缝形貌也相当准确，该类热源模型至今应用非常广泛。第三代热源模型为考虑熔池内流体静力学的表面张力、液体压力等，还能包含来自电弧的压力分布，能解决液-固自由边界问题[9]。第四代热源模型在第三代模型的基础上包含了熔池内部的流体动力学问题，包含了电磁力、表面张力、拖曳力、迟滞压力、熔滴撞击力、浮力和重力等[10,11]。第五代热源模型试图在前面的几种热源模型中将电弧考虑进来，这就要求将磁场和流体动力学结合起来，这在数学模型上和有限元计算上都存在很大困难，还未有较成熟的研究成果。

从发展的角度将焊接热源模型分为五代，不仅反映了人们对焊接过程本质的理解，更重要的是反映了计算科学、计算机软硬件技术的发展与进步。复杂的模型虽然可以反映更为本质的现象，但需要的计算量也极大增加。因此，上述的焊接热源模型没有好坏之分，关键是要根据实际情况，选择最能反映焊接过程本质的模型，同时又能在有限的时间获得期待的结果。

对于焊接工程应用而言，第二代热源模型是最成熟和应用最广泛的模型。其中，高斯表面热源、双椭球热源、均匀体热源、锥形热源和带状热源是常用的几种热源。本章详细介绍这几种热源的表达式和焊接温度场计算中的应用。

2.1.1　高斯表面热源

高斯表面热源适合于描述表面堆焊时焊接热量和电弧热在工件表面上的分布。热源作用区域一点的热流密度 q 表达式为式(2.1)，其示意图如图 2-1 所示。

$$q(r)=\frac{3Q}{\pi r_a^2}\exp\left[-3\left(\frac{r}{r_a}\right)^2\right]=q_m\exp\left[-3\left(\frac{r}{r_a}\right)^2\right] \tag{2.1}$$

式中，r_a 是热源作用区域半径，m；r 为热源作用区域内任意一点距热源中心的距离，m，$r=\sqrt{x^2+y^2}$；Q 是焊接热输入，$Q=\eta UI$，W；η 为焊接热效率；U 为焊接电压，V；I 为焊接电流，A。

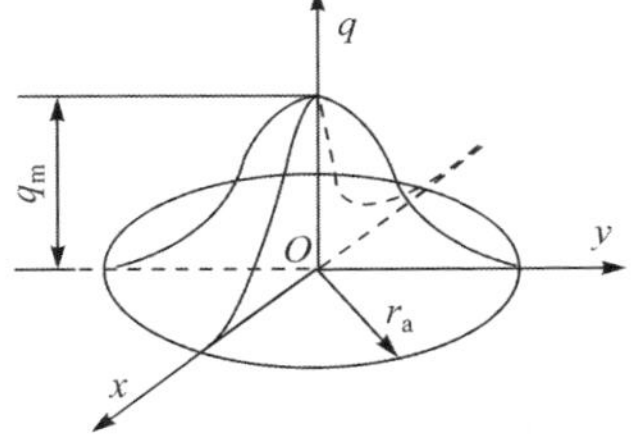

图 2-1　高斯表面热源模型

2.1.2　双椭球热源模型

双椭球热源模型广泛应用于各种熔化焊接的温度场有限元计算，包括弧焊和高能束焊接[12-14]。沿焊接方向，双椭球热源模型将焊接热分为前半部分和后半部分椭球形状，如图 2-2 所示。

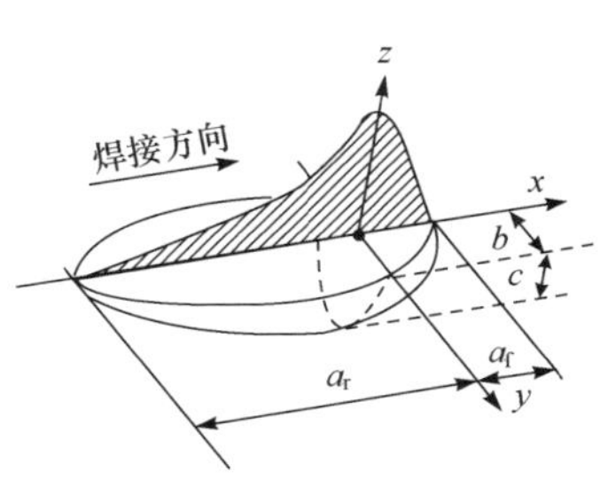

图 2-2　双椭球热源模型示意图

沿 x 轴前半部分的椭球内部一点的生热率分布为

$$q(x,y,z)=\frac{6\sqrt{3}f_f\eta UI}{aba_f\pi^{3/2}}\exp\left(\frac{-3x^2}{a_f^2}\right)\exp\left(\frac{-3y^2}{b^2}\right)\cdot\exp\left(\frac{-3z^2}{c^2}\right) \tag{2.2}$$

沿 x 轴后半部分的椭球内部一点的热生成率分布为

$$q(x,y,z)=\frac{6\sqrt{3}f_{\mathrm{r}}\eta UI}{aba_{\mathrm{r}}\pi^{3/2}}\exp\left(\frac{-3x^2}{a_{\mathrm{r}}^2}\right)\exp\left(\frac{-3y^2}{b^2}\right)\exp\left(\frac{-3z^2}{c^2}\right) \tag{2.3}$$

式(2.2)和式(2.3)中,q 为热生成率,W·m^{-3};a_{f},a_{r},b,c 为双椭球热源形状参数,m;η 为焊接热效率;U 为电压,V;I 为电流,A;f_{f}为热源模型前部分的能量分配系数;f_{r}为热源模型后部分的能量分配系数。

该热源模型需要确定的参数较多,且以焊接过程中的熔池为表述对象,但测定高温熔池的形貌困难很大,因而这些参数的选取需要在计算时反复试算。很多学者对其进行简化和改进,如分段移动双椭球热源模型[15]和改进的双椭球热源模型(Sabapathy 热源模型)[16]。

2.1.3 均匀体热源模型

均匀体热源假设焊接热量在一定加热体积内是均匀分布的,该热源常用于多道焊接温度场模拟。热源作用区域内任意一点的生热率为

$$q=\frac{\eta UI}{V} \tag{2.4}$$

式中,V 为热源作用体积,m^3。

确定均匀体热源模型的热源作用体积 V 时,先选取整个焊缝体积的 1/10~1/5 进行试算[17],再用试验结果进行标定,需要不断调整热源作用体积 V 的大小最终获得合适的温度场计算结果。该热源定义热流值随时间分段线性变化,如文献[17]中加载到二维模型上各道热量随时间变化曲线,如图 2-3 所示。

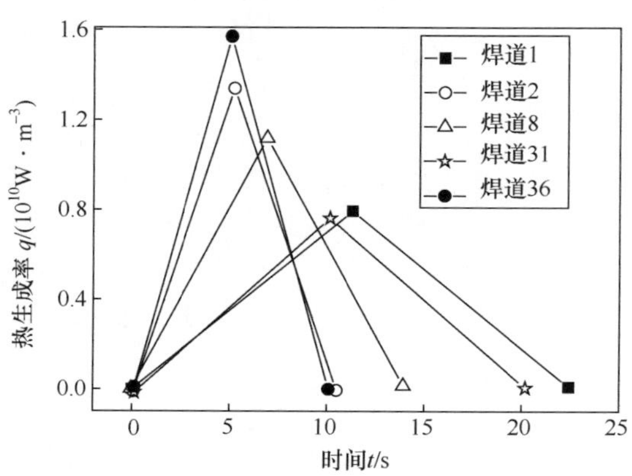

图 2-3 施加在不同焊道上的随时间变化的热流值[17]

2.1.4　锥形体热源

为反映激光束、电子束等高能束焊接的大熔深特点和钉头焊缝形貌，常用热源模型为锥形体热源模型[18-21]。锥形体热源作用区域内的任意一点的热生成率分布形状如图 2-4 所示，其表达式见式(2.5)。

$$Q_c(x,y,z)=\frac{2\eta Pe}{\pi r_0^2 d_0}\exp\left[-\left(\frac{x^2+y^2}{r_0^2}\right)\right]\frac{z}{d_0} \tag{2.5}$$

式中，Q_c 为锥形体热源的热生成率，$\mathrm{W\cdot m^{-3}}$；P 为焊接功率，W；η 为焊接效率；r_0 为热源的有效作用半径，m；d_0 为焊接能量的作用深度或焊接件厚度，m；x,y,z 为热源作用范围内任意一点的坐标，m。

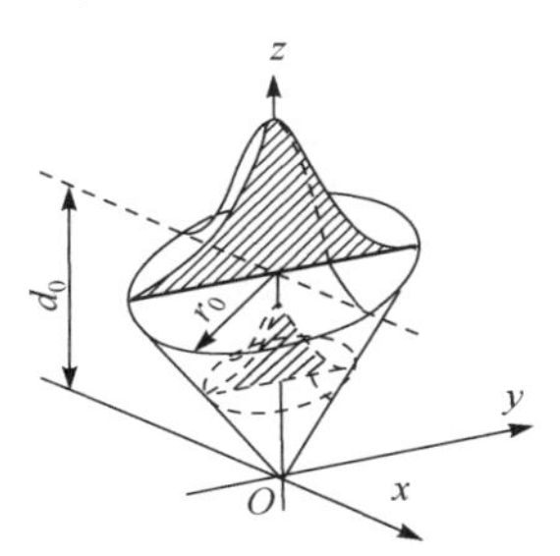

图 2-4　锥形体热源示意

该热源模型表示在垂直锥形体 z 轴的各个截面为圆形，且截面上的热生成率呈高斯分布，在圆心的热生成率为恒定值；各截面的半径 r 随 z 坐标的增加而线性增大。锥形体热源的热生成率随作用深度增加线性递减，热源作用区域也减小，呈锥形。

当焊接试板较薄，或者高能束焊接功率较大，焊缝为过熔透时，钉头形状焊缝不太明显，此时锥形体热源经过改进仍然适用[22]。

2.1.5　带状热源

对于高能束焊接和较长焊缝焊接的有限元计算，由于焊接能量的有效作用半径小，三维模型计算时，必须细化单元使其焊接方向上的尺寸小于有效作用半径才能保证热源能施加在单元上，这样会使焊接方向上的单元划分很细密，并且要采用细小步长花费很多时间步进行计算，将导致巨大的计算量。如果将热源沿焊缝方向拉长，可以在焊缝方向划分较少的单元，且热源作用时间相对较短。如图 2-5 所示为热源作用区域和网格大小示意图。带状移动热源就是将移动热源沿焊接方向拉长的一种可以减小计算模型网格和热源作用时间的热源模型。

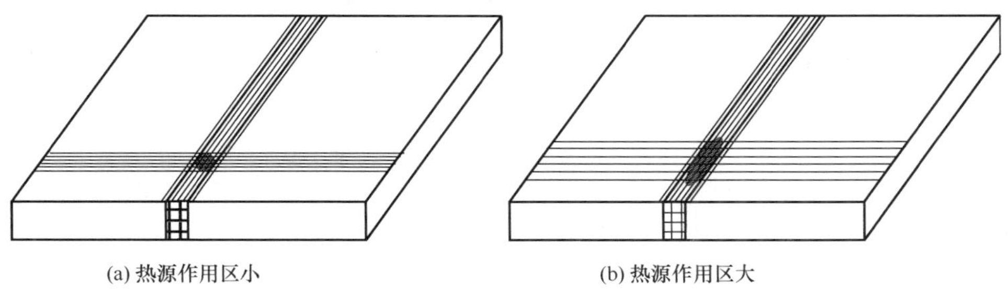
(a) 热源作用区小　　(b) 热源作用区大

图 2-5　热源作用区域和网格大小

将移动热源简化为一等效的、在垂直于运动方向上呈带状的热源，这样可以用较少的时间增量步描述焊接时的热源移动与热流作用过程，宏观上体现焊接热源移动的特点，减少描述热源逐点移动所需的计算量，从而大大减少计算时间[23]。高能束焊接的移动速度足够快，在焊缝上施加的移动热源可以看成带状热源，该带状热源在垂直焊缝方向和原热源相似，而沿焊缝方向的热流为均匀分布（相当于将原热源沿焊接方向拉伸）。这样可以将焊缝划分成若干段，按焊接顺序依次加热各段，这样在垂直焊缝和深度方向体现了原热源的特点，又能顺序加热体现移动热源的特点。对于一段的加热，可将其划分为很少的时间步，每步采用较大的步长进行计算，大大减少了计算量。由于带状热源在焊接方向上的能量为均匀分布，所以沿焊接方向的网格尺寸可以划分较大，从而进一步减少计算量，缩短计算时间。

带状移动热源计算的热生成率施加在焊缝单元上，其作用时间和原移动热源的作用时间不同，可以通过施加在焊缝单元上的总热量来计算带状热源的作用时间。

以锥形体热源为例，将锥形体热源沿焊接方向拉长成带状锥形体热源，其表达式和加热时间分析如下。

设高能束焊接热源输入功率为 P，移动速度为 v_m，沿直线移动加热一段长度为 L 的区域，用时 t_m。用一段带状锥形热源模拟此高能束热源，如图 2-6 所示。

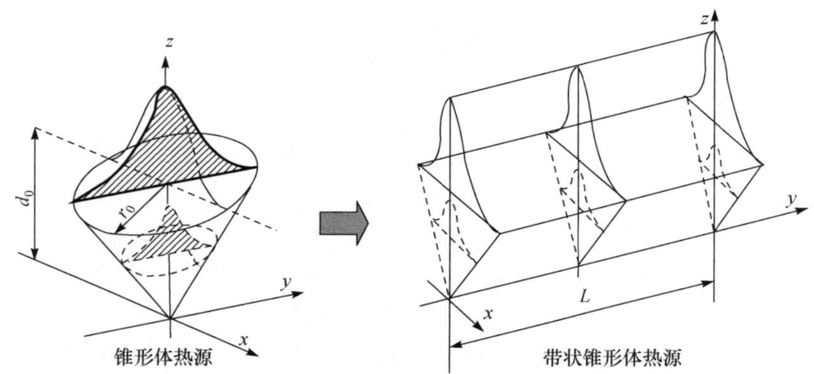

图 2-6 带状锥形热源示意图

带状锥形热源内部各处的热生成率见式(2.6)

$$q(x,y,z)=q_{sm}\exp\left(\frac{-x^2}{r_0^2}\right)\left(\frac{z}{d_0}\right) \tag{2.6}$$

式中，q_{sm}为带状热源的热生成率最大值，W · m^{-3}，位于热源中心线 y 轴上，其值等于移动热源的最大值，结合式(2.5)，可得 q_{sm}为

$$q_{sm}=\frac{2\eta Pe}{\pi r_0^2 d_0} \tag{2.7}$$

该带状热源的热输入功率 Q_s 可以由积分求出

$$\begin{aligned} Q_s &= \int_{-\infty}^{+\infty}\int_0^L\int_0^{d_0} q_{sm}\exp\left(\frac{-x^2}{r_0^2}\right)\left(\frac{z}{d_0}\right)dxdydz \\ &= q_{sm}L\sqrt{\pi}r_0\frac{d_0}{2} \end{aligned} \tag{2.8}$$

锥形移动热源的热输入功率 Q_t 可以由式(2.9)所示的积分求出

$$\begin{aligned} Q_t &= \int_{-\infty}^{\infty}\int_{-\infty}^{+\infty}\int_0^{d_0} q_{sm}\exp\left(\frac{-x^2-y^2}{r_0^2}\right)\left(\frac{z}{d_0}\right)dxdydz \\ &= q_{sm}\pi r_0^2\frac{d_0}{2} \end{aligned} \tag{2.9}$$

此段带状热源加热所输入的热量应该与移动热源输入热量相同，设带状热源的加热时间为 t_s，即有

$$Q_s t_s = Q_t t_m \tag{2.10}$$

$$t_m = \frac{L}{v_m} \tag{2.11}$$

由式(2.7)～式(2.11)可以得出，带状热源的加热时间 t_s 为

$$t_s = \frac{r_0\sqrt{\pi}}{v_m} \tag{2.12}$$

从式(2.12)看出，带状热源加热时间与加热长度 L 无关，与焊接速度成反比。

以上分别给出了带状锥形热源的热生成率和加热时间计算公式，完全定义了带状锥形体热源模型。

2.1.6　组合热源

对于高能束焊接，为了更准确描述焊接过程中产生的金属蒸气及等离子体对工件表面热作用，采用多种热源组合进行温度场计算。如杜汉斌等[24]采用高斯移动面热源和均匀体热源组合的热源模型计算激光穿透焊接温度场；Paolo 等[25]采用球形体热源和锥形体热源组合计算电子束焊接温度场；Liu 等[26]采用均匀面热源和体热源的组合热源计算电子束焊接大厚度钛合金板的温度场，如图 2-7 所示。

Liu 等[26]采用的组合热源由锥形体热源 Q_c 和均匀表面热源 Q_s 组成，其表达式为

$$Q_{combi}(x,y,z) = \beta Q_c(x,y,z) + (1-\beta)Q_s(x,y,z) \tag{2.13}$$

式中，β 为两种热源的能量分配系数；Q_c 为锥形体热源计算的热生成率，$W \cdot m^{-3}$；Q_s 为表面热源计算的热流密度，$W \cdot m^{-2}$。

锥形体热源表达式为

$$Q_c(x,y,z) = \frac{2\eta P}{\pi r_0^2 d_0}\exp\left[1-\left(\frac{x^2+y^2}{r_0^2}\right)\right]\frac{z}{d_0} \tag{2.14}$$

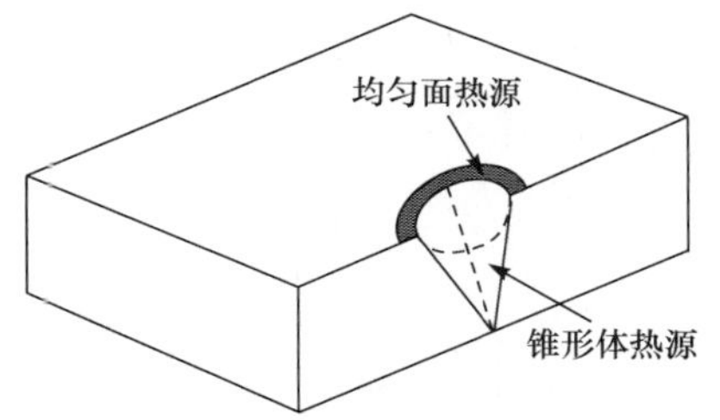

图 2-7　均匀面热源和锥形体热源构成的组合热源示意图

式中，P 为焊接功率，即电子束功率，W；η 为焊接效率；r_0 为电子束能量的有效作用半径，m；d_0 为热源的作用深度或焊接件厚度，m；x,y,z 为热源作用范围内任意一点的坐标，m。

均匀面热源的表达式为

$$Q_s(x,y,z)=\frac{P}{\pi(r_a-r_0)^2},\quad r_0^2\leqslant x^2+y^2\leqslant r_a^2,z=d_0 \tag{2.15}$$

式中，r_a 为表面热源的有效作用半径，m。

式(2.15)表明只在上表面 r_0 和 r_a 区域内施加均匀面热源。

对于电弧焊接，也可以采用组合热源分别描述电弧热和熔滴热。如 Deng 等[27]采用高斯面热源表达电弧热，采用均匀体热源描述熔滴热，以该两种热源组合进行 T 形接头的温度场计算，其热源形状如图 2-8 所示。

电弧作用半径内焊缝表面上任意一点的热流密度采用高斯表面热源表示，如式(2.1)所示。熔滴热采用均匀体热源表示，如式(2.4)所示。其中，表面热源表示的电弧热占总热输入的 40%，而体积热源表示的熔滴热占总热输入的 60%。

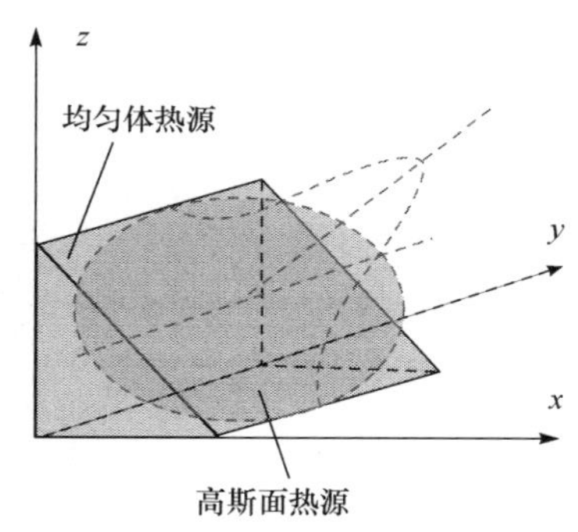

图 2-8　计算 T 形接头温度场的组合热源示意图[27]

随着新的焊接方法和工艺不断发展，科研工作者不断发展新的热源模型，以更准确描述焊接热特征及其在工件上的分布。例如，提出了描述手工焊及自动焊摆动过程的摆动热源模型[28, 29]、提高多道焊接计算效率的可变长度热源[30]、计算高能束焊接温度场的旋转高斯体热源[31]、高斯面热源和旋转高斯体热源结合的组合热源[32]、以坡口尺寸作为参数的简化均匀体热源[33]以及简单的给定温度热源[6, 7]等。

应该指出的是，一种焊接工艺和方法并不一定要用唯一的热源模型来描述，一种热源模型可以表达多种焊接工艺和方法，并且焊接温度场有限元计算结果的正确性需要用试验验证，如焊缝形貌和测试的温度曲线进行验证，需要根据试验结果不断调整热源参数。此外，热源模型表达式可以根据焊接热输入的特点进行改进，从而衍生出更多的热源模型。

2.2　焊接温度场有限元计算过程

本章结合 ANSYS 软件，针对不同的焊接实例采用不同的热源模型计算温度场。详细介绍焊接过程、计算模型和计算代码，并对关键代码进行解释。本书直接给出了 ANSYS 的 APDL 程序，APDL 的相关命令使用请参见 ANSYS 的帮助文档。

2.2.1　堆焊温度场

1. 焊接试验[34]

采用机器人自动 CO_2 气体保护焊接方法在低碳钢试板表面进行单道堆焊。试板尺寸为 300 mm×90 mm×6 mm。试板一端压紧，支撑板宽 80 mm，压板宽 25 mm。采用位移传感器测量自由端底部的动态变形，该测试结果为本书后续变形计算结果提供验证数据。试板的尺寸、压板位置、焊接位置和位移测量点如图 2-9所示，位移测量点在试板底部。焊接参数为：电流 220 A，电压 22 V，焊接速度70 cm/min。焊接结束后的焊缝宏观形貌如图 2-10 所示。

(a) 焊接试验

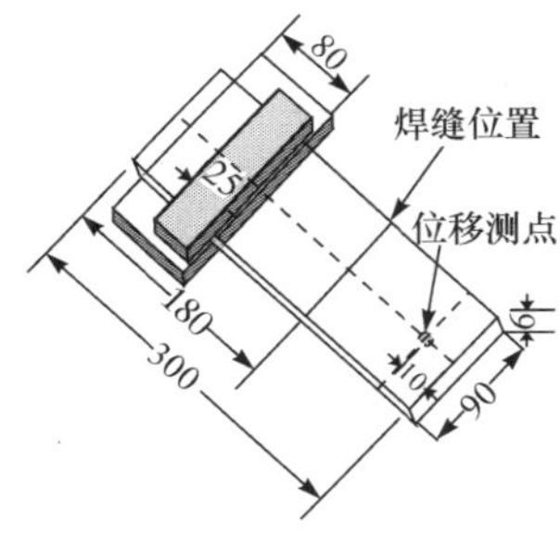

(b) 焊接试板及相关尺寸

图 2-9　焊接试验示意图

2. 计算过程

采用间接耦合方法计算该堆焊件的焊接温度场、应力场和变形场。先进行非线性瞬态温度场有限元计算，完整记录从开始加热至冷却到室温过程每一时间步的温度场计算结果；然后建立与温度场计算一致的结构有限元网格模型，将每一时间步的温度场计算结果作为载荷施加到结构模型上，进行非线性稳态结构计算。本节介绍采用高斯表面热源计算温度场的过程。

3. 有限元实体建模和网格划分

为便于划分网格，建立有限元模型时忽略余高，并建立多个长方体分别表示焊

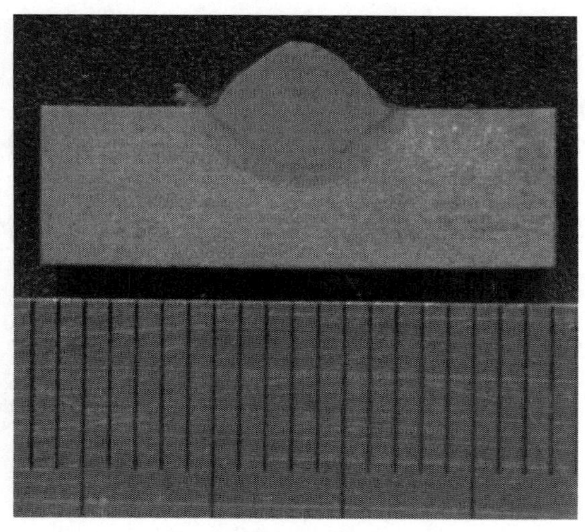

图 2-10 焊缝形貌图

接区和热影响区，然后将所有的长方体用 GLUE 命令粘在一起。采用 8 节点六面体热分析单元(SOLID70)划分网格，在焊接区域网格划分细密，远离焊接区域网格稀疏。SOLID70 是三维六面体单元，具有三维热传导功能，可用于三维稳态、瞬态热分析。它有 8 个节点，每个节点上仅有一个自由度——温度。SOLID70 单元形状如图 2-11 所示。

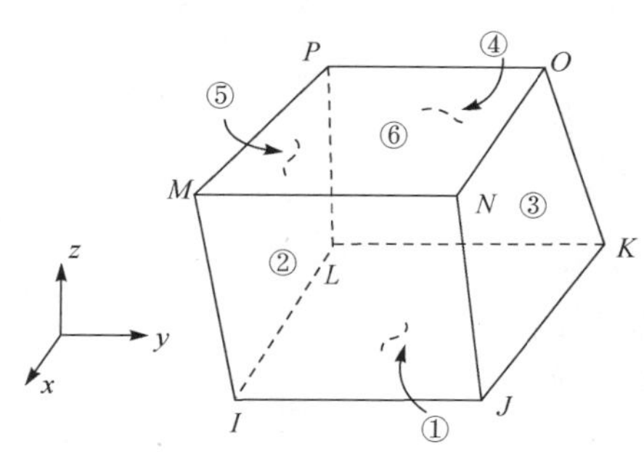

图 2-11 SOLID70 单元

划分网格时，分别针对不同的部位(焊缝、热影响区、远离焊缝区)制订不同的单元划分方案。沿厚度方向至少划分 4 个单元，焊接长度方向最少划分 30 个单元。建立的有限元网格模型如图 2-12 所示。

图 2-12 所示模型包含的单元数为 5400 个，节点数为 7130 个，焊缝区域的单元尺寸为 1 mm×3 mm×1.5 mm。建立模型和划分网格的 APDL 部分代码如下(本书计算代码介绍时，感叹号后面的文字为该行代码的解释)：

```
ET, 1, SOLID70  ! 设定单元类型 SOLID70
BLOCK, 0, 0.08, 0, 0.090, 0, 0.006  ! 建立压紧部分的实体，以米为单位建立模型
BLOCK, 0.08, 0.17, 0, 0.090, 0, 0.006  ! 建立压紧部分到焊缝区域实体
BLOCK, 0.17, 0.19, 0, 0.090, 0, 0.006  ! 建立焊接部分的实体
```

```
BLOCK, 0.19, 0.3, 0, 0.090, 0, 0.006  ！建立焊接区域到自由端的实体
VGLUE,ALL  ！将各区域通过布尔操作“GLUE”粘起来
LESIZE, 53, , , 20, , , , , 1  ！对编号为 53 的线段设置划分单元数为 20 个
……
```

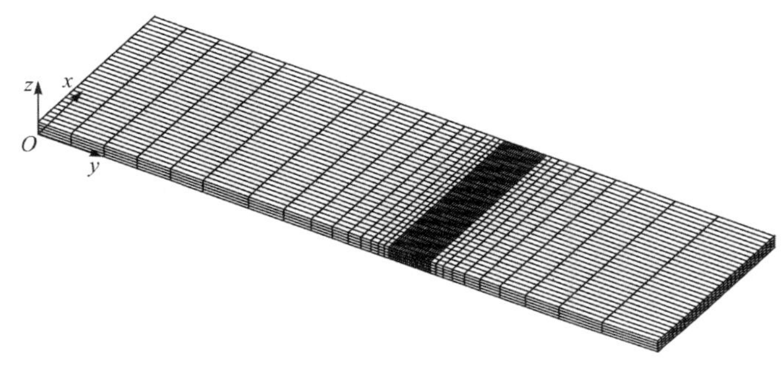

图 2-12　建立的有限元模型

4. 温度场计算的材料性能参数

计算所需的随温度变化的材料热物理性能如表 2-1 所示。假设密度不随温度变化，其值为 7860 kg/m^3。

表 2-1　低碳钢热物理性能[35]

温度 T/℃	20	100	300	500	700	900	1470	1500	2000	5000
比热容 c/(J · kg^{-1} · ℃$^{-1}$)	420	487	513	547	619	694		694	698	698
热导率 λ/(W · m^{-1} · ℃$^{-1}$)	52	51	44	37	32.5	26.2	31.4	120	120	120

在 ANSYS 中通过 MPTEMP 和 MPDATA 定义材料的热物理参数。本例中，定义材料随温度变化的热导率代码如下：

```
MPTEMP, 1, 20, 100, 300, 400, 500, 700
MPTEMP, 7, 900, 1470, 1550, 1600, 2500, 5000  ！定义温度
MPDATA , kxx, 1, 1, 52, 51, 44, 43, 37, 32.5  ！定义随温度变化的热导率 kxx
MPDATA, kxx, 1, 7, 26.2, 31.4, 120, 120, 120, 120
```

5. 温度场计算

由于是表面堆焊，采用高斯表面热源加载，热源表达为式(2.1)。本例选取的电弧作用半径 r=3.25 mm，电弧效率为 0.7。

6. 边界条件

温度场计算时，其边界条件为对流和辐射散热。忽略辐射散热，只考虑对流换热边界条件。有限元模型中所有暴露在空气的表面节点都施加对流边界条件。采用的随温度变化的对流系数如表 2-2 所示。

表 2-2　随温度变化的对流系数[36]

温度 T/℃	20	100	300	500	750	1000	1590	5000
对流系数 β/(W·m^{-2}·℃$^{-1}$)	2.5	5.4	7.0	7.7	8.2	8.5	9.1	10.0

在 ANSYS 中可以通过定义表(TABLE)的方式来实现随温度变化的对流系数，其代码如下：

```
*DIM, CONV1, TABLE, 17, 1, 0, temp, ,
*SET, CONV1(1, 0, 1),20
*SET, CONV1(1, 1, 1), 2.5
*SET, CONV1(2, 0, 1), 100
*SET, CONV1(2, 1, 1), 5.4
*SET, CONV1(3, 0, 1), 300
*SET, CONV1(3, 1, 1), 7
*SET, CONV1(4, 0, 1), 500
*SET, CONV1(4, 1, 1),7.7
……
```

7. 加热阶段计算

通过循环语句不断改变加热区域来实现电弧的移动。热源作用在加热区域的时间由总加热时间和热源移动的距离决定。针对本试验，总加热时间为

$$t_w = L/v \tag{2.16}$$

式中，L 为板宽，即焊接长度，m；v 为焊接速度，m/s。

热源在每一位置作用一段时间后，向焊接方向移动距离为 L_1，那么在加热过程中热源总共移动步数 $n=L/L_1+1$，这样热源作用在某一位置时的加热时间 $t_n=t_w/n$。

编写程序时通过局部坐标系坐标的移动来实现热源的移动，其步骤如下：①设置局部柱坐标系，局部柱坐标系的初始中心在焊接起始点；通过单元选择命令来选取热源作用直径范围内的单元；②获取所选中单元中心的直角坐标系坐标，并根据式(2.1)计算各单元施加的热流值，加载热流后计算时间 t_n；③删除施加的热流，局

部柱坐标系中心向焊接方向移动一段距离 L_1，选取单元并根据单元坐标计算热流值，施加载荷后进行非线性瞬态温度场计算；④重复步骤①到步骤③，直到热源中心移动到焊接结束位置。

因为加载的热流密度和对流都是表面载荷，两者同时作用在同一位置时会发生冲突，后加载的表面载荷会使先前加载的表面载荷失效。ANSYS 中提供了表面效应单元来解决这个问题，但会因此增加单元数目。因为焊接热源作用区域小，本例采用反复加载对流的方式来实现热流密度和对流基本同时加载。首先对所有和空气接触的表面(包括将要焊接的表面)加载对流系数，然后加载焊接热流并进行计算，当热源移动后，再重新对加载过焊接热流的表面施加对流载荷。

本例中，设置热源移动距离 3 mm，热源作用位置停留时间为 0.25 s。对于图 2-12所示的坐标系和图 2-9 所示的焊缝位置，加载对流和热流密度的代码如下：

NSEL, S, EXT ！采用 EXT(外表面)方式选择外表面节点，也可以通过节点坐标方式选择与空气接触的自由表面。注意不要选择内部节点，内部节点不应施加对流

SF, ALL, CONV, % CONV1% , 20 ！所有表面节点施加随温度变化的对流

ALLSEL, ALL ！选择所有节点

！定义计算参数

R=3.25e-3 ！电弧作用半径

U=22 ！电压值

I=220 ！电流值

q0=3 * U * I * 0.7/(3.14 * R * * 2) ！计算焊缝中心的热流密度

j=0！定义累积时间变量

*DO, i, 0, 0.090, 0.003 ！热源沿 x 方向移动，热源中心从 x=0 位置移动到 x=90 mm，每次移动距离为 3 mm

j=j+0.25 ！热源加载和计算时间

LOCAL, 11, 1, 0.18, i, ！定义局部柱坐标系，其原点在直角坐标系 x=180 mm 和 y=i 位置，这样局部柱坐标系就随循环变量 i 移动

NSEL, S, LOC, X, 0, 0.00325 ！在局部柱坐标系中选择半径为 3.25 mm 的圆柱范围的节点

NSE, R, LOC, Z, 0.006 ！在所选节点中选择 z 坐标为 6 mm 的节点，即上表面节点

CSYS, 0 ！转换到直角坐标系

ESLN, S, 0 ！选择包含所选中节点的单元

*GET, nMAX, ELEM, , NUM, MAX ！获得所选中单元的最大编号

```
*GET, nMIN, ELEM, , NUM, MIN  ! 获得所选中单元的最小编号
*DO, ei, nMIN, nMAX  ! 在最小单元编号和最大单元编号之间进行循环操作,施加热流密度
*IF, ESEL(ei), EQ, 1, THEN  ! 如果单元 ei 被选中
    *GET, elx, elem, ei, CENT, x  ! 获得单元中心直角坐标系下的 x 坐标值
    *GET, ely, elem, ei, CENT, y  ! 获得单元中心的 y 坐标值
q1=1*exp((-3)*(elx-0.18)**2/(3.25e-3**2))*exp((-3)*(ABS(ely-i))**2/(3.25e-3**2))  ! 根据热源表达式计算施加在各单元上的热流密度值
        qm=q0*q1  ! 计算最终施加在各单元上的热流密度
        SFE, ei, 6, HFLUX, , qm, , ,  ! 施加表面热流密度载荷。根据图2-11 的单元和图 2-12 中的坐标系,表面热流密度应该施加在单元的第 6 面上
        *ENDIF
      *ENDDO  ! 循环结束
      TIME, j  ! 给定时间
      DELTIM, 0.01  ! 计算时间步长 0.01 s,本例中相当于每次热源停留 0.25 s时,计算 25 步
      AUTOTS, ON  ! 打开自动时间步选项
      SOLVE  ! 求解
      SFDELE, ALL, HFLUX  ! 删除表面热流密度载荷
      SFDELE, ALL, CONV  ! 删除表面对流载荷
*ENDDO
```

温度场计算时,选择瞬态分析,且输出每一时间步的计算结果,热源作用每一位置加热 0.25 s 的计算步设置为 25 步或者更多步(步长设置为 0.01 或更小),并设置初始温度为 20 ℃。

8. 冷却阶段计算

加热结束后,删除热流载荷,加载对流,采用变步长方法进行计算,直到试板冷却到室温后结束计算。试板冷却 20 s 和 60 s 的计算代码如下:

```
NSEL, S, EXT  ! 选择表面节点
SF, ALL, CONV, %CONV1%, 20  ! 所有的表面节点施加对流负载
ALLSEL, ALL
TIME, 20  ! 计算时间 20 s
```

```
DELTIM, 0.05  ! 计算步长 0.05 s,即 20 s 的冷却时间内总共计算了 400 步
OUTRES,ALL, ALL,  ! 输出全部的计算结果
AUTOTS, ON  ! 自动时间步选项打开
SOLVE  ! 求解
TIME, 60  ! 计算时间 60 s
DELTIM, 0.5  ! 计算步长 0.5 s
SOLVE  ! 求解
```

9. 计算结果

进入 ANSYS 后处理器,能查看每一时刻的温度场计算结果。图 2-13 为计算时间为 4.25 s 时的温度场分布。图 2-14 为实际焊缝形貌和计算的温度轮廓比较。有限元计算时,熔池中心温度计算值远高于 1400 ℃。为了表示出熔化区大小,图 2-13中只显示最高温度为 1400 ℃,即高于 1400 ℃区域为熔化区域。

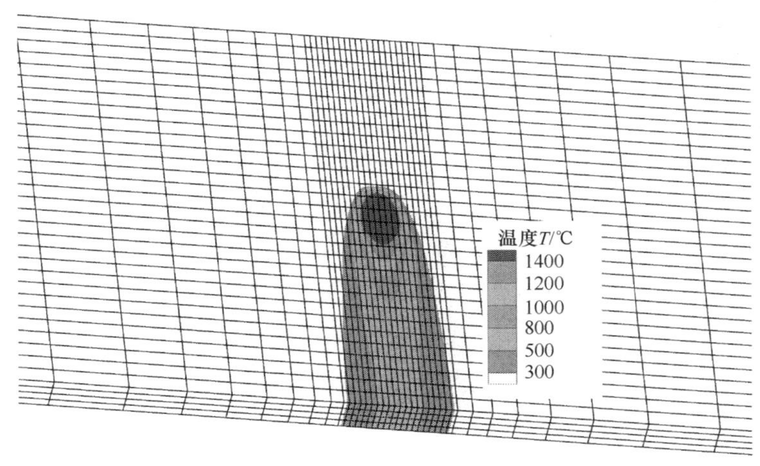

图 2-13　温度场分布轮廓

2.2.2　多道焊接二维温度场

1. 改进均匀体热源模型

确定均匀体热源模型的热源作用体积 V_p 时,先选取整个焊缝体积的 1/10～1/5 进行试算,再用试验结果进行标定,需要不断调整热源作用体积 V_p 的大小,最终获得合适的温度场计算结果。这种反复调整过程比较耗时。从高效率计算的角度而言,在确定温度场计算热源模型时就应该简单高效,热源模型的参数确定尽可

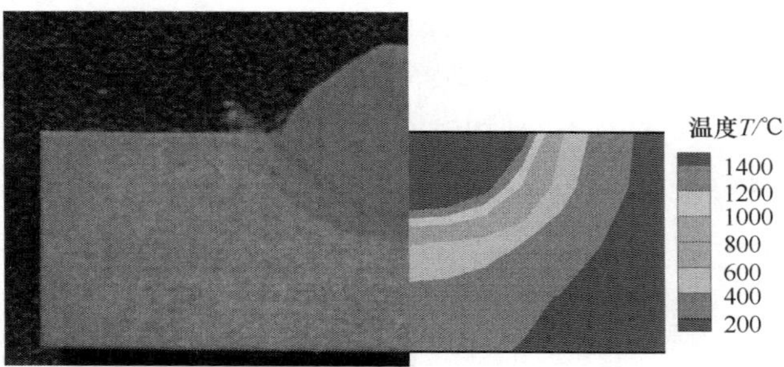

图 2-14　计算温度轮廓和实际焊缝形貌比较

能简便有效。焊接熔池在焊接过程中是随热源移动而变化的，其尺寸难以测量。开有坡口的焊接件，大部分的焊接热用于熔化填充金属并填充坡口；对于未开有坡口的焊接件，如高能束焊接，大部分的焊接热熔化母材形成焊缝；坡口尺寸在焊接前能准确测量，最终焊缝尺寸可以焊后准确测量。热源模型是对熔化焊接热能特征及其与工件作用后在工件上分布的数学表达，大部分焊接热能用于熔化坡口或焊缝区域的材料，因而可以通过坡口或焊缝形貌尺寸来确定热源及其分布参数，这样能高效确定热源相关参数。本书提出高效体热源模型，采用坡口或焊缝尺寸作为热源参数，建立改进均匀体热源模型和改进的统一锥形体热源模型，减少焊接热源参数的选取时间，减少温度场标定和验证时间，从而减少整个计算和预测时间。

本节对均匀体热源模型进行改进，提出均匀体热源作用体积的简便计算方法[33]：以焊接件坡口尺寸作为热源的参数。对于开有坡口的工件焊接，电弧热熔化填充金属并填充于坡口内，大部分的焊接热能都集中在坡口内的填充金属上，故热源作用体积可以通过坡口尺寸来确定。因此，可以采用坡口尺寸作为均匀体热源作用体积的计算参数。

基于坡口尺寸的改进均匀体热源模型表达式为

$$q=\frac{UI\eta}{V_{\mathrm{p}}} \tag{2.17}$$

式中，V_{p} 为坡口尺寸决定的热源作用体积，m^3。

式(2.17)中的热源作用体积 V_{p} 根据坡口形状来计算。考虑最终焊缝有余高和没有余高的加热体积计算分别如图 2-15 和图 2-16 所示。

不考虑焊缝余高的加热体积由焊道高度 a、工件的间隙宽度 b 和在焊接方向上的熔池尺寸 c 以及坡口角度 θ 确定的六面体决定(图 2-15)，考虑焊缝余高的热源作用体积可以通过 a、b、c、θ 和余高半径 R 来计算(图 2-16)。

2. 二维改进均匀体热源模型实现

将三维模型简化为二维模型是提高计算效率最有效的方法。但是要使二维模

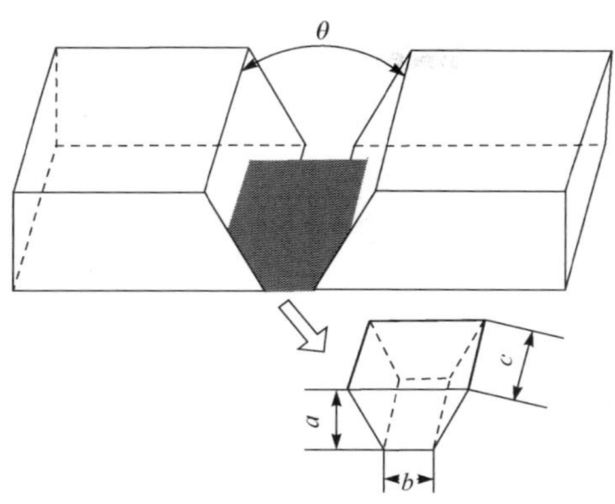

图 2-15　不考虑余高时的热源作用体积

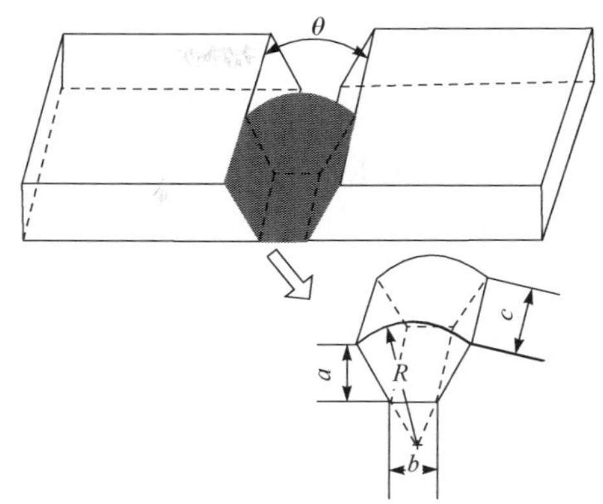

图 2-16　有余高情况的热源作用体积

型能够尽可能真实地反映三维模型的情况，首先要使温度场的计算反映热源在三维工件上的移动情况。移动热源对垂直于焊缝研究平面的作用按时间先后分为预热、直接加热、与周围材料热传导、冷却 4 个阶段。为了更好反映研究平面受移动热源作用的几个变化阶段，本节提出考虑热源移动效应的改进均匀体热源模型的二维表达式为

$$q=\frac{UI\eta}{V_{\mathrm{p}}}\exp\left\{\frac{-3\left[v(t-t_{\mathrm{c}})\right]^2}{d^2}\right\} \tag{2.18}$$

式中，q 为热生成率，$\mathrm{W\cdot m^{-3}}$；d 为高斯参数，m，等于热源作用体积在焊接方向上的半长，也等于熔池表面在焊接方向上尺寸的半长；t 为热源加热时间，s；t_{c} 为热源中心移至研究平面的时间，s，也称为延迟因子，其大小决定了热源中心的位置。

移动热源作用于二维平面上的时间 t 相当于加热体积通过研究平面的时间，可由加热体积在焊接方向上的尺寸 c 和焊接速度 v 计算出来。焊接方向上的尺寸 c 相当于熔池长度 L，可通过式(2.19)进行初步估算[37]

$$L=p\cdot U\cdot I \tag{2.19}$$

式中，L 为熔池长度，mm；p 为取决于焊接方法和规范的系数，$\mathrm{mm\cdot kW^{-1}}$。

对于焊接电流在 100～300 A 的熔化极氩弧焊，$p=3.8\sim4.8\ \mathrm{mm\cdot kW^{-1}}$。对于焊接电流为 150～370 A 的埋弧焊，$p=4\ \mathrm{mm\cdot kW^{-1}}$。

因此热源作用时间 t 为

$$t=\frac{L}{v}=\frac{p\cdot U\cdot I}{v} \tag{2.20}$$

式中，v 为热源移动速度，$\mathrm{m\cdot s^{-1}}$，即焊接速度。

3. 基于改进均匀体热源的不锈钢多道焊温度场计算

1）多道焊接试验

采用文献[38]的试验数据进行计算。尺寸为 150 mm×140 mm×6 mm 的 2 块 304 不锈钢板对接两道焊，其中两钢板之间有 2.5 mm 的间隙，如图 2-17 所示。

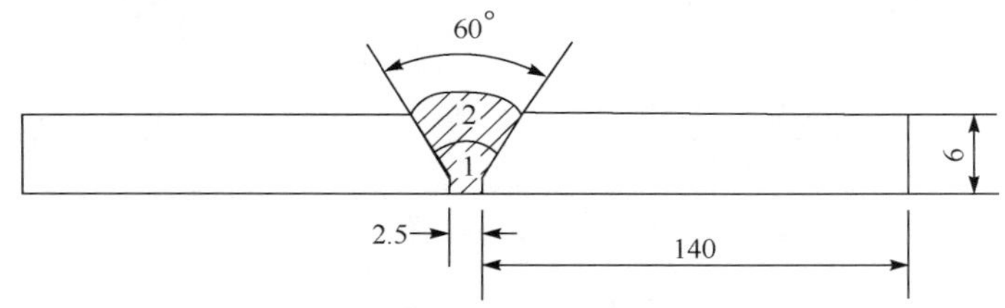

图 2-17　不锈钢焊接件示意及焊道顺序

采用的焊接方法是手工电弧焊，其焊接规范如表 2-3 所示。

表 2-3　焊接规范表[38]

焊道号	电压 U/V	焊接电流 I/A	焊接速度 v/(mm · s^{-1})
1	21	60～65	1.58
2	20	130～140	2.00

2）有限元模型

以垂直于焊缝的平面建立二维有限元模型，研究平面示意图和有限元模型分别如图 2-18 和图 2-19 所示。由于焊接件相对焊缝中心线对称，故只对焊接件的 1/2 建模。

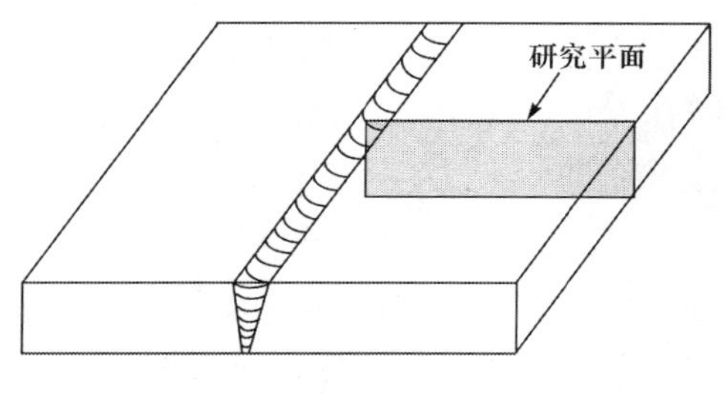

图 2-18　研究平面示意图

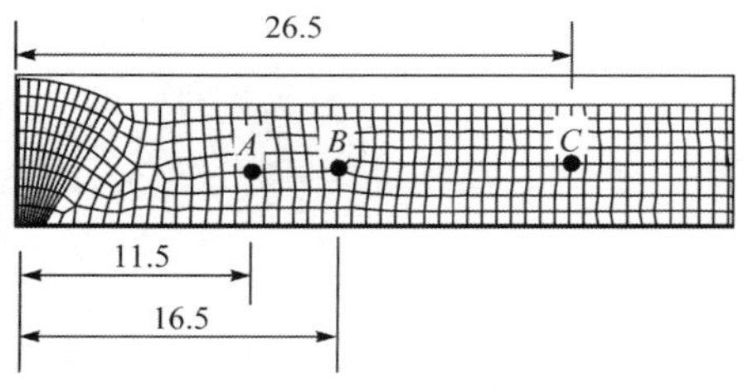

图 2-19　有限元模型

3）材料属性及边界条件

304 不锈钢随温度变化的热物理性能参数取自文献[39]。考虑熔化潜热，304 不锈钢在固相温度 1340 ℃和液相温度 1390 ℃之间的熔化潜热为 260 kJ · kg^{-1}。散热边界条件包括对流和辐射边界，将对流和辐射系数合并成复合散热系数并施加在自由表面上[36]；在对称边界上(图 2-19 左端面)施加绝热边界条件。

对流系数和辐射系数合并成复合散热系数 a_h，其表达式为

$$a_h=\begin{cases}0.0668T, & 0<T<500\ ℃\\ 0.231T-82.1, & T\geqslant 500\ ℃\end{cases} \tag{2.21}$$

式中，a_h 为复合散热系数，$W\cdot m^{-2}\cdot ℃^{-1}$；$T$ 为温度，℃。

复合散热系数可通过在 ANSYS 中定义表格(TABLE)的方式实现。

304 不锈钢的材料性能[39]如表 2-4 所示。

表 2-4　304 不锈钢的材料性能[39]

温度 T/℃	比热容 $c/(J\cdot kg^{-1}\cdot ℃^{-1})$	热导率 $\lambda/(W\cdot m^{-1}\cdot ℃^{-1})$	弹性模量 E/GPa	泊松比 ν	屈服强度 σ_s/MPa	线膨胀系数 $\alpha/(10^{-6}\cdot ℃^{-1})$
20	442	15.0	200	0.278	230	19
200	515	17.5	185	0.288	184	19
400	563	20.0	170	0.298	132	19
600	581	22.5	153	0.313	105	19
800	609	25.5	135	0.327	77	19
1000	631	28.3	96	0.342	50	19
1200	654	31.1	50	0.350	10	19
1340	669	33.1	10	0.351	10	19
1390	675	66.2	10	0.353	10	19
2000	675	66.2	10	0.357	10	19

4) 计算结果

各道焊接在加热终了时刻的温度场轮廓如图 2-20 和图 2-21 所示。由式(2.18)计算出各焊道施加的随时间变化的热生成率曲线如图 2-22 所示，从图中看出，热生成率随时间呈高斯分布，能反映焊接过程热源的移动特征。

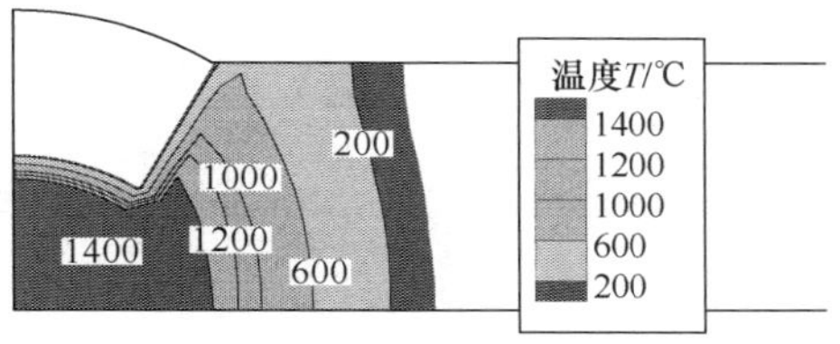

图 2-20　第 1 道加热终了时刻温度场(后附彩图)

试验测量工件中心距离焊缝 11.5 mm(图 2-19 中 A 点)、16.5 mm(图 2-19 中 B 点)和 26.5 mm(图 2-19 中 C 点)的温度曲线，绘出各测量点的测量结果和计算结果比较，分别如图 2-23、图 2-24 和图 2-25 所示。

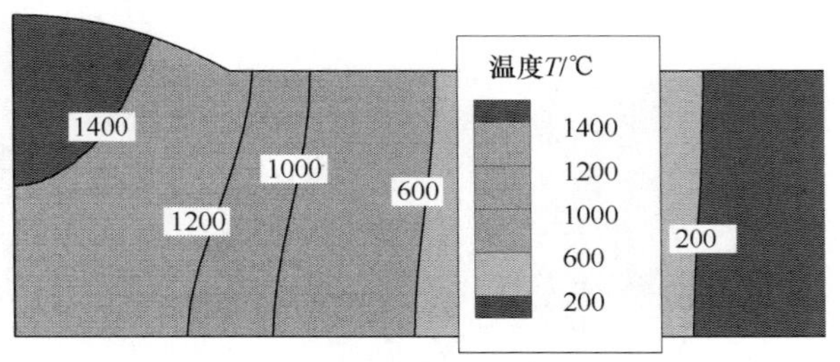

图 2-21　第 2 道加热终了时刻温度场(后附彩图)

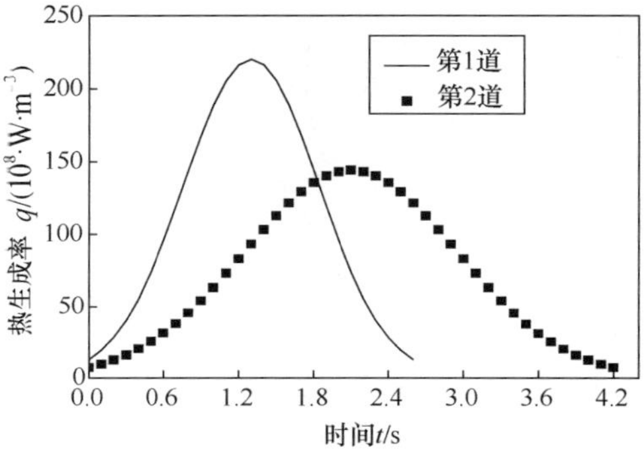

图 2-22　随时间变化的热流量

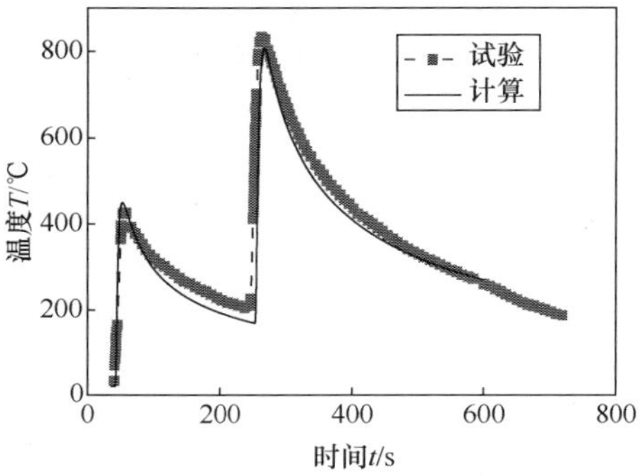

图 2-23　距焊缝 11.5 mm 位置的温度

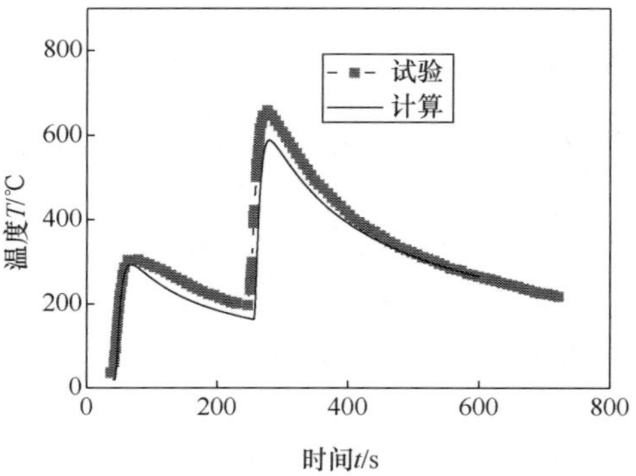

图 2-24　距焊缝 16.5 mm 位置的温度

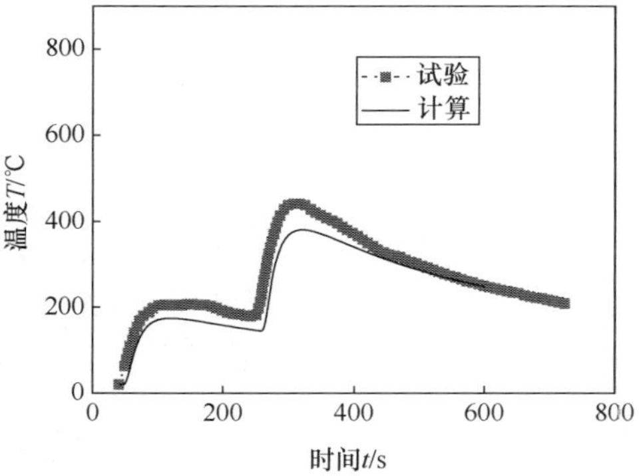

图 2-25　距焊缝 26.5 mm 位置的温度

从图 2-23 中看出,距焊缝 11.5 mm 的焊接件中心点温度变化曲线和试验结果接近,计算的峰值温度和变化趋势都和测量结果相近,反映了焊接温度陡升陡降的特点。图 2-24 中,距焊缝 16.5 mm 的测量点远离焊接区,第 1 道焊接的计算升温曲线和测量结果相近,计算的降温曲线比测量结果陡,即计算结果降温快速;第 2 道焊接时计算的峰值温度低于测量结果,大致相差 50 ℃,计算的第 2 道焊接降温过程也比试验结果快，但随冷却时间增加，计算结果与测量结果趋于一致。从图 2-25中看出，距焊缝 26.5 mm 的测量点，第 1 道焊接计算结果比测量结果的峰值温度低 20 ℃左右，第 2 道焊接时计算结果比测量结果峰值温度低 50 ℃左右；计算和测量的升温过程曲线相近，降温过程仍然是计算结果比测量结果降温快。

从以上结果可以看出，采用坡口尺寸作为均匀体热源模型参数计算的温度结果与试验结果符合较好，特别是距离焊缝较近位置，计算的热循环曲线和峰值温度与试验结果相比相当准确，说明该热源模型能够比较高效准确地计算焊接热过程。

5）计算代码

式(2.18)中定义的热生成率是随时间变化的函数，可先通过 ANSYS 的函数编辑器(function editor)实现函数定义，然后再读入编辑好的函数进行加载。

本例涉及两道焊接，第一道焊接时，后面一道的焊缝还未填充。在 ANSYS 软件中多道焊接是通过生死单元技术(element death and birth)实现的。生死单元法模拟焊缝生长时，首先要建立完整的包含填充焊缝材料的模型，然后将代表焊缝的单元定义为“死单元”状态。“死单元”状态并不是将“杀死”的单元从模型中删除，而是将其刚度矩阵乘以一个很小的因子。死单元的单元载荷将为零，其质量、阻尼和比热等设为很小的值，单元的应变在“杀死”的同时也将设为零值。

本例中考虑材料的熔化潜热，即计算温度场时要考虑材料的相变，而含有相变的热分析是非线性瞬态问题。ANSYS 软件计算时需要打开线性搜索选项和自动时间步选项，并且调整瞬态积分参数 TINTP。

本例计算模型为二维模型，选用的温度场计算单元为 PLANE55 单元。第一道的焊接加热时间为 2.6 s，冷却 250 s 后进行第二道焊接；第二道焊接加热时间为 4.2 s，然后整个试件冷却至室温。部分计算代码如下：

```
/PREP7  ! 进入前处理
ET, 1, PLANE55  ! 选用 PLANE55 单元
……
建立包含两道焊缝的模型并划分网格，设置材料性能
定义随温度变化的对流系数，名称为 CONV1
定义热生成率函数，名称为 qt
与空气接触表面施加对流换热系数
……
ASEL, S, , , 2  ! 选择面 2，面 2 代表第二道焊道
ESLA, S  ! 选择面 2 相关的单元
EKILL, ALL  ! 杀死所选择的单元，即将代表第二道焊道的单元杀死
ALLSEL, ALL  ! 选择所有单元和节点
/SOL  ! 进入求解器
```

ANTYPE, 4 ！选择求解类型为瞬态分析

ASEL, S, , , 1 ！选择面 1,面 1 代表第一道焊缝

NSLA, S, 1 ！选择与面 1 相关的节点

BF,ALL, HGEN, % qt% ！给选择的节点施加函数 qt 定义的热生成率 HGEN

TIME, 2.6 ！定义焊接加热时间

KBC, 0 ！KBC 为设置时间步变化的递进或阶越选项。KBC 设置为 0 时为递进(ramped)选项(又称为斜坡方式),设置为 1 时为阶越(stepped)选项。如果定义阶越(stepped)选项,载荷在这个载荷步内保持不变;如果为递进(ramped)选项,则载荷由上一载荷步到本载荷步随每一子步线性变化

AUTOTS, ON ！自动时间步设置为 ON。该选项对于非线性问题,可自动设定子步间载荷的增长,保证求解的稳定性和准确性

DELTIM, 0.005 ！设置每个载荷步的时间增量(步长),即每一载荷步需要 520 子步进行计算。本例中涉及相变分析,故时间增量设置足够小

OUTRES, ALL, ALL ！计算结果输出选项,设置为全部输出

LNSRCH, 1 ！设置本选项可使 ANSYS 用 Newton-Raphson 方法进行线性搜索,有助于加速相变问题的求解

ALLSEL, ALL ！选择所有单元和节点

SOLVE ！求解

BFDELE,ALL, HGEN ！求解结束后,进入第一道焊缝的冷却阶段。此时没有热量作用,故要删除所施加的热生成率

SFL, 5, CONV, % CONV1% , , , ！第一道焊缝生成后,其表面施加对流系数(编号为 5 号的线代表第二道焊缝表面)

TIME, 10 ！设定时间 10 s

DELTIM, 0.05 ！给定时间增量

SOLVE ！求解

TIME, 50 ！设置时间 50 s

DELTIM, 0.5 ！设置时间增量。因为冷却到一定时间后,其温度变化梯度较小,故采用较大的时间增量(较少子步)进行计算

SOLVE ！求解

TIME, 252.6 ！冷却 252. 6 s。即总共冷却时间为 250 s

DELTIM, 1 ！设置时间增量

SOLVE ！求解

ALLSEL, ALL

EALIVE, ALL ！将第二道焊缝的单元激活

SFLDELE, 5, CONV ！删除施加在第一道焊缝表面上的对流系数

```
ASEL, S, , , 2  ! 选择面 2
NSLA, S, 1  ! 选择与面 2 相关的节点,即选择代表第二道焊缝的节点
BF,ALL, HGEN, % qt%  ! 第二道焊缝上的所有节点施加函数 qt 表示的热生成率 HGEN
TIME, 256.8  ! 给定时间,第二道焊接加热时间为 4.2 s
AUTOTS, ON  ! 打开自动时间步选项
KBC, 0  ! 设置递进(ramped)选项
DELTIM, 0.005  ! 设置时间增量
SOLVE  ! 求解
BFDELE,ALL, HGEN  ! 第二道焊接加热结束后,删除施加的热生成率
SFL, 10, CONV, % CONV1% , , 20,  ! 第二道焊缝表面施加对流边界条件
TIME, 280  ! 冷却时间
DELTIM, 0.5  ! 设置时间增量
SOLVE  ! 求解
TIME, 600  ! 最终计算时间 600 s
DELTIM, 5  ! 时间增量
SOLVE  ! 求解
SAVE  ! 保存
```

2.2.3　激光深熔焊接

激光深熔焊的焊接现象复杂,在很短时间内激光直接作用的小部分金属材料熔化和汽化形成小孔,并在小孔内和小孔上方产生等离子云,其加热阶段和冷却阶段的温度梯度比常规弧焊大。激光焊接因其热影响区小、焊接残余变形小、生产率高、操作灵活、维护方便以及低能耗等优点,在现代工业中得到了越来越广泛的应用。采用激光深熔焊接可以使产品结构设计更加紧凑,产品的重量和成本减少。有限元计算技术是研究激光焊接机理、预测焊接应力变形和优化焊接工艺的重要工具。对于激光焊接的有限元计算,准确有效的温度场计算是首要问题,因此有必要研究能反映激光热源特点以及激光与工件作用后的能量分布特征的热源模型。

国内外学者对激光深熔焊的热源模型进行了很多研究。针对激光深熔焊的小孔效应,Kaplan[40]通过逐层求解能量平衡方程计算不同小孔深度线热源相对于激光束轴线的位置。Steen 等[41]和刘建华等[42]把材料汽化形成的等离子体对工件的加热作为一个点热源,把激光束作为一个线热源,建立了点-线组合移动热源。Simon 等[43]假设小孔为圆柱形且孔壁各处的热流密度相等,建立了用于激光深熔焊接温度场有限元计算的移动圆柱体热源模型。Tsirkas 等[18]采用锥形热源、吴甦等[31]采用旋转高斯体热源、王煜等[15]采用双椭球热源进行了激光焊接有限元

计算，以反映高能束焊接的大熔深特点。为了模拟出具有大钉头小钉身的激光深熔焊焊缝，使用面热源和体热源两种类型热源相组合的模型是一种合理的方案，姚君山等[44]采用高斯面热源和峰值热流递增的旋转体热源模拟 T 形接头激光深熔焊的温度场，Zain-ul-Abdein 等[45]采用体热源和锥形热源组合计算激光焊接铝合金的温度场。

激光焊有限元计算特别是三维模型计算存在很大的困难，一方面由于热源移动，局部材料熔化和汽化，材料属性随温度呈非线性变化；另一方面由于激光焊接的焊缝窄小以及焊接过程的小孔效应需要非常细的网格和一系列的简化处理，如果考虑以小孔作为热源建立的基础，则计算网格会非常细密，计算模型非常庞大。近几年，激光焊接有限元计算受到越来越多的重视，提出了简化计算模型。大量研究表明，如果采用不考虑涉及小孔复杂现象的计算模型来预测激光焊接的应力应变和变形也是可行的，能满足工程应用要求[19, 20,46]。

从有限元计算的工程应用而言，应该从计算开始就注重效率，热源模型及其参数的选择应尽可能简便。焊缝区域是大部分焊接热能作用区，且焊缝形貌能通过试验方便确定。基于焊缝形貌的热源模型有利于简便地确定热源参数。但焊缝形貌和焊接工艺相关，不同的焊接工艺所形成的焊缝形貌不同，因而要选择不同的基于焊缝形貌的热源模型，如锥形焊缝选择锥形热源，较大热输入时形成上下表面熔宽接近的焊缝采用均匀体热源等。根据焊接参数而变化热源模型不利于评价不同焊接参数对焊接变形和应力的影响，因而不能有效地优化焊接工艺。如何针对不同焊接参数建立统一的计算模型以保证不同焊接参数下残余应力的可比性，这是一个重要的问题。本书提出改进的锥形体热源模型，以不同焊接参数下的不同焊缝形貌特征参数作为热源参数建立统一锥形体热源模型，对 TC4 钛合金激光深熔焊接的温度场进行有限元计算。

1. 改进锥形体热源模型

锥形体热源模型是激光焊接、电子束焊等高能束焊接温度场有限元计算的常用热源模型。本文以焊缝上下表面的熔宽和熔深作为热源特征尺寸，建立的激光熔透焊接锥形体热源模型的热量分布如图 2-26 所示[22]。

对于图 2-26 中所示的坐标系统，热源作用范围内的任意一点(x, y, z)的热生成率为

$$\begin{cases} q(x,y,z)=\dfrac{2\eta Pe}{\pi r_e^2 h}\exp\left(\dfrac{-r^2}{r_0^2}\right) \\ r^2=x^2+y^2 \\ r_0=r_i+\dfrac{(r_e-r_i)z}{h} \end{cases} \tag{2.22}$$

式中，q 为热源作用体积内任意一点上的热生成率，$W \cdot m^{-3}$；η 为激光吸收效率；r_e 为焊缝上表面的半宽，m；P 为激光功率，W；r_i 为焊缝下表面的半宽，m；h 为焊接熔深，m，对于熔透焊接，h 则为焊接件厚度；x,y,z 为热源作用范围内任意一点的坐标，m。

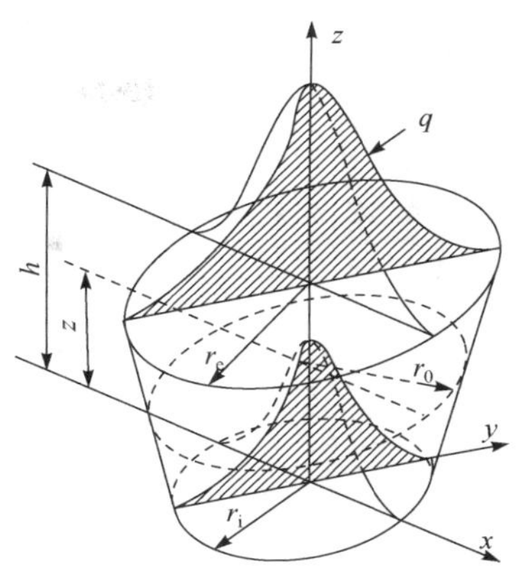

图 2-26　锥形体热源模型

式(2.22)表示的热源模型在垂直锥形体 z 轴的各个截面为圆形，且截面上的热流呈高斯分布，在圆心的热流密度为恒定值；各截面的半径 r 随 z 坐标的增加而线性增大。

相同材料和相同激光器在不同焊接工艺参数下的焊缝形貌不同，式(2.22)将上下表面的熔宽和熔深作为热源参数，可以将不同工艺参数下的热源模型统一在同一个热源模型表达式中。针对 TC4 激光深熔焊接的统一热源模型示意如图 2-27所示。

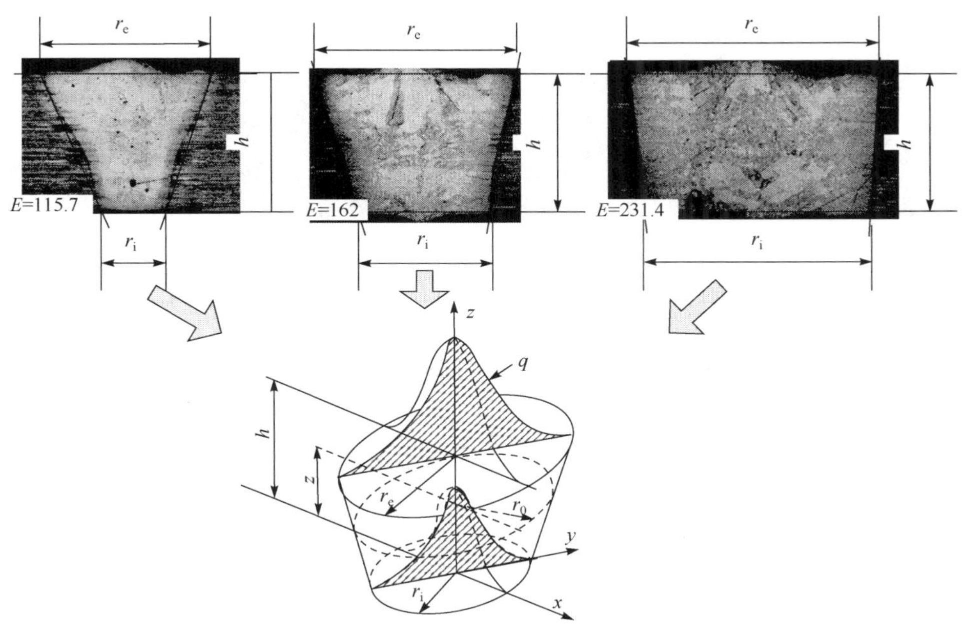

图 2-27　激光深熔焊接统一热源模型

2. 试验参数和热源参数

所用激光焊接设备为 CO_2 激光器，型号为 PRC4000，焊接材料为 TC4 钛合金。焊接工艺参数如表 2-5 所示。

表 2-5 激光焊接工艺参数

试样尺寸/mm	工艺参数		
	激光功率 P/W	焊接速度 v/(m·min^{-1})	线能量 E/(J·mm^{-1})
200×100×4	2700	1.4	115.7
200×100×4	2700	1.0	162.0
200×100×4	2700	0.7	231.4

采用基于焊缝形貌的统一锥形体热源模型进行温度场有限元计算，不同线能量的热源参数如表 2-6 所示。

表 2-6 不同线能量的热源参数

线能量 E/(J·mm^{-1})	焊缝上表面半宽 r_e/mm	焊缝下表面半宽 r_i/mm	激光功率 P/W	熔深(板厚) h/mm	激光效率 η
115.7	2.00	1.00	2700	4	0.8
162.0	2.65	1.85	2700	4	0.8
231.4	3.44	3.14	2700	4	0.8

3. 有限元模型和网格

由于焊接件相对焊缝中心线对称，故只对焊接件的 1/2 进行建模，模型大小为 100 mm×100 mm×4 mm。采用 8 节点六面体单元划分网格。由于激光焊接的焊缝窄小，需要非常细的网格才能反映焊缝处的大梯度温度变化，但是网格大小影响有限元计算时间。Tsirkas 等[19]模拟大型工件激光焊接时焊缝处的单元在 0.1 mm数量级；Ferro 等[47]对 50 mm×30 mm×5 mm 铜镍合金的激光焊接有限元计算时，热源处最小单元的边长为 0.3125 mm；Frewin 等[48]对工件尺寸为 11 mm×0.9 mm×5 mm 的计算模型采用的网格单元尺寸为 0.1 mm×0.1 mm×0.1 mm。考虑计算精度和效率的平衡，经过比较不同网格大小对焊接温度场和应力场的影响后，本例采用的计算模型在焊缝处最小单元尺寸为 0.2 mm×0.5 mm×1 mm。整个模型包含 24000 个单元，31155 个节点，如图 2-28 所示。

4. 边界条件和材料属性

计算温度场时，对称面施加绝热边界条件，其余表面施加散热边界条件。由于焊接时对熔池和焊缝背面采用气体保护，故加热阶段施加强制对流和辐射散热，冷却阶段考虑辐射和自然对流散热，并将对流系数和辐射系数复合成不同焊接阶段的复合换热系数来处理散热边界条件，如图 2-29(a)所示。考虑随温度变化的材料

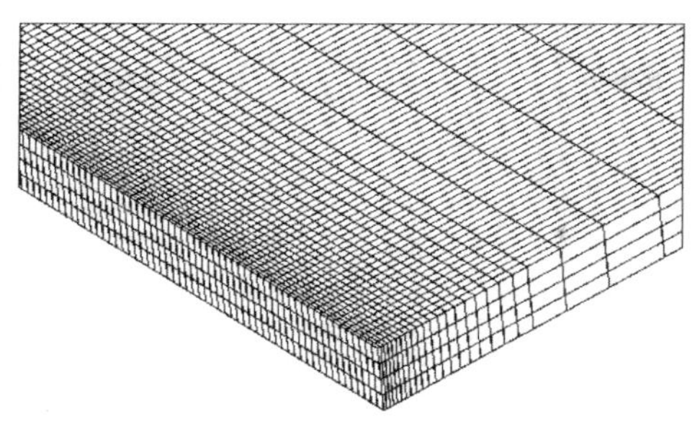

图 2-28　有限元网格

性能，并假设焊缝和母材的材料属性相同。弹塑性计算时，假设材料服从米塞斯(Mises)屈服准则及其相关流动法则。所采用的钛合金材料热学性能和力学性能如图 2-29 所示[49]。

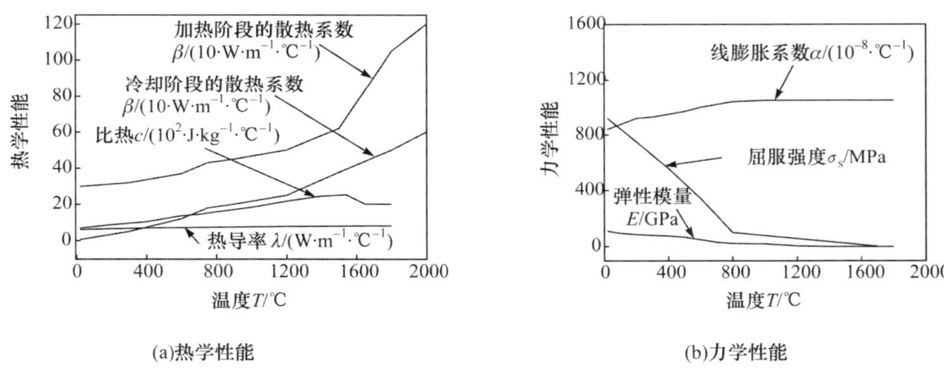

(a)热学性能　(b)力学性能

图 2-29　TC4 钛合金材料属性[49]

5. 温度场计算结果

线能量为 115.7 J · mm^{-1}计算的瞬态温度场分布如图 2-30 所示。

三种线能量焊接的温度场计算结果和焊缝轮廓形貌比较如图 2-31 所示。在焊接有限元计算时，评定计算结果是否合理的判据之一，是看能否获得较为准确的焊缝形状，一般取焊接过程进入稳态时的焊缝尺寸作为评定的标准。TC4 钛合金的熔点为 1600 ℃，从图 2-31 中看出，三种焊接情况的焊缝轮廓形貌和计算熔池温度场轮廓(1600 ℃)符合很好，说明该热源模型简单可靠，能在统一的热源模型下分析比较不同焊接参数对焊接过程的影响；对于本节研究的激光深熔焊接，随线能量增加，焊接熔宽增大，在板厚方向上激光能量由不均匀分布变为基本上均匀分布，焊缝横截面形状也由“钉子”形变为“酒杯”形，线能量进一步增加，焊缝截面的两条熔合线几乎平行，成“圆柱”形。

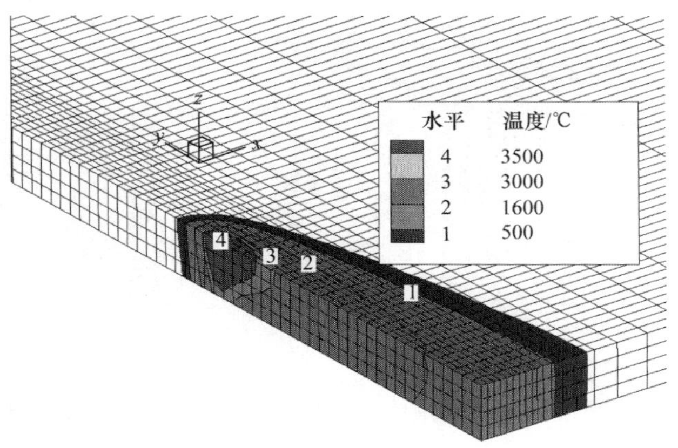

图 2-30　计算的瞬态温度场(E=115.7 J·mm^{-1})

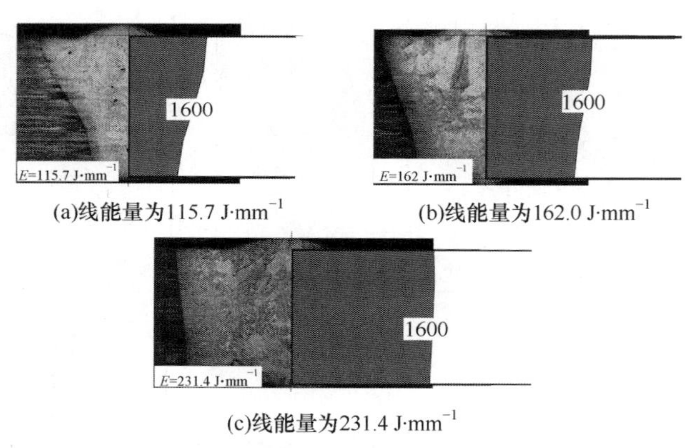

(a)线能量为115.7 J·mm^{-1}　(b)线能量为162.0 J·mm^{-1}

(c)线能量为231.4 J·mm^{-1}

图 2-31　垂直焊缝截面上的计算温度轮廓和焊缝形貌

6. 计算代码

以焊接件的 1/2 建立模型，采用 SOLID70 单元划分网格，焊缝和热影响区的网格细化，远离焊缝区网格稀疏。设置好随温度变化的材料性能及边界条件。本例中坐标原点在上表面，即图 2-30 所示的坐标系。假设以表形式定义的焊接阶段复合散热系数为 CONV，冷却阶段复合散热系数为 CONV1。以改进锥形体热源模型计算线能量为 115.7 J·mm^{-1}的激光熔透焊接温度场代码如下：

```
re=2.0e-3  ！定义热源参数，re 为焊缝上表面半宽
ri=1.0e-3  ！定义焊缝下表面半宽参数 ri
p=2700  ！定义激光焊接功率 P
e=2.72  ！定义常数 e
```

```
pi=3.1416 ! 定义常数 pi
eff=0.8 ! 定义热效率 eff
h=4e-3 ! 定义厚度 h
/SOL ! 进入求解器
ANTYPE, 4 ! 瞬态热分析
TUNIF, 20, ! 起始温度是均匀的,设定所有节点初始温度 20 ℃
NSEL, S, LOC, z, 0 ! 选择 z 坐标为 0 的节点,即上表面节点
SF, ALL, CONV, % CONV% , 20 ! 给所选节点(上表面节点)施加焊接阶段散热边界条件
ALLSEL, ALL
NSEL, S, LOC, z, -0.004 ! 选择 z 坐标为-4 mm 的节点,即下表面节点
SF, ALL, CONV, % CONV% , 20 ! 给所选节点(下表面节点)施加散热边界条件
ALLSEL, ALL
NSEL, S, LOC, y, 0 ! 选择 y=0 位置的节点
SF, ALL, CONV, % CONV% , 20 ! 给所选节点施加散热系数
ALLSEL, ALL
NSEL, S, LOC, y, 0.1 ! 选择 y=100 mm 位置的节点
SF, ALL, CONV, % CONV1% , 20 ! 施加散热系数
ALLSEL, ALL
j=0 ! 定义时间变量
*DO, i,-0.004, 0.104, re ! 定义循环变量 i,表达热源中心位置的移动,即每次热源中心移动 re 距离
 j=j+0.09 ! 热源作用时间为 0.09 s,每次循环时间累加
 LOCAL, 11, 1, 0, i, ! 定义局部柱坐标系,该局部坐标系名称为 11,中心点在 x=0,y= i 位置;由于 i 为循环变量,故该局部柱坐标随 i 的变化而变化
 NSEL, S, LOC, x, 0, re ! 在局部柱坐标系下选择 x 坐标在 0-re 之间的节点,即选择以 re 为半径的一个圆柱内的所有节点,该节点集就为所加载热源节点
 CSYS, 0 ! 转换到直角坐标下
 *GET, nMAX, NODE, , num, MAX ! 得到所选节点的最大编号
 *GET, nMIN, NODE, , num, MIN ! 得到所选节点的最小编号
 *DO, ei, nMIN, nMAX ! 在最小节点编号和最大节点编号之间进行循环
    *IF, NSEL(ei), EQ, 1, THEN ! 如果该节点选中
          *GET, elx, NODE, ei, LOC, x ! 获得该节点的 x 坐标并赋值给 elx 变量
          *GET, ely, NODE, ei, LOC, y ! 获得该节点的 y 坐标并赋
```

值给 ely 变量

*GET, elz, NODE, ei, LOC, z ! 获得该节点的 z 坐标赋值给 elz 变量

ely1=ely-i ! 定义变量 ely1,该变量即所选节点 y 坐标到热源中心 y 坐标差值

rr=SQRT(elx**2+ely1**2) ! 根据所选节点的坐标,计算节点到热源中心的半径

r0=ri+(re-ri)*(h-ABS(elz))/h ! 计算试件厚度各位置的热源作用半径(该半径随厚度线性变化)

*IF, rr, LE, r0, THEN ! 如果所选节点位于所在厚度位置的热源作用半径内

q1=2*p*eff*e/(pi*re**2*h)*exp(-1*rr**2/r0**2) ! 根据所选节点中心的距离计算热生成率

BF, ei, HGEN, q1 ! 每个节点上施加所计算的热生成率

*ENDIF ! 第一次判断结束

*ENDIF ! 第二次判断结束

*ENDDO ! 循环结束,所有选中节点都按照位置坐标施加了相应的热生成率

TIME, j ! 给定时间

LNSRCH, 1 ! 线性搜索打开

TIMINT, 1 ! 打开瞬态效应

AUTOTS, ON ! 打开自动载荷步选项

DELTIM, 0.03 ! 给定时间增量

OUTRES, NSOL, ALL ! 输出结果控制

KBC, 1 ! 设置阶越(stepped)选项

ALLSEL, ALL

SOLVE ! 求解

BFDELE,ALL, HGEN ! 求解结束后,热源移动到下一位置,将当前位置施加的热生成率删除

*ENDDO ! 热源移动结束

SFDELE,ALL, CONV ! 冷却阶段计算时,因为要施加冷却节点的散热系数,故将加热阶段的散热系数删除

NSEL, S, LOC, z, 0 ! 选择上表面节点,施加冷却阶段的散热系数

SF, ALL, CONV, %CONV1%, 20

ALLSEL, ALL

```
NSEL, S, LOC, z, -0.004  ! 选择下表面节点,施加冷却阶段的散热系数
SF, ALL, CONV, % CONV1% , 20
ALLSEL, ALL
NSEL, S, LOC, y, 0  ! 选择 y=0 位置表面上所有节点,施加冷却阶段散热系数
SF, ALL, CONV, % CONV1% , 20
ALLSEL, ALL
NSEL, S, LOC, y, 0.1  ! 选择 y=100 mm 位置表面上所有节点,施加冷却阶段散热系数
SF, ALL, CONV, % CONV1% , 20
ALLSEL, ALL
TIME, 10  ! 给定时间
DELTIM, 0.1  ! 给定该载荷步的时间增量,采用变载荷步方式提高计算效率
OUTRES, NSOL,ALL,  ! 输出结果控制
AUTOTS, ON
KBC, 1
SOLVE  ! 求解
TIME, 50  ! 给定时间
DELTIM, 0.5  ! 给定时间增量
SOLVE
TIME, 100  ! 给定时间,冷却至 100 s
DELTIM, 1  ! 冷却一定时间后,焊缝的温度梯度不大,可加大时间增量进行计算
SOLVE
TIME, 600  ! 给定时间 600 s,即冷却至 600 s
DELTIM, 5
SOLVE
SAVE
```

采用以上代码,只要修改 re,ri 和 P 等参数,就能计算不同线能量激光深熔的温度场。

2.2.4 T 形接头

1. 简化组合热源

本例采用组合热源模型计算 CO_2 气体保护焊的温度场。Deng 等[27]提出采用均匀体热源和高斯面热源组合计算 T 形接头温度场。经分析认为,对于本例的焊接热输入及焊缝尺寸,如果采用均匀面热源加载在焊缝表面上代表电弧热,其热输

入与高斯面热源模型基本一致，因此可以采用均匀面热源模型代替高斯分布面热源，以简化计算，提高效率。

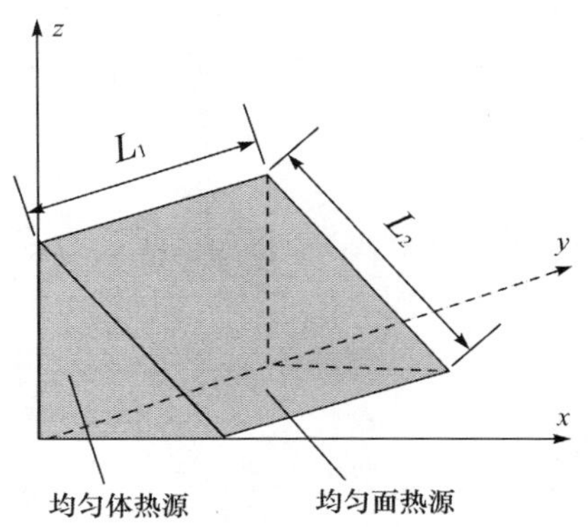

图 2-32　均匀体热源和均匀面热源的组合热源示意图

均匀体热源代表熔滴热，占总焊接热的60%，表达式如式(2.4)所示。均匀面热源表示电弧热，占总焊接热的40%，其表达式为

$$q=\frac{\eta UI}{A} \tag{2.23}$$

式中，q 为热流密度，$W \cdot m^{-2}$；A 为电弧作用面积，m^2；可简化为所选择加热单元的表面积，即图 2-32 中 $L_1 \times L_2$。

2. 焊接试验[50]

试验件的尺寸如图 2-33 所示，翼板尺寸为 200 mm×300 mm×16 mm，腹板尺寸为 200 mm × 200 mm × 20 mm，焊缝尺寸为 45°×10 mm。

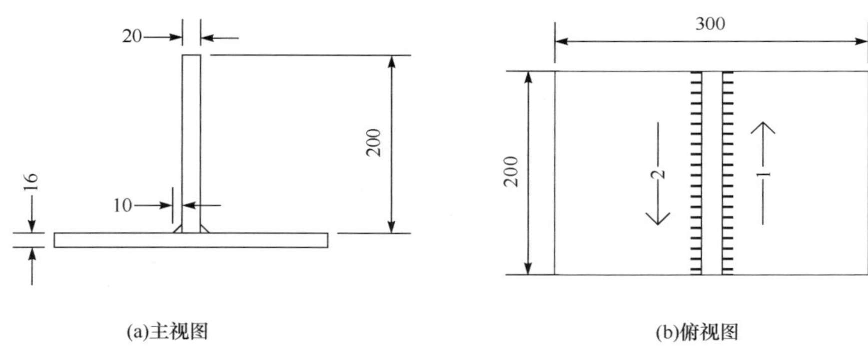

图 2-33　试验件设计尺寸示意图

图 2-33(b)中的 1 和 2 及其箭头表示两次焊接的顺序和方向。

为了避免板材火焰切割及机加工所产生残余应力对焊接试验以及焊接残余应力的测量造成影响，焊接前先对材料进行去应力退火处理。热处理工艺为：加热至 650 ℃并保温 2 h，然后随炉冷却 12 h 后取出工件。焊接前打磨去除氧化皮，并用手工电弧焊的方式将 T 形接头两端点固定

采用 MotoMan 焊接机器人进行焊接，焊接方式为 MAG，焊丝选用 ER50-6。焊枪行为设定：摆幅±2 mm，频率 4 Hz，摆动顶点停留时间 0.1 s。测试焊接参数

如表 2-7 所示。焊接件照片如图 2-34 所示。

表 2-7　测试焊接参数

电流 I/A	电压 U/V	实测速度 v/(cm · min^{-1})	熔池长度 l/mm
226～242	28.1～28.6	10	20～25

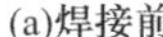

(a)焊接前

(b)焊接后

图 2-34　焊接件照片

采用热电偶对焊接热循环曲线进行实时测量。选用的热电偶为 K 型热电偶，通过研华公司的 USB-4718 温度采集卡将测量信号送入计算机，通过计算机记录温度-时间数据。热电偶的端部通过储能焊机焊接在测温点位置上。测温点位置位于试板中部，距离腹板表面 25 mm。

3. 计算模型

采用生死单元技术实现焊缝的填充过程。首先将建立包含焊缝的完整有限元模型，焊接前将焊缝单元杀死，焊接过程中随热源的移动将焊缝单元分段激活以实现焊缝金属的填充过程。建立的有限元模型如图 2-35 所示。采用 SOLID70 单元划分网格，焊缝区域的单元细化，远离焊缝区域单元稀疏。焊缝区域单元在 x 和 y 方向尺寸小于 3 mm。整个模型包含 10060 个单元，11844 个节点。

为简化计算，对流换热系数设为 15 W · m^{-2} · ℃$^{-1}$。Q345C 材料随温度变化的性能[51]如表 2-8 所示。

表 2-8　材料属性[51]

温度 T /℃	热导率 λ /(W · m^{-1} · K^{-1})	比热 C /(J · kg^{-1} · K^{-1})	焓 H 10^9/(J · m^{-3})	泊松比 ν	屈服强度 σ_s/MPa	弹性模量 E/GPa	线胀系数 α 10^{-6}/(m · ℃$^{-1}$)
20	51.9	450	1	0.28	345	207	11.
100	51.1	499	2	0.31	—	203	11
300	46.1	565	2.65	0.33	278	200	12
450	41.0	630	3.8	0.34	—	162	13

续表

温度 T /℃	热导率 λ /(W · m^{-1} · K^{-1})	比热 C /(J · kg^{-1} · K^{-1})	焓 H 10^9/(J · m^{-3})	泊松比 ν	屈服强度 σ_s/MPa	弹性模量 E/GPa	线胀系数 α 10^{-6}/(m · ℃$^{-1}$)
550	37.5	705	4.1	0.36	—	98	14
600	35.6	773	4.55	0.37	127	60	14
720	30.6	1080	5	0.37	—	40	14
800	26	931	5.23	0.42	64	—	15
1000	29.4	437	9	0.47	11	10	—
1200	29.7	400	1.1	0.49	—	—	—
1500	29.7	400	1.1	0.49	5	10	—
5000	42	400	1.25	0.49	—	—	15

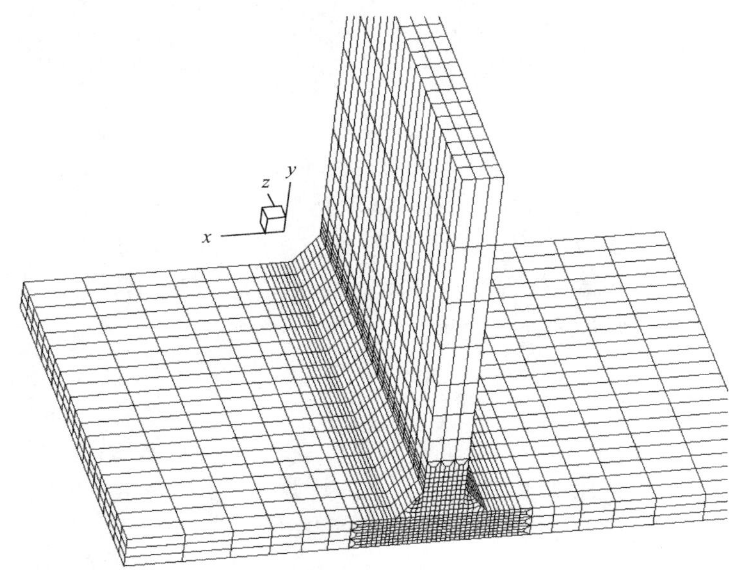

图 2-35 有限元模型

4. 计算结果

计算得到的第 1 道焊接 6 s 时刻和 48 s 时刻温度场如图 2-36 所示。显示温度场时，将高于 1420 ℃温度区域作为熔化区域，都显示为 1420 ℃；图中不显示死单元，即未生成焊缝就不显示。

计算的熔化区域和热影响区域与实际焊缝比较如图 2-37 所示。

图 2-37 中结果表明，计算的熔化区尺寸和热影响区域大小与实际焊缝非常接近。

温度测试点的测试温度与计算结果比较见图 2-38。由图可见，计算得到的测试点位置第 1 道焊接的升温过程、温度峰值和降温过程与测试结果非常接近。

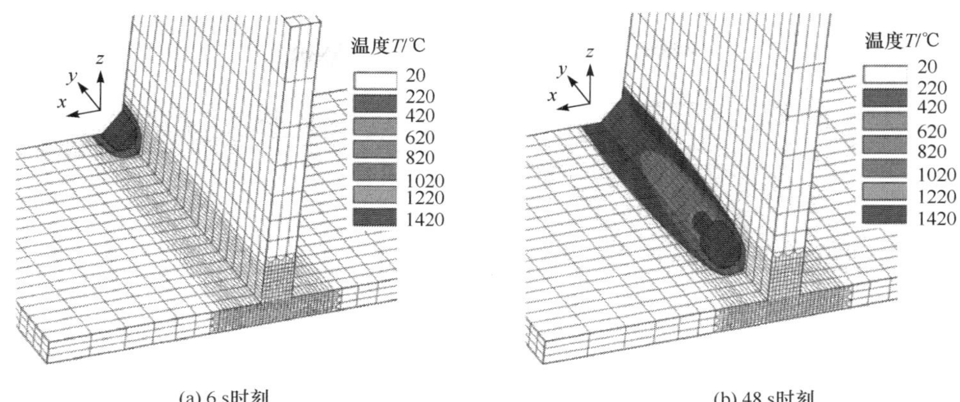

(a) 6 s时刻　　(b) 48 s时刻

图 2-36　计算的温度场分布

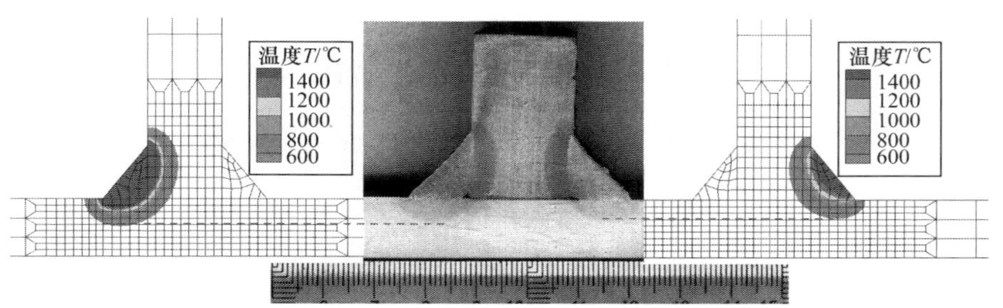

图 2-37　计算的焊缝形貌和实际焊缝比较(后附彩图)

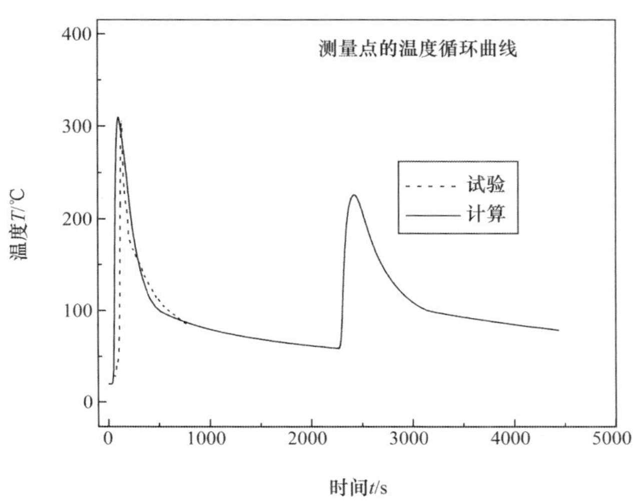

图 2-38　测试和计算结果比较

5. 计算代码

为方便编写程序和选择单元、节点、体积和面等,可将多次选择操作的单元、节点、体积和面定义为组件(component)。如将施加对流的所有面定义为一个面组件,将两条焊缝所属单元和节点分别定义为单元组件和节点组件,这样在程序中可以通过组件方式一次选择多个单元、节点和面等。如将体积 1 所包含的单元和节点定义为单元组件 e1 和节点组件 n1,其代码为:

```
VSEL, S, , , 1  ! 选择体积 1
ESLV, S  ! 选择属于体积 1 的单元
NSLV, S, 1  ! 选择属于体积 1 的节点。以上两句代码可以用选择属于体积 1 的所有对象的代码代替,即 ALLSEL, BELOW, VOLU
CM, e1, ELEM  ! 定义所选单元为单元组件 e1
CM, n1, NODE  ! 定义所选节点为节点组件 n1
```

定义完相关组件、材料性能等后,温度场的计算过程如下:

```
/SOL  ! 进入求解器
TUNIF, 20,  ! 给定初始温度 20 ℃
LNSRCH, 1  ! 打开线性搜索
TIMINT, 1  ! 时间积分瞬态效应
AUTOTS, 1  ! 自动时间步打开
ANTYPE, 4  ! 瞬态分析
CMSEL, S, aconv  ! 选择面组件 aconv,即选择所有要施加对流边界条件的面
SFA,ALL, 1, CONV, 15, 20  ! 给选择的面上施加对流换热系数
ALLSEL, ALL
CMSEL, S, e1  ! 选择组件 e1,即代表第 1 道焊缝的单元
CMSEL, A, e2  ! 再选择组件 e2,即代表第 2 道焊缝的单元
EKILL, ALL  ! 杀死所选单元,即将代表焊缝的所有单元杀死
ALLSEL, ALL
j=0  ! 定义时间变量
*DO, i, 0, -0.18, -0.02  ! 定义循环
  j=j+6  ! 加热时间 6 s,即热源每次移动的停留时间为 6 s
  CMSEL, S, N1  ! 选择第 1 道焊缝的所有节点,N1 为第 1 道焊缝节点组件
  NSEL, R, LOC, z, i, i-0.02  ! 从 N1 节点中按 z 坐标选择 20 mm 长一段节点,该段节点即为需要焊接的一段长度(所选择的节点随 i 变化,即通过选择施加热生成率的节点变化实现了热源 z 向移动)
  ESLN, S, 1  ! 选择与节点相关的单元
```

```
    EALIVE, ALL   ! 激活所选单元,即将第 1 道焊缝上 z 向 20 mm 一段单元激活,相当于熔敷金属长 20 mm
    BF, ALL, HGEN, 1.41e9  ! 施给所选节点施加相同的热生成率,即采用均匀体热源方式加载
    ALLSEL, ALL
    CMSEL, S, a1node  ! 选择第 1 道焊缝的表面节点组件,a1node 为生成的第 1 道焊缝表面节点组件
    NSEL, R, LOC, z, i, i-0.02  ! 从第 1 道焊缝表面节点中选出 z 向 20 mm 长的一段节点
    SF, ALL, HFLUX, 1.75e7  ! 给所选节点施加热流密度,即按照均匀面热源方式加载
    ALLSEL, ALL
    TIME, j  ! 给定时间
    DELTIM, 0.3  ! 给定时间增量
    OUTRES, NSOL, ALL,  ! 输出结果控制
    KBC, 1  ! 定义阶跃方式
    SOLVE  ! 求解
    SFDELE, ALL, HFLUX  ! 该位置热源作用 6 s 后,要移动下一位置,故需要删除该位置施加的热流密度和热生成率
    BFDELE, ALL, HGEN
  *ENDDO  ! 循环结束
  ! 第 1 道焊缝焊接结束后,该道焊缝全部生成,需要给该道焊缝表面施加对流边界条件
  CMSEL, S, a1  ! 选择第 1 道焊缝表面组件
  SFA,ALL, 1, CONV, 15, 20  ! 给第 1 道焊缝表面施加对流系数
  ALLSEL, ALL
  j=j+100  ! 定义冷却时间
  TIME, j
  DELTIM, 1  ! 给定时间增量
  SOLVE  ! 求解
  j=j+200  ! 定义第二段冷却时间
  TIME, j
  DELTIM, 5  ! 定义第三段冷却计算的时间增量
  SOLVE
  j=j+3000  ! 定义第三段冷却时间
  TIME, j
```

```
DELTIM, 20  ！第三段冷却计算的时间增量
SOLVE
！第 2 道焊接
*DO, i, -0.2, -0.02, 0.02  ！定义循环
   j=j+6  ！定义第 2 道焊接循环时间
   CMSEL, S, N2  ！选择第 2 道焊缝的节点组件
   NSEL, R, LOC, z, i, i+ 0.02  ！每次循环从 N2 节点组件中选择 z 向
20 mm 长的一段节点(所选择的节点随 i 变化,即通过选择施加热生成率的节点变
化实现了热源 z 向移动)
   ESLN, S, 1  ！选择与所选节点相关的单元
   EALIVE, ALL  ！激活所选单元
   BF, ALL, HGEN, 1.41e9  ！施加恒定热生成率
   ALLSEL, ALL
   CMSEL, S, a2node  ！选择第 2 道表面节点组件
   NSEL, R, LOC, z, i, i+ 0.02  ！每次循环从第 2 道焊缝表面节点组
件中选择 20 mm 长的一段节点
   SF, ALL, HFLUX, 1.75e7  ！施加均匀的表面热流密度
   ALLSEL, ALL
   TIME, j  ！给定时间
   DELTIM, 0.3  ！给定时间增量
   ALLSEL, ALL
   SOLVE  ！求解
   SFDELE, ALL, HFLUX  ！删除当前施加的热流密度
   BFDELE, ALL, HGEN  ！删除当前施加的热生成率
*ENDDO  ！循环结束,即第 2 道焊缝逐段生成完成
CMSEL, S, a2  ！选择第 2 道焊缝的表面组件
SFA,ALL, 1, CONV, 15, 20  ！第 2 道焊缝表面施加对流边界
ALLSEL, ALL
j=j+100  ！定义冷却时间
TIME, j
DELTIM, 1  ！定义时间增量
ALLSEL, ALL
SOLVE
j=j+200  ！定义第 2 道焊缝焊接结束后的第二段冷却时间
TIME, j
DELTIM, 5  ！定义时间增量
```

```
SOLVE
j=j+3000  ！定义第 2 道焊缝焊接结束后的第三段冷却时间
TIME, j
DELTIM, 20  ！定义时间增量
SOLVE
```

2.2.5　电子束焊接

1. 焊接试验[26]

采用电子束焊接 50 mm 厚的 TA15 钛合金板。TA15（Ti-6Al-2Zr-1Mo-1V）是一种近 α 钛合金，其熔点为 1600 ℃。TA15 的化学成分如表 2-9 所示。电子束焊接设备为 CV65M，电子束枪型号为 ZD150-30C。焊接时，电子束聚焦在试件的表面，焊接电压为 150 kV，电流为 85 mA，焊接速度为 5 mm · s^{-1}。在真空中进行焊接，焊接结束后在真空炉中放置约 10 分钟，等工件冷却到 200～300 ℃再将工件取出放置于空气中冷却到室温。该试样焊接前后未进行去应力热处理。

表 2-9　TA15 化学成分（质量分数）　　（单位：%）

Ti	Al	Mo	V	Zr	C	Fe	H	O	N	其他
余量	5.5～7.0	0.2～2.0	0.8～2.5	1.5～2.5	≤0.1	≤0.25	≤0.015	≤0.15	≤0.03	≤0.3

焊接件尺寸为 120 mm×120 mm×50 mm，如图 2-39 所示。焊缝形貌如图 2-40所示。从图 2-40 中看出，电子束焊接 50 mm 厚 TA15 试板的焊缝呈现明显的钉头形貌，焊缝上表面宽度达到 12 mm，且上表面有熔化金属形成的飞溅焊瘤，焊接件底部有约 5 mm 厚材料未焊透，焊缝的深宽比达到 3.75。

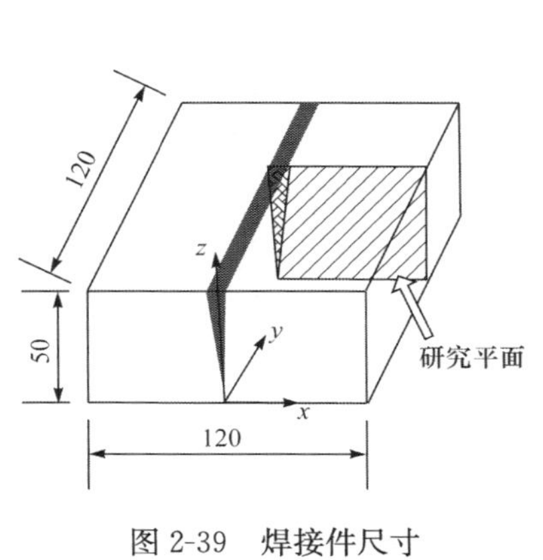

图 2-39　焊接件尺寸

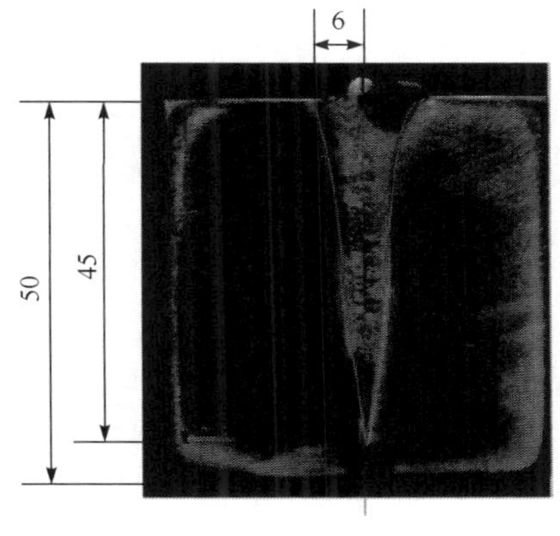

图 2-40　焊缝形貌

2. 带状组合热源

由于电子束焊接时，焊接温度达到材料的汽化温度而在熔池内形成小孔，电子束能穿透小孔达到小孔底部的材料，焊接产生的等离子体也加热焊接件上表面，相当于表面附加一个面热源。因此，可采用锥形体热源和均匀面热源组合的热源模型来计算焊接温度场，如图 2-7 所示的组合热源。

本例采用集成二维和三维模型的高效计算方法来研究电子束焊接 50 mm 厚钛合金板的温度场。首先采用细密网格的二维模型进行温度场的反复试算，并结合焊接试验得到的焊缝形貌标定计算得到的熔化区形貌，最终获得最优的热源参数；然后基于该最优热源参数和较粗糙网格构建的三维计算模型计算三维温度场。

在二维模型情况下，只有垂直焊缝的一个平面建立有限元模型，设移动热源以速度 v 沿 y 方向通过所研究的平面，则二维模型所施加的锥形热源改写为

$$q_v(x,y,z)=\frac{2\eta\beta P}{\pi r_0^2 d_0}\exp\left\{1-\left(\frac{x^2+v(\tau-t)^2}{r_0^2}\right)\right\}\frac{z}{d_0} \tag{2.24}$$

式中，τ 为定义时间为 0 时热源的位置参数。

二维模型的情况，表面热源可改写成

$$q_s(x,y,z)=\frac{(1-\beta)P}{\pi(r_a-r_0)^2},\quad r_0^2\leqslant x^2+y^2\leqslant r_a^2,\quad z=d_0 \tag{2.25}$$

式中，电子束焊接能量 P 可以通过焊接电压和电流计算；本例采用焊接件厚度作为热源作用深度 d_0；其余参数，如两种热源的能量分配系数 β、焊接效率 η、锥形热源有效作用半径 r_0、面热源有效作用半径 r_a，这些参数的大小直接影响计算的焊接温度场。

将组合热源模型施加在二维模型上计算焊接温度场，不断调整热源参数并将计算的焊缝轮廓和实际焊缝形貌进行比较，最终得到合适的热源参数，如表 2-10 所示。该参数也是三维温度场计算所用热源参数。

表 2-10 热源参数

r_0/mm	r_a/mm	β	η
1.0	6	0.85	0.92

由于电子束焊接的能量有效作用半径小，所以三维模型计算时，必须要保证单元在焊接方向上的尺寸小于作用半径，这样才能保证热源能施加在单元上，但是这样会使焊接方向上的单元划分非常细密，并且要采用小步长，需要花费很多时间步进行计算，这将导致巨大的计算量。如果将热源沿焊缝方向拉长，这样可以在焊缝方向划分较少的单元，且热源作用时间也相对较小。

电子束焊接的移动速度足够快，在焊缝上施加的移动热源可以看成段状组合

热源，该段状热源在垂直焊缝方向和原热源相似，而沿焊缝方向的热流为均匀分布（相当于将组合热源沿焊接方向拉伸）。这样可以将焊缝划分成若干段，按焊接顺序依次加热各段，这样在垂直焊缝和深度方向体现了原组合热源的特点；又能顺序加热，体现了移动热源的特点。对于一段的加热，可将其划分为很少的时间步，每步采用较大的步长进行计算，大大减少了计算量。由于段状热源在焊接方向上的能量为均匀分布，所以沿焊接方向的网格尺寸可以较大，从而进一步减少计算量，缩短计算时间。本例采用图 2-6 所示的带状锥形热源。带状均匀面热源和带状锥形体热源的作用时间一致，式(2.6)～式(2.12)给出了带状锥形热源的表达式及加热时间计算式。

3. 计算模型

建立的二维和三维有限元计算网格如图 2-41 所示。二维模型焊缝处最小单元尺寸为 0.22 mm×0.56 mm，三维模型焊缝处的最小单元尺寸为 0.31 mm×6 mm×1.1 mm。二维模型包含 4520 个四边形单元和 4629 个节点，三维模型包含 24500 个单元和 26880 个节点。

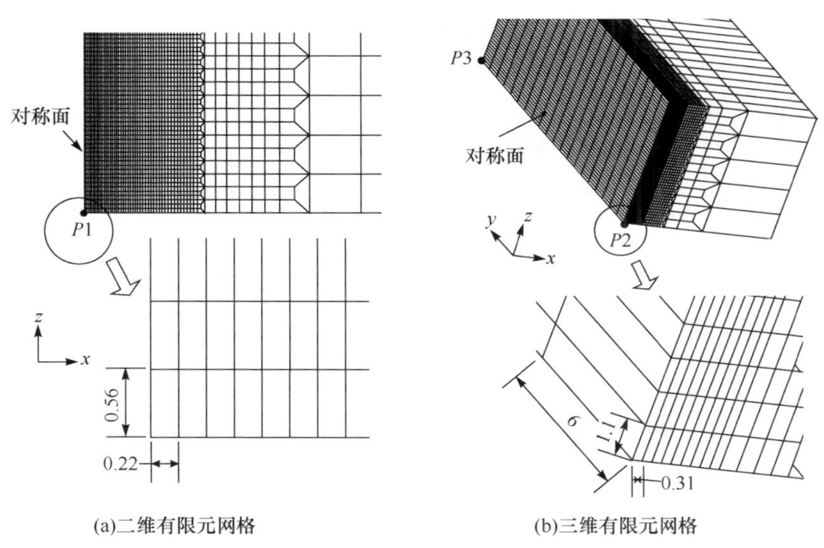

(a)二维有限元网格　(b)三维有限元网格

图 2-41　有限元网格

温度场计算时，由于在真空炉中进行焊接，所以加热阶段计算时，除对称面施加绝热边界条件外，其余各面施加辐射边界条件，取辐射系数为 0.8；焊接结束 10 min后取出焊接件在空气中冷却，故冷却阶段计算时，与空气接触的各面施加对流边界和辐射边界条件。

采用随温度变化的材料性能进行计算(图 2-42),其数据来自文献[52]。考虑熔池内的强烈传热作用,熔化温度之上的材料热导率将大大提高[35]。

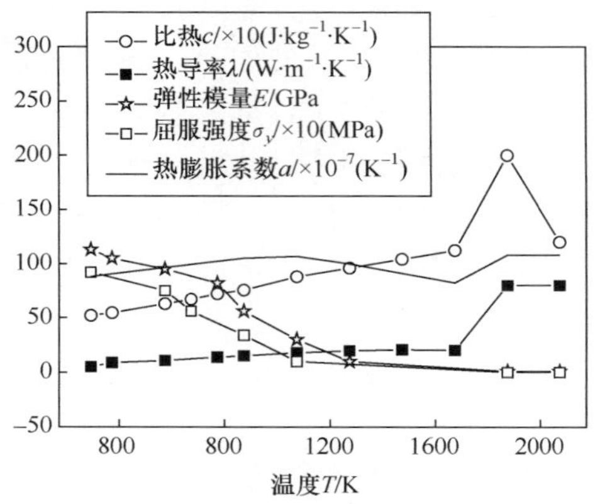

图 2-42　随温度变化的材料性能

4. 计算结果

采用二维模型和组合热源计算的焊接结束时刻温度场分布与实际焊缝形貌比较如图 2-43 所示。

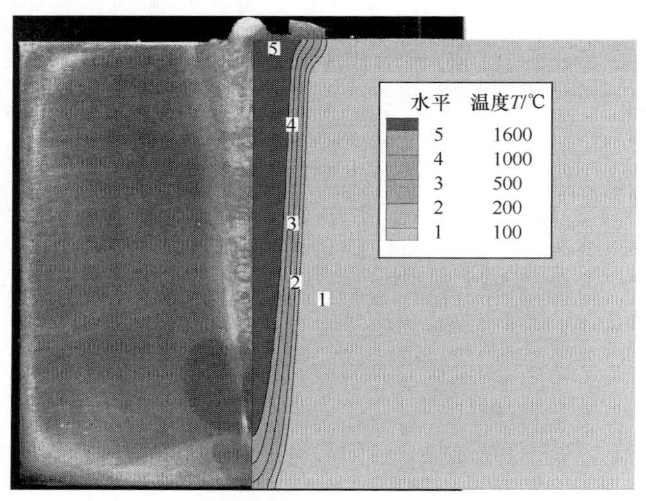

图 2-43　计算温度场和焊缝轮廓比较

从图 2-43 中看出,计算出的熔化区(温度高于 1600 ℃的区域)呈现明显的钉头形状,熔化区的大小、深度和实际焊缝相比非常接近,说明所选取的计算参数和温度场计算模型比较合理;并且计算的温度轮廓从 1600 ℃的高温到低于 200 ℃温度轮廓非常窄小,反映了电子束焊接的大温度梯度特征。

在精细二维模型获得合理热源计算参数基础上,采用带状组合热源计算的 0.8 s时刻的三维温度场分布、中截面的温度场轮廓和实际焊缝比较如图 2-44 所示。

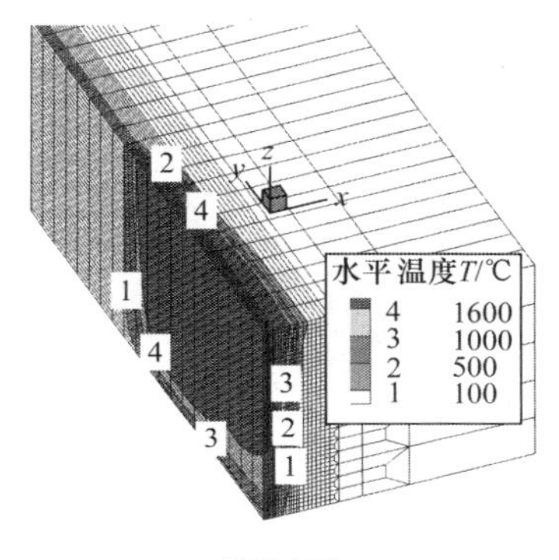

(a)三维温度场

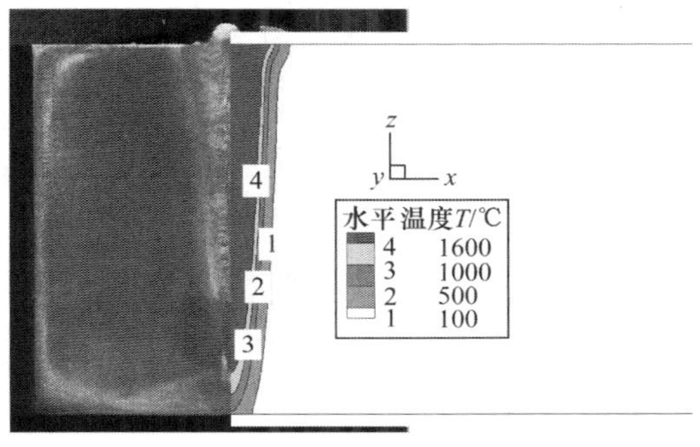

(b)温度轮廓和焊缝形貌

图 2-44　焊接 0.8 s时刻的温度场分布

由图 2-44 看出,采用三维带状热源计算的焊缝轮廓和实际焊缝很接近,说明基于二维热源参数的三维带状热源模型计算的电子束焊接温度场比较合理。

5. 计算代码

本例给出了三维模型带状组合热源计算温度场的部分代码,如下:

```
r0=1.0e-3  ! 定义锥形热源上表面半径参数
h=50e-3  ! 定义锥形热源作用深度,即试件厚度
e=2.72  ! 定义常数 e
pi=3.142  ! 定义常数 pi
p=150*85  ! 计算电子束焊接功率 P
eff= 0.92  ! 定义热效率
v=5e-3  ! 给定焊接速度
q1=2*p*eff*0.85*e/(pi*r0**2*h)  ! 计算电子束焊接峰值热生成率
ra=6e-3  ! 定义均匀面热源参数
saa=ra-r0  ! 定义均匀面热源作用参数
qa=p*0.15*eff/(pi*saa*saa)  ! 计算均匀面热源的热流密度
/SOL  ! 进入求解器
ANTYPE, 4  ! 瞬态分析
TUNIF, 20,  ! 初始温度 20℃
```

```
tt=SQRT(pi)*r0/v  ! 定义热源作用时间
kk=tt
NSEL, S, LOC, z, 0  ! 根据坐标选择模型外表面的节点
NSEL, R, LOC, z, 50e-3
NSEL, R, LOC, y, 0
NSEL, R, LOC, y, 120e-3
NSEL, R, LOC, x, 60e-3
SF, ALL, rdsf, 0.8, 1  ! 给所选节点施加辐射系数,rdsf 为面-面辐射系数。电子束焊接在真空中进行,故只有辐射散热边界条件
ALLSEL, ALL
STEF, 5.67e-8  ! 定义 Stefan-Boltzmann 辐射常数
SPCTEMP, 1, 200!   ! 定义辐射传热时的环境温度
*DO, i, 0, 0.12, 0.03  ! 定义循环,每次加载带状热源长度为 30 mm
  mm=i+0.03  !
  NSEL, S, LOC, y, i, i+0.03  ! 选择施加均匀面热源的节点
  NSEL, R, LOC, x, r0, sa
  NSEL, R, LOC, z, 50e-3
  SF, ALL, HFLUX, qa  ! 给所选节点施加均匀面热源
  ALLSEL, ALL
  NSEL, S, LOC, y, i, i+0.03  ! 根据坐标选择施加带状锥形热源的节点
  NSEL, R, LOC, x, 0, r0
  *GET, nMAX, NODE, , num, MAX  ! 得到所选节点的最大编号
  *GET, nMIN, NODE, , num, MIN  ! 得到所选节点的最小编号
  *DO, ei, nMIN, nMAX  ! 在最大和最小节点编号之间循环
     *IF, NSEL(ei), EQ, 1, THEN   ! 如果是选中节点
     *GET, nlx, NODE, ei, LOC, x  ! 获取该节点的 x 坐标,赋予 nlx
     *GET, nly, NODE, ei, LOC, y  ! 获取该节点的 y 坐标,赋予 nly
     *GET, nlz, NODE, ei, LOC, z  ! 获取该节点的 z 坐标,赋予 nlz
          q2=exp(-1*elx**2/re**2)   ! 根据坐标计算各节点施加的热生成率
          qm=q1*q2*elz/h
          *IF, ely, EQ, mm, THEN   ! 如果该节点的 y 坐标在每段热源作用区域界面上则施加一半热生成率
             BF, ei, HGEN, qm/2
             *ELSEIF, ely, EQ, i, THEN
             BF, ei, HGEN, qm/2
```

```
            *ELSE
            BF, ei, HGEN, qm  ! 如果在热作用区域内部,则施加全部热生成率
            *ENDIF
        *ENDIF
      *ENDDO
   TIME, tt  ! 给定热源作用时间
   LNSRCH, 1  ! 打开线性搜索
   AUTOTS, 1  ! 打开自动时间步
   DELTIM, 0.01  ! 定义时间增量
   OUTRES, NSOL, ALL  ! 输出选项控制
   KBC, 1  ! 定义载荷步阶跃选项
   ALLSEL, ALL
   SOLVE  ! 求解
   BFDELE,ALL, HGEN  ! 热源移动到下一段作用区域前,删除掉当前施加的
热生成率
   SFDELE, ALL, HFLUX  ! 删除当前区域施加的热流密度
   ALLSEL, ALL
   tt=tt+kk  ! 热源作用时间增量
  *ENDDO
    ! 定义冷却阶段的对流系数
  *DIM,CONV1, TABLE, 9, 1, 1, temp, ,
  *SET, CONV1(0, 1, 1), 0
  *SET, CONV1(1, 0, 1), 20
  *SET, CONV1(1, 1, 1), 6
  *SET, CONV1(2, 0, 1), 300
  *SET, CONV1(2, 1, 1), 50
  *SET, CONV1(3, 0, 1), 600
  *SET, CONV1(3, 1, 1), 120
  *SET, CONV1(4, 0, 1), 750
  *SET, CONV1(4, 1, 1), 180
  *SET, CONV1(5, 0, 1), 900
  *SET, CONV1(5, 1, 1), 200
  *SET, CONV1(6, 0, 1), 1200
  *SET, CONV1(6, 1, 1), 250
  *SET, CONV1(7, 0, 1), 1500
```

```
*SET, CONV1(7, 1, 1), 378
*SET, CONV1(8, 0, 1), 1800
*SET, CONV1(8, 1, 1), 500
*SET, CONV1(9, 0, 1), 2000
*SET, CONV1(9, 1, 1), 600
    ! 开始冷却时在炉内,不施加对流
ALLSEL, ALL
TIME, 30  ! 定义第 1 阶段冷却时间
DELTIM, 0.05  ! 给定时间增量
SOLVE  ! 求解
TIME, 100  ! 定义第 2 阶段冷却时间
DELTIM, 0.5  ! 定义时间增量
SOLVE
TIME, 200  ! 定义第 3 阶段冷却时间
DELTIM, 1, , , 0  ! 定义时间增量
SOLVE
TIME, 600  ! 第 4 阶段冷却时间
DELTIM, 2  ! 加大时间增量
SOLVE
    ! 以下为试件在空气中冷却过程计算代码,需要施加对流系数
NSEL, S, LOC, z, 0  ! 选择 z=0 位置表面节点
SF, ALL, CONV, %CONV1%, 20  ! 施加对流系数
ALLSEL, ALL
NSEL, S, LOC, z, 50e-3  ! 选择 z=50 mm 位置表面节点
SF, ALL, CONV, %CONV1%, 20  ! 施加对流系数
ALLSEL, ALL
NSEL, S, LOC, y, 0  ! 选择 y=0 位置的表面节点
SF, ALL, CONV, %CONV1%, 20  ! 施加对流系数
ALLSEL, ALL
NSEL, S, LOC, y, 120e-3  ! 选择 y=120 mm 位置的表面节点
SF, ALL, CONV, %CONV1%, 20  ! 施加对流系数
ALLSEL, ALL
NSEL, S, LOC, x, 60e-3  ! 选择 x=60 mm 位置的表面节点
SF, ALL, CONV, %CONV1%, 20  ! 施加对流系数
ALLSEL, ALL
TIME, 1200  ! 定义冷却时间
```

```
DELTIM, 10, , , 0  ! 定义时间增量
SOLVE  ! 求解
TIME, 3600  ! 定义最后阶段冷却时间
DELTIM, 20, , , 0  ! 定义时间增量
SOLVE
```

2.2.6　多道对接焊三维温度场

1. 焊接试验[53]

将 2 块尺寸为 100 mm×300 mm×18 mm 的低碳钢板对接焊接在一起。试板材料为 16Mn。焊接前试板经过退火处理使之处于无应力状态。总共 6 道焊道，其中根焊道采用手工 TIG 焊接方法，而其余焊道采用机器人自动控制的 CO_2 气体保护焊方法进行焊接，焊丝型号为 AWS ER70S-6，直径为 1.2 mm。焊接时采用 K 型热电偶测量不同位置的焊接温度。各焊道采用的焊接参数如表 2-11 所示。

表 2-11　焊接参数

焊道号	电流/A	电压/V	速度/(cm · min^{-1})
1	120	20	4
2	140	16	30
3	160	20	35
4	170	20	35
5	150	22	30
6	170	21	30

焊接试验如图 2-45 所示。图中的夹具只用于对准试板，而没有夹紧试板，因此，焊接件在焊接过程中横向方向是自由的。各道焊接顺序和焊缝轮廓如图 2-46 所示。

图 2-45　焊接试验

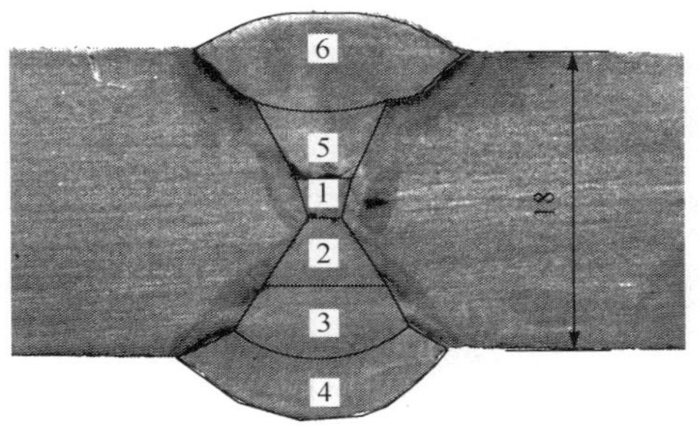

图 2-46　焊道顺序及焊缝轮廓

2. 温度场计算模型

图 2-47 所示为计算采用的三维模型有限元网格。焊缝区域采用细化网格，最小单元尺寸为 0.25 mm×0.7 mm×10 mm。有限元模型总共包含 37138 个节点和 34050 个 8 节点六面体单元。各焊道尺寸由图 2-46 中的焊缝轮廓决定。

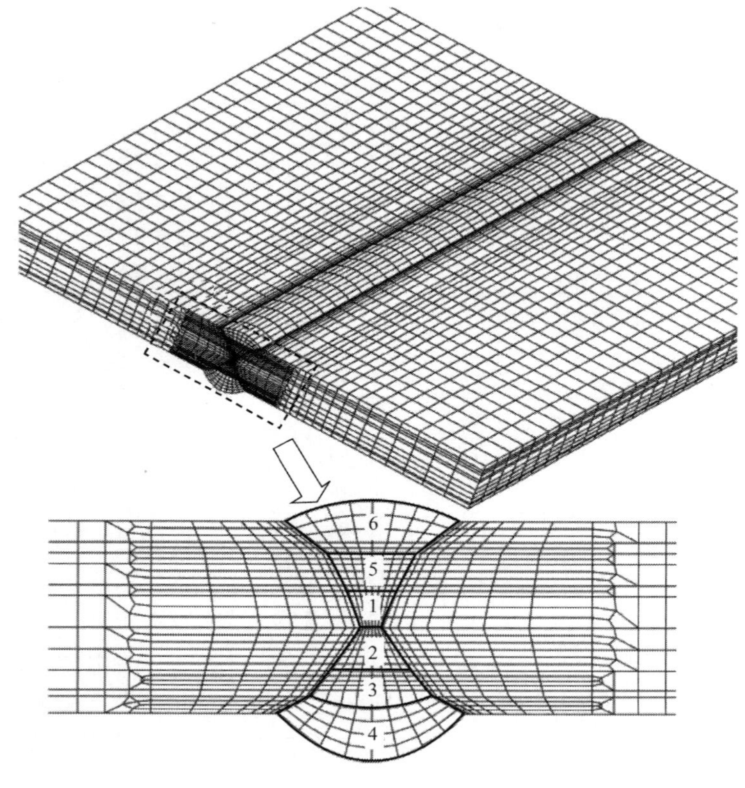

图 2-47 有限元网格

热源模型为均匀体热源模型，即

$$Q=\frac{\eta UI}{V} \tag{2.26}$$

式中，Q 为施加在每个单元上的热生成率，$W \cdot m^{-3}$；U 为电压，V；I 为电流，A；η 为电弧效率；V 为所分析的焊道体积，m^3。

对于二氧化碳气体保护焊，焊接效率设为 0.75[54]。计算温度场时，考虑辐射和对流传热边界条件。随温度变化辐射和对流效应的综合散热系数来自文献[39]。热源加热体积 V 通过不断试算温度场并比较试验结果而确定。

计算时采用生死单元方法实现每道焊缝金属顺序填充以及各焊道的顺序

生长。

3. 计算结果

计算得到各道焊接过程中的温度场结果如图 2-48 所示。

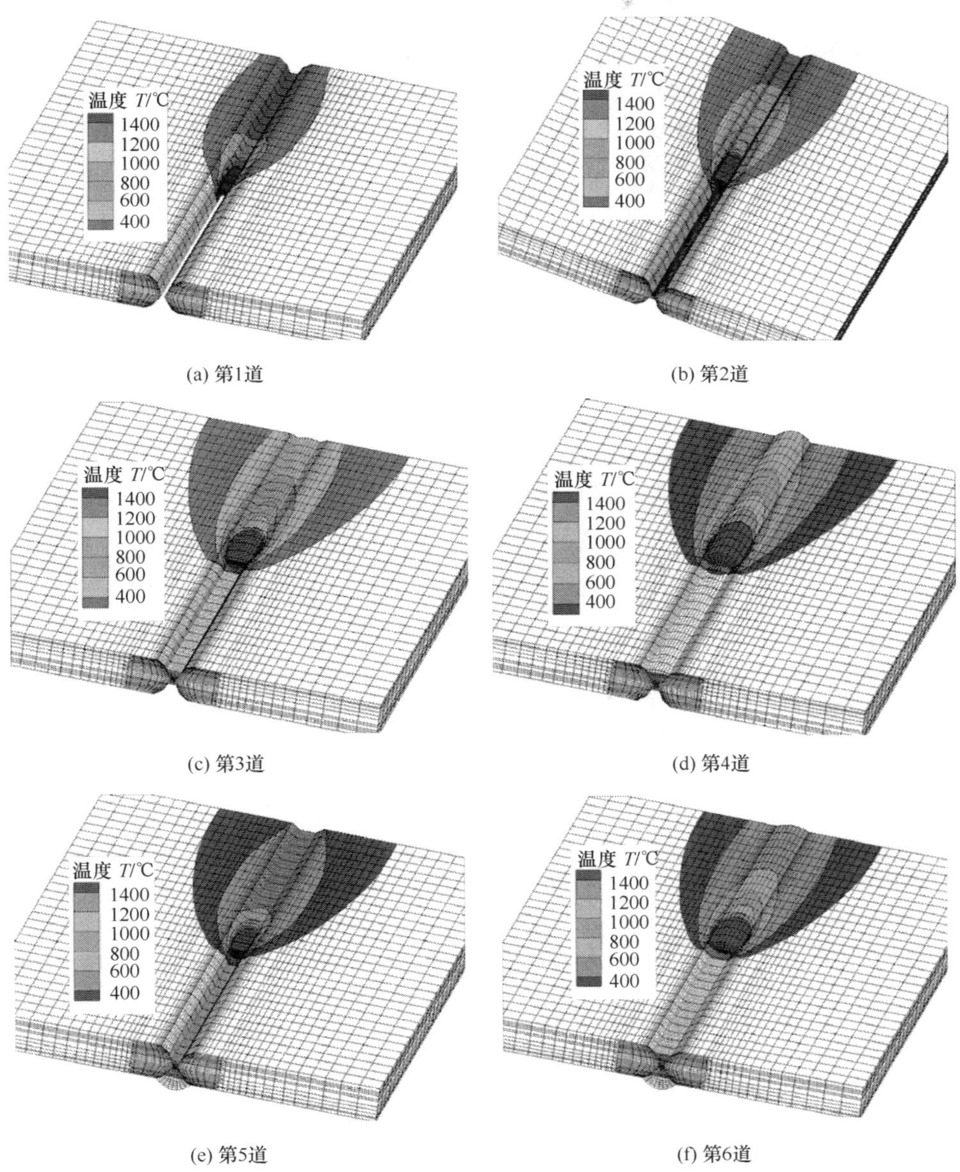

(a) 第1道　(b) 第2道　(c) 第3道　(d) 第4道　(e) 第5道　(f) 第6道

图 2-48　计算的各道温度场(后附彩图)

图 2-49 所示为有限元计算和试验测量的每道焊接温度结果，每道温度测量位置也表示在图中。第 4 道焊接时，操作不小心热电偶脱落，因而没有第 4 道焊接温度数据。

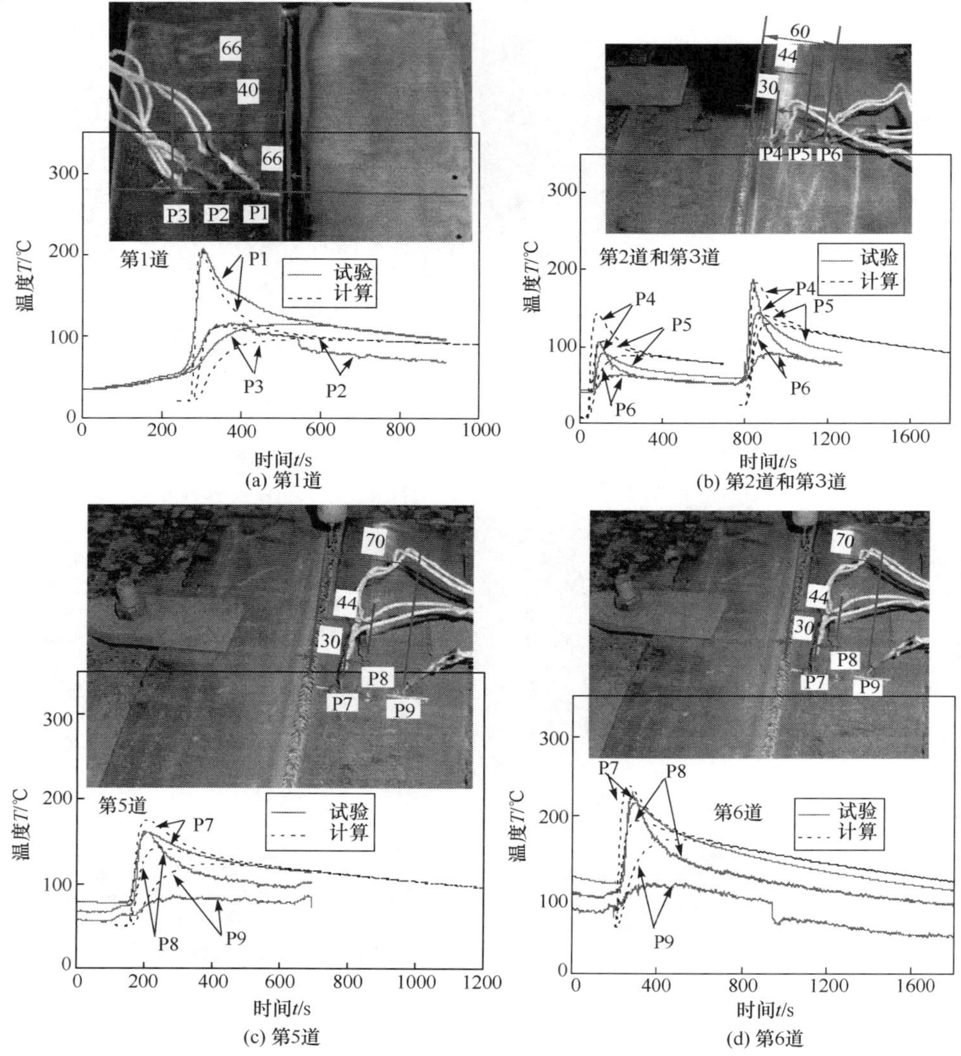

图 2-49　测量和计算温度结果比较

由图 2-49 看出，除第 2 道焊的第 4 测量点(P4)外，靠近焊缝区域其余测量点计算的热循环曲线与试验结果符合相当好，但是第 2 道焊的 P4 测点计算和试验测量峰值温度差距小于20 ℃。远离焊缝区域的各测点(P2，P3，P5，P6，P8，P9)计算结果与试验测量比较差距稍大，最大差距约为 50 ℃。总体来说，计算温度场结果和试验测试结果符合较好。

4. 计算代码

整个计算过程包括：采用 SOLID70 建立有限元模型，输入随温度变化的材料性能（热导率、密度和比热），定义初始条件和边界条件，设置求解选项，编写焊道顺序生成代码并加载均匀体热源计算的热生成率，最后进行瞬态温度场计算。为方便撰写代码，建立模型时，将代表每道焊缝的单元分别设置成组件。可以根据代表焊缝的体积所包含的单元进行选择，并设置组件。代码如下：

```
VSEL, S, , ,        1  ! 选择编号为 1 的体积
ALLSEL, BELOW, VOLU  ! 选择属于 1 号体积的所有实体（包含面、线、点、单元和节点）
CM, pass1, ELEM  ! 将所选择单元设为 pass1 单元组件
```

也可将所有需要施加对流的表面设置成组件，以便在代码中通过组件方便操作。需要注意的是：每道焊接结束后，相应的焊道侧面要参与冷却阶段的散热；第 4 道和第 6 道焊接完成后，相应的焊道侧面和表面都参与散热作用。对流和辐射综合散热系数采用表（TABLE）形式定义。

每道焊接时的热输入不同，需要根据熔池长度和每层焊道的截面积来计算热源作用体积，由均匀体热源的公式计算热生成率，然后由焊接速度和熔池长度计算热源加热每一段单元（熔池长度）所需时间。热生成率和热源作用时间需要不断调整，以保证焊缝单元上的所有节点达到熔化温度以上，并且计算温度和试验测试温度基本一致。每道焊接热生成率和加热时间分别以一维数组形式定义。

建模时需要建立包含整个焊缝的整体模型，采用生死单元实现每道焊缝逐段生成以及每道焊缝按照实际焊接顺序逐道生成。每道焊缝逐段顺序生成思路为：首先将所有代表焊缝的单元全部杀死，表示未焊接时候的情况；焊接第一道时，激活与热源作用长度等长的一段单元，施加热生成率进行瞬态热分析，然后删除热生成率载荷，选择下一段单元激活并加载热生成率和计算，依次循环实现焊道的顺序生长。整个焊缝长度为 300 mm，热源作用长度为 20 mm，因此焊接计算时将焊缝单元分为 15 段。因为焊接过程中需要翻转试件，试件经翻转后要重新焊接热电偶，故每道焊接间隔时间较长，为方便撰写代码，设每道焊接时间和冷却时间总和一致。

整个计算代码如下：

```
*DIM, qm, ARRAY, 6  ! 定义热生成率数组 qm()
qm(1)=2.8E+10, 1.6E+10, 1.3E+10, 7.0E+09, 1.1E+10, 7.8E+09
*DIM, tt, ARRAY, 6  ! 定义每道焊缝热源作用时间数组 tt()
```

```
tt(1)=5.0, 5.0, 5.0, 6.0, 6.0, 6.0
/SOL ! 进入求解器
*DIM,CONV1, TABLE, 15, 1, 0, temp, ,   ! 定义随温度变化的综合散热系数表
*SET, CONV1(0, 1, 1), 0
*SET, CONV1(1, 0, 1), 20
*SET, CONV1(1, 1, 1), 5
*SET, CONV1(2, 0, 1), 100
*SET, CONV1(2, 1, 1), 10
*SET, CONV1(3, 0, 1), 200
*SET, CONV1(3, 1, 1), 15
*SET, CONV1(4, 0, 1), 300
*SET, CONV1(4, 1, 1), 20
……
*SET, CONV1(12, 0, 1), 1200
*SET, CONV1(12, 1, 1), 200
……
TUNIF, 20,   ! 定义统一温度
IC,ALL, TEMP, 20, ,   ! 定义初始温度
CMSEL, S, aconv   ! 选择施加综合散热系数的面组件
SFA,ALL, 1, CONV, %CONV1% , 20   ! 给所选择的的面上施加散热系数
ALLSEL, ALL
ANTYPE, 4   ! 选择瞬态分析
OUTRES, NSOL, ALL   ! 输出结果控制,输出所有的节点求解结果
CMSEL, S, PASS1   ! 选择代表焊缝的单元组件
CMSEL, A, PASS2
CMSEL, A, PASS3
CMSEL, A, PASS4
CMSEL, A, PASS5
CMSEL, A, PASS6
EKILL, ALL   ! 将所有的焊缝单元杀死
ALLSEL, ALL
nn=15   ! 定义每道焊缝分段数
nl=20E-3   ! 定义每段热源作用长度
*DO, pass, 1, 6, 1   ! 以焊道数作为循环变量
```

```
ntt=tt(pass)  ! 将各道焊缝每段热源作用时间赋予变量 ntt
qmm=qm(pass)  ! 将各道焊缝的热生成率赋予变量 qmm
   *DO, nz, 1, nn, 1   ! 每道焊缝分段循环
      CMSEL, S, pass% pass%    ! 根据循环变量 pass 依次选择焊道组件
      NSLE, S  ! 选择属于所选焊道的节点(也可先建立代表焊道的节点组件)
      NSEL, R, LOC, z, nl * (nz-1), nz * nl   ! 选择 z 方向 20 mm 长的节点段(z 向为焊接方向)
      ESLN, S, 1   ! 选择与所选节点相关的单元
      EALIVE, ALL   ! 激活所选单元,即激活了 20 mm 的一段单元
      BF, ALL, HGEN, qmm   ! 所选的节点施加热生成率
      ALLSEL, ALL
      TIME, ntt * nz+3600 * (pass-1)   ! 定义加热时间
      DELTIM, 0.2, , , OFF      ! 定义时间步长
      SOLVE   ! 求解
      BFDELE, ALL, HGEN   ! 当前热源作用时间达到后,删除热生成率,进行下一段加热
   * ENDDO   ! 循环结束后,15 段加热过程结束
CMSEL, S, aconv% pass%  ! 选择每道焊接完成后,焊缝侧面组件
SFA, ALL, 1, CONV, % CONV1% , 20   ! 给所选面施加散热系数
ALLSEL, ALL
TIME, tt(pass) * nn+3600 * (pass-1)+30   ! 冷却阶段计算,冷却 30 s
DELTIM, 0.5, , , OFF    ! 给定时间增量(变步长)
ALLSEL, ALL
SOLVE   ! 计算
TIME, tt(gen) * nn+3600 * (gen-1)+300   ! 给定冷却时间 300 s
DELTIM, 3, , , OFF   ! 给定时间增量
ALLSEL, ALL
SOLVE
TIME, 3600 * (gen-1)+1200   ! 冷却 1200 s
DELTIM, 20, , , OFF
ALLSEL, ALL
SOLVE
TIME, 3600 * (gen-1)+3600   ! 冷却 3600 s
DELTIM, 50, , , OFF
ALLSEL, ALL
```

```
  SOLVE
*ENDDO  ! 循环结束后,每道焊缝生成
TIME, 3600*gen+3600  ! 焊接结束后的冷却时间,试件冷却至室温
DELTIM, 50, , , OFF
SOLVE
```

参 考 文 献

[1] Goldak J A, Akhlaghi M. Computational Welding Mechanics[M]. New York: Springer Science Business Media, 2005.

[2] Rosenthal D. The theory of moving sources of heat and its application to metal treatments[J]. Transactions of the ASME, 1946, 68(8): 849-865.

[3] Rykalin R R. Energy sources for welding[J]. Welding in the World, 1974, 12(9/10): 227-248.

[4] Pavelic V, Tanbakuchi R, Uyehara O A, et al. Experimental and computed temperature histories in gas tungsten arc welding of thin plates[J]. Welding Journal, 1969, 48(7): 295s-305s.

[5] Goldak J, Chakravarti A, Bibby M. A new finite element model for welding heat source[J]. Metallurgical Transactions B, 1984, 15B(2): 299-305.

[6] Teng T L, Chang P H, Tseng W C. Effect of welding sequences on residual stresses. [J]. Computers and Structures, 2003, 81(5): 273-286.

[7] Chang P H, Teng T L. Numerical and experimental investigations on the residual stresses of the butt-welded joints[J]. Computational Materials Science, 2004, 29(4): 511-522.

[8] Karlsson R L, Josefson B L. Three-dimensional finite element analysis of temperatures and stresses in a single-pass butt-welded pipe[J]. Journal of Pressure Vessel Technology, 1990, 112(1): 76-84.

[9] Yamamoto T, Ohji T, Miyasaka F, et al. Mathematical modelling of metal active gas arc welding[J]. Science and Technology of Welding & Joining, 2002,7(4): 260-264.

[10] Sudnik W, Radaj D, Breitschwerdt S, et al. Numerical simulation of weld pool geometry in laser beam welding[J]. Journal of Physics D: Appllied Physics, 2000, 33(6): 662-671.

[11] Sudnik W, Radaj D, Erofeew W. Computerized simulation of laser beam weld formation comprising joint gaps [J]. Journal of Physics D: Applied Physics, 1998, 31 (24): 3475-3480.

[12] Siddique M, Abid M. Numerical simulation of mechanical stress relieving in a multi-pass GTA girth welded pipe-flange joint to reduce IGSCC[J]. Modeling and Simulation in Materials Science and Engineering, 2005, 13(8): 1383-1402.

[13] Lundbäck A, Runnemalm H. Validation of three-dimensional finite element model for electron beam welding of Inconel 718[J]. Science and Technology of Welding & Joining, 2005, 10(6): 717-724.

[14] Deng D, Murakawa H. Numerical simulation of temperature field and residual stress in multi-pass welds in stainless steel pipe and comparison with experimental measurements [J]. Computational Materials Science, 2006, 37(3): 269-277.

[15] 王煜，赵海燕，吴甦，等. 电子束焊接数值计算中分段移动双椭球热源模型的建立[J]. 机械工程学报，2004，40(2)：165-169.

[16] Sabapathy P N, Wahab M A, Painter M J. Numerical models of in-service welding of gas pipelines[J]. Journal of Materials Processing Technology, 2001, 118(1-3): 14-21.

[17] Yaghi A H, Hyde T H, Becker A A, et al. Residual stress simulation in welded sections of P91 pipes[J]. Journal of Materials Processing Technology, 2005, 167(2-3): 480-487.

[18] Tsirkas S A, Papanikos P, Kermanidis T. Numerical simulation of the laser welding process in butt-joint specimens[J]. Journal of Materials Processing Technology, 2003, 134 (1): 59-69.

[19] Tsirkas S A, Papanikos P, Pericleous K, et al. Evaluation of distortions in laser welded shipbuilding parts using local-global finite element approach[J]. Science and Technology of Welding & Joining, 2003, 8(2): 79-88.

[20] Carmignania C, Maresb R, Toselli G. Transient finite element analysis of deep penetration laser welding process in a single pass butt-welded thick steel plate[J]. Computer Methods in Applied Mechanics and Engineering, 1999, 179(3-4): 197-214.

[21] Lankalapalli K N. A model for estimating penetration depth of laser welding processes[J]. Journal of Physics D: Applied Physics, 1996, 29(7): 1831-1871.

[22] Liu C, Zhang J X, Niu J. Numerical and experimental analysis of residual stresses in full-penetration laser beam welding of Ti6Al4V alloy[J]. Rare Metal Materials and Engineering, 2009, 38(8): 1317-1320.

[23] 蔡志鹏，赵海燕，鹿安理，等. 焊接数值计算中分段移动热源模型的建立及应用[J]. 中国机械工程，2002，13(3)：208-210.

[24] 杜汉斌，胡伦骥，王东川，等. 激光穿透焊温度场及流动场的数值模拟[J]. 焊接学报，2005，26(12)：65-100.

[25] Ferro P, Zambon A, Bonollo F. Investigation of electron-beam welding in wrought Inconel 706-experimental and numerical analysis[J]. Materials Science and Engineering A, 2005, 392(1-2): 94-105.

[26] Liu C, Wu B, Zhang J X. Numerical investigation of residual stress in thick titanium alloy plate Joined with electron beam welding[J]. Metallurgical and Materials Transactions B, 2010, 41(5): 1129-1138.

[27] Deng D, Liang W, Murakawa H. Determination of welding deformation in fillet-welded joint by means of numerical simulation and comparison with experimental measurements [J]. Journal of Materials Processing Technology, 2007, 183(2-3): 219-225.

[28] 姬书得，方洪渊，刘雪松，等. 基于串状热源的手工摆动焊应力场的数值模拟[J]. 焊接学报，2005，26(5)：46-48,52.

[29] 胡军峰，杨建国，方洪渊，等. 模拟焊接过程电弧摆动的热源模型[J]. 焊接学报，2005，26(6)：57-59,68.

[30] 邓德安，清岛祥一. 用可变长度热源模型奥氏体不锈钢多层焊对接接头的焊接残余应力[J]. 金属学报，2010，46(2)：195-200.

[31] 吴甦，赵海燕，王煜，等. 高能束焊接数值模拟中的新型热源模型[J]. 焊接学报，2004，15(1)：91-94.

[32] 刘黎明，迟鸣声，宋刚，等. 镁合金激光-TIG 复合热源焊接热源模型的建立及其数值模拟[J]. 机械工程学报，2006，42(2)：82-86.

[33] 刘川，张建勋，张林杰. 基于焊缝形状的二维焊接温度场模拟热源模型[J]. 材料热处理学报，2008，29(2)：178-180.

[34] 刘川，王蕊，张建勋. 堆焊角变形动态过程试验与数值分析[J]. 西安交通大学学报，2007，41(9)：1017-1021.

[35] Michaleris P，Debiccari A. Prediction of welding distortion[J]. Welding Journal，1997，76(4)：173-181.

[36] Brown S，Song H. Finite element simulation of welding of large structures[J]. Journal of Engineering for Industry，1992，114(44)：441-451.

[37] 张文钺. 金属熔焊原理及工艺[M]. 北京：机械工业出版社，1980.

[38] Murugan S，Kumar P V，Ral B，et al. Temperature distribution during multipass welding of plates[J]. International Journal of Pressure Vessels and Piping，1998，75(12)：891-905.

[39] Brickstad B，Josefson B L. A parametric study of residual stresses in multi-pass but-welded stainless steel pipes[J]. International Journal of Pressure Vessels and Piping，1998，75(1)：11-25.

[40] Kaplan A. A model of deep penetration laser welding based on calculation of the keyhole profile[J]. Journal of Physics D：Applied Physics，1994，27(9)：1805-1814.

[41] Steen W M，Dowden J，Davis M A. A point and line source model of laser keyhole welding[J]. Journal of Physics D：Applied Physics，1988，21(8)：1255-1260.

[42] 刘建华，李志远，胡伦骥，等. 激光深熔焊传热模型的研究[J]. 激光技术，1995，19(1)：10-14.

[43] Simon G，Gratzke U，Kroos J. Analysis of heat conduction in deep penetration welding with a time-modulated laser beam[J]. Journal of Physics D：Applied Physics，1993，26(5)：862-869.

[44] 姚君山，王国庆，刘欣. 钛合金 T 型接头激光深熔焊温度场数值计算[J]. 航天制造技术，2004，(2)：12-15.

[45] Zain-ul-Abdeina M，Neliasa D，Jullien J F，et al. Prediction of laser beam welding-induced distortions and residual stresses by numerical simulation for aeronautic application[J]. Journal of Materials Processing Technology，2009，209(6)：2907-2917.

[46] Luo X, Shinozaki K, Yoshihara S, et al. Analysis of temperature and elevated temperature plastic strain distributions in laser welding HAZ. Study of laser weldability of Ni-base superalloys (report5)[J]. Welding International, 2002, 16(5): 385-392.

[47] Ferro P, Bonollo F, Tiziani A. Laser welding of copper-nickel alloys: A numerical and experimental analysis[J]. Science and Technology of Welding & Joining, 2005, 10(3): 299-310.

[48] Frewin M R, Scott D A. Finite element model of pulsed laser welding[J]. Welding Journal, 1999, 78(1): 15s-22s.

[49] 李菊. 钛合金低应力无变形焊接过程机理研究[D]. 北京:北京工业大学, 2004.

[50] 闫乘志. 离心等温压缩机回流器焊接残余应力与变形的数值模拟[D]. 西安: 西安交通大学, 2011.

[51] Mahapatra M M, Datta G L, Pradhan B, et al. Modelling of angular distortion of double-pass butt-welded plate[J]. Journal of Engineering Manufacture, 2007, 222: 391-401.

[52] 黄伯云, 李成功, 石力开, 等. 中国材料工程大典. 第 4 卷, 有色金属材料工程[M]. 北京: 化学工业出版社, 2006.

[53] Liu C, Zhang J X. Numerical and experimental investigations on the modification of as-welded residual stress after local material removal[J]. Journal of Strain Analysis for Engineering Design, 2011, 46(6): 444-455.

[54] Deng D, Murakawa H. Prediction of welding residual stress in multi-pass butt-welded modified 9Cr-1Mo steel pipe considering phase transformation effects[J]. Computational Materials Science, 2006, 37(3): 209-219.

第 3 章　焊接应力变形有限元计算过程

本章在第 2 章介绍的表面堆焊、T 形焊接接头、厚钛合金板电子束焊接及碳钢多道焊接温度场有限元计算基础上，详细介绍这几种焊接接头残余应力变形的有限元计算过程、ANSYS 软件程序设计和焊接应力变形分布特征。

3.1　表面堆焊

以第 2 章中的堆焊试板为例，计算其焊接应力变形。基本过程详述如下。

3.1.1　建立应力变形计算网格模型

采用三维结构单元(SOLID185)建立与温度场计算模型一致的有限元网格，或者将温度场计算模型通过 ETCHG、TTS 命令直接从温度场计算模型装换为结构计算模型。

3.1.2　定义材料力学性能

采用随温度变化的材料力学性能，如弹性模量，屈服强度，热膨胀系数等。本例采用的材料力学性能如表 3-1 所示。材料服从米塞斯屈服准则和双线性等向强化准则。

表 3-1　随温度变化的材料力学性能[1]

温度 T/℃	20	100	200	300	400	500	700	1000	1500	5000
弹性模量 E/GPa	212	209	201	193	184	175	10	10	10	10
泊淞比 ν	0.288	0.291	0.294	0.288	0.283	0.289	0.2892	0.289	0.289	0.289
线膨胀系数 $\alpha/(10^{-6}\cdot℃^{-1})$	11.7	12	12.6	13.3	13.9	14.2	14.8	14.8	14.8	14.8
屈服强度 σ_s/MPa	235	200			150		30	10	1	1

3.1.3　施加边界条件

焊接时试板一端采用压板压紧，计算时用位移约束实现压板的作用，即将压板作用区域的所有表面节点都限制 3 个方向的自由度。施加位移约束的代码如下：

```
NSEL, S, LOC, X, 0, 0.08  ! 选择x坐标在0～80 mm范围内的节点
NSEL, R, LOC, Z, 0  ! 从已选中节点集中选择z坐标为0的节点
D,ALL, , , , , , UX, UY, UZ, , ,  ! 限制所选节点的x,y,z方向位移
ALLSEL, ALL
NSEL, S, LOC, X, 0.055, 0.08 ! 选择x坐标在55～80 mm范围内的节点
NSEL, R, LOC, Z, 0.006  ! 从已选中节点集中选择z坐标为6 mm的节点
D,ALL, , , , , , UX, UY, UZ, , ,  ! 限制所选节点的三个方向位移
ALLSEL, ALL
```

3.1.4 应力变形计算过程

将瞬态热分析过程每一时间步的计算结果作为结构计算的载荷，进行稳态计算，载荷作用时间和热分析时的热源作用时间一致。本例采用循环语句实现不同载荷步的加载，如加热阶段和冷却20 s过程的应力变形计算代码如下：

```
*DO, i, 0.01, 7.75, 0.01  ! 循环加载7.75 s加热阶段的热载荷，变量i代表时间，每次增加时间与温度场计算时间一致
   OUTRES, ALL, LAST  ! 输出结果选项
   LDREAD, TEMP, , , i, , 'file', 'rth', ' '  ! 从file.rth文件(温度场计算结果文件)中读入i时刻的温度场结果
   TIME, i  ! 给定计算时间
   DELTIM, 0.005, 0.001, 0.01, 0  ! 设置时间增量，即计算时间步
   KBC, 0  ! 采用递进(ramped)选项
   SOLVE  ! 求解
*ENDDO
*DO, i , 7.8, 20, 0.05  ! 冷却至20 s
   OUTRES, ALL, LAST  ! 输出最后一步结果
   LDREAD, TEMP, , , i, , 'file', 'rth', ' '  ! 读入i时刻的温度场结果
   TIME, i  ! 给定计算时间
   DELTIM, 0.025, 0.005, 0.05
   KBC, 0
   SOLVE
*ENDDO
```

3.1.5 计算结果

试件冷却到室温后，获得焊接残余应力和变形计算结果。进入ANSYS通用后处理器和时间历程后处理器，可以查看应力、应变和变形等计算结果。温度场、应力变形场计算结果可以采用ANSYS软件的后处理模块或采用TECPLOT等

有限元后处理软件进行处理。试板冷却 3600 s 之后的纵向应力和横向应力分布如图 3-1 所示。

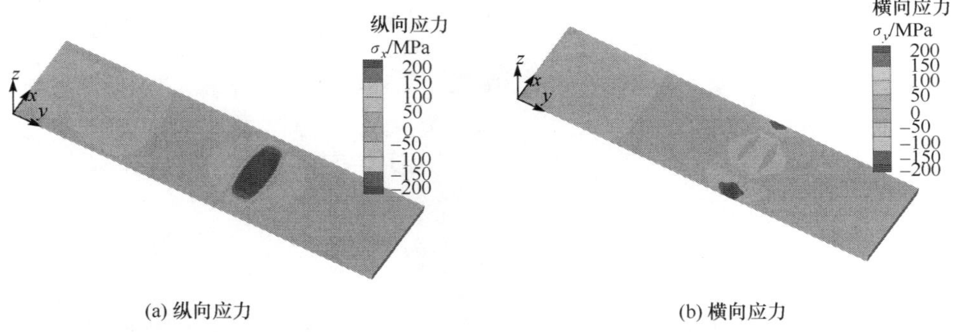

图 3-1　冷却 3600 s 时刻的应力场分布

计算得到的试板 z 向位移分布如图 3-2 所示。

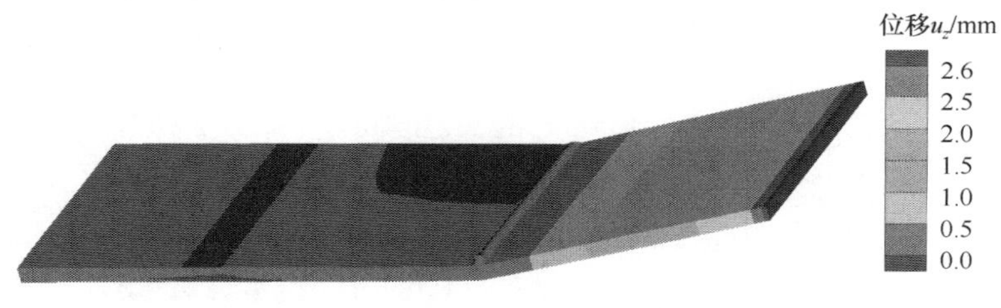

图 3-2　z 向位移分布图

采用位移传感器测试试板右端面的动态变形（z 向位移），并和计算 z 向位移比较，见图 3-3[2]。

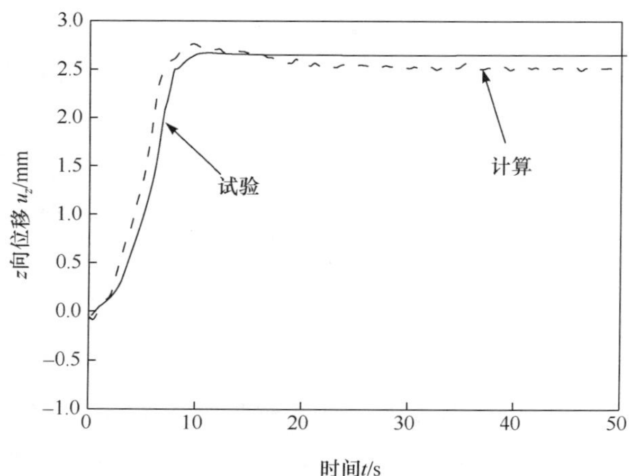

图 3-3　有限元计算和测量的位移比较

由图 3-3 看出，计算和测试得到的测试点动态变形结果非常接近，焊接变形主要发生在焊接过程前 10 s，冷却过程几乎没有变形产生。

3.2　T 形 接 头

本节以第 2 章介绍的 T 形接头为例，在组合热源计算的温度场基础上，详细介绍 T 形接头的应力变形测试及有限元计算过程。

3.2.1　应力和变形测试

采用盲孔法进行应力测量，盲孔法是常用的测定残余应力的一种半破坏性方法。在要测试残余应力的部位，用钻孔工具加工一个直径 2 mm、深度 2 mm 的小盲孔。小盲孔加工后，该处的金属连同其中的残余应力即被释放，原有残余应力也失去平衡。这时盲孔周围将产生一定量的释放应变，其大小与被释放的应力是相应的。测量盲孔附近由于应力释放而引起的应变释放量，通过弹性力学计算即可换算出盲孔位置原有的残余应力值。

盲孔法测试采用的应变片形状如图 3-4 所示，平行于焊缝的方向为 x 方向，此方向上的残余应力即纵向残余应力为 σ_x，相应的横向残余应力为 σ_y，则残余应力计算公式为

$$\sigma_x=\frac{(A+B)\varepsilon_1-(A-B)\varepsilon_3}{4AB} \tag{3.1}$$

$$\sigma_y=\frac{(A+B)\varepsilon_3-(A-B)\varepsilon_1}{4AB} \tag{3.2}$$

式中，A、B 为应力释放系数，与材料相关，Q345 钢的 A、B 值分别为

$$A=-0.57\ \mu\varepsilon\cdot \mathrm{MPa}^{-1}$$

$$B=-1.08\ \mu\varepsilon\cdot \mathrm{MPa}^{-1}$$

钻孔设备如图 3-5 所示。

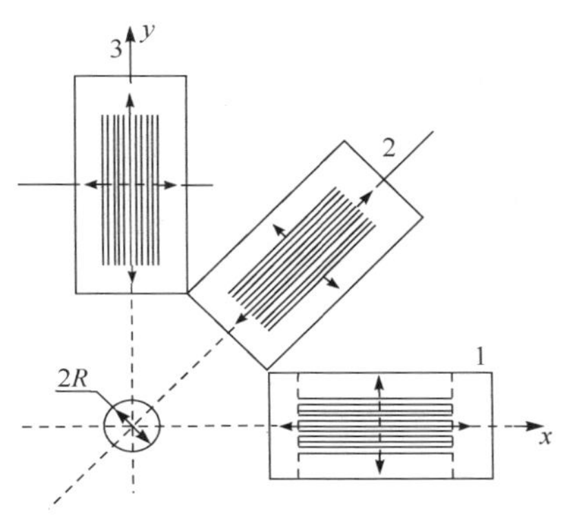

图 3-4　应变片形状示意图

图 3-5　钻孔设备

实际变形测量方法如图 3-6 所示，将焊件放在平台上，用重物将翼板的一侧压紧，测量 P1 至 P5 五个点离开平台的距离。

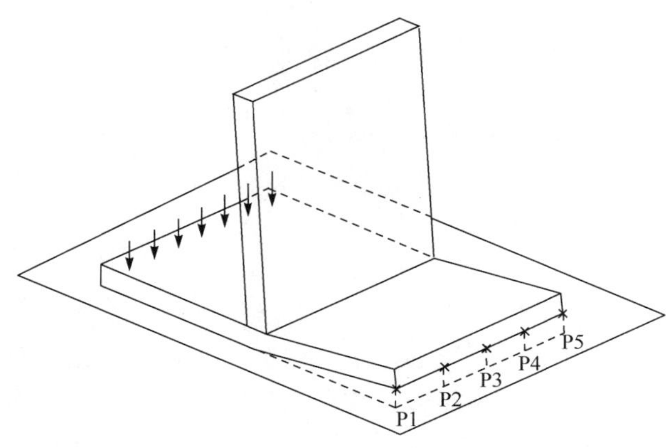

图 3-6　焊后变形测量示意图

3.2.2　计算模型

残余应力和变形计算模型的网格划分与温度场计算模型一致，单元类型采用 SOLID185 单元。模型建立时，将未焊接的焊缝也全部包含在模型中，并采用组件方法将代表焊缝的单元和节点生成组件，以方便编写代码。施加位移约束边界条件，使整个结构在计算中不发生整体平移或刚性转动，如图 3-7 所示。材料模型采用双线性随动强化模型并服从米塞斯屈服准则。

3.2.3　计算代码

首先将代表焊缝的单元全部杀死，然后通过生死单元法实现焊缝的逐段生成。以温度场计算结果作为热负载加载在节点上进行稳态分析。采用组件方法将代表焊道的单元、节点生成单元组件和节点组件，将施加对流换热系数的表面生成面组件，以方便编写程序。本例只分析每道焊接残余应力和变形，故只输出每道焊接冷却阶段最后一步的应力和变形结果，这样也可节约存储空间。两道焊接的计算代码基本一致，本例详细介绍第 1 道焊接的主要代码。

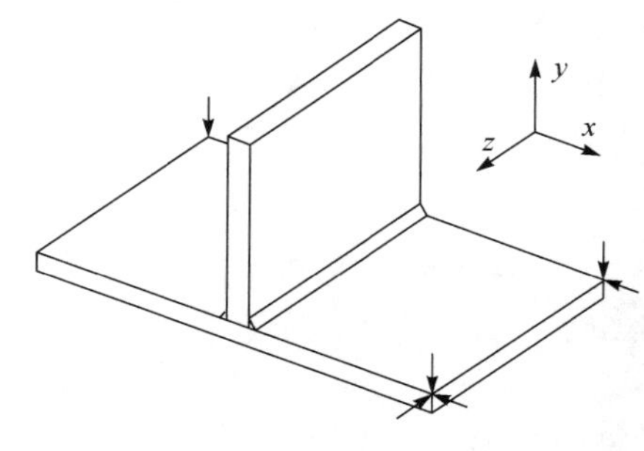

图 3-7　位移约束示意图

```
/SOL    ! 进入求解器
ANTYPE,STATIC   ! 静态(稳态)求解选项
TREF, 20,   ! 设置参考温度 20 ℃
```

```
CMSEL, S, e1  ! 选择代表焊缝的单元组件 e1
CMSEL, A, e2  ! 选择代表焊缝的单元组件 e2
EKILL, ALL  ! 杀死选择的单元,即杀死焊缝单元
ALLSEL, ALL
j=0  ! 定义时间变量
OUTRES, ALL, NONE  ! 输出结果控制,不输出结果
*DO, i, 0, -0.18, -0.02  ! 第 1 道焊缝焊接,按坐标分段循环
   CMSEL, S, N1  ! 选择代表第 1 道焊缝的节点组件 N1
   NSEL, R, LOC, z, i, i-0.02  ! 选择 z 坐标 20 mm 长的一段节点,依次按循环变量 i 增加
   ESLN, S, 1  ! 选择与所选节点关联的单元,即选择 z 坐标 20 mm 长的一段单元
   EALIVE, ALL  ! 激活所选单元
   ALLSEL, ALL
   j=j+6  ! 定义加热时间,即热源作用在每段单元上的时间为 6 s,随热源移动,时间累加
   LDREAD, TEMP, , , j, , 'Tthermal', 'rth', ''  ! 读入 j 时刻的温度场(本例只加载了热源作用时最高温度时刻的温度场,没有考虑热源作用时升温阶段的温度场,以此提高计算效率。该方法将在本书第 5 章高效计算算法中介绍。Tthermal.rth 为计算的温度场结果)
   TIME, j  ! 给定载荷步时间
   DELTIM, 3, 0.3, 6, 0  ! 设置时间增量
   KBC, 0  ! 时间步变化方式设置为递进方式
   ALLSEL, ALL
   SOLVE  ! 求解
*ENDDO  ! 循环结束时,第 1 道焊缝逐段生成
*DO, k, 61, 160, 1  ! 第 1 道焊缝焊接结束冷却 100 s
   LDREAD, TEMP, , , k, , 'Tthermal', 'rth', ''  ! 加载 k 时刻的温度场计算结果
   TIME, k  ! 给定计算时间
   DELTIM, 0.5, 0.05, 1, 0  ! 设置时间增量
   KBC, 0
   ALLSEL, ALL
   SOLVE
*ENDDO
*DO, k, 165, 360, 5  ! 第 1 道焊缝焊接结束后,冷却 200 s
   LDREAD, TEMP, , , k, , 'Tthermal', 'rth', ''  ! 加载 k 时刻的
```

温度场计算结果

```
      TIME, k
      DELTIM, 2.5, 0.25, 5, 0
      KBC, 0
      ALLSEL, ALL
      SOLVE
   * ENDDO
   * DO, k, 380, 3340, 20  ! 第 1 道焊缝焊接结束后,冷却第三阶段
      LDREAD, TEMP, , , k, , 'Tthermal', 'rth', ' '
      TIME, k
      DELTIM, 10, 1, 20, 0
      KBC, 0
      ALLSEL, ALL
      SOLVE
   * ENDDO
   OUTRES, ALL, LAST  ! 输出最后一步结果,整个第 1 道焊接只输出一步结果
   LDREAD, TEMP, , , 3360, , 'Tthermal', 'rth', ' '  ! 读入 3360 s 时刻的温度场
   TIME, 3360
   DELTIM, 10, 1, 20, 0
   KBC, 0
   ALLSEL, ALL
   SOLVE
```

3.2.4 计算结果

得到的焊接残余应力见图 3-8 所示。

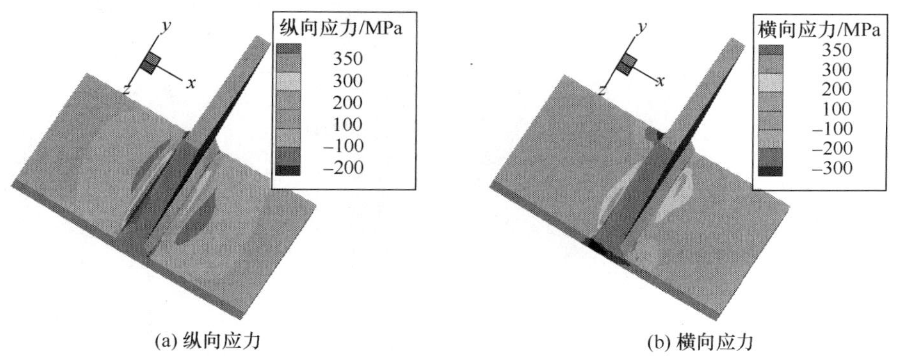

(a) 纵向应力　　(b) 横向应力

图 3-8　残余应力分布(后附彩图)

图 3-8 看出，第 2 道焊缝区域（左侧焊缝）的纵向拉应力明显比第 1 道焊缝的纵向应力大，纵向应力峰值达到了材料的屈服强度；焊缝上的横向应力较小，但焊趾位置出现接近材料屈服强度的横向拉伸应力。

试验测试和计算的残余应力比较如图 3-9 所示[3]。

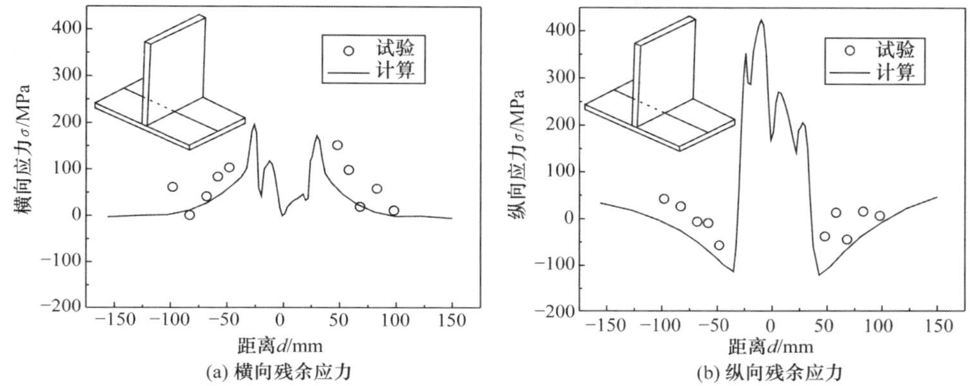

(a) 横向残余应力　(b) 纵向残余应力

图 3-9　计算和试验测试的残余应力比较

从图 3-9 看出，计算和试验测试的中截面位置残余应力的分布趋势非常接近。计算得到的 y 方向变形（角变形）如图 3-10 所示。

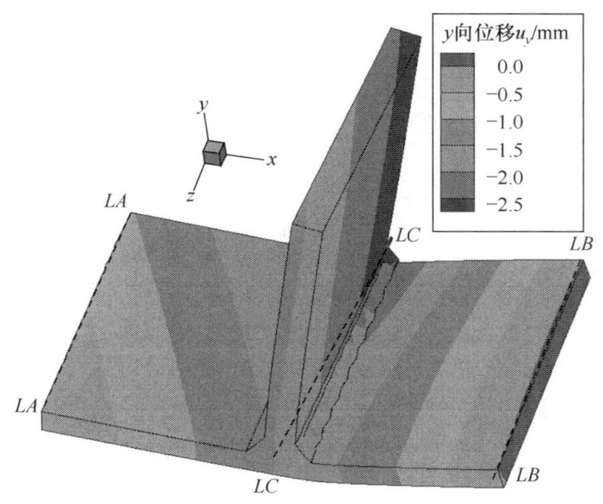

图 3-10　计算的 y 方向变形

图 3-6 所示试验测试的端面变形，相当于图 3-10 中计算的 LA 线和 LB 线的 y 向位移与 LC 线上 y 向位移差的总和。试验测试和计算的 y 向变形比较如图 3-11 所示，图中可以看出，试验和计算得到的变形符合较好。

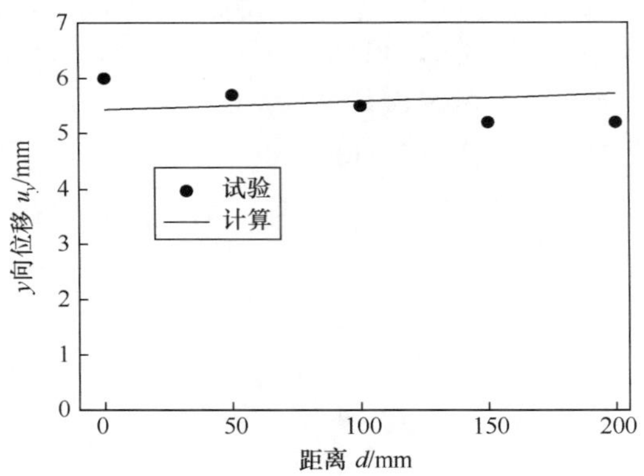

图 3-11 计算和试验测试的变形比较

3.3 厚钛合金板电子束焊接

3.3.1 计算模型和边界条件

采用三维带状组合热源计算电子束的温度场后，将温度场结果作为负载施加在结构模型上计算应力场。应力场模型和温度场模型一致，只是计算应力场的三维单元类型为 SOLID185，二维模型单元类型为 PLANE182。本例介绍电子束焊接的三维模型应力场计算。

应力场计算时，对称面上施加对称边界条件，为保证计算模型不发生整体刚性移动，二维模型和三维模型上的几个节点施加位移约束。三维模型计算应力时，对称面上施加对称约束(图 3-12 中约束整个对称面上所有节点的 x 方向自由度)，并且约束图中 P2 点的 y 方向和 z 方向自由度，约束 P3 点的 z 方向自由度。设材料服从双线性随动强化法则和米塞斯屈服准则。

3.3.2 计算结果[4]

三维模型计算得到的电子束焊接应力场分布如图 3-13 所示。

从图 3-13 中看出 50 mm 厚钛合金板电子束焊接的表面残余应力分布特征为：上表面焊缝区域的纵向残余应力为拉应力，峰值拉应力出现在距焊缝中心 5～10 mm的区域，达到 400 MPa，随着距焊缝中心距离增加，纵向应力迅速减小；上表面焊缝区域的横向残余应力为压应力，峰值压应力出现在焊缝中心；下表面焊缝区域的横向和纵向应力都为压应力。内部残余应力分布特征为：距焊缝中心 0～10 mm区域纵向残余应力从上表面到下表面基本上呈现拉应力—压应力分布形式(压应力主要分布在未焊透的母材区域)；距焊缝中心不同位置上，纵向拉应力

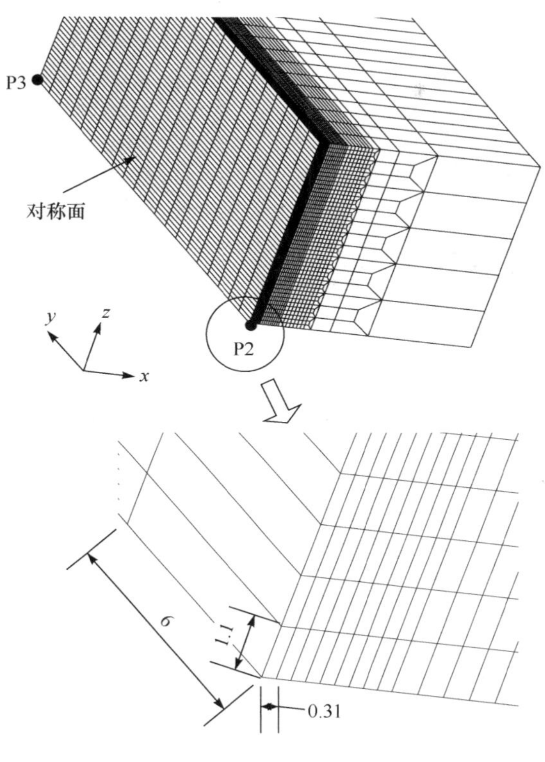

图 3-12　计算模型

峰值都出现在距下表面约 28 mm 的位置,达到材料的屈服极限;纵向压应力峰值出现在下表面;远离焊缝中心 10 mm 的区域,厚度上纵向应力变化较小。距焊缝中心 0～10 mm 区域,横向残余应力从上表面到下表面呈现压应力—拉应力—压应力分布形式,在厚度上横向应力自相平衡;在距焊缝中心的不同位置上,横向拉应力峰值都出现在距下表面 28 mm 位置; 距焊缝中心越远,横向应力值越小;距焊缝中心 10 mm 之后,厚度上的横向应力变化较小,基本趋于一致。

3.3.3　计算代码

```
/SOL
ANTYPE, 0  ！静态分析
OUTRES,ALL, NONE  ！输出结果控制,本例只输出最后一步计算的残余应力
*DO, i, 0.4, 2.0, 0.4  ！按时间进行循环,2 s 为总的焊接时间,电子束移动热源每次作用时间为 0.4 s
    LDREAD, TEMP, , , i, , 'newtemp', 'rth', ''  ！读入 i 时刻的温
```

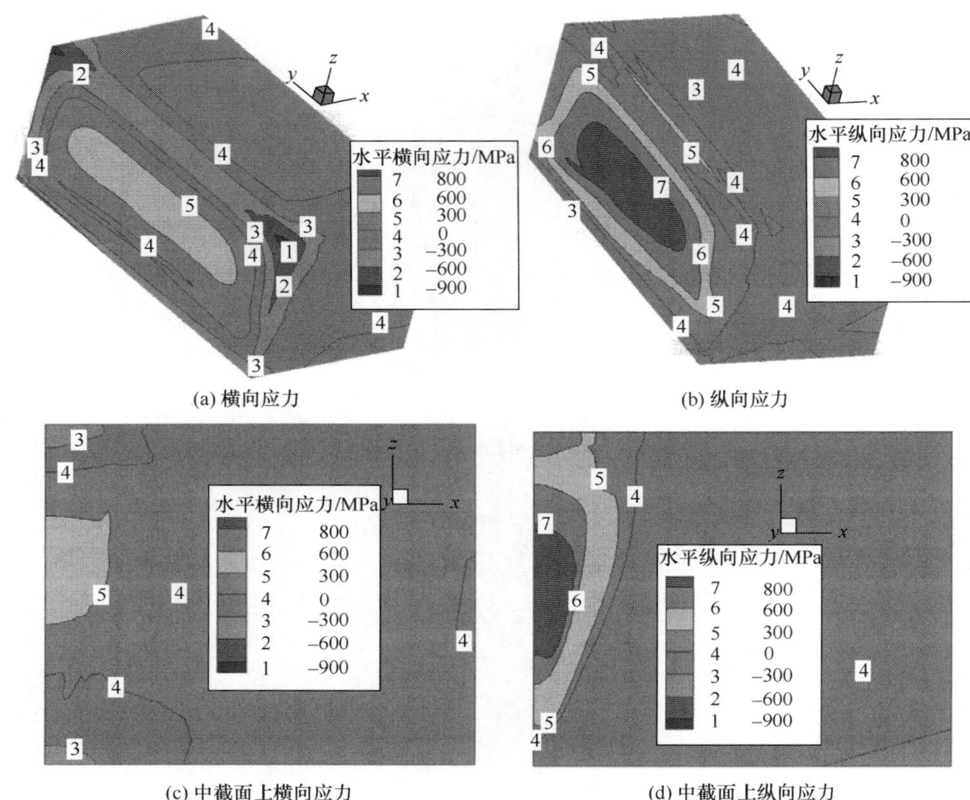

(a) 横向应力

(b) 纵向应力

(c) 中截面上横向应力

(d) 中截面上纵向应力

图 3-13 计算的残余应力分布

变场结果,newtemp.rth 为温度场计算结果文件

```
        TIME, i
        DELTIM, 0.1, 0.01, 0.4, 0
        KBC, 0
        ALLSEL
        SOLVE
    * ENDDO  ! 循环结束后,焊接过程结束
    * DO, i, 2.05, 30, 0.05  ! 冷却第一阶段计算,冷却至 30 s。对应温度场
计算,变步长分阶段冷却计算应力场
        LDREAD, TEMP, , , i, , 'newtemp', 'rth', ' '
        TIME, i
        DELTIM, 0.025, 0.005, 0.05, 0
        KBC, 0
```

```
    ALLSEL
    SOLVE
*ENDDO
......
OUTRES,ALL, LAST  ！通过 OUTRES 命令，只输出最后一计算步的结果，节约磁盘空间
TIME, 3600
DELTIM, 25, 5, 50, 0
LDREAD, TEMP, , , 3600, , 'newtemp', 'rth', ' '
KBC, 0
ALLSEL, ALL
SOLVE
```

3.4　碳钢多道焊接

3.4.1　计算过程

针对第 2 章碳钢多道焊接的例子，计算焊后应力场。应力计算模型和温度场模型一致，首先以 SOLID185 单元建立包含焊缝的完整模型(或者采用 ETCHG、TTS 命令直接将温度场计算模型转换为结构计算模型)，采用生死单元法将焊缝单元杀死，然后将焊缝单元逐道逐段激活，施加温度场计算结果，进行稳态分析，得到残余应力。位移约束条件为三点约束(与图 3-7 一致)。模型建立后，将代表焊道的单元生成组件，以方便代码编写。

3.4.2　焊缝生长的模拟

多道焊接的焊缝是熔敷金属熔化后逐道逐层生长起来的。有限元计算中实现焊缝生长过程难度很大，主要有两种方法实现焊缝生长：单元静止(element quiet)和单元休眠方法(element inactive)。单元静止方法的计算模型包含了还没有生成的焊缝金属，但需要改变这些单元的材料属性使之不影响计算应力和应变，例如，使这些单元的热导率、密度、质量、弹性模量和屈服强度等参数的值很小。单元休眠方法不需要一开始就建立包含整个焊缝的计算模型，但每一焊道都要重新建立新模型，这样需要重新计算刚度矩阵和焊缝单元轮廓。

大多数商业软件对于焊缝生长的模拟都采用生死单元技术(element death and birth)，即文献[5]中的单元静止技术(element quiet)。生死单元法模拟焊缝生长，首先要建立完整的包含未填充焊缝材料的模型，然后将代表未生成焊缝的单元定义为“死单元”状态。“死单元”状态并不是将“杀死”的单元从模型中删除，而

是将其刚度矩阵乘以一个很小的因子。死单元的单元载荷将为零，其质量、阻尼和比热等设为很小的值，单元的应变在“杀死”的同时也将设为零值。

采用生死单元技术模拟焊缝金属的生成过程需要处理好以下两个关键问题：①死单元激活前，由于赋予其很小材料属性，如热导率、密度、弹性模量、屈服强度等很小，所以单元的刚度很小，计算时其位移会很大，这样会造成计算不易收敛；②激活单元的形状必须要适应已经变形的焊缝形貌，如果未激活单元以不变形的方式激活出现到焊缝中，会引起应力累计，影响最终计算应力的准确度。文献[6]采用多点约束方式(multi-point constraints)解决这两个关键问题，将表示未熔敷金属的所有单元设为死单元，代表当前焊道的单元(刚激活单元)和代表前一焊道的单元之间的位移差通过多点约束方式进行调节，这种方法能确保每一焊道刚生成时为无应力状态，就避免了将单元拉伸以适应前一焊道的变形形貌而引起的附加应力。文献[7]采用将代表未生成焊缝的单元保持在一定温度的方法来避免对死单元施加约束，且能保证所有单元随着焊缝的变形而变形。其方法是：应力计算时所有的单元都处在活动状态，代表焊缝的单元都保持在较高的温度(软化温度)，单元的刚度和屈服强度在软化温度时很低，可以看成死单元；当前焊道单元的温度降低到软化温度以下时，就开始计算有效应力，而此时未生成的焊缝还是处在软化温度下的无应力状态。

现有的有限元计算软件如 ANSYS 软件[8-14]、MARC 软件[15, 16]、ABAQUS 软件[17, 18]和 SYSWELD 软件[19, 20]等都能很好实现多道焊接温度场、应力场和变形场的有限元计算，且计算结果和试验结果符合较好。本书采用 ANSYS 的生死单元技术实现多道焊接的焊缝逐段及逐道生长。

3.4.3 计算结果

计算得到的试板横向和纵向残余应力分布如图 3-14 所示。

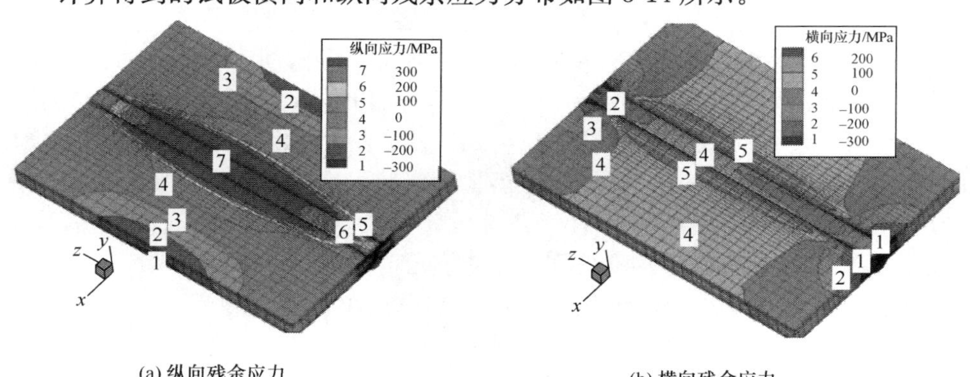

(a) 纵向残余应力　　(b) 横向残余应力

图 3-14 计算残余应力分布

由图 3-14 看出，计算的纵向残余应力在焊缝和热影响区为 300 MPa 以上的拉伸应力，远离焊缝区域出现较大的压应力与焊缝区拉应力平衡；焊缝上的横向残余应力较小，但焊趾处的横向残余应力为较大拉伸应力。

采用盲孔法测试上下表面中截面处的残余应力，与计算结果比较如图 3-15 所示。图中看出，计算结果和试验测试的上下表面残余应力分布趋势符合较好。

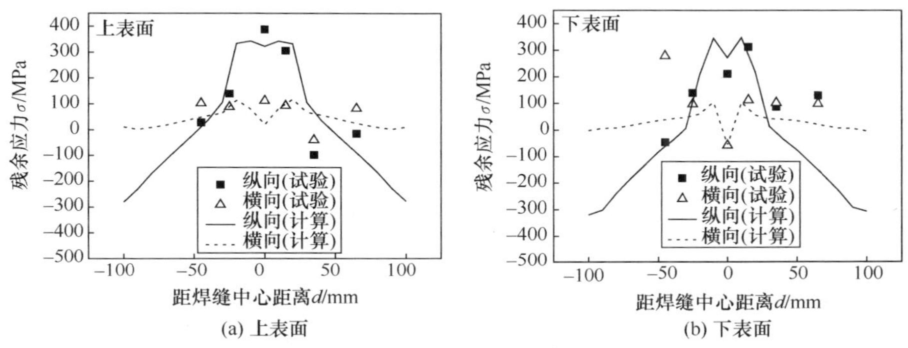

图 3-15　试验和计算结果比较

3.4.4　计算代码

应力场计算时，仍需要将每道焊缝分段加热时间定义为一维数组，以方便编写代码。主要代码如下：

```
/prep7  ！进入前处理器
*DIM, tt, ARRAY, 6  ！定义加热时间一维数组
tt(1)=5.0, 5.0, 5.0, 6.0, 6.0, 6.0
/SOL  ！进入求解器
ANTYPE,STATIC  ！稳态(静态)分析
CMSEL, S, PASS1  ！选择代表焊道的单元组件
CMSEL, A, PASS2
CMSEL, A, PASS3
CMSEL, A, PASS4
CMSEL, A, PASS5
CMSEL, A, PASS6
EKILL, ALL  ！杀死焊缝单元
ALLSEL, ALL
nn=15  ！分段数
nl=20e-3  ！每道焊缝分段长度
```

```
OUTRES, ALL, NONE
 * DO, ww, 1, 6, 1  ！焊道循环
    *DO, nz, 1, nn, 1  ！每道焊缝的分段循环
        CMSEL, S, pass% ww%    ！选择焊道
        NSLE, S  ！选择焊道所属的节点
        NSEL, R, LOC, z, nl * (nz-1), nz * nl  ！选择 z 向长度为 nl 的一段节点
        ESLN, S, 1  ！选择与所选节点集关联的单元,即 z 向长度为 nl 的一段单元
        EALIVE, ALL  ！激活单元
        ESEL, S, LIVE  ！选择活单元
        NSLE, S   ！选择与活动单元相关的节点
        jj=nz * tt(ww)+3600 * (ww-1)  ！定义当前加热时间
        kkt=tt(ww)
        LDREAD, TEMP, , , jj, , 'temp3dnew', 'rth', ' '  ！读入每段焊接加热峰值时刻的温度场结果,temp3dnew.rth 是温度场计算结果文件
        TIME, jj  ！定义载荷步时间,即热源在当前分段的作用时间
        DELTIM, 1, 0.1, kkt, 0  ！定义时间步长
        KBC, 0
        SOLVE  ！求解
    *ENDDO  ！循环结束,当前焊道的分段循环结束,即当前焊道全部生成
```

！温度场计算时,在冷却阶段采用变步长载荷步方法加快计算速度,因此在应力变形计算时,为保持与温度场计算时间一致,也分阶段加载温度场结果和变步长计算

```
tt3=nn * tt(ww)+3600 * (ww-1)+0.5  ！定义第一阶段冷却时间范围 tt3～tt4
tt4=nn * tt(ww)+3600 * (ww-1)+30
tt5=nn * tt(ww)+3600 * (ww-1)+33  ！定义每道焊接结束后的第二阶段冷却时间 tt5～tt6
tt6=nn * tt(ww)+3600 * (ww-1)+300
tt7=nn * tt(ww)+3600 * (ww- 1)+320  ！定义每道焊接结束后的第三阶段冷却时间 tt7～tt8
tt8=3600 * (ww-1)+1200
tt9=nn * tt(ww)+3600 * (ww-1)+1250  ！定义每道焊接结束后的第四阶段冷却时间 tt9～tt10
tt10=3600 * (ww-1)+3500
     *DO, jj, tt3, tt4, 0.5  ！第一阶段冷却过程计算
         ESEL, S, LIVE  ！选择未杀死的所有单元
```

```
        NSLE, S          ！选择与单元相关的节点
        LDREAD, TEMP, , , jj, , 'temp3dnew', 'rth', ''
        TIME, jj
        DELTIM, 0.25, 0.05, 0.5, 0
        SOLVE
    * ENDDO
(略去第二、三、四阶段冷却过程计算)
OUTRES, ALL, LAST  ！只输出最后一步计算结果
jj=3600 * (ww-1)+3600  ！所有焊道焊接结束后的冷却时间
ESEL, S, LIVE
NSLE, S
LDREAD, TEMP, , , jj, , 'temp3dnew', 'rth', ''
ALLSEL, ALL
TIME, jj
DELTIM, 50, 10, 100, 0
ALLSEL, ALL
SOLVE
* ENDDO  ！循环结束，所有的焊道生成并冷却了 1 h
```

参考文献

[1] Michaleris P, Debiccari A. Prediction of welding distortion[J]. Welding Journal, 1997, 76 (4): 173-181.

[2] 刘川，王蕊，张建勋. 堆焊角变形动态过程试验与数值分析[J]. 西安交通大学学报，2007, 41(9): 1017-1021.

[3] 闫乘志. 离心等温压缩机回流器焊接残余应力与变形的数值模拟[D]. 西安：西安交通大学，2011.

[4] Liu C, Wu B, Zhang J X. Numerical investigation of residual stress in thick titanium Alloy plate joined with electron beam welding[J]. Metallurgical and Materials Transactions B, 2010, 41(5):1129-1138.

[5] Lindgren L E, Runnemalm H, Näsström M O. Simulation of multipass welding of a thick plate[J]. Internation Journal for Numerical Methods in Engineering, 1999, 44 (9): 1301-1316.

[6] Michaleris P. Residual stress distributions for multipass welds in pressure vessel and piping components[C]//Residual Stresses in Design Fabrication, Assessment and Repair, ASME PVP-Vol. 327, Montreal, 1996: 17-27.

[7] Wilkening W W, Snow J L. Analysis of welding induced residual stresses with the ADINA

system[J]. Computers and Structures, 1993, 47(4-5): 767-786.

[8] Capriccioli A, Frosi P. Multipurpose ANSYS FE procedure for welding processes simulation [J]. Fusion Engineering and Design, 2009, 84(2-6): 546-553.

[9] Liu C, Zhang J X, Xue C B. Numerical investigation on residual stress distribution and evolution during multipass narrow gap welding of thick-walled stainless steel pipes[J]. Fusion Engineering and Design, 2011, 86(4-5): 288-295

[10] Liu C, Zhang J X. Numerical and experimental investigations on the modification of as-welded residual stress after local material removal[J]. Journal of Strain Analysis for Engineering Design, 2011, 46(6): 444-455.

[11] Cho J R, Lee B Y, Moon Y H, et al. Investigation of residual stress and post weld heat treatment of multi—pass welds by finite element method and experiments[J]. Journal of Materials Processing Technology, 2004, 155-156: 1690-1695.

[12] 朱援祥，王勤，赵学荣，等. 基于 ANSYS 平台的焊接残余应力模拟[J]. 武汉理工大学学报，2004，26(2) :69-72.

[13] Abid M, Siddique M, Mufti R A. Prediction of welding distortions and residual stresses in a pipe-flange joint using the finite element technique[J]. Modeling and Simulation in Materials Science and Engineering, 2005, 13(3): 455-470.

[14] 胥国祥，杜宝帅，董再胜，等. 厚板多层多道焊温度场的有限元分析[J]. 焊接学报，2013，34(5)：87-90.

[15] 孟庆国，方洪渊，徐文立，等. 考虑金属逐步填充的多道焊温度场数值模拟[J]. 焊接学报，2004，25(5):53-59.

[16] 严仁军，雷加静，李鹏，等. 特厚板多层多道焊的 Marc 有限元模拟[J]. 机械工程学报，2011，47(18)：37-42.

[17] 倪红芳，凌祥，涂善东. 多道焊三维残余应力场有限元模拟[J]. 机械强度，2004，26(2)：218-222.

[18] Deng D, Murakawa H. Prediction of welding residual stress in multi-pass butt-welded modified 9Cr-1Mo steel pipe considering phase transformation effects[J]. Computational Materials Science, 2006, 37(3): 209-219.

[19] Prakash R, Gangradey R. Review of high thickness welding analysis using SYSWELD for a fusion grade reactor[J]. Fusion Engineering and Design, 2013, 88(9-10): 2581-2584.

[20] Manurung Y H P, Lidam R N, Rahim M R, et al. Welding distortion analysis of multipass joint combination with different sequences using 3D FEM and experiment[J]. International Journal of Pressure Vessels and Piping, 2013, 111-112: 89-98.

第 4 章　焊接应力变形有限元计算精度的影响因素

4.1　引　　言

焊接过程有限元计算涉及高度非线性的热力耦合过程，并且焊接过程是在多个系统相互作用下进行的，如图 4-1 所示的热源系统、支撑和夹具系统等。热源系统提供焊接或热处理过程所需的热能，夹具系统对焊接件进行支撑和夹紧，焊后矫正系统对焊接件施加外作用力。焊接应力变形受这些作用系统的影响。

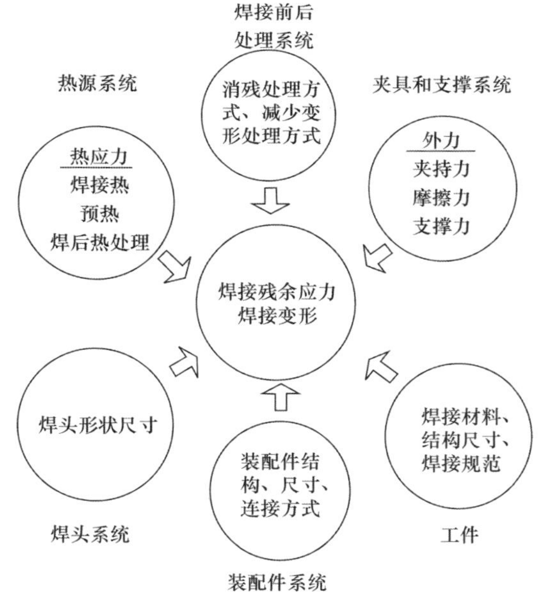

图 4-1　影响焊接应力变形的相互作用系统

焊接应力变形整个计算过程包含多个环节，如热源模型选择、计算模型建立、边界条件、材料模型、计算算法选择等，每个环节处理适当与否都会影响最终计算精度；同时，焊接应力变形有限元计算过程还包含诸多简化，如温度场计算过程熔池内的传热和传质简化、材料高温性能简化、二维模型和三维模型简化、材料强化模型简化和边界条件简化等，这些简化的程度决定了计算过程反映实际物理过程的准确程度。有限元计算结果的有效性依赖于有限元模型的合理性、假设条件的合理性和计算方法的可靠性。需要仔细研究焊接应力变形有限元计算的各个环节及相关简化方法对计算结果的影响，从而合理简化计算过程，获得较准确的计算结果。本章针对有限元模型建的网格大小、模型维数（二维和三维）和计算过程等，介绍这些因素对焊接应力变形计算结果的影响。

4.2 网格敏感性

以图 4-2 所示的 T 形接头焊接为例，分析不同的网格大小对计算结果的影响。设 T 形结构选用的焊接工艺为手工 MAG 焊，焊接电流 $I=230$ A，焊接电压 $U=26$ V，效率 $\eta=70\%$，焊接速度 $v=20$ cm · min^{-1}。进行网格划分优化时，将热源分段固定选取为每段 30 mm，即将焊缝分为 10 段进行加热，便于编写计算程序。

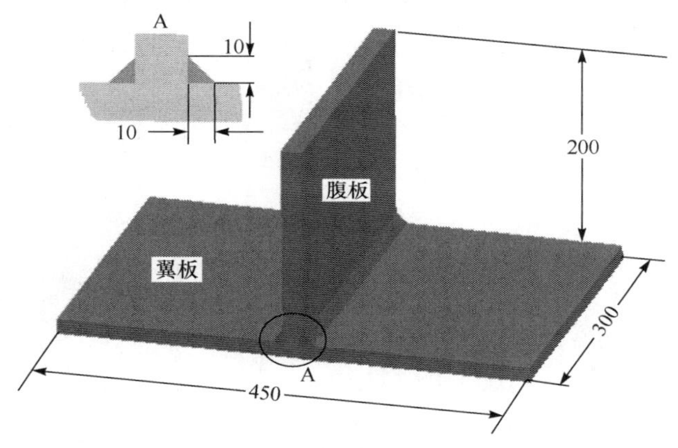

图 4-2 T 形接头几何尺寸

4.2.1 计算模型

采用 SOLID185 单元划分网格，共研究了 5 种网格划分计算模型。

1. 第一种网格模型

如图 4-3 所示，第一种网格的主要特点是焊缝区网格密度与远端网格密度差异较小，这是划分最密的一种网格，单元总数为 26100，节点总数为 30814。此网格模型的计算结果用来作为其他较稀疏网格模型计算结果的对比基础。焊缝区的单元尺寸约为 2 mm×3 mm×10 mm。

2. 第二种网格模型

如图 4-4 所示，第二种网格模型的焊缝区域的网格尺寸与第一种网格模型相同，远离焊缝区域的板厚方向单元按 8 mm 边长划分。整个模型包含 10571 个单

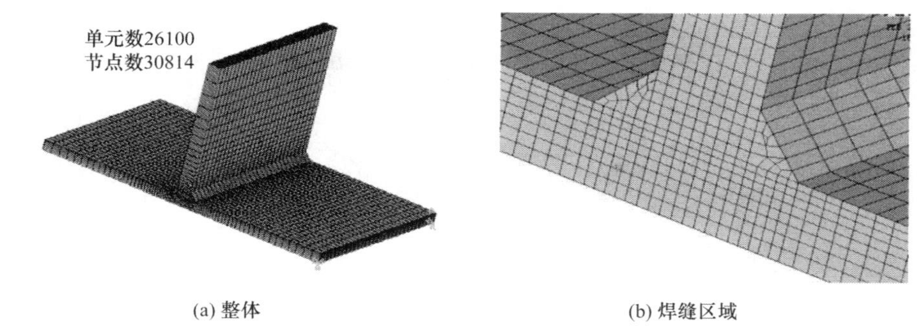

(a) 整体　　(b) 焊缝区域

图 4-3　第一种网格模型

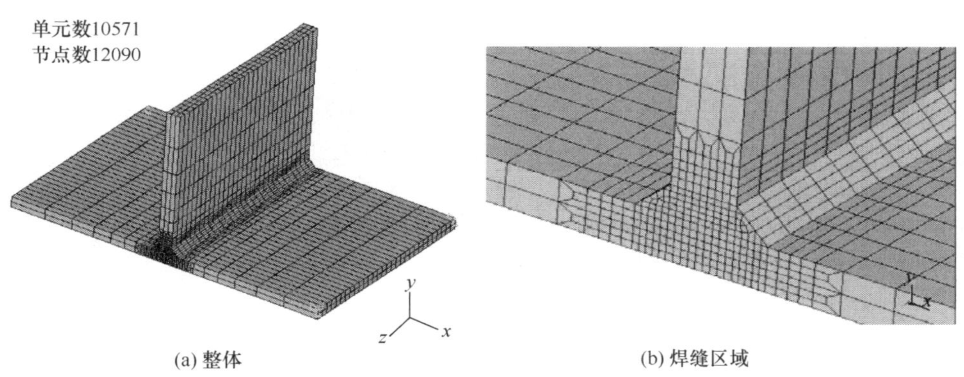

(a) 整体　　(b) 焊缝区域

图 4-4　第二种网格模型

元，12090 个节点。

3. 第三种网格模型

第三种网格模型如图 4-5 所示，相对于第一种网格，这种划分方式整体上都比较粗糙，对焊接区域之外的部分没有进行厚度方向的划分，焊接区域的划分密度是第一种网格模型的一半，尺寸约为 5 mm×6 mm×10 mm。整个模型包含单元数为 3960，节点数为 5580。

4. 第四种网格模型

第四种网格模型如图 4-6 所示，这种网格模型与第三种网格模型非常接近，仅有的区别在于焊缝区域的网格比第三种模型加密了一倍。

进行这种划分的主要目的是研究焊缝网格密度(直接施加热源的区域)对计算结果的影响。第四种网格模型包含单元数为 4980，节点数为 6696。

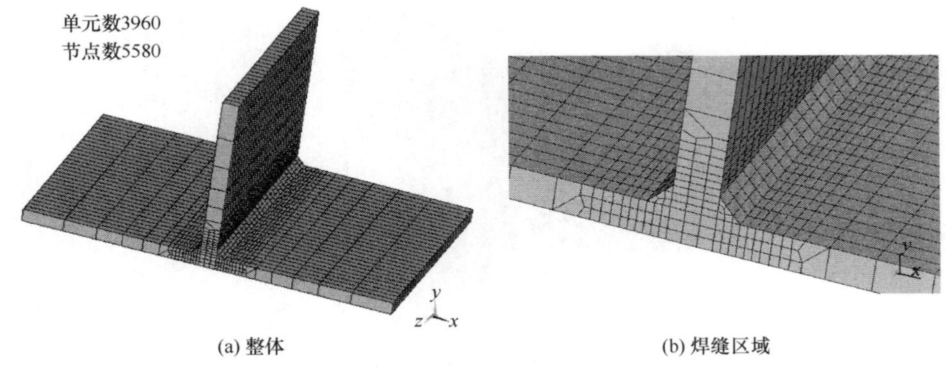

(a) 整体　　(b) 焊缝区域

图 4-5　第三种网格模型

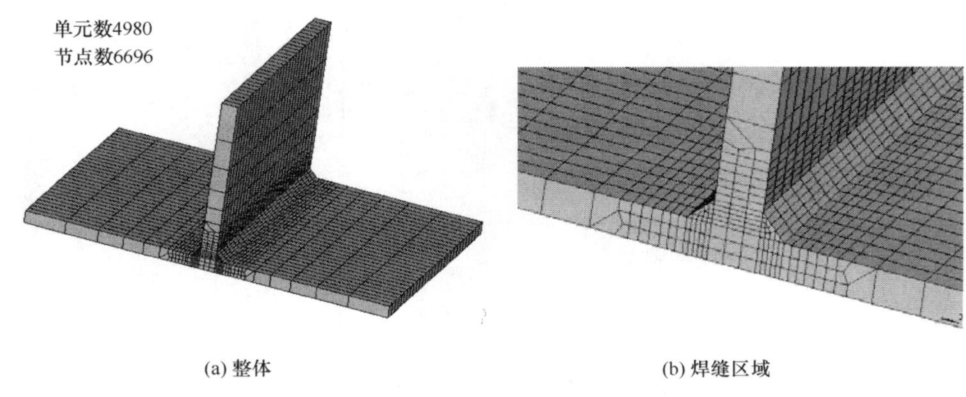

(a) 整体　　(b) 焊缝区域

图 4-6　第四种网格模型

5. 第五种网格模型

为了研究远离焊缝区域的网格大小对计算的残余应力和变形影响，提出第五种网格模型，如图 4-7 所示。第五种网格模型与第二种网格模型相近，但热影响区和焊缝区域的网格划分密度比第二种网格小。第五种网格模型包含 7110 单元和 8649 个节点。

以上五种网格模型沿焊接方向的划分数都是 30 等分，即单元纵向长度均为 10 mm。

4.2.2　计算结果分析

选取翼板上表面中部位置垂直于焊接方向的直线作为残余应力与变形曲线的取值路径，比较各模型计算得到的该线上的应力变形。选取路径示意图如图 4-8 所示。

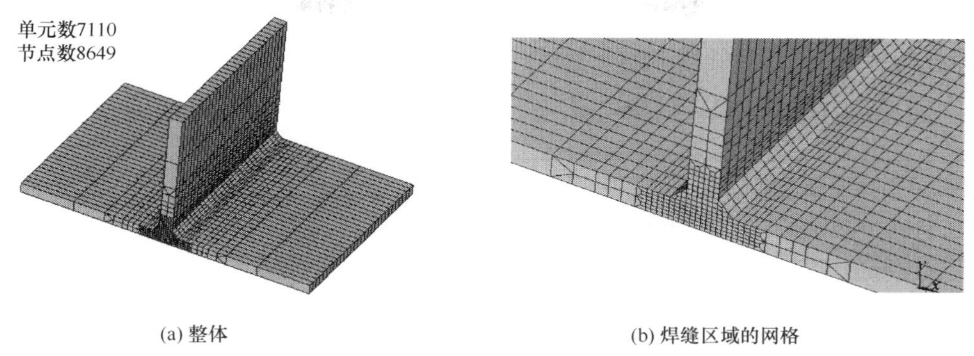

(a) 整体　　(b) 焊缝区域的网格

图 4-7　第五种网格模型

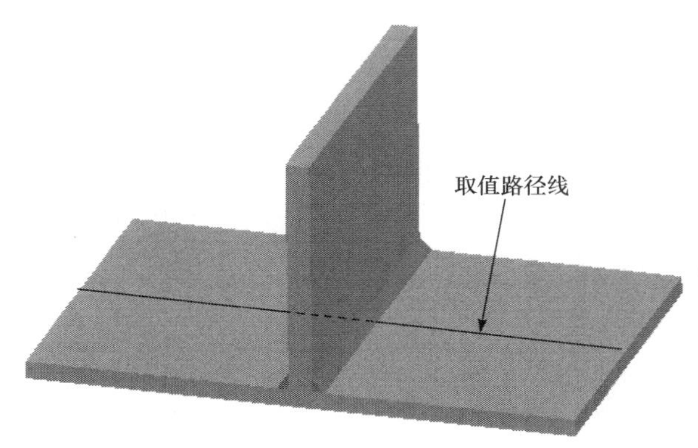

图 4-8　测量结果取值路径

1. 计算时间

所有计算在计算机工作站上完成，CPU 为 E4300（双核 1.8 GHz），内存为 2 G，所有模型的热源、材料和热源分段（10 段）等完全一致。表 4-1 为五种网格模型的计算时间，为了便于说明，将网格模型从第一种到第五种依次编号为 M1 到 M5。

表 4-1　不同网格模型的计算时间

网格模型	编号	计算用时/h
第一种	M1	21
第二种	M2	7
第三种	M3	3.5
第四种	M4	3.5
第五种	M5	5.5

2. 变形

5 种有限元网格模型计算得到的变形结果如图 4-9 所示。

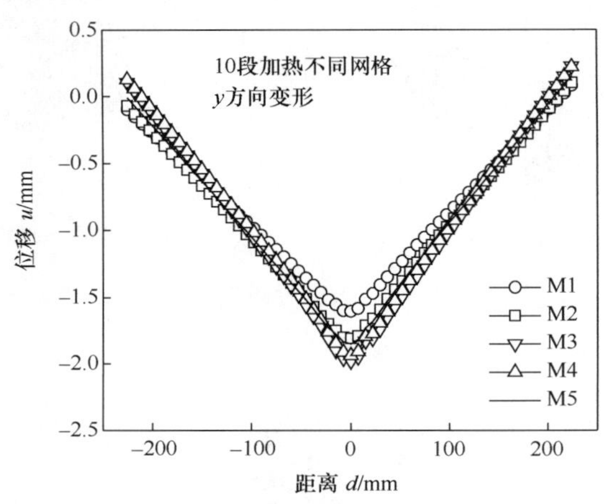

图 4-9　不同网格模型计算的变形

以网格最密的 M1 结果曲线为参考。其中,M3 和 M4 的结果趋势一致,但两者最大变形量与 M1 计算结果相比偏差较大,超过 30%;M3 和 M4 计算得到的变形曲线几乎重合,即说明焊缝自身的网格密度增加并不会有效地改善计算精度。并且 M3 和 M4 的变形曲线在第一道焊缝处出现了 M1 结果中没有的波动,结合这两者的网格划分分析认为,这是由沿板厚方向网格划分过于粗糙导致的。

M2 模型和 M5 模型计算得到的变形曲线分布趋势和大小最接近 M1 模型,最大变形值超过 M1 约 12%;并且 M2 和 M5 计算得到的变形曲线几乎重叠,说明远离焊缝区域的网格密度对计算结果影响较小,并且焊缝的网格密度减小造成变形计算精度损失较小。结合计算时间来考虑,M5 比 M1 计算时间缩短 70%,而计算精度仅损失 12%。由此认为,采用 M5 模型计算焊接变形时,满足了兼顾效率与精度的要求。

3. 残余应力分布

沿预定路径取横向残余应力和纵向残余应力,各模型计算结果如图 4-10 所示。

以 M1 的结果作为基准进行对比。总体来说,五种网格模型计算的应力分布趋势都比较接近,相对而言,M3 和 M4 计算的应力在接头中心附近的分布趋势和第一道焊缝热影响区的分布趋势与 M1 曲线有所差异,这仍然可以认为是由板厚方向网格密度不足引起的。相比之下,M2 和 M5 的应力分布曲线与 M1 结果符合

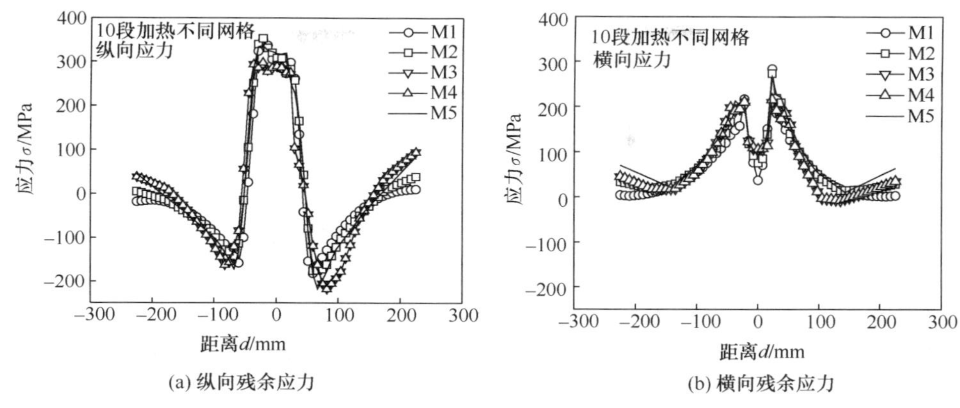

(a) 纵向残余应力

(b) 横向残余应力

图 4-10 不同网格模型计算得到的残余应力比较

较好，而 M5 结果在接头中部和两边较远处的残余应力与 M1 结果比较稍有偏差，这是由于 M5 的焊缝网格密度较小导致的，但横向和纵向的拉应力峰值完全一致。

结合精度与效率的要求，可以认为 M5 模型最适计算残余应力分布。

本节研究了板厚和焊缝区域网格尺寸对计算焊接残余应力与变形的精度和效率影响。研究表明，M5 模型的网格划分能够在精度方面满足工程需要的同时保证较高的计算效率。M5 网格的特点是，垂直于焊接方向的横截面上，焊缝与热影响区的网格尺寸为 3 mm×3 mm，向母材逐渐过渡为约 8 mm×8 mm、15～20 mm×80 mm。结合此特点和前文分析可以认为：要保证残余应力与变形计算的准确性，焊缝及其附近区域的网格划分密度最为关键，此处网格横截面尺寸应保证小于 3 mm×3 mm。

4.3 热源分段

焊接应力变形计算时，加热阶段由于温度变化剧烈，时间步必须设定较小值才能保证收敛性，而散热阶段由于温度变化越来越缓慢，可设置不断增大的步长进行计算，尽管散热阶段经历的时间更久，但需要的计算步数却不一定非常多。所以加热阶段的计算耗时占温度场计算总耗时的 1/2 以上。带状热源能减少热源分段数，能直接减少加热阶段的时间，从而提高计算速度。但需要优化热源分段数目，兼顾焊接应力变形计算的精度和效率。

以本章介绍的 T 形接头模型和优化的第五种方案网格模型作为基础，进行热源分段数的优化研究。由于热源长度变长，纵向网格进行粗略划分也能进行计算，所以对更粗糙的纵向网格划分也进行了尝试，以求能在第五种网格模型(M5)的基础上进一步提高计算效率。本节所研究的网格划分方式和编号见表 4-2。

表 4-2 热源分段与模型网格划分组合及编号

网格纵向划分数	网格模型编号	结合热源分段数的计算结果编号				
		10 段	5 段	3 段	2 段	1 段
30	M5	M5d10	M5d5	M5d3	M5d2	M5d1
15	M52	—	M52d5	—	—	—
10	M53	—	M53d5	—	—	—

由于一个加热段的长度必须是纵向网格划分的 2 倍以上才能有计算结果，所以对 5 段加热来说，最粗糙的纵向划分长度也不能大于 30 mm，即纵向划分数不能小于 10 段。

4.3.1 变形分析

采用不同热源分段和网格模型计算得到的沿图 4-8 中所示路径的 y 向变形比较如图 4-11 所示。

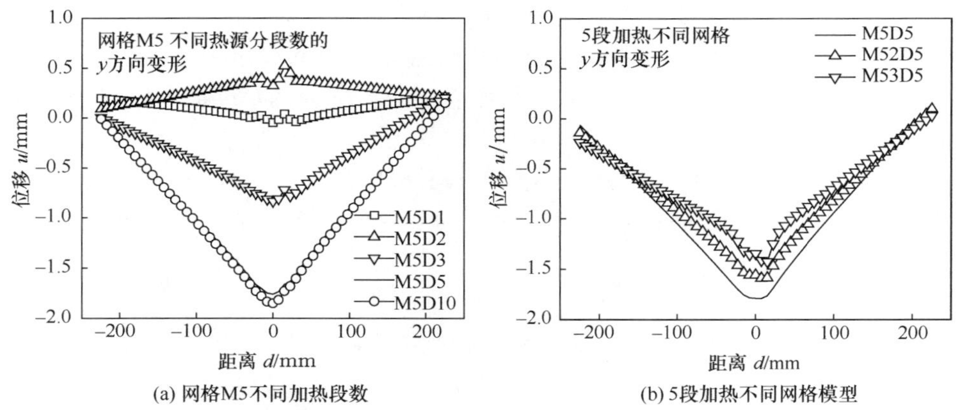

(a) 网格M5不同加热段数 (b) 5段加热不同网格模型

图 4-11 不同模型计算的变形曲线

从图 4-11(a)的 5 条曲线可以看出，在纵向网格划分为 30 等分的情况下，5 段加热计算变形结果与 10 段加热计算结果吻合程度相当好，而 3 段加热的计算变形结果偏差较大，2 段加热与 1 段加热计算变形结果已经不可接受。因此本文将 5 段加热作为合适的热源分段数。5 段加热的每段长度为 60 mm，是单元纵向长度的 6 倍。

将 5 段加热热源应用到纵向 15 等分和纵向 10 等分的网格上进行计算，得到变形结果如图 4-11(b)所示。可以看到，纵向 15 等分与纵向 30 等分的结果趋势接近，最大变形量有 0.3 mm 左右的偏差，对大型焊件来说这个误差可以接受。此时每个加热段长度是单元纵向长度的 3 倍。

通过变形分析发现，5 段加热热源和 M52 网格（纵向划分 15 段）的组合可以得到较好的变形计算精度与计算效率。

4.3.2　残余应力分析

图 4-12 和图 4-13 分别为不同热源分段数计算的纵向应力和横向应力结果。从图 4-12 可以看到，热源分段数对残余应力计算结果影响较小。从图 4-13 看出，在 5 段加热时，纵向网格密度对残余应力计算结果的影响较小。

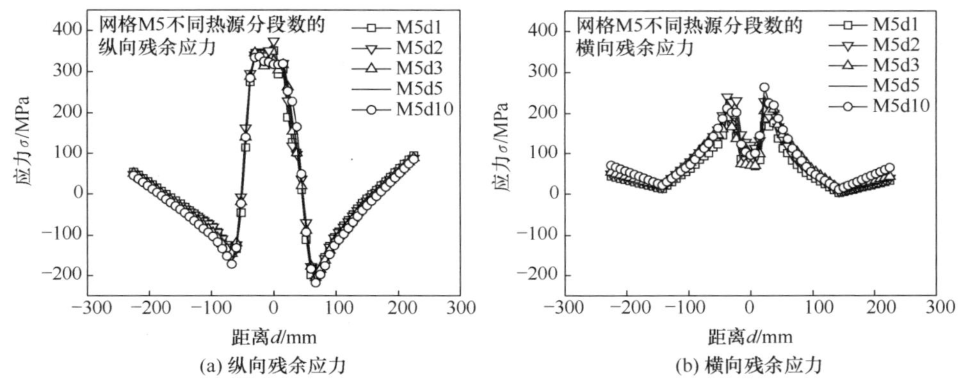

图 4-12　网格 M5 采用不同分段热源的残余应力曲线

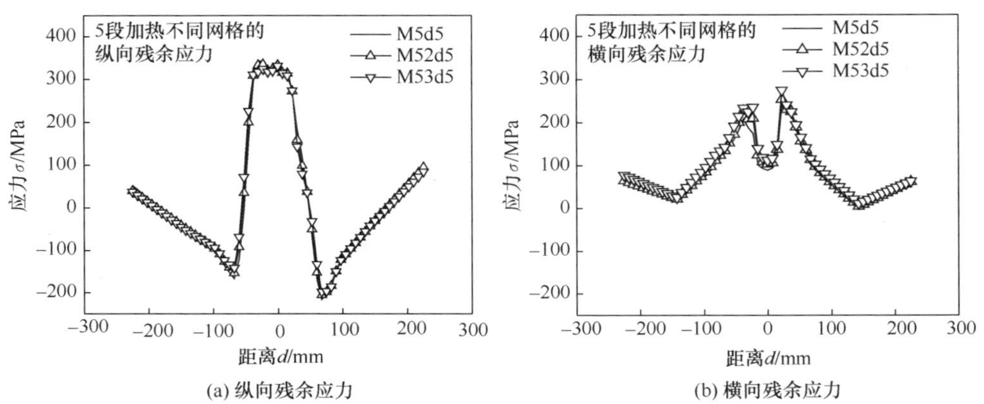

图 4-13　不同纵向划分网格施加 5 段热源的残余应力曲线

以上分析表明：要保证变形计算的准确性，网格纵向长度不应大于 20 mm，并且带状均匀体热源每段加热长度不应大于 60 mm；热源分段数和网格纵向划分密度对于残余应力计算的精度影响较小，选取热源-网格组合时，只需考虑变形计算精度较好的即可。

4.4　载荷步数

焊接应力场计算时，需要按照时间顺序依次读入温度场计算结果，以此来实现应力场计算的载荷加载。读取温度场结果并将其作为载荷施加到模型上，然后进行求解的次数称为载荷步数。显然，载荷步数越多，读入的温度场数据就越接近温度场的实际演变过程，应力场计算结果的精度就越高，但是，这样也会使计算量增大，所以在计算当中通常都会尽量减少载荷步数。可以推断，载荷步数不能无限制地减少下去，存在一个临界载荷步数 N_C，当载荷步数小于 N_C 时将引起计算不收敛。

如果把载荷步数减小为一个小于 N_C 的值，同时增加每个载荷步的子步数量，如采用 $N_C/2$ 个载荷步，每步设两个时间子步也可以使计算收敛。但是此时第一个子步计算时使用的温度数据不是从温度场计算结果中直接读取，而是根据第二个子步的温度场结果通过线性插值求出的。很显然，这种线性插值的处理方法会对计算时间产生影响，使计算时间减少，因此主要的问题在于，这种简化对结果的准确性会有多大的影响。

4.4.1　计算模型

本节针对汽车传动系统中的前齿轮-法兰装配体的激光深熔焊接应力变形进行有限元计算[1]（图 4-14），为考察载荷步数简化处理方式对计算结果的精度有多大程度的影响，分别采用了不同的载荷步进行对比计算，共包括 198、99、51、31、20 和 15 个载荷步 6 种情况。在所有的计算中，对时间子步数量的选择都是由程序自动完成的。

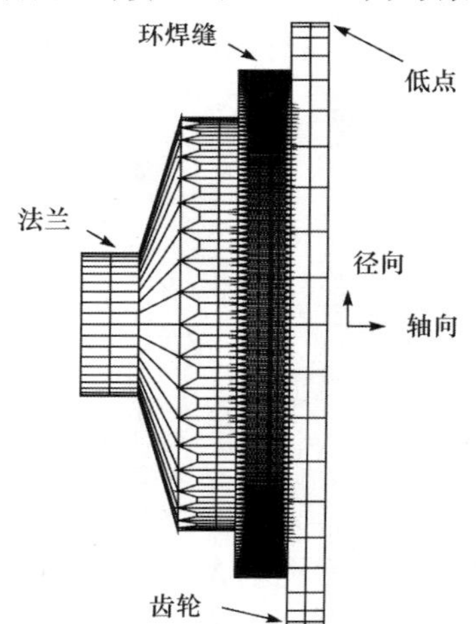

图 4-14　齿轮-法兰焊接计算模型

计算时，焊接热源按移动的内生热热源来处理。采用分段热源，为了缩短计算时间，焊缝全长分为六段，每次加热的焊缝金属的体积是焊缝总体积的 1/6，如图 4-15所示。

本节主要目的是考察齿轮各个齿顶的高点和低点（具体位置参见图 4-16，模型中共有高点和低点各 39 个）在激光焊接后会产生多大的轴向、径向和转动位移。从计算结果来看各种情况下的转动位移都较小，所以只给出了轴向位移和径向位移的计算结果。

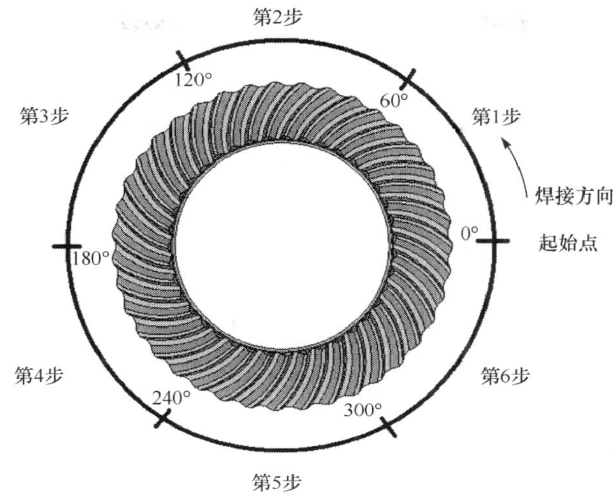

图 4-15　分段热源示意图

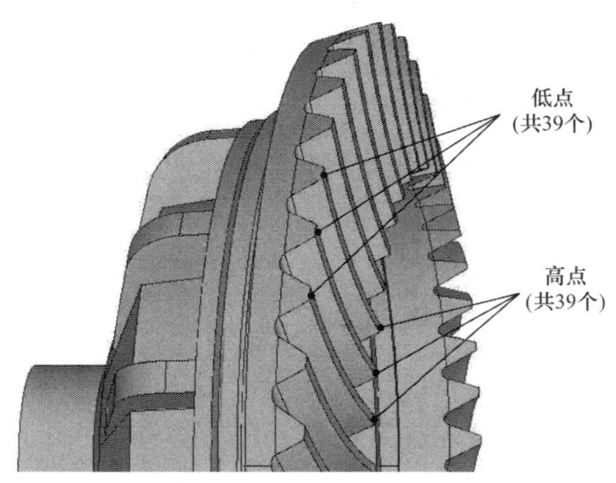

图 4-16　齿顶高点和低点的位置

4.4.2　计算结果分析

图 4-17(a)是采用不同载荷步数时每个齿低点的轴向位移计算结果。由图可以看到，载荷步数为 99、51 和 31 时的计算结果与 198 个载荷步时的计算结果非常接近。当进一步把载荷步数减少到 20 和 15 时，各个齿的低点轴向位移计算结果都与 31 个载荷步时的计算结果相差很大。

图 4-17(b)是环向坐标为 0°和 180°的这两个位置(图 4-15)附近齿顶低点的轴

向位移计算结果随载荷步增大而变化的情况。由图可见，当载荷步很少时，载荷步的变化引起的计算结果变化很大；当载荷步数增大到 31 时，计算结果趋于稳定，此后当载荷步再增大时，计算结果的变化很小。

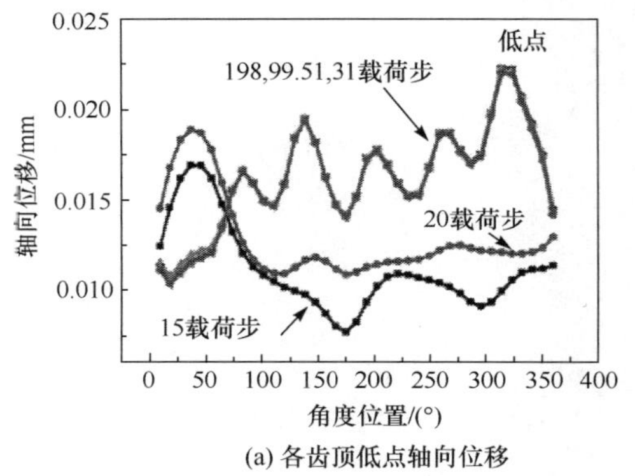

(a) 各齿顶低点轴向位移

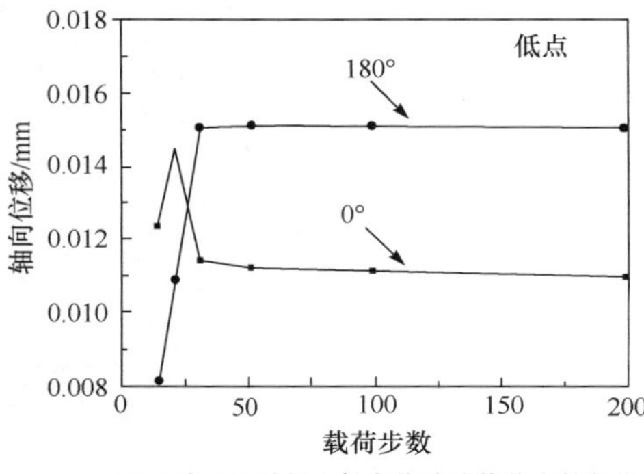

(b) 0°和180°处低点轴向位移随载荷步数变化

图 4-17　载荷步数对齿顶低点轴向位移的影响

为了便于比较，表 4-3 列出了 0°和 180°两个位置附近的齿顶低点轴向位移计算结果随载荷步增大而变化的情况，可以看到载荷步为 31、51、99、198 时的计算结果相互非常接近，而当进一步把载荷步数减少到 20 和 15 时，各个齿的低点的轴向位移计算结果都与 31 个载荷步时的计算结果相差很大。

表 4-3　不同载荷步数下的 0°和 180°处低点轴向位移的比较　（单位：%）

载荷步数		15	20	31	51	99	198
低点轴向位移的相对变化	0°接头	112.2	131.2	103.8	101.8	100.9	100
	180°接头	54.28	72.4	100.1	100.7	100.5	100

图 4-18 是不同载荷步下每个齿高点的轴向位移计算结果。图 4-19 是采用不同载荷步数时每个齿低点的径向位移计算结果。图 4-20 是采用不同载荷步数时每个齿高点的径向位移计算结果。在表 4-4～表 4-6 中定量地给出了 0°和 180°这两个位置附近的齿顶高(低)点的轴(径)向位移计算结果随着载荷步增大而变化的情况。可以看出，随着载荷步数的减少，图 4-18、图 4-19 和图 4-20 中位移的计算结果呈现出与图 4-17 相似的变化规律：载荷步数为 99、51 和 31 时各个齿顶高(低)点的轴向和径向位移计算结果与 198 步时的计算结果非常接近。当进一步把载荷步减少为 20 和 15 时，各个齿顶高(低)点的轴(径)向位移计算结果都与 198 步时的计算结果相差较大；当载荷步数很少时，载荷步数的变化引起的计算结果变化很大。当载荷步数增大到 31 时，计算结果趋于稳定，此后继续增大载荷步数，计算时间会成倍地增加，但是计算结果的变化幅度很小。

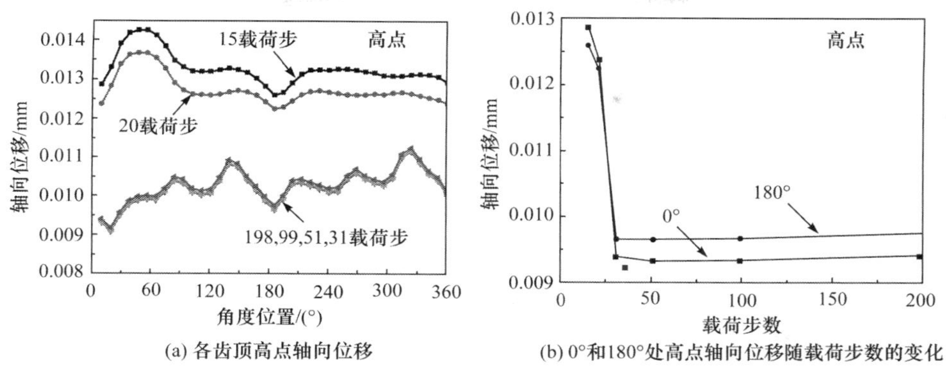

(a) 各齿顶高点轴向位移　(b) 0°和180°处高点轴向位移随载荷步数的变化

图 4-18　载荷步数对齿顶高点轴向位移的影响

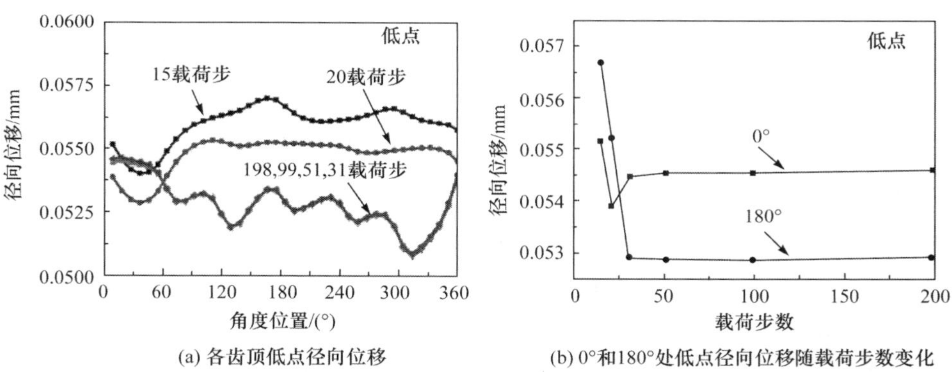

(a) 各齿顶低点径向位移　(b) 0°和180°处低点径向位移随载荷步数变化

图 4-19　载荷步数对齿顶低点径向位移的影响

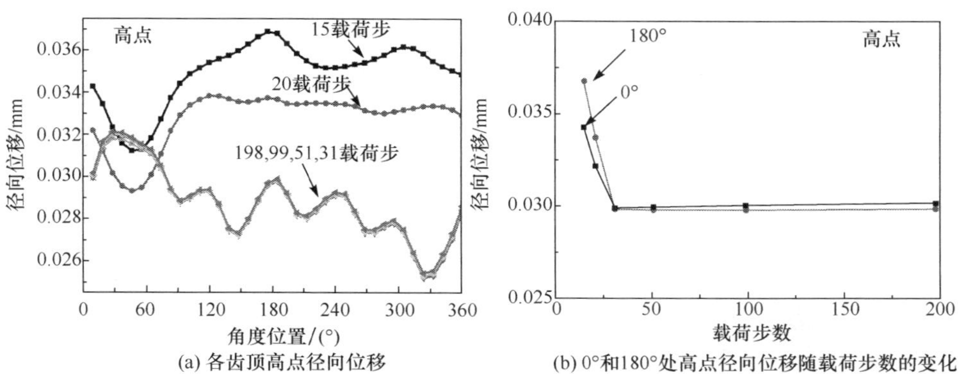

(a) 各齿顶高点径向位移　(b) 0°和180°处高点径向位移随载荷步数的变化

图 4-20　载荷步数对齿顶高点径向位移的影响

表 4-4　不同载荷步数计算的 0°和 180°处高点轴向位移的比较（单位：%）

载荷步数		15	20	31	51	99	198
高点轴向位移的相对变化	0°接头	137	131.6	99.6	99.2	99.3	100
	180°接头	129	125.6	99	99	99.1	100

表 4-5　不同载荷步数计算的 0°和 180°处低点径向位移的比较（单位：%）

载荷步数		15	20	31	51	99	198
低点径向位移的相对变化	0°接头	101	98.6	99.7	99.8	99.9	100
	180°接头	107.2	104.4	100	99.9	100	100

表 4-6　不同载荷步数计算的 0°和 180°处高点径向位移的比较（单位：%）

载荷步数		15	20	31	51	99	198
高点径向位移的相对变化	0°接头	113.6	106.6	99.1	99.3	99.5	100
	180°接头	123	112.7	99.9	99.6	99.8	100

图 4-21 所示是采用不同载荷步数时，齿轮法兰装配体激光焊接过程三维弹塑性有限元分析所需要花费的时间。由图可见，31 步时所需要的计算时间相对于 198 个载荷步时的计算时间大幅度减少，约为 198 步时的 1/4。采用 198 载荷步时，载荷步的划分已经非常细了，可以保证加热升温过程中每个载荷步的温度增量不超过 20℃，所以此时的计算结果具有足够的精度。从表 4-3～表 4-6 的数据可以看到，载荷步为 31 时的计算结果和载荷步为 198 时的计算结果非常接近，这就说明载荷步为 31 步时的计算结果有着足够高的精度并且能够大幅减少计算时间。根据上述结果，为了兼顾计算精度和计算效率，针对齿轮法兰装配体激光焊相关工艺及影响因素等研究，可采用较少的载荷步数结合较大的子步数进行三维热弹塑性有限元分析。

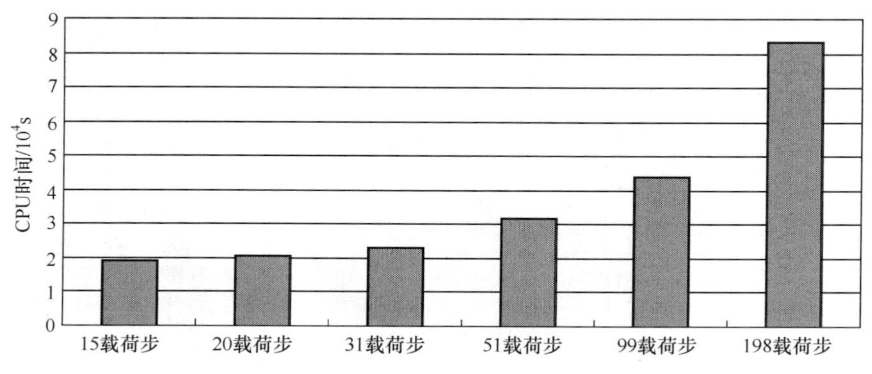

图 4-21　各种载荷步数花费的计算时间

4.5　拘束条件

焊接大多是放置在工作台、支撑架、夹具或地面上进行的，受到这些支撑体和夹具的支撑和夹紧作用；焊接过程也多采用夹具或胎具等固定焊接件，防止焊接变形。焊接应力变形数值模拟时，需要考虑支撑件和夹具的作用，计算模型中对夹具或外加拘束力的准确反映程度，最终体现为计算结果的准确性，这也是分析夹具优化、夹紧力优化等的前提。本节在国内外研究现状基础上，分析焊接应力变形有限元计算模型中拘束条件的不同对焊接应力变形的影响。

4.5.1　夹具和工作台的夹持在计算模型中的实现

大多数有限元模型通过施加和释放位移约束方式来实现焊接件所受的支撑、夹持和夹持释放。如 Fanous 等[2]采用不同的位移约束来分别模拟一端夹持焊接情况的外拘束以及较大焊接结构中一部分区域建模分析时的外拘束(图 4-22 所示)。对于一端夹持的焊接件建模，所采用的位移约束除了对称面上施加对称约束，焊接件远端(夹持位置)的所有节点在焊接过程中都施加 y 向位移约束，焊接结束后将这些位移约束释放以分析无任何载荷下的残余应力；为了保证结构稳定性，远端所有节点的位移约束释放后，限制图 4-22 中夹紧点 1 的 x、y 方向自由度，并约束夹紧点 2 的 z 向自由度。对大焊接结构中的一部分进行有限元计算，图 4-22中远端的节点允许在焊接过程中能轻微变化，但不能围绕任意轴旋转，这就要求保证远端所有节点的 y 向位移保持一致，这种边界条件通过耦合远端任意相邻节点 y 向位移实现。即设置图 4-22 中的节点 1 的 y 向位移等于节点 2 的 y 向位移，而节点 2 的 y 向位移等于节点 3 的 y 向位移，依次进行所有节点的 y 向位移耦合。

Sun[3]为了模拟自由焊接情况的外拘束，在对称面上施加对称边界条件，并分别约束图 4-23 中一对称面上所有节点的 x 向自由度，约束另一对称面上所有节点的 y 向自由度，并固定节点 1 的 x、y 和 z 向位移。

文献[4]研究 80 mm×40 mm×12 mm 的两个板对接焊接，考虑夹具夹紧、重力和摩擦力作用，将焊接件底部的所有节点都施加位移约束，限制其三个方向的位移自由度来实现夹紧、重力、摩擦力和工作台支撑力对焊接件的拘束。这样焊接件底部在焊接过程中无任何位移，但这种外拘束不能反映焊缝区受热膨胀和冷却收缩的变化特征。Pilipenko[5]除了在对称面上施加对称边界条件(图 4-24 中垂直 y 轴的细化单元面上的所有节点约束 y 方向自由度)，还在焊接起始位置焊缝底部一点固定 x 方向的自由度，限制远离焊缝平面上的两个节点在 xy 平面上的移动。以这种位移约束的边界条件模拟焊接件自由放置在工作台上的情况(没有考虑重力)。

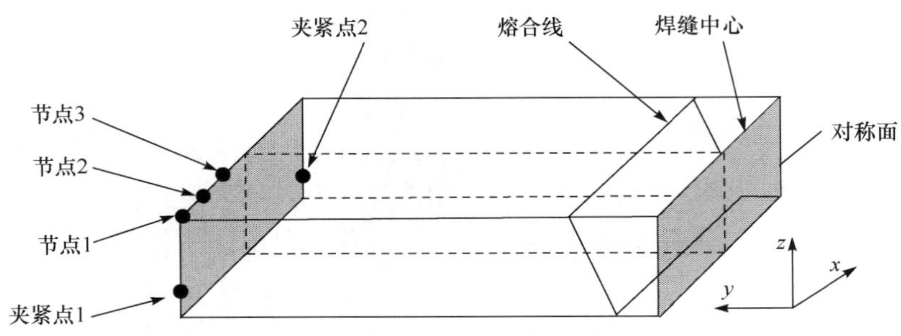

图 4-22 位移约束边界条件[2]

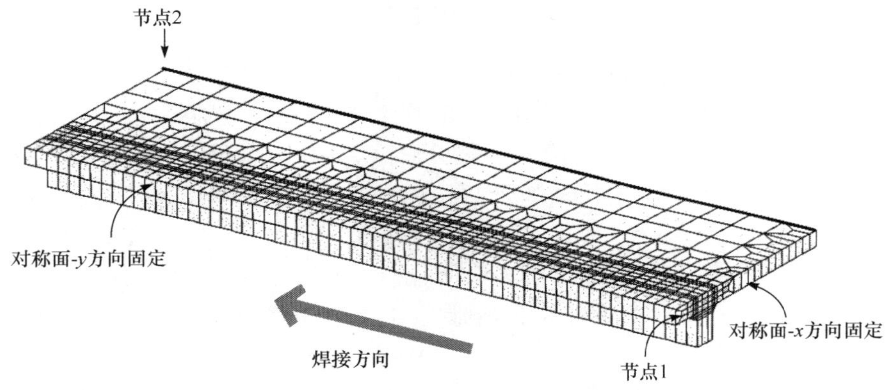

图 4-23 自由焊接时的位移约束[3]

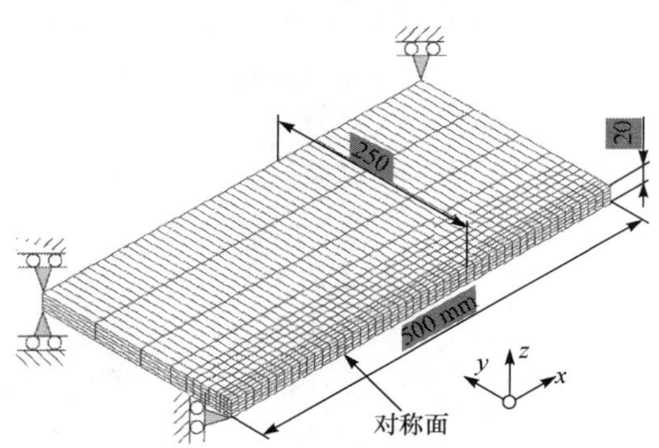

图 4-24 位移约束模拟自由焊接的外拘束[5]

Ueda 等[6]采用二维模型模拟自由焊接时，除了对模型施加对称边界条件，还在焊缝底部的节点施加约束，以限制其在厚度上的自由度，实现支撑件对焊接件的支持作用(图 4-25)。这种约束方式不能体现焊接件受热膨胀时受到的工作台支撑。

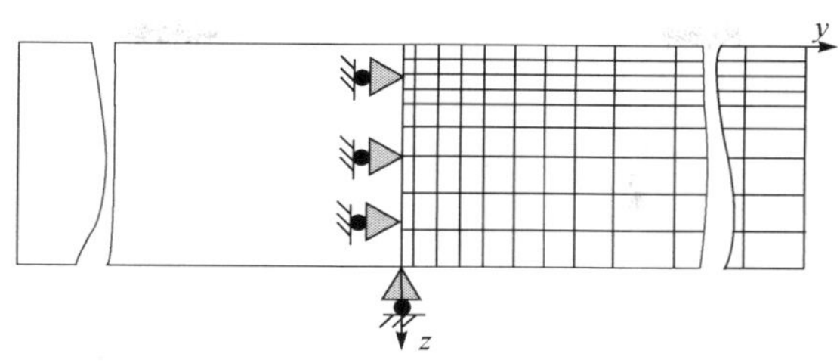

图 4-25　二维模型的位移约束[6]

Pilipenko[5]考虑到焊接件受热膨胀时受到工作台的支撑，冷却收缩时会发生翘曲产生角变形，采用的二维模型所施加的位移约束条件如图 4-26 所示。这样的约束方式基本上能保证焊接件在加热时板外方向不变形，以此来模拟工作台的支撑作用，冷却过程中移除板外方向的约束以模拟热收缩引起的角变形。但是由于焊接件端部施加了位移约束，焊接件受热膨胀是局部膨胀，不均匀的膨胀力对焊接件产生一定的弯矩，进而会造成焊接件中部弯曲，这与实际焊接件总是受工作台支撑的变形过程不符。

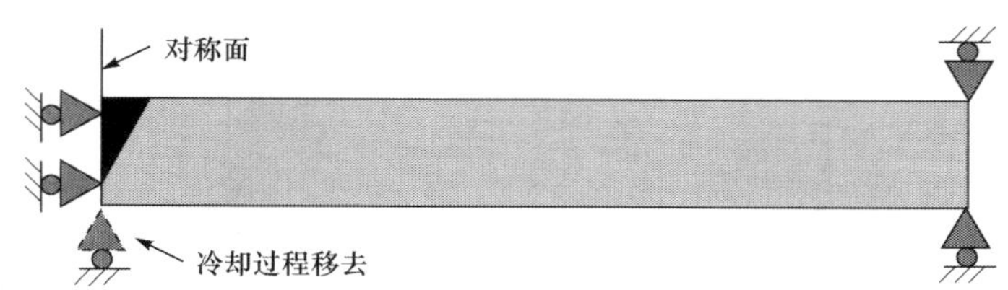

图 4-26　位移约束实现二维模型的外拘束[5]

尽管采用位移约束方式来体现焊接件所受外拘束的计算收敛性好，模型中实现简单，但是这种方式并不能完整体现某些焊接操作的实际外拘束条件。主要体现在以下几个方面：①采用位移约束方式限制了受力位置或受拘束位置的位移自由度，这是一种双向约束。实际上，对于自由焊接情况，支撑件（如工作台）对焊接件的支撑只是一种单向约束。②当夹具夹持焊接时，如果采用柔性夹具进行夹持或者夹具的刚度较小，焊接件的变形会引起夹具的变形，因而夹持位置的节点还会具有一定的位移量。③位移约束忽略外力（重力、夹紧力、摩擦力）对焊接应力和变形的作用，不能考虑夹紧力的变化，在夹持条件下，焊缝区域受热膨胀和冷却收缩受到摩擦力阻碍，因而焊接变形和应力受到摩擦力影响。④位移约束方式忽略或简化了焊接件向支撑件和夹持件的传热。⑤焊接过程中的外拘束往往是变化的。位移约束方式是一种不变约束，使在冷却阶段，即采用约束释放方式来分析无负载情况下的焊接残余应力和残余变形，也不能准确表达焊接过程中的变化外拘束，因而不能准确反映外拘束下的焊接应力和变形问题，不能更准确分析实际焊接应力变形的演化过程和产生机理。

张增磊等[7]将夹具和垫板作为弹塑性体包含到焊接有限元计算模型中(图 4-27),采用接触算法模拟夹具、垫板和工件的相互作用,用以分析夹具及垫板的拘束作用对被焊平板试样残余应力与变形的演化历程。研究表明,在焊接有限元计算中建立包含被焊工件及夹具与垫板的夹具拘束模型,可使焊接有限元计算研究方法更具有科学性和准确性;夹具及垫板与被焊工件之间相互作用对焊接残余应力的分布与焊后残余变形趋势具有重要影响,Free 模型(自由模型)与 Tabular 模型(接触面之间的法向接触压力由接触面间隙或过盈量决定)的残余变形模拟结果分别与平板试样焊接试验时自由状态和夹具夹持状态下施焊所获得的焊接变形规律及趋势一致。

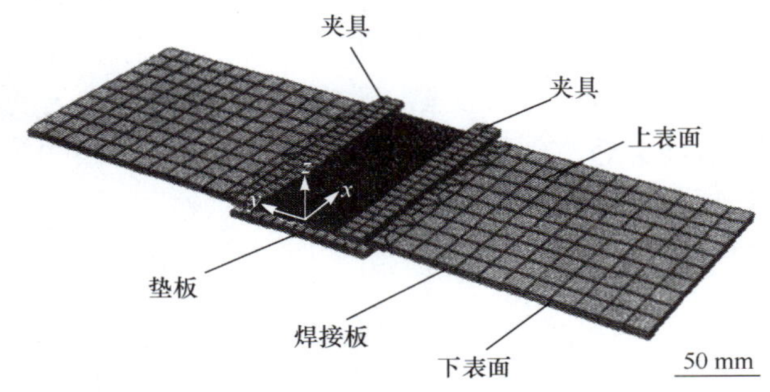

图 4-27 包括被焊板、垫板和夹具的有限元模型[7]

Schenk 等[8]建立了包含夹具在内的有限元模型(图 4-28),分析夹具对薄板焊接变形的影响,研究了夹紧时间、夹具释放时间和夹具预热对焊接失稳变形、弯曲变形和角变形的影响。研究结果表明,夹紧条件对焊接残余变形影响显著,由此提出了在线自适应夹紧技术来控制焊接变形。

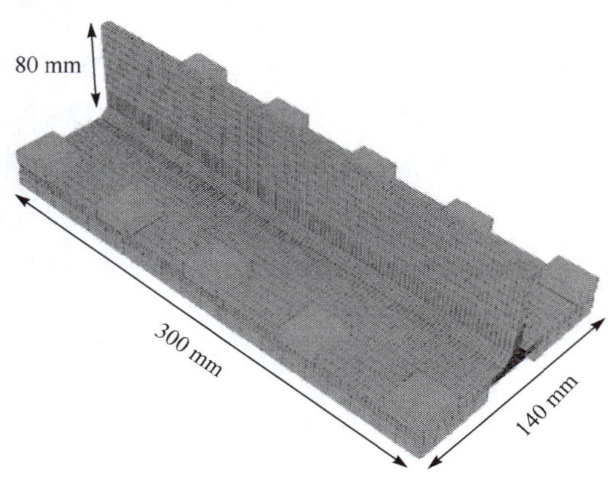

图 4-28 包含夹具在内的有限元模型[8]

本节提出多体耦合模型，将焊接件和工作台在有限元模型中统一建模，将焊接件和工作台在重力或夹持力作用下的接触看成对焊接件的约束。在有限元模型中包含多个相互作用的实体，各实体之间的相对位移、变形和应力等变量相互耦合，并采用热塑性有限元进行计算。这样建立的多体耦合热弹塑性有限元模型能反映实际焊接过程更多的外拘束条件和各作用体之间的相互关系。对于图 4-29 所示的自由焊接情况，工作台假设为刚体，在焊接过程中不变形，工作台上表面与焊接件之间视为刚性-柔性的面-面接触关系。其中，工作台上表面定义为目标面，焊接件下表面定义为接触面。焊接件相对于焊缝对称，为简便起见，只对焊接件一半建模。考虑到整个焊接过程中无外作用力，二维计算模型中重力过小，可能无法防止计算模型发生刚性位移造成计算不收敛，为避免这种情况，除了在对称面上施加对称约束，还在焊缝底部节点施加 z 向约束。所建立的针对图 4-29 所示自由焊接情况的二维多体耦合模型如图 4-30 所示。

图 4-29　自由焊接示意图

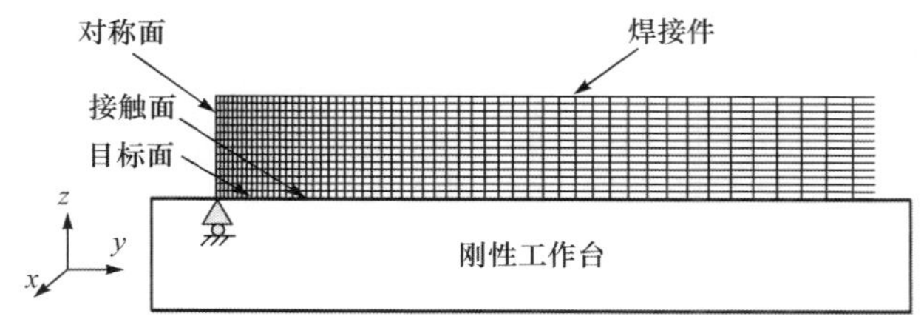

图 4-30　自由焊接的多体耦合有限元模型

为了比较多体耦合模型和位移约束模型的计算结果，针对图 4-29 所示的自由焊接，分别采用不同的位移约束模型和多体耦合模型进行计算。计算对象为 130 mm×130 mm×7 mm 的 304 不锈钢板 TIG 表面堆焊。焊接参数为：电流 130 A，电压 12.8 V，焊接速度 10 cm/min。焊接件自由放置在工作台上，选取垂直于焊缝的平面建立平面应变模型，并由于焊接件相对焊缝对称，所以只对焊接件的 1/2 进行建模分析。采用 3 种位移约束方式分别实现不考虑工作台和考虑工作台对焊接件的支撑作用。这 3 种位移约束方式分别为：①不考虑工作台的位移约束，除对称面上的对称约束外，在焊缝底部的一节点上施加 z 向位移约束。②考虑工作台的简单约束，对称面上施加对称约束，焊缝端底部节点施加 z 向约束，远离焊缝端底部节点施加 z 向约束实现工作台的支撑，并在冷却阶段释放远离焊缝端节点的位移约束，以保证焊接件冷却过程自由收缩。③考虑工作台的完全约束，加热阶段焊接件底部节点全部约束 z 向位移，冷却阶段焊接件底部节点 z 向约束全部移除，除对称面上的对称约束外，只施加焊缝底部一个节点的 z 向位移约束，以保证计算模型不发生刚性移动。这三种位移约束方式示意如图 4-31 所示。

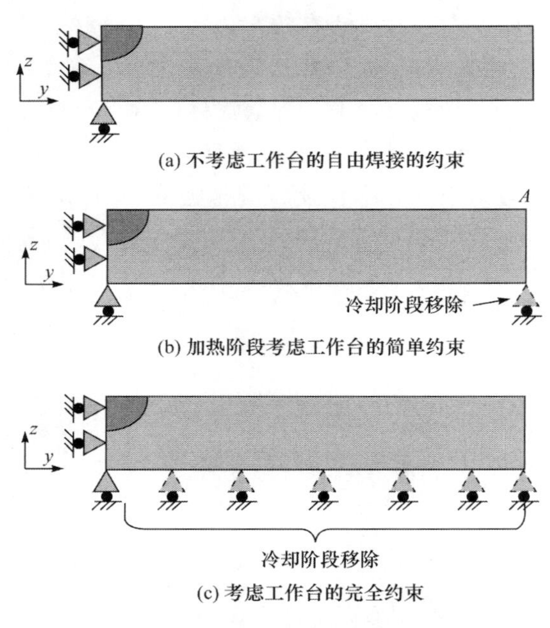

(a) 不考虑工作台的自由焊接的约束

(b) 加热阶段考虑工作台的简单约束

(c) 考虑工作台的完全约束

图 4-31　3 种位移约束方式

有限元计算时，先计算温度场，然后将温度场作为负载计算变形。由于是表面堆焊，所以采用考虑热源移动效应的二维高斯面热源模型计算温度场。由于焊接件较厚，且焊接电弧从上表面加热工件，同时为了分析相同温度负载下不同外拘束表达模型的计算结果异同，所以不考虑焊接件和工作台的摩擦生热，也不考虑焊接件向工作台的传热，故温度场计算时只对焊接件进行建模。

3 种位移约束模型和自由焊接多体耦合模型计算的焊接件远离焊缝端上表面节点(图 4-31(b)中 A 点)的 z 向位移随时间变化曲线如图 4-32 所示。多体耦合模型将焊接件和工作台统一建模，能考虑工作台和焊接件之间的接触关系和摩擦，计算的不同时刻焊接件底部与工作台之间的摩擦应力如图 4-33 所示。

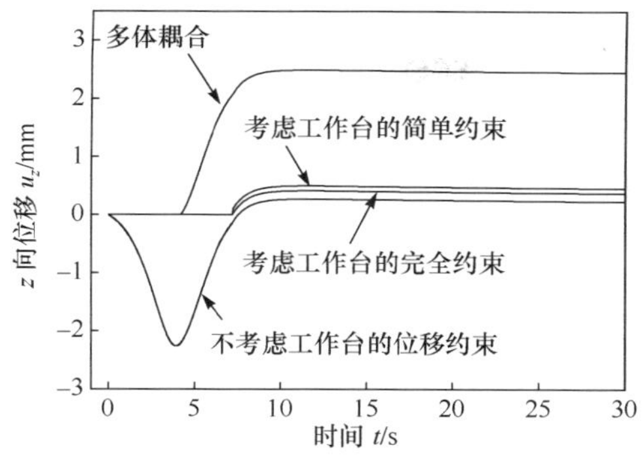

图 4-32　位移约束和多体耦合模型计算位移

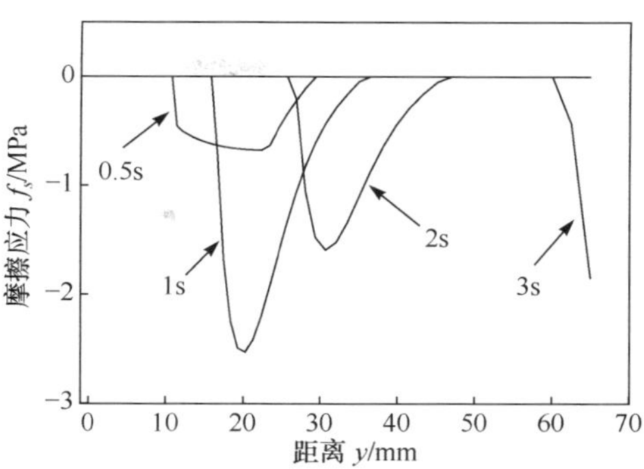

图 4-33　不同时刻的摩擦应力

从图 4-32 看出，由于二维模型只是对垂直焊缝的一个截面建模，不能考虑整个焊接件对该平面的拘束，所以不考虑工作台的位移约束模型计算的动态位移在加热开始就向 z 轴负方向变化，在 4 s 时刻 z 向负位移达到最大，随后位移迅速增加，增加到 0.2 mm 后基本保持一致。考虑工作台的约束模型能够保证焊接件在加热阶段没有 z 向负位移，当加热结束时移除位移约束，焊接件收缩产生 z 向位移，但是位移非常小，考虑工作台的完全约束模型计算的最终位移为 0.5 mm，考虑工作台的简单约束模型计算的最终位移为 0.4 mm。多体耦合模型能考虑工作台对焊接件的支撑，因而焊接件在 0～4.2 s 时间范围内位移为 0，在 4.2 s 时位移迅速增加，最终达到 2.5 mm；整个焊接件加热时间为 7.2 s，多体耦合模型计算的 z 向位移增加时间为 4.2 s，说明加热阶段焊接件即产生 z 向正位移，那么考虑工作台的位移约束模型中，采用加热结束时刻移除约束不能真实反映焊接件的位移变化。位移约束模型计算的位移结果明显小于多体耦合模型，说明位移约束方式考虑不到工作台的支撑，或者过多限制了焊接件的自由度。

从图 4-33 看出，在焊接加热的不同时刻，焊接件和工作台之间的摩擦应力不同。摩擦应力为负值，与焊接件膨胀方向相反，说明焊接件膨胀受到摩擦力的阻碍；不同时刻摩擦应力分布区域不同，说明焊接件和工作台的接触区域不断变化，摩擦力也不断变化；由于加热 4.2 s 后焊接件产生角变形，焊接件远端与工作台分离，故 3 s 时刻的摩擦力出现在远离焊缝端，4.2 s 之后没有摩擦力产生。由于焊缝位置受位移约束，所以从摩擦力分布区域可以分析焊接件和工作台的接触状态以及焊接件的变形过程，从而可以根据焊接件的变形特征来施加外拘束力，以便有效地控制焊接变形。

对于有恒定夹紧压力的情况，多体耦合模型可以考虑不同夹紧压力对焊接应力变形的影响。如对于图 4-34 所示焊接条件，建立的多体耦合模型见图 4-35。图 4-35中，因为施加外压力和产生的摩擦力能保证计算模型不发生刚性移动，所以除了在对称面上施加对称约束，不添加任何位移约束，这与自由焊接情况的模型(图 4-30)略有不同。

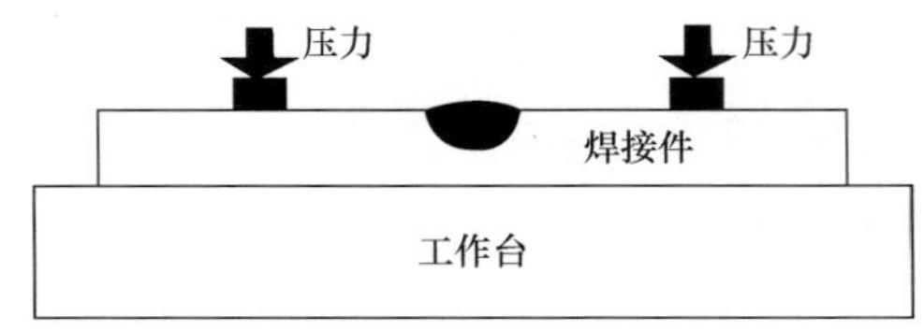

图 4-34　外加压力焊接示意图

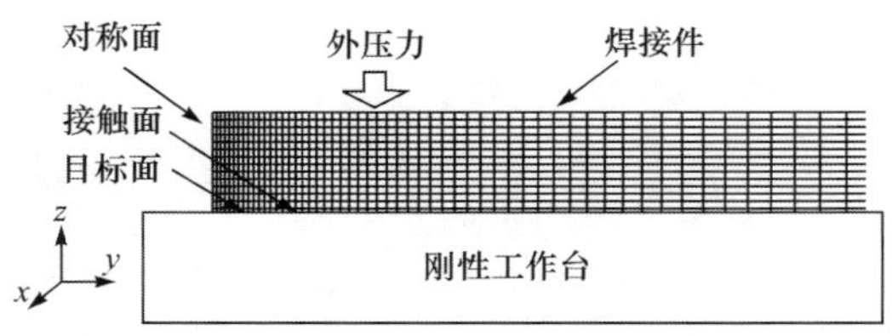

图 4-35　外加压力的多体耦合计算模型

采用图 4-35 所示的多体耦合模型计算压力大小不同，压力作用位置距焊缝 10 mm，压力作用宽度为 20 mm 的上表面远离焊缝端的 z 向位移如图 4-36 所示。由图 4-36 看出，在上表面距焊缝 10～30 mm 的位置作用有恒定外压力时，焊接件在加热时局部膨胀，导致右端面与工作台接触，右上角 A 点的 z 向位移在加热阶段为 0；冷却阶段焊接件收缩，右端面迅速抬起，其 z 向位移迅速增大并很快到达一个恒定值。在外压力大于 0.3 MPa 时，焊接件的残余变形随外压力的增大而减小；外压力大于 1 MPa 时，焊接件右上角的 z 向残余变形为 0；当外压力为0.1 MPa时，焊接件残余变形反而比作用外压力为 0.3 MPa 时大。因此，多体耦合模型能有效考虑焊接件所受工作台的支撑和摩擦，通过该模型能够优化焊接外拘束。

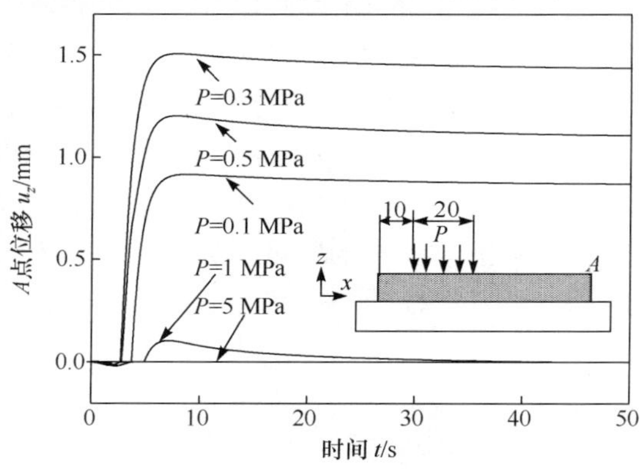

图 4-36　不同外压力下的焊接变形

4.5.2　可变夹紧力和弹性夹具在有限元模型中的实现

对于夹紧焊接的情况，夹具本身是具有一定刚度的弹性体，如果夹具的刚度较小，则焊接件的变形会造成夹具的变形，因此，施加在焊接件上的夹紧力在焊接过程中是变化的。Wahab 等[9]的试验表明，焊接件所受外拘束力是动态变化的，作者进行有限元计算时在模型中采用位移约束，实现保证焊接件不变形的外拘束。Cronje[10]的试验表明，焊接件的夹紧方式对焊接变形和塑性应变影响很大。徐文立等[11]的试验表明，焊接件的压紧力是影响铝合金焊接挠曲变形的显著因素。刚性夹具会造成对焊接件的过度拘束，引起更大的焊接残余应力。采用柔性夹具能控制焊接变形和保证焊接件在焊接过程中有相对自由的变形，从而避免更大焊接应力的产生，但是柔性夹具所施加的初始夹紧力大小、位置以及在焊接过程中夹紧力的变化都是焊接应力变形的影响因素，如何有效优化夹具夹紧力和夹紧位置，对焊接件进行合理拘束，以有效调控焊接应力变形是一个难题。利用有限元方法优化焊接件的可变拘束是一种高效可行的方法。但是，如何在有限元模型中实现变化的外拘束又是一个难以解决的问题。

位移约束模型不能实现变化的夹紧力。文献[12]采用一定刚度的弹簧连接焊接件边缘上的节点与焊接件外的一系列对应的固定节点来实现夹具和工作台对焊接件的弹性支撑和夹紧，其计算模型如图 4-37 所示。Preston 等[13]研究了不同夹紧方式对铝合金 TIG 焊接变形的影响，并在有限元模型中用一定刚度的无摩擦弹簧单元来模拟夹具对焊接件的夹持作用。

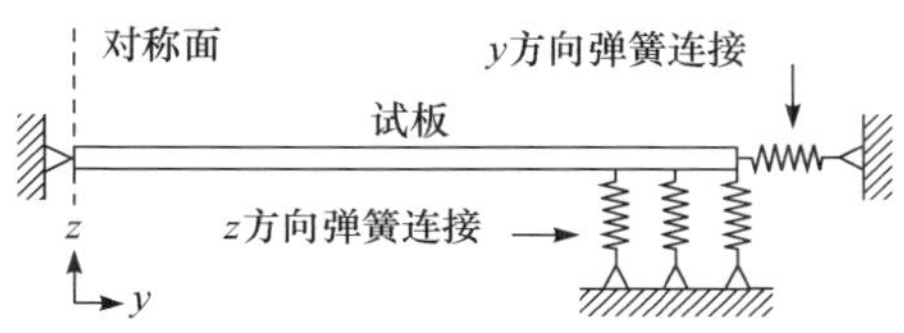

图 4-37　采用弹簧连接实现焊接外拘束[12]

用有限元模型中用弹簧单元来模拟夹具，表达弹性外拘束，但是不能完整反映焊接件和外拘束的相互作用关系，特别是摩擦问题不能真实表达出来，夹具的释放在这种计算模型中也难以实现。本书在多体耦合模型中通过弹簧单元实现弹性夹具对焊接件的夹紧，在弹簧单元节点上施加不同位移值实现不同的初始夹紧力或卸载；弹簧单元和焊接件或者压板之间通过节点位移耦合的方法实现连接，忽略了压板和夹具之间的摩擦，但是考虑了工作台和焊接件之间的摩擦；工作台设为刚性体，焊接件为可变形体，故焊接件和工作台的接触关系为柔性-刚性接触；压板将夹具施加的力传递给焊接件，压板的变形影响夹紧力的传递，因而压板和焊接件都为可变形体，两者之间的接触关系为柔性-柔性接触。建立的包含弹性夹具的多体耦合模型见图 4-38。

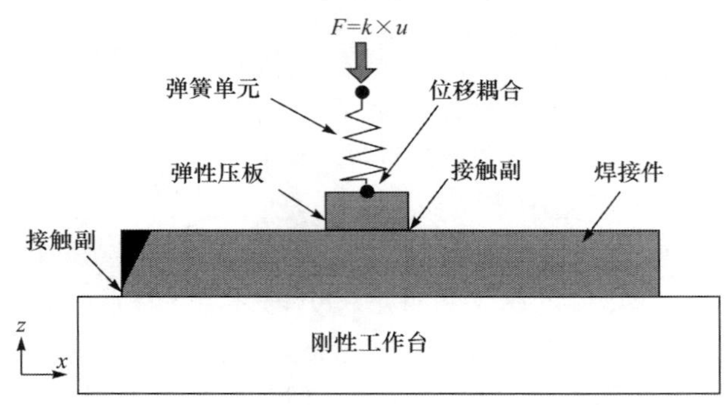

图 4-38 包含弹性夹具的多体耦合模型示意

图 4-38 所示的多体耦合模型能较完整反映工作台、焊接件、压板和夹具之间的相互作用关系，并且通过改变弹簧单元的节点位移实现可变压紧力或者夹具移除，通过改变弹簧单元的刚度值实现夹具对焊接件的柔性或刚性夹紧，通过该多体耦合模型可以进行夹紧力优化和夹紧位置优化，可用于研究焊接件在变化外拘束作用下的焊接应力变形特点[14-16]。第 5 章基于三维多体耦合模型研究动态拘束力对焊接应力变形的影响。

4.6 二维和三维模型

建立二维数值模型，将复杂三维计算问题简化为二维问题，是实现大型结构焊接快速预测的有效方法之一。国内外很多研究都是基于有限元计算分析二维与三维模型之间的相互关系，对比两者之间计算结果的异同。大多数研究都认为，在一定条件下，二维模型可以较好反映三维模型的计算结果，并大幅减少计算时间，可在一定程度上代替三维模型[17-20]。轴对称模型是一种适用于轴对称结构的准三维模型。平面应变模型(plane strain model)及广义平面模型(generalized plane strain model)非常适合于长直焊缝，尤其是焊道数多的直焊缝结构，而平面应力模型(plane stress model)对于薄板分析非常合适。

本节以厚钛合金板电子束焊接应力[21]为例，分析广义平面应变模型和三维模型计算结果的异同。选取垂直焊缝的截面建立广义平面应变模型，并由于焊接件相对于焊缝对称，故只针对焊接件的 1/2 建模，二维模型的研究平面示意如图 4-39 所示；三维计算时也只选取焊接件的 1/2 建立模型。计算模型和网格划分见第 2 章。

热源模型、温度场计算过程见第 2 章，应力场计算过程见第 3 章。选择三维模型计算的中截面位置的应力场与广义平面应变模型计算的应力场比较如图 4-40

所示。

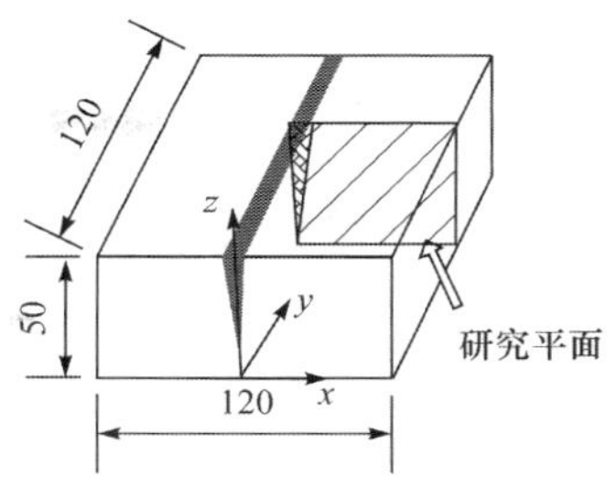

图 4-39　焊接件尺寸

从图 4-40 看出，二维和三维模型计算的表面纵向应力分布相似，在焊缝和热影响区为拉伸应力，远离焊缝区域纵向应力迅速降低为 0。三维模型计算得到的焊缝位置内部大于 800 MPa 的纵向拉应力区域明显大于二维模型内部高于 800 MPa 的纵向拉应力区域；而二维模型计算的纵向应力在热影响区边缘区域出现窄小的压应力区域，这可能是因为二维模型在远离焊缝区域的网格较细密所致。两种模型计算的横向应力分布在焊缝区域差异较大，二维模型计算的横向应力在下表面焊缝中心位置出现大于−900 MPa 的压应力，该较大压应力只是出现在三维模型计算的焊接起始和结束端（见第 3 章图 3-13）；二维模型计算的内部横向拉应力区域比三维模型计算的内部横向拉应力区域小得多；但两种模型计算的横向应力在焊缝中心位置从上表面到下表面都呈现压应力—拉应力—压应力变化趋势。

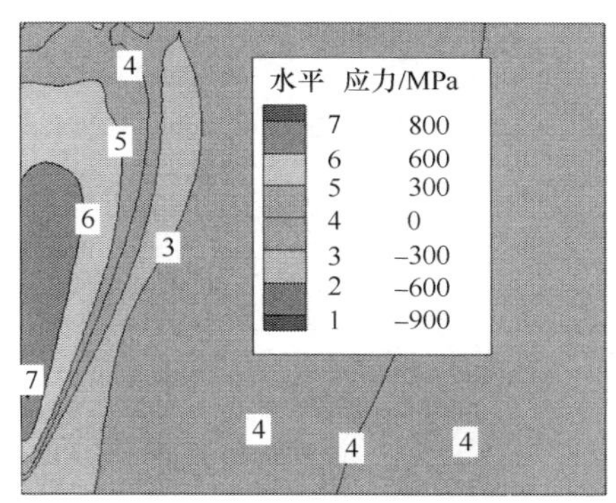

(a) 二维模型计算的纵向残余应力

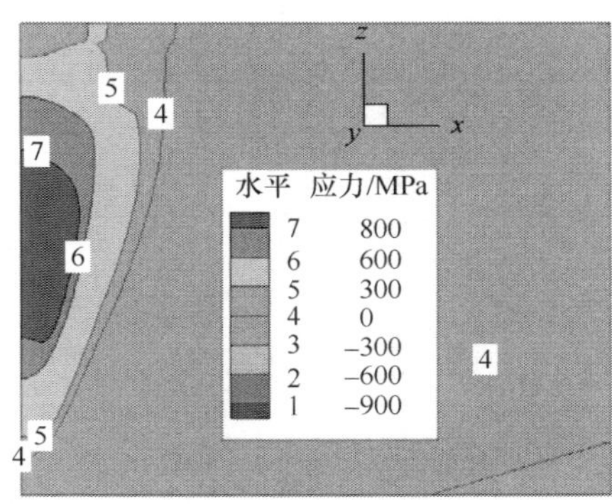

(b) 三维模型计算的纵向残余应力

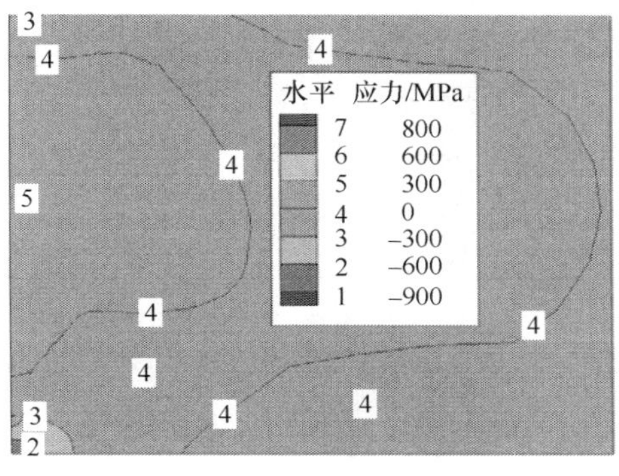

(c) 二维模型计算的横向残余应力

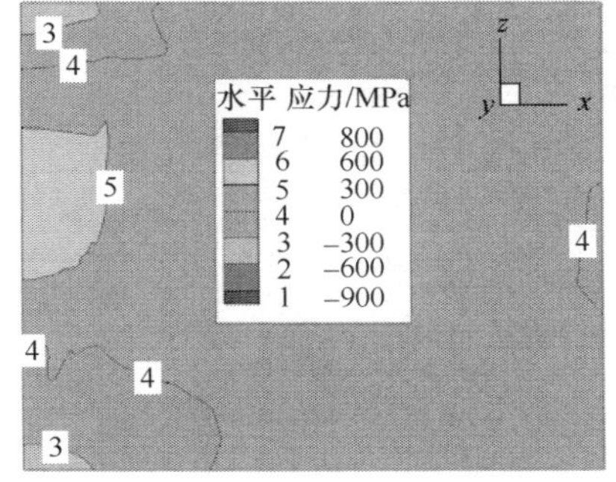

(d) 三维模型计算的横向残余应力

图 4-40　二维和三维模型计算结果比较

选择上表面、内部位置(z=25 mm)和下表面三条线,比较三条线上三维和二维模型计算的应力,如图 4-41、图 4-42 和图 4-43 所示。

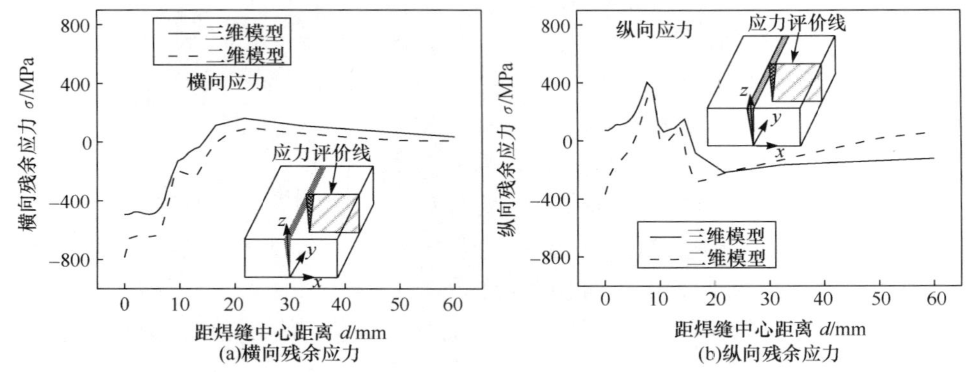

图 4-41　上表面应力分布

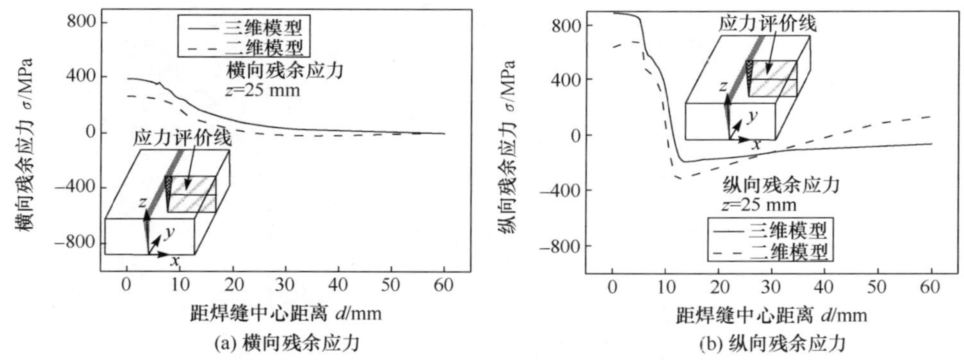

图 4-42　z=25 mm 截面应力分布

从图 4-41、图 4-42 和图 4-43 看出,二维模型和三维模型计算的应力分布趋势相同,上表面横向残余应力在焊缝中心位置为压应力,随着距焊缝距离的增加,横向应力增加,在距焊缝中心 20 mm 的位置拉应力增加到约 200 MPa,随后又逐渐降低至 0;下表面横向残余应力在焊缝中心为压应力,远离焊缝位置应力增加,在距焊缝 20 mm 位置压应力为 0,此后保持不变;中部位置(z=25 mm 截面)的横向应力为拉应力,拉应力峰值出现在焊缝中心位置,达到 400 MPa 左右,随着距焊缝中心的距离增加,横向拉伸应力不断降低,在距焊缝中心 20 mm 的位置拉应力降低为 0 并保持不变;二维模型计算的焊缝区域横向应力比三维模型计算值小。

计算的上表面纵向应力在焊缝区域为拉伸应力,峰值拉伸应力出现在距焊缝

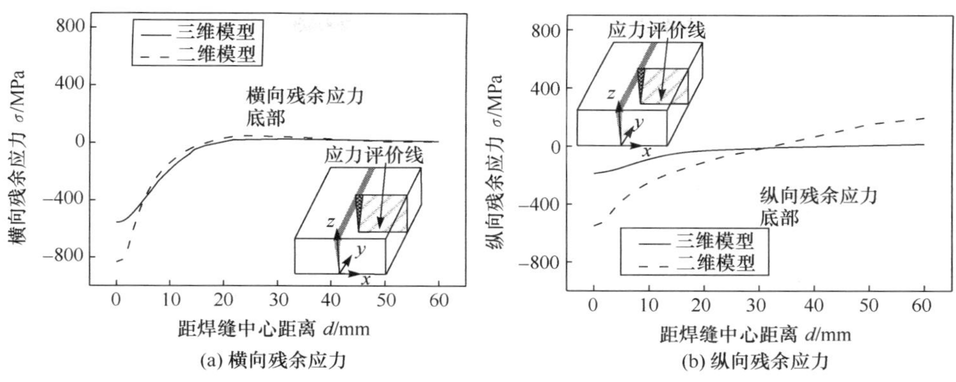

(a) 横向残余应力　(b) 纵向残余应力

图 4-43　下表面应力分布

中心 10 mm 的位置，达到 400 MPa 左右，此后随距焊缝中心距离的增加，纵向应力迅速降低为压应力；下表面纵向应力整体呈现为压应力；$z=25$ mm 截面焊缝区域纵向应力为拉应力，且峰值应力接近 900 MPa，随后拉应力迅速降低，在距焊缝中心 16 mm 位置降为−180 MPa 的压应力，此后保持压应力不变。二维模型计算的焊缝区域的纵向应力比三维模型计算值小。

以上分析表明，三维模型计算的应力分布和变化趋势与和广义平面应变模型计算结果基本一致，二维模型计算的焊缝区域应力值比三维模型计算值小，三维模型能反映焊接起始和结束位置的应力分布；二维模型计算时间为 8 h，三维模型计算时间为 66 h；因而如果不考虑焊接起始和结束位置的应力分布，二维模型能够在高效计算的基础上反映出焊接残余应力的分布趋势和特征。

参 考 文 献

[1] Zhang L J, Zhang J X, Kalaoui H, et al. A comparative study of the residual deformation of an automotive gear-case assembly due to deep-penetration high-energy welding[J]. Journal of Materials Processing Technology, 2007, 190(1-3): 109-116.

[2] Fanous I F Z, Younan M Y A, Abdalla S W. Study of the effect of boundary conditions on residual stresses in welding using element birth and element movement techniques[J]. Journal of Pressure Vessel Technology, 2003, 125(4): 432-439.

[3] Sun J. Modeling and finite element analysis of welding distortions and residual stresses in large and complex structures[D]. University Park: The Pennsylvania State University, 2005.

[4] Ronda J, Oliver G J. Comparison of applicability of various thermo-viscoplastic constitutive models in modelling of welding [J]. Computer Methods in Appiled Mechanics and Engineering, 1998, 153(3-4): 195-221.

[5] Pilipenko A. Computer simulation of residual stress and distortion of thick plates in multi-

electrode submerged arc welding. Their mitigation techniques[D]. Trondheim: Norwegian University of Science and Technology, 2001.

[6] Ueda Y, Ma N X. Measuring method of three-dimensional residual stresses with the aid of distribution functions of inherent strain(Report I)-A function method for estimating inherent strain distributions[J]. Transactions of Japan Welding Research Institute, 1994, 23(1): 71-78.

[7] 张增磊,史清宇,鄢东洋,等. 夹具拘束模型在焊接过程有限元分析中的建立及应用[J]. 金属学报,2010,46(2):189-194.

[8] Schenk T, Richardson I M, Kraska M, et al. A study on the influence of clamping on welding distortion[J]. Computational Materials Science, 2009, 45(4): 999-1005.

[9] Wahab M A, Alam M S, Painter M J, et al. Experimental and numerical simulation of restraining forces in gas metal arc welded joints[J]. Welding Journal, 2006, 85(22): 35s-43s.

[10] Cronje M. Finite element modeling of shielded metal arc welding[D]. Stellenbosch: University of Stellenbosch, 2005.

[11] 徐文立,刘雪松,方洪渊,等. 薄板高强铝合金 LY12CZ 焊接工艺参数的优化[J]. 焊接学报,2004,25(2):39-42.

[12] Van der AaEM. Local cooling during welding: prediction and control of residual stresses and buckling distortion[D]. Delft: Delft University of Technology, 2007.

[13] Preston R V, Shercliff H R, Withers P J, et al. Finite element modelling of tungsten inert gas welding of aluminium alloy 2024[J]. Science and Technology of Welding & Joining, 2003, 8(1): 10-18.

[14] Liu C, Zhang J X. Numerical simulation of transient welding angular distortion with external restraints[J]. Science and Technology of Welding & Joining, 2009, 14(1): 26-31.

[15] Liu C, Zhang J X . Investigation of external restraining force effects on welding residual stresses using 3D thermal elastic-plastic multi-body coupling FE model[J]. Proceedings of the Institution of Mechanical Engineers. Part B-Journal of Engineering Manufacture, 2009, 223(12): 1591-1600.

[16] 刘川,张建勋. 外拘束力对堆焊焊接残余应力影响研究[J]. 中国机械工程,2009,20(10):1234-1239.

[17] Dong P, Hong J K, Bouchard P J. Analysis of residual stresses at weld repairs[J]. International Journal of Pressure Vessels and Piping, 2005, 82(4): 258-269.

[18] Song X, Kyriakoglou I, Korsunsky A M. Analysis of residual stresses around welds in a combustion casing[J]. Procedia Engineering, 2009, 1(1): 189-192.

[19] Sarkani S, Tritchkov V, Michaelov G. An efficient approach for computing residual stresses in welded joints[J]. Finite Elements in Analysis and Design, 2000, 35(3): 247-268.

[20] Mollicone P, Camilleri D, Gray T G F, et al. Simple thermo-elastic-plastic models for welding distortion simulation[J]. Journal of Materials Processing Technology, 2006, 176

(1-3)：77-86.

[21] Liu C，Wu B，Zhang J X. Numerical investigation of residual stress in thick titanium alloy plate joined with electron beam welding[J]. Metallurgical and Materials Transactions B, 2010，41(5)：1129-1138.

第 5 章　焊接应力变形高效有限元计算

5.1 引　言

焊接应力变形过程计算是一个复杂、多维和多参数的过程，以数值方法为基础建立的数学模型一般采用复杂的微分方程，力求准确地描述所要考虑的焊接工艺过程。有限元计算能够方便地处理焊接过程中普遍存在的非线性问题，所以有较为广泛的适用性，尤其适用于对焊接过程现象的研究。数值方法摆脱了解析方法的许多束缚，例如，热源不必简化为点、线或面热源，可以将工件形状考虑进模型中等。但是，焊接过程有限元计算的计算复杂，求解耗时长，计算效率低下，这是焊接应力变形有限元计算需要解决的关键问题。

造成焊接应力变形有限元计算效率低下的主要因素有：①焊接过程涉及非常多的复杂物理现象，如局部高温、温度相关的材料属性和大变形等现象，涉及材料非线性、几何非线性计算，要高效准确预测焊接应力和变形非常困难；尤其在熔池附近，材料的屈服强度、弹性模量等力学参数降低，为很小的值，影响了有限元计算的求解效率；在有限元计算中，由于材料性能非线性变化需要在每一次瞬态分析中利用迭代计算求解非线形方程组，而且在系数矩阵中反映熔池部分的值与其他部分相比是个小量，方程矩阵奇异性大，使得求解收敛困难，不得不需要更多迭代次数才能达到必要的精度，造成计算时间冗长[1]。②焊接温度场、应力、应变场是随时间变化的，有限元计算时需要将连续变化的焊接过程离散为若干个时间增量步，在每一时间增量步中将瞬态变化场近似为稳态场进行分析。但由于在焊缝附近温度场、应力应变场随焊接过程发生剧烈变化，必须使用很多时间增量步体现这种快速变化，造成计算量大。③三维有限元计算能全面反映焊接件的应力场和变形，但由于需要在焊接区域细化网格以反映局部高温和高应力梯度，导致计算模型庞大而且非常耗时，如激光焊等高能束焊接，焊缝尺寸小于 1 mm 甚至只有几十微米[2]，有限元计算需要对焊缝处的网格更加细化才能反映激光焊接焊缝区的大温度梯度和大梯度应力变化，如 Luo 等[3]采用有限元计算激光焊接的应力场演化过程时采用的焊缝处单元尺寸为 10 μm；对于三维有限元计算，三维模型的自由度数目巨大而计算时间冗长，且在高温区控制计算精度和稳定性都比二维问题困难得多，这要求采用比二维计算更精确的数值方法，进一步延长了计算时间；特别是工程上的大型焊接件，其计算时间更加冗长，如壁厚 70 mm，外径 600 mm 的管道窄间隙自动对接焊接，整个焊接时间就为 12 天[4]，针对这样的工程，其计算时间可能难以忍受。④焊接工艺,如焊接方法、焊接顺序、坡口形状、填充金属等细节问题的建模处理,特别是多道焊接时涉及焊缝金属的生长问题,都会增加计算量和计算时间[1]。

随着计算机的发展,焊接过程有限元计算也获得了长足的进展。然而,对焊接计算精度和规模要求的日益增长使得研究人员对计算效率的要求越来越高。因此,在有限的计算机设备资源下提高焊接有限元计算的效率是很多学者和工程人员关注的前沿问题。本章介绍目前焊接应力变形高效有限元计算方法及其发展,并详细介绍几种高效有限元计算方法的工程应用[5]。

5.2　几种高效计算方法原理与发展

5.2.1　维数降低法

维数降低法(deduced dimension technology)的主导思路是采用二维方法解决三维问题。实际的焊接结构都是三维问题,通过分析如果能将三维模型简化为二维模型计算,如平面应变、平面应力和轴对称问题,可以大大提高计算效率。

Sarkani 等[6]比较了平面应变模型和三维模型计算单道焊接和 3 道焊接 T 形接头的残余应力。结果表明,二维模型计算的残余应力和三维模型计算结果符合较好,只是在计算的纵向应力上两者出现了 30%的差异,这种差异主要是二维模型不能很好地体现纵向方向上的拘束所导致的。Jiang 等[7]对比了三维模型、平面应变模型和轴对称模型计算焊接残余应力的区别,结果表明二维和三维模型都能得到和试验结果相近的应力峰值和分布趋势,三维模型计算结果比二维模型计算结果更接近试验。但是,焊接过程非常复杂,很多时候不能简单地用焊接结构上的一个平面来代替三维模型,如起弧收弧位置的应力状态,焊接修复的应力状态以及焊接失稳变形等都具有三维特征,只能采用三维模型进行计算。为提高计算效率,Dong[8,9]采用一种特殊的三维壳单元方法减小三维计算模型的规模,计算分析环焊缝整个圆周上的应力分布,并采用这种方法计算修复焊道长度对焊接残余应力的影响。采用二维模型进行焊接问题计算时,根据焊接自身的特点,热过程可以分为 4 个阶段:①热源未移动到研究平面时,对其有预热作用;②热源移动到研究平面时,对其直接加热;③热源移开,研究平面和周围材料的传热;④加热结束,冷却阶段[6]。如何通过二维模型准确描述瞬时移动热源,反映在不同的焊接条件下相对准确的焊接温度场,从而更准确进行焊接变形的预测,这是采用二维模型进行焊接过程预测的关键问题。鉴于此,刘川等[10, 11]提出基于焊缝几何形状的用于二维焊接温度场模拟的热源模型,根据焊缝几何形状来计算热源作用体积,并考虑了焊接移动热源对二维平面的几个作用阶段,采用高斯分布函数来表征热源在时间上的变化。

5.2.2 网格自适应方法

网格自适应法(adaptive grid technique)的核心是热源作用区的细化网格随热源移动。细化热源作用区域的网格而其他区域保持粗网格,热源移动过后的细网格区域又恢复到粗网格,这种方法既能反映热源作用时候的大温度梯度和非线性特征,又能减少整个计算模型的单元数,因而既保证计算精度又显著减少计算时间。

自适应网格法受到很多学者的关注和研究,是一种值得完善和发展的方法。如 Prasad 和 Narayanan[12]采用自适应网格计算焊接过程的瞬态温度场,计算过程中的节点数目只有不采用自适应网格的 1/7 到 1/4,因而计算时间显著减少,计算的温度场结果和试验结果符合较好,该文献采用的自适应网格如图 5-1 所示。Shi 等[13]在 Marc 软件中开发用户子程序实现焊接过程自适应网格计算,采用自适应网格计算结果和非自适应网格方法得到的结果基本一致,采用自适应网格模型的计算时间只有不用自适应网格模型的 70%。Lindgren 等[14]采用采用分级六面体单元和自适应算法进行电子束焊接大型结构的三维有限元计算,其计算时间比不采用自适应算法减少了 60%,而对计算精度影响不大。Runnemalm 和 Hyun[15]采用采用分级单元自适应网格进行激光焊接的三维热力耦合有限元计算,计算时间显著减少。Duranton 等[16]基于 Sysweld 软件,对三维 316L 钢管 13 道焊接的残余应力和变形进行有限元计算,采用自适应网格进行分析计算,计算时间减少到不采用自适网格的 1/5。

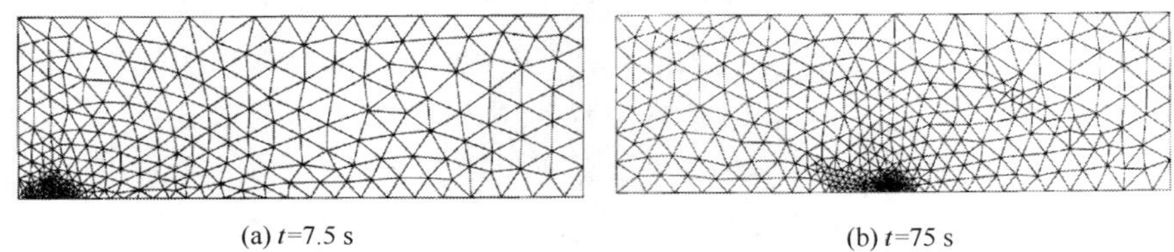

(a) t=7.5 s　　(b) t=75 s

图 5-1　在不同时刻的自适应网格[12]

5.2.3 焊道集中方法

对于多道焊接,减少计算规模从而提高计算效率的有效方法是对多道焊的焊道进行分组合并(lumped-pass method)(焊道集中方法),使计算焊道少于实际焊道从而减少计算时间。如 Ueda 和 Nakacho[17]采用焊道分组合并的方法,将 6 道焊道简化为 3 道计算,在保证计算精度条件下所用计算时间是不简化方法的 1/7。Yu Seung-Cheon 等[18]用焊道集中方法,将实际 36 道焊接简化为 9 道焊接,实现了核电结构异质金属焊接多道焊的有限元计算。不过,焊道集中方法不能完全反映出每道焊接对最终应力场的贡献，必然存在一定误差。Dong 等[8, 19]认为焊道集中方法得到的应力结果偏高。

因此，焊道简化方法必须要遵循适当的原则，兼顾精度和效率。Shim 等[20]遵循每一层焊道简化为 1 道焊道原则，将 1 英寸厚板双 V 形坡口 11 道焊接简化为 6 道焊接，1 英寸厚试板单 V 形坡口 17 道焊接简化为 7 道焊接，2 英寸厚试板双 V 坡口 32 道焊接简化为 14 道焊接，其计算结果表明：简化焊道计算的表层横向应力与不简化焊道差距达到了 250 MPa 左右。Keppas 等[21]采用二维模型优化焊道简化策略，得到最佳的优化焊道方式，然后基于简化焊道三维模型分析 15 mm 厚共 18 道修复焊接的应力特征。该文献的简化焊道方式为：将 4 层填充焊（共 10 道）简化为 2 道焊接，将 1 层盖面焊（共 6 道）简化为 2 道。但是，Keppas 等采用的简化焊道方式得到的高于 700 MPa 纵向应力分布宽度明显大于不简化焊道结果（宽约 15 mm），如图 5-2 所示。Tan 等[22]采用焊道集中技术实现了 150 mm 厚核电转子窄间隙焊接接头的残余应力计算，并研究了不同的焊道集中方法对计算结果的影响。

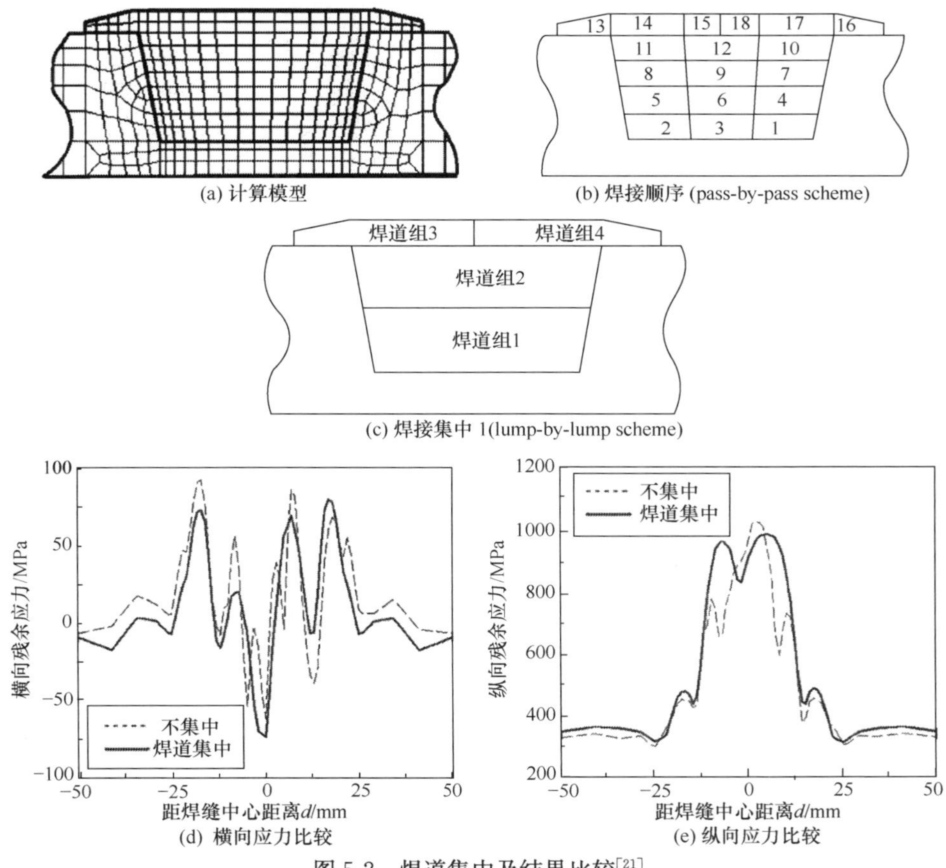

(a) 计算模型　(b) 焊接顺序 (pass-by-pass scheme)

(c) 焊接集中 1(lump-by-lump scheme)

(d) 横向应力比较　(e) 纵向应力比较

图 5-2　焊道集中及结果比较[21]

针对不同焊接方法、坡口形式和材料，焊道集中策略需要进行仔细优化，兼顾计算精度和计算效率，使计算结果在可接受的误差范围内。可在二维简化模型基础上进行焊道集中方式的优化，然后进行三维模型的应力变形计算。

5.2.4　子结构法

焊接过程计算时，只有焊缝及热影响区非常小的区域为弹塑性非线性区，而占焊接结构大部分区域的材料都为线弹性的，因此将焊接结构的弹塑性区和弹性区分开计算的子结构法(substructure technology)能有效减少计算时间，提高计算效率。

Brown 和 Song[23]采用子结构随热源移动而移动的动态子结构方法，并在非线性的热源作用区域进行自适应网格划分，对平板焊接过程进行二维有限元分析，其效率比不采用子结构方法的全模型提高了 7 倍。Serizawa 等[24,25]采用一种新型的迭代子结构方法(图 5-3)，将线性的非热源作用区(A)和非线性的热源作用区(B)分开，并建立一个与非线性区域对应的虚拟子结构(B')，通过迭代方法保证有限元计算时 $A+B'$问题和 B 问题边界条件不变；采用迭代子结构方法后计算效率能提高 38 倍，且计算规模越大效率提高得越多。

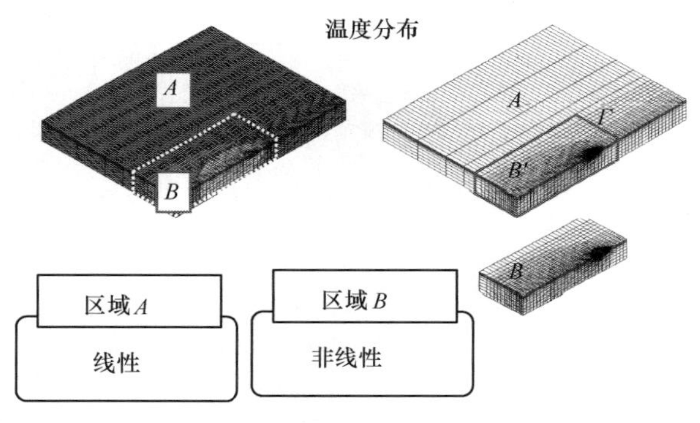

图 5-3　迭代子结构方法[24]

Zhang 等[26]采用迭代子结构方法计算了某建筑机械中的一个角焊缝连接的多道焊结构的残余变形(图 5-4)。该结构中含有多道角焊缝，焊缝长度较大而且焊缝位置偏离工件的中心位置，因此焊后出现较大变形。在 DELL Precision380 工作站 (3.8 GHz CPU，2 G 内存)上使用迭代子结构方法对图 5-4 中所示的模型进行结构分析，需要约 2.5 h，大大节约了计算时间。刘川等[27]采用的三维动态子结构方法将整个模型的三维弹塑性计算问题处理为窄小的焊缝和热影响区为局部非线性弹塑性区的问题，其余大部分非焊接区域作为弹性子结构的计算问题；且随焊接热源的移动，子结构不断变化。结果表明，动态子结构方法能显著提高计算效率，并能保证焊缝和热影响区的残余应力分布与全模型计算结果接近。

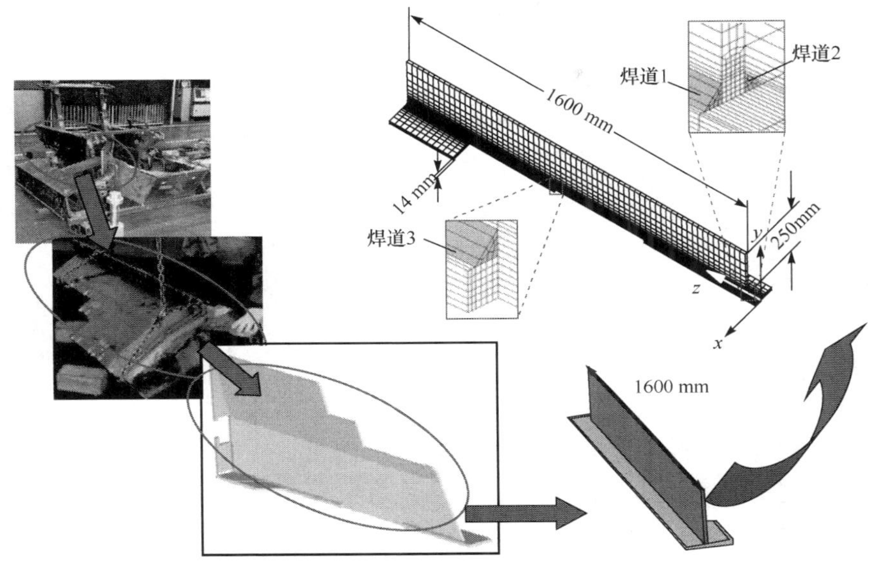

图 5-4　角焊缝连接的多道焊结构[26]

5.2.5　局部-全局法

局部-全局法(local-global technology)的主导思想是将局部模型计算结果作为初始值应用于全局模型计算。实际上，在焊接结构中只有焊缝及其邻近区域存在由焊接过程引起的不协调应变，而且这个不协调应变只依赖于一定范围的热循环和力学条件。局部-全局法的具体思路是：首先进行局部模型计算，选取包含焊缝及焊缝附近的部分区域建立三维有限元模型，通过计算得到选定区域的残余应变；然后将局部计算得到的残余应变作为全局模型的初始应变进行全局模型弹性有限元计算，从而得到全局模型的残余应力和变形。

Michaleris 和 Debiccari[28]最早提出局部-全局法的思想，采用局部二维热弹塑性有限元模型计算焊接残余应力分布，二维模型的大小只占整个焊接结构模型的一小部分，但要求能表征焊接结构的约束条件，然后将二维模型计算出来的残余应力作为负载进行三维弹性有限元分析，由于三维计算是弹性有限元计算，所以节约了计算时间。Tsirkas 等[29]采用局部-全局法计算了 2478 mm×2582 mm 的 L 形薄板 4 道激光 T 形焊接结构的变形，根据不同的焊道建立了 3 种不同的局部模型，考虑了激光焊接的小孔效应和焊接过程中的相变，计算的大型薄板激光焊接残余变形和试验结果符合较好，并采用局部-全局法计算对焊接顺序进行了优化。

Andersen[30]采用局部-全局法计算了 2478 mm×2582 mm 的 L 形薄板 T 形 8 道焊接结构(总共焊道长度超过 8 m)的变形。

5.2.6 固有应变与收缩力法

残余应力是自相平衡于构件内部的应力,它的产生归结于构件中室温条件下的不协调应变,通常将这一不协调应变称为固有应变。焊接构件经过了不均匀的热过程,产生了不协调应变而形成了焊接残余应力。可以认为产生焊接残余应力的根源是焊接固有应变。固有应变包含焊缝的收缩应变、焊缝附近的塑性应变及相变应变等。将固有应变作为初始应变施加在结构上,进行简单的静载弹性分析,便可求解焊接残余应力和变形。该方法将焊接过程的瞬态影响归纳到固有应变中,避免了有限元计算中瞬态和高温导致的计算难点,大幅度缩短了计算时间。

日本大阪大学 Ueda 等[31-34]首先提出了采用固有应变法(inherent stain technology)计算预测焊接应力变形。上海交通大学汪建华等[35, 36]对固有应变理论及其工程应用进行了大量的研究工作。当前,固有应变方法正在向利用小结构的固有变形来计算大型结构焊接变形的方向发展,如 Deng 等[37]利用固有应变思想,先采用弹塑性有限元计算不同焊接接头的固有变形,形成固有变形数据库,再基于得到的固有变形采用弹性有限元法计算大型焊接结构的变形。

收缩力法实际上和固有应变法在本质上有相似之处,都是将产生残余应力变形的不协调应变作为等效参量施加在结构计算中。Camilleri 等[38-44]在热收缩应变引起角变形和不协调热应变引起纵向收缩的分析基础上,将焊接有限元计算简化为在弹性有限元模型上施加温度负载的简单模型,计算了 T 形焊接角变形和纵向收缩,并和试验结果比较,认为该简化模型适合工程应用,并最终将这种算法发展成为非线性角收缩和不协调热应变顺序/同步算法,横向收缩角变形采用弹塑性计算,不匹配热应变引起的纵向收缩采用弹性计算,这样能有效减少计算时间。

5.2.7 分段移动热源法

分段移动热源法(subsection heat source technology)是一种用有限反映无限的思想。移动加热过程实际上是连续的,如果严格按照连续计算,需要极其细密的网格,势必计算时间庞大。如果将整体移动路线划分为若干段,每一段作为一个等效热源施加,这样就能大大减少计算量。该方法的核心是确定热源作用段的大小,这取决于焊接速度和热源类型等。

蔡志鹏等[45]将移动热源简化为等效的、在垂直于运动方向上呈高斯分布的带状热源(图 5-5),用较少的时间增量步描述焊接时的热源移动与热流作用过程,宏观上体现焊接热源移动的特点，减少描述热源逐点移动所需的计算量，从而大大减少计算时间。王煜等[46]采用分段移动双椭球热源模型计算深熔焊过程温度场，计算效率大幅度提高，温度场和残余应力场计算精度和移动双椭球热源相当接近，计算结果与试验吻合较好。

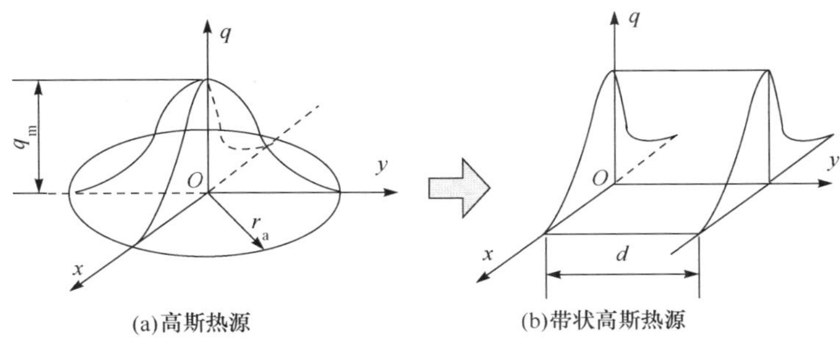

图 5-5　带状热源示意图[45]

Zhang 等[47]采用分段带状均匀体热源模型来计算前齿轮-法兰装配体激光深熔焊接的残余变形（图 5-6）。移动热源焊接过程可以通过把焊缝划分为很多段，然后依次加热各段焊缝来模拟。显然，在采用带状热源模拟移动热源的焊接过程时，焊缝的分段数量越多，计算结果越精确，但同时计算多花费的时间也大幅度增加。Zhang 等[47]通过一系列的计算研究了焊缝分段数量对残余变形计算结果的影响，分别计算了焊缝划分为 10 段、30 段、60 段、120 段和 240 段时激光深熔焊接的残余变形，研究表明焊缝划分为 60 段可以较好地兼顾计算效率和计算结果的精度。

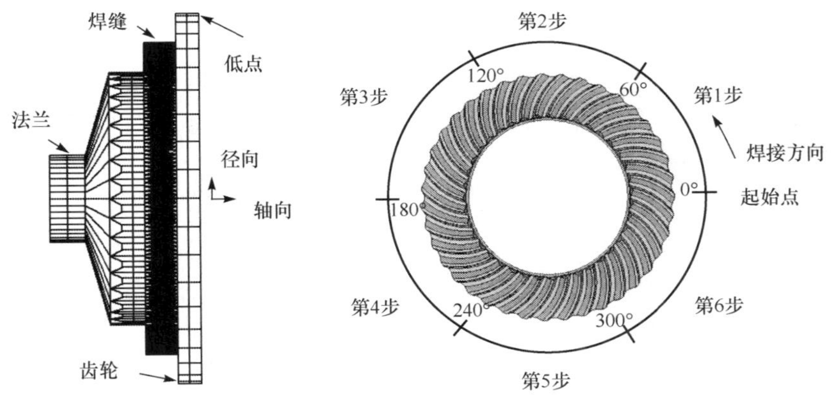

图 5-6　齿轮激光焊接模拟[47]

5.2.8　高效焊接应力变形计算技术分类

早期的焊接应力变形的数值分析研究主要关注残余态的应力变形，发展了很多简化计算，如固有应变法、收缩力法等都是基于和最终试验结果是否吻合作为判断标准的。随着计算机运算速度的大幅提高，关注瞬态应力变形的研究也进入快速发展阶段，这不仅涉及材料的高温性能，而且也涉及材料变形行为的基础科学问题，同时也有非常复杂的计算算法问题。所有上述问题归结为庞大计算量的科学问题，因此如何在有限的计算机设备资源下提高焊接热弹塑性有限元计算效率是很多学者和工程技术人员关注的问题，也是学科发展的前沿焦点问题。

综合国内外已进行的大量焊接应力变形计算方面的研究与探索工作，本书作者对现有的焊接高效计算方法进行了分类，如图 5-7 所示，并试图勾画这些方法的本质联系。

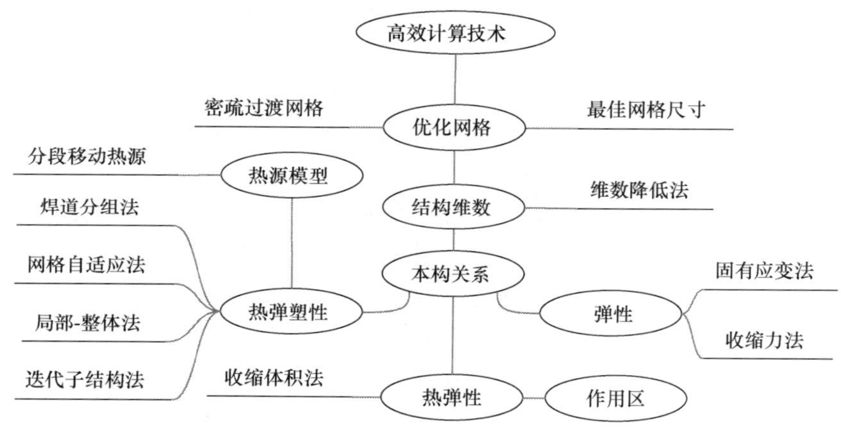

图 5-7 焊接应力变形高效计算法分类

从分类学的角度，本书试图归纳各种高效方法的基础科学问题。图 5-7 中椭圆形中的内容表示计算中涉及的科学问题，横线上的内容则表示目前发展的提高计算效率的方法。例如，优化网格是有限元计算中的基本科学问题，也是有限元的主要内容之一，无论进行什么样的简化，都会有网格优化问题。结构维数也定义为科学问题，实际上这涉及结构的大小与尺寸，特别是板厚问题，由此而产生的维数降低法则成为一种高效方法。大多数的高效计算都涉及材料的本构关系，热弹塑性有限元是较为准确的计算方法，但是考虑到残余应力的形成和演变规律，在各种假设条件下，就会形成不同的简化计算方法。例如，通常认为当温度高于材料的“力学熔点”时，材料由于屈服强度的大幅降低而不参与力学平衡，所以也不形成应力，在假设变形可逆的情况下，可以省略高温时段的变形过程。由此而形成了很多基于弹性或热弹性的简化或高效计算方法。

随着计算机技术的高速发展，基于热弹塑性有限元的焊接计算也逐步成为焊接科学与工程研究的重要手段，并围绕如何提高计算效率而形成了多种高效计算方法。网格优化、降低维数方法是基本的高效技术。从综合高效和精确度的角度，应重视基于热弹塑性理论的迭代子结构和局部-整体高效计算方法，重点发展将网格自适应技术用于迭代子结构和局部-整体计算法，进一步提高计算效率。

虽然近年来焊接工作者在高效率计算方面进行的研究工作使实际大规模焊接问题的高效率计算有了很大的进展，但是这方面的探索刚刚开始，研究工作还需要进一步完善和发展，还需要多学科研究人员的密切配合，从焊接过程有限元计算的各个方面，如热源模型、计算方法、建模方式等进行研究，开发具有自主知识产权的高效焊接计算技术，使焊接数值技术真正应用在大型焊接工程领域。

本章以下内容详细介绍几种高效有限元计算方法的应用，包括动态子结构法、横纵收缩分离法、迭代子结构法和固有应变法。

5.3　三维动态子结构法

5.3.1　焊接过程特点分析

焊缝及热影响区在焊接热源作用下快速加热和冷却，其材料属性随温度变化而变化，是个高度非线性问题。但是与整个焊接结构相比，热源直接作用下的非线性区域是非常小的局部区域，且随热源的移动而移动。热源直接作用区以外的大部分区域受热源影响小，基本上为线弹性问题。因此，焊接过程可以看成局部非线性小区域在大部分线性区域内随热源移动而移动的问题[24]，如图 5-8 所示。焊缝及热影响区相对于整个焊接结构而言非常小，焊接过程有限元计算时只有非常小的区域是非线性的弹塑性区域，实际计算时往往把整个焊接结构都当作弹塑性非线性处理，而非线性计算非常耗时。根据焊接过程的小部分非线性区域在大部分线性区域内随热源移动而变化的特点，可以将大部分弹性的非热源作用区域和小部分弹塑性焊缝区域分离开，分别按照线性和非线性计算，这样可以节约计算时间。子结构就是将计算模型线性和非线性区域分离出来的一种方法。

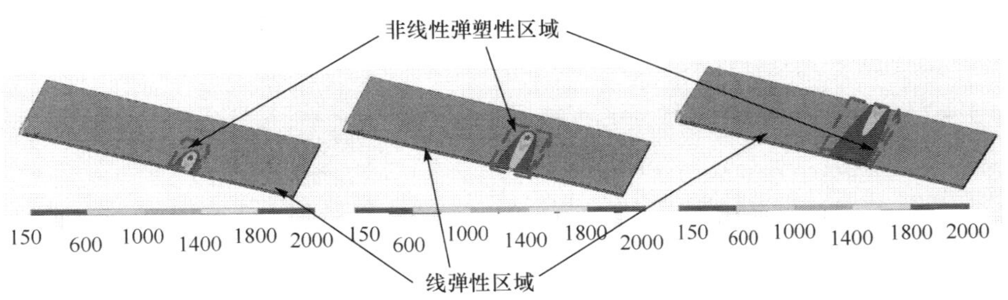

图 5-8　局部非线性区域随热源移动

5.3.2 子结构方法

子结构技术是大型结构有限元分析的重要工具之一。其突出优点[48, 49]为：能将计算模型的线性和非线性区域分离出来，并且将线性部分作为子结构，子结构单元用矩阵凝聚为一超单元，其自由度按静力凝聚法缩减，然后将缩减的子结构矩阵重新组装起来，并求解以得到整体结构的解。线性部分的单元矩阵不用在非线性迭代过程中重复计算。因此，子结构将问题分块进行分析，节约存储空间和计算时间，大大提高了计算效率；子结构技术具有降阶凝聚、分阶段求解的特点，非常适合大型、复杂结构的有限元分析，允许在比较有限的计算机设备资源基础上求解超大规模的问题。

自由度凝聚是子结构技术的关键，自由度凝聚的原理如下。

线弹性结构静力学有限元方程为

$$[K]\{D\}=\{F\} \tag{5.1}$$

式中，$[K]$为整体刚度矩阵；$\{D\}$为节点位移向量；$\{F\}$为载荷向量。

将待求的节点位移向量$\{D\}$分解为两部分，一部分为主自由度(master DOF)$\{D_m\}$，另一部分为从自由度(slave DOF)$\{D_s\}$，整体刚度矩阵和载荷向量也作相应分解，于是有

$$\begin{bmatrix}[K_{mm}][K_{ms}]\\ [K_{sm}][K_{ss}]\end{bmatrix}\begin{Bmatrix}\{D_m\}\\ \{D_s\}\end{Bmatrix}=\begin{Bmatrix}\{F_m\}\\ \{F_s\}\end{Bmatrix} \tag{5.2}$$

将式(5.2)展开，得

$$[K_{mm}]\{D_m\}+[K_{ms}]\{D_s\}=\{F_m\} \tag{5.3}$$

$$[K_{sm}]\{D_m\}+[K_{ss}]\{D_s\}=\{F_s\} \tag{5.4}$$

由式(5.4)可以将$\{D_s\}$和$\{D_m\}$表示为

$$\{D_s\}=[K_{ss}]^{-1}\{F_s\}-[K_{ss}]^{-1}[K_{sm}]\{D_m\} \tag{5.5}$$

将式(5.5)代入到式(5.3)中整理后得到

$$([K_{mm}]-[K_{ms}][K_{ss}]^{-1}[K_{sm}])\{D_m\}=\{F_m\}-[K_{ms}][K_{ss}]^{-1}\{F_s\} \tag{5.6}$$

令 $[K']=[K_{mm}]-[K_{ms}][K_{ss}]^{-1}[K_{sm}],\{F'\}=\{F_m\}-[K_{ms}][K_{ss}]^{-1}\{F_s\}$

则式(5.6)改写为

$$[K']\{D_m\}=\{F'\} \tag{5.7}$$

显然，式(5.7)的求解规模远远小于原问题的求解规模，式(5.5)的主从自由度简化关系就是一个自由度凝聚过程，凝聚后的$[K']$和$\{F'\}$分别为子结构的超级单元的刚度和载荷列向量。由式(5.7)求得$\{D_m\}$，再由式(5.5)求得从自由度$\{D_s\}$。

子结构技术的主要步骤为:①生成子结构。生成子结构就是将普通有限元单元凝聚为一个超单元。将整个计算模型的线性区域进行子结构划分,其原则是尽可能地降低原问题的求解规模。划分界面尽量避开应力集中区,以提高计算精度。子结构生成过程是该子结构从自由度向主自由度的凝聚过程,子结构边界上的自由度应该定义为主自由度,其几何域内的自由度定义为从自由度。②使用子结构。即将子结构对应的超单元与模型整体相连。将生成的超单元调入取代相应的一组连续单元进行求解分析,最终得到包含超单元的缩减解和非超单元的完整解。③缩减解的扩展。通过缩减解的扩展,计算出超单元所有自由度的解。

焊接过程可视为局部非线性小区域随热源移动在大部分线性区域移动的问题,因而可以采用子结构方法将焊接件大部分的线性区域分解出来作为子结构处理,并且随热源的移动,线性子结构也不断变化,这种不断变化的子结构称为动态子结构[27]。本章将动态子结构技术应用在焊接结构的三维模型中,进行焊接应力变形的高效有限元计算。

5.3.3 焊接应力变形动态子结构法有限元计算

1. 计算模型

采用第 2 章介绍的堆焊板试验,焊接参数和堆焊板尺寸、夹紧位置及位移测试位置等参见第 2 章图 2-9。比较三维全弹塑性模型和子结构模型在计算效率和计算精度的差别,建立三维全弹塑性模型与第 2 章一致。子结构模型中,远离焊缝的区域作为子结构处理,且热源移动过程中其前沿未加热部分也作为子结构处理,这样子结构随热源移动在不断变化。由于焊接长度较短,热源经过部分不作子结构处理,所以整个计算过程中非线性区域逐渐增大,子结构区域逐渐减小。计算温度场的热源模型为高斯表面热源,与第 2 章温度场计算过程一致,三维全弹塑性模型应力场计算过程与第 3 章介绍的计算过程一致。子结构模型和三维全弹塑性模型所加载的温度场结果完全一致。

2. 计算过程

基于三维全弹塑性模型计算时,随时间变化的温度载荷施加在模型的所有节点上。子结构模型计算时,温度载荷只是施加在非线性区域(非子结构区域)的节点上,整个焊接升温阶段生成三次子结构,降温阶段的子结构和升温阶段最后一次生成的子结构一致。选取温度高于 150 ℃的区域作为非线性局部区域,在升温阶段生成的三次子结构模型和相应的温度场载荷如图 5-9 所示,图 5-9 中网格部分和加载有温度部分为弹塑性非线性区域,其余部分为线弹性的子结构。

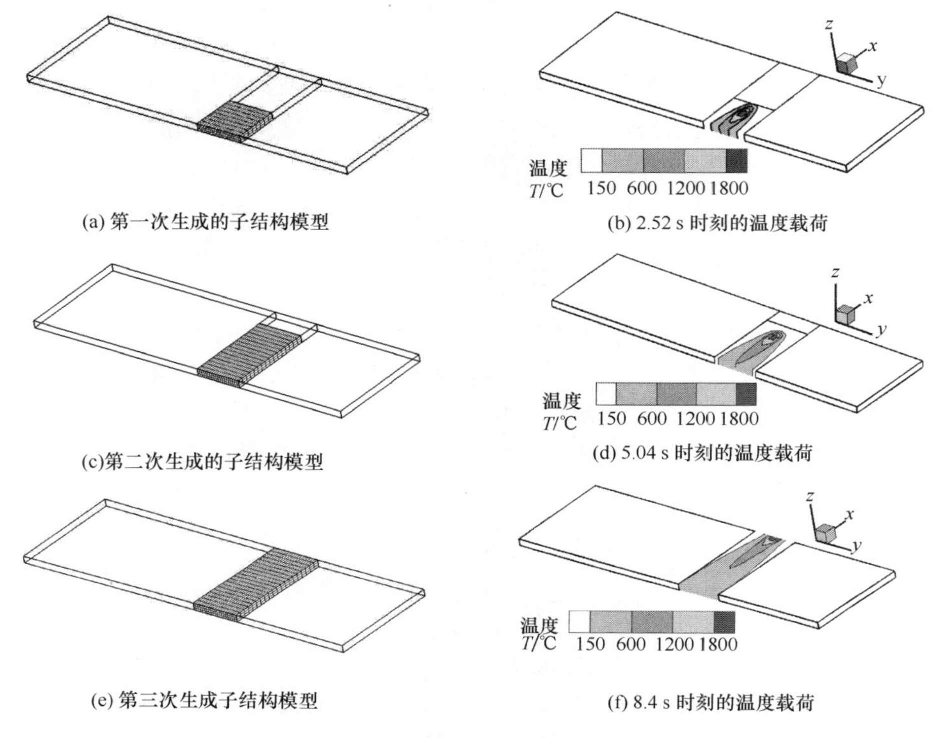

(a) 第一次生成的子结构模型　(b) 2.52 s 时刻的温度载荷

(c)第二次生成的子结构模型　(d) 5.04 s 时刻的温度载荷

(e) 第三次生成子结构模型　(f) 8.4 s 时刻的温度载荷

图 5-9　子结构模型和不同时刻温度载荷

3. 计算时间

所有计算都在 DELL Precision 380 工作站上进行。采用全弹塑性模型计算焊接后冷却到室温的应力场和变形场，计算时间为 8.5 h(不包含温度场计算时间)，而采用子结构模型计算时间为 2 h，计算时间显著减少。由于本例的焊接长度短，热源作用后的焊缝区域仍然作为弹塑性非线性区域处理。如果焊道较长，可以将热源经过后温度冷却到一定值的焊缝区域也作为子结构处理，更能提高计算效率。

4. 计算结果

1) 残余应力

全弹塑性模型和子结构模型计算的横向和纵向残余应力分布见图 5-10 和图 5-11。从图 5-10 和图 5-11 看出，在焊缝区域，全弹塑性模型和子结构模型计算的横向和纵向残余应力的分布相近。

焊缝中截面位置上表面的残余应力变化曲线见图 5-12。

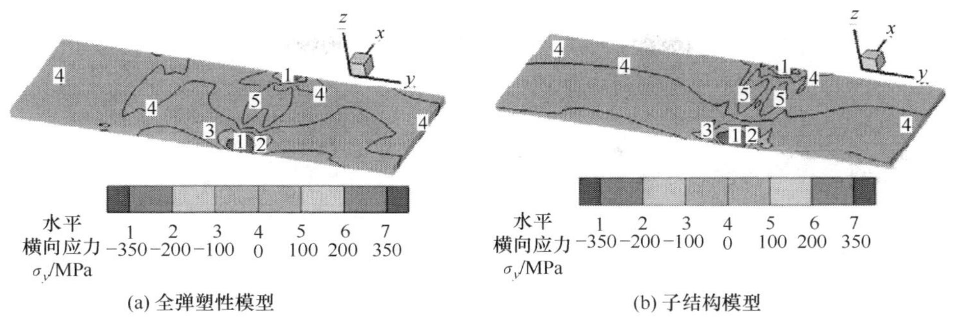

(a) 全弹塑性模型 (b) 子结构模型

图 5-10 横向残余应力分布(后附彩图)

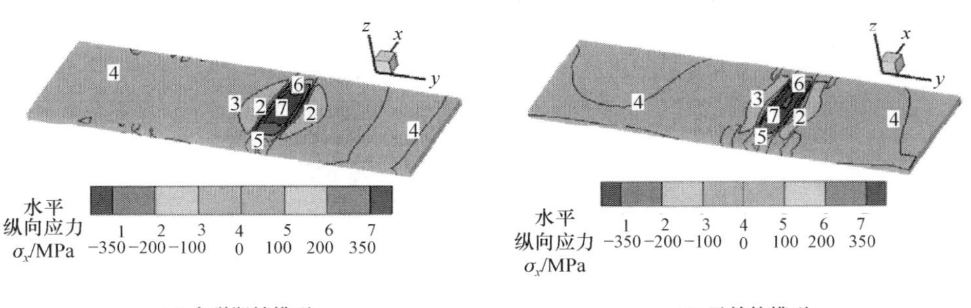

(a) 全弹塑性模型 (b) 子结构模型

图 5-11 纵向残余应力分布(后附彩图)

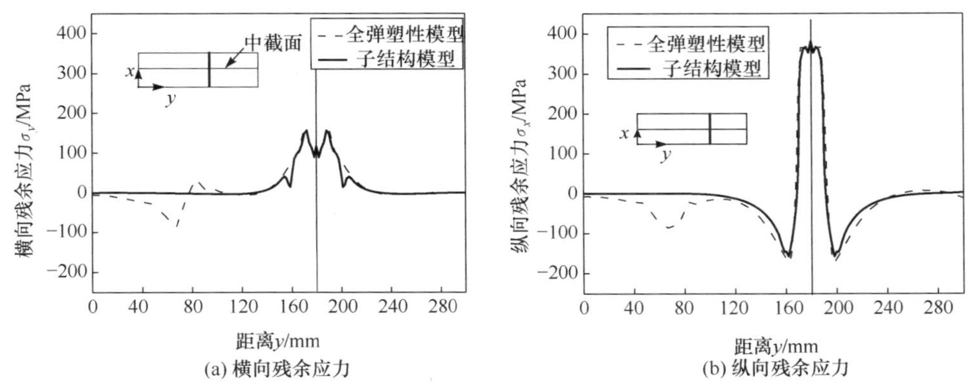

(a) 横向残余应力 (b) 纵向残余应力

图 5-12 焊缝中截面位置上表面残余应力分布曲线

从图 5-12 看出,子结构模型计算的焊缝区域残余应力分布与全弹塑性模型计算的残余应力很接近。在子结构和非线性区的界面处由于线性和非线性区域的变化,使得子结构模型计算的残余应力在界面处有突变,在 y 方向 0～80 mm 的范围内由于约束的存在，两种模型计算的残余应力也有差别，子结构模型计算的残余应力未能明显反映出夹紧位置的压应力。子结构模型计算结果能反映焊缝及热影响区的应力分布特征，计算效率高。

2）残余角变形

图 5-13 所示为全弹塑性模型和子结构模型计算的残余角变形与试验结果比较。从图 5-13 中看出，全弹塑性模型计算的残余角变形与试验结果非常接近；子结构模型计算的残余角变形最大，和试验结果相差 0.5°。虽然子结构的角变形计算误差较大，但是从计算效率和大型计算模型应用角度出发，子结构模型具有明显优势。

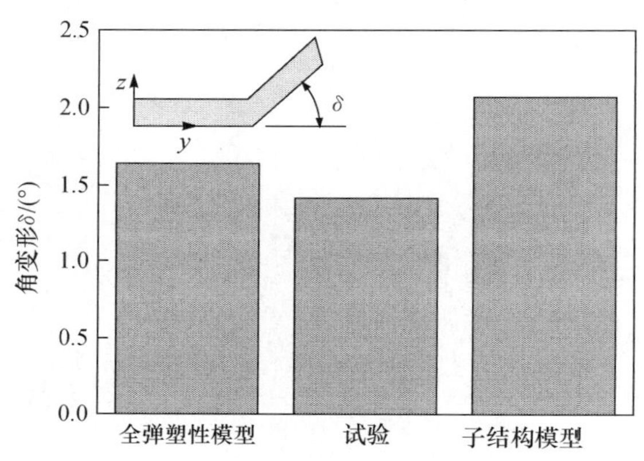

图 5-13 残余角变形比较

以上分析表明，采用三维动态子结构技术模拟焊接过程的残余应力和角变形时，计算效率高，且计算的残余应力在非线性焊缝和热影响区的分布和全弹塑性模型计算结果相近，计算的残余角变形也比较接近试验结果。但是，子结构模型未能更真实地反映拘束位置的应力状态，这是由于子结构进行了自由度凝聚。子结构模型对于处理拘束变化的计算模型难度很大，在子结构边界由于材料属性出现了弹塑性和弹性的变化，因而计算的残余应力在子结构边界位置出现了突变。

5.4 改进的横纵收缩分离算法

5.4.1 算法原理和计算过程

Camilleri 等[39]研究碳锰钢焊接变形时，观测到焊接过程中的变形与加热和冷却阶段相关，加热阶段主要的焊接变形为角变形而冷却阶段主要变形为拱形变形，因而可以将焊接残余变形分解为角变形和拱形变形，如图 5-14 所示。

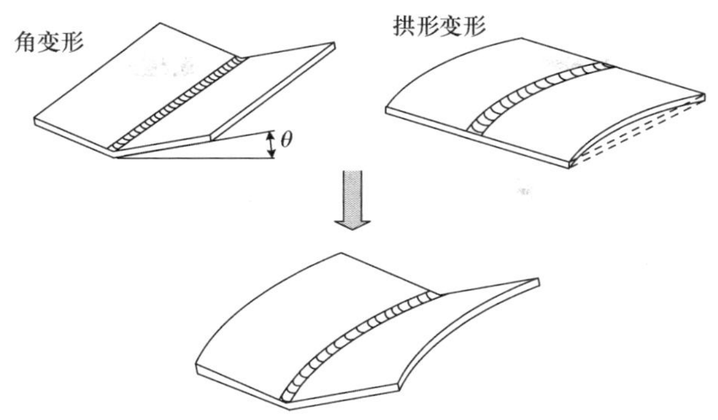

图 5-14　角变形和拱形变形形成的复杂变形

Camilleri 等在总结和分析前人研究以及对试验观测的基础上提出焊接应力变形的高效计算方法:非线性角收缩和不匹配热应变顺序算法。这种算法的基本思想为:焊接角变形主要是熔化区及热影响区材料的横向收缩引起的,拱形变形是熔化区及热影响区纵向收缩引起的,且这两种变形可以看成是相互独立的,因而在有限元计算时可将横向收缩和纵向收缩分开顺序计算;熔化区及热影响区材料直接从高温冷却而产生的横向收缩力引起的热收缩应变(thermal contraction strains,TCS)导致角变形,因此可不考虑升温阶段,使熔化区单元从给定高温开始冷却来计算角变形;纵向收缩产生的变形是在垂直焊缝的横截面上作用最大温度轮廓时不同位置所施加的热载荷不一致而在材料中产生的不匹配热应变(mismatch thermal strain,MTS)引起的。基于 TCS 和 MTS 算法,通过计算热收缩应变和不匹配热应变施加到计算模型上可以分别计算焊接产生的横向收缩和纵向收缩产生的应力和变形,且这种计算过程为弹性计算,因而可以显著提高计算效率。但是单纯的基于 TCS 算法计算横向收缩未能真实有效地考虑焊接过程中熔池前后材料以及母材对焊接区的拘束作用。因而 Camilleri 提出采用非线性角收缩(nonlinear angular constraction)和不匹配热应变(mismatched thermal strain)顺序算法。首先在计算模型上分段施加最大温度负载,采用非线性弹塑性有限元计算非线性热应变,从而计算出横向收缩引起的应力变形,然后再采用 MTS 算法通过弹性有限元计算纵向收缩引起的应力变形。该算法的具体实施方法为:首先采用二维模型计算温度场,然后将最大温度轮廓分段施加到三维模型上进行非线性结构计算得到横向收缩(将 TCS 算法的最大热应变负载转化为最大温度负载),然后对三维模型施加最大温度负载进行弹性有限元计算纵向收缩(通过最大温度负载实现 MTS 算法的不匹配热应变负载)。基于 MTS 算法,根据垂直焊缝截面上作用最大温度轮廓时产生的热应变大小将整个工件分为不同的区域,如图 5-15 所示。

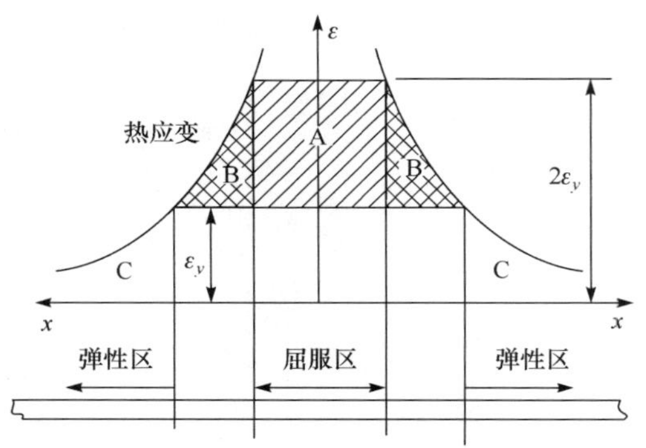

图 5-15　垂直焊缝截面上的热应变分布

图 5-15 中,最大热应变为两倍屈服应变的区域 A 是屈服区,包含了熔化区和大部分热影响区;最大热应变小于屈服应变的区域 C 是焊接加热和冷却过程都保持为弹性的区域;在区域 A 和 C 之间的区域 B 为弹塑性过渡区。计算时各区域的材料属性不同,区域 A 和区域 B 为弹塑性材料,区域 C 为弹性材料。图 5-15 所示的各区域的热应变可以通过施加在结构模型上的等效热负载 T_{L} 来计算,等效热负载分别由以下公式计算。

区域 A:

$$\begin{cases} T_{\mathrm{M}}(x) \geqslant \dfrac{2\varepsilon_y}{\alpha} + T_{\mathrm{a}} \\ T_{\mathrm{L}} = T_{\mathrm{a}} - \dfrac{\varepsilon_y}{\alpha} \end{cases} \tag{5.8}$$

区域 B:

$$T_{\mathrm{L}}(x) = 2T_{\mathrm{a}} + \frac{\varepsilon_y}{\alpha} - T_{\mathrm{M}}(x) \tag{5.9}$$

区域 C:

$$\begin{cases} T_{\mathrm{M}}(x) \leqslant \dfrac{\varepsilon_y}{\alpha} + T_{\mathrm{a}} \\ T_{\mathrm{L}} = T_{\mathrm{a}} \end{cases} \tag{5.10}$$

式中,$T_{\mathrm{M}}(x)$为横向位置为 x 的最大温度值,℃;$T_{\mathrm{L}}(x)$为横向位置为 x 的等效温度值,℃;ε_y 为屈服应变;T_{a} 为室温,℃;α 为热膨胀系数,$℃^{-1}$。

非线性角收缩和不匹配热应变顺序算法的本质特征是将横向收缩和纵向收缩分开并顺序进行计算,横向收缩为非线性计算,纵向收缩为弹性计算,因此能显著提高计算效率。本书对该算法进行改进,以该算法为核心,提出改进的横纵收缩分离算法:采用三维模型计算温度场,将移动热源在不同位置最大温度时刻的温度场作为横向收缩非线性计算的负载；计算纵向弹性收缩时，从三维准稳态温度场提取垂直于焊缝截面上的最大温度轮廓来计算等效热负载，并施加在三维模型上进行弹性计算。采用三维有限元模型，能够考虑母材对焊缝的拘束作用以及引弧板、点固、夹具等的外拘束。横向收缩非线性计算时，焊缝和热影响区为弹塑性区且只具有横向热膨胀系数，远离焊缝区域为弹性区域且该区域各个方向的热膨胀系数都为 0，加载温度场计算的各载荷步最大温度，并考虑弹塑性区随温度变化的非线性材料属性；进行纵向收缩线性计算时，在横向收缩计算结果的基础上，施加根据 MTS 算法确定的等效温度负载，整个焊接件为弹性材料，且只具有纵向热膨胀系数。本书提出的改进横纵收缩分离算法计算流程如图 5-16 所示。

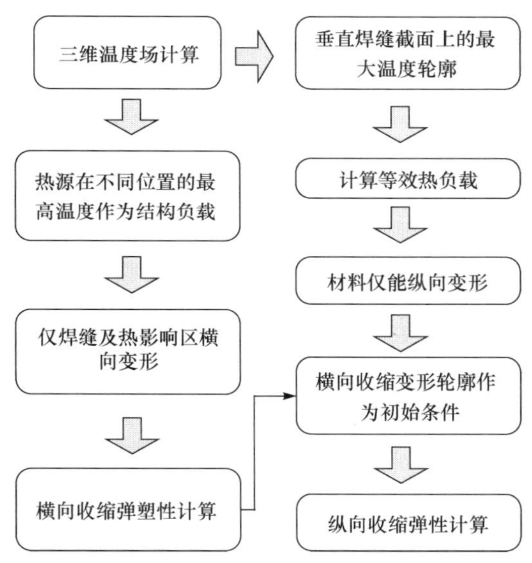

图 5-16 改进横纵收缩分离算法计算流程

5.4.2 铝合金焊接

1. 焊接试验

采用 TIG 焊接尺寸为 200 mm×160 mm×2.5 mm 的铝合金薄板，焊接参数：电流 70 A；速度 12 cm · min^{-1}；氩气流量 10 L · min^{-1}；电压 14 V。采用机器人控制 TIG 焊枪以保证恒定焊接速度以及钨极与工件的距离。试板一端夹紧，一端自由，在自由端边缘安装 3 个电感式位移传感器(LVDT)来实时测量焊接件的 z 向动态位移。试验装置如图 5-17 所示。通过位移传感器测量的焊接动态变形结果如图 5-18。

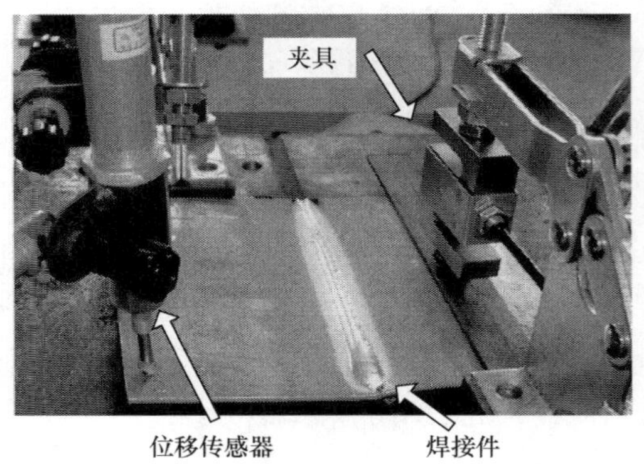

图 5-17　铝合金 TIG 焊接试验装置

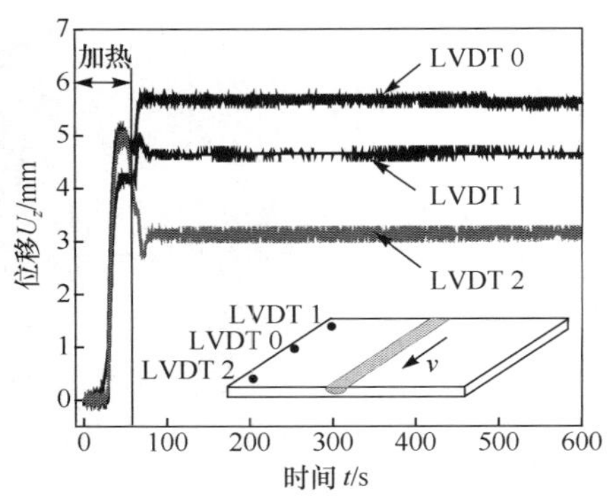

图 5-18　位移测量点的动态变形

从图 5-18 看出，加热阶段三路位移传感器的测量值几乎同步变化，即整个焊接件在加热阶段基本上为均匀角变形；加热结束后位移传感器测量值很快趋于平衡，但是大小明显不同，焊接件中截面位置的 0 路位移传感器测量值明显大于两侧的测量值，且两侧位移传感器测量值也有所差异，说明冷却阶段焊接件发生了明显的挠曲和拱形变形。其中，第 2 路位移传感器(LVDT 2)的峰值达到 5 mm，但突然降低到 3 mm 左右，这可能是由于焊接件发生扭转使得位移传感器滑移产生较大测量误差所致。试验分析表明，铝合金焊接的这种角变形和拱形变形形成的复杂变形是分阶段顺序产生的：加热阶段主要产生角变形，冷却阶段主要产生拱形变形。焊接件最终残余变形是角变形和拱形变形综合的复杂变形，如图 5-19 所示。

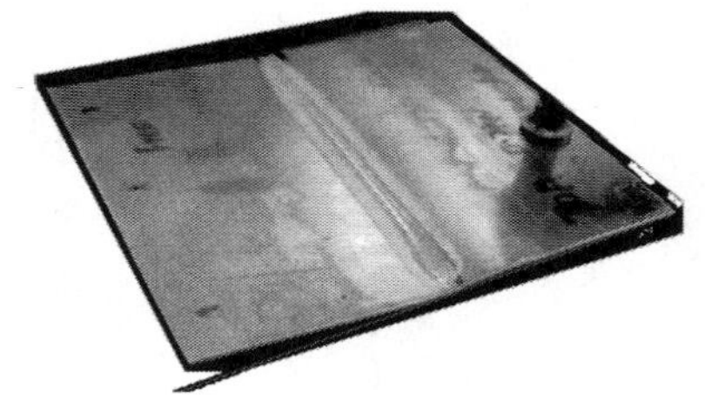

(a) 角变形

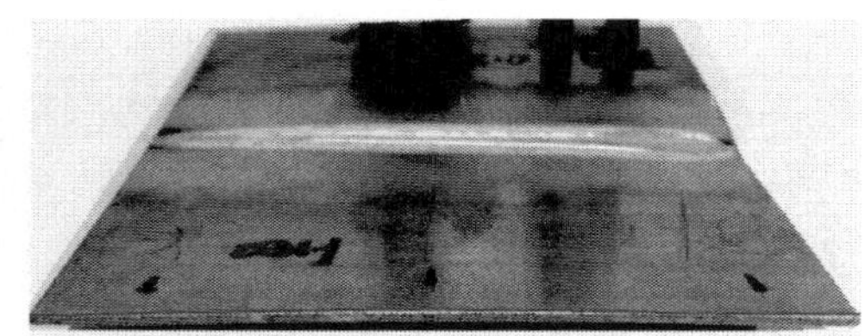

(b) 拱形变形

图 5-19　焊接残余变形

2. 计算时间

整个三维计算模型包含 17200 个六面体单元，22927 个节点，细化焊缝周围区域的网格，以反映焊接温度场和应力场的大梯度变化，远离焊缝区域采用较稀疏的网格。有限元网格如图 5-20 所示。

在 Dell Precision390 工作站上采用横纵收缩分离算法计算时间为 3.5 h。而采用逐步加载三维温度场计算结果的三维全弹塑性计算，其计算时间达到 24 h，可见横纵收缩分离算法能显著提高计算效率(近 7 倍)。

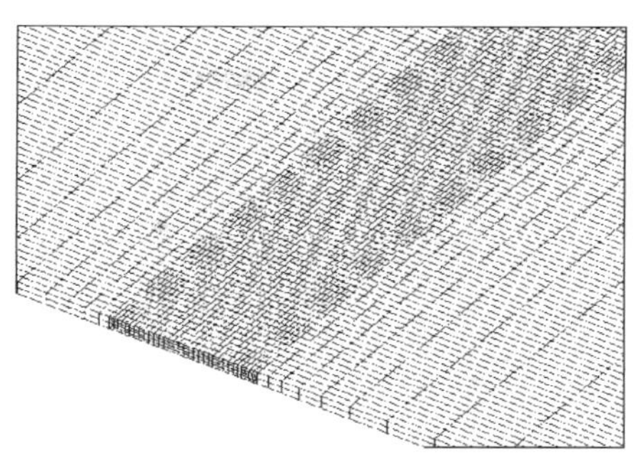

图 5-20　有限元网格

3. 温度场计算结果

本例采用三维移动高斯表面热源计算三维温度场。在某一位置计算的最大温度分布如图 5-21 所示，该位置垂直焊缝截面上(A—A 截面)的峰值温度轮廓如图 5-22 所示，通过该截面上的峰值温度轮廓得到等效温度负载来计算不匹配热应变，从而得到纵向收缩变形。

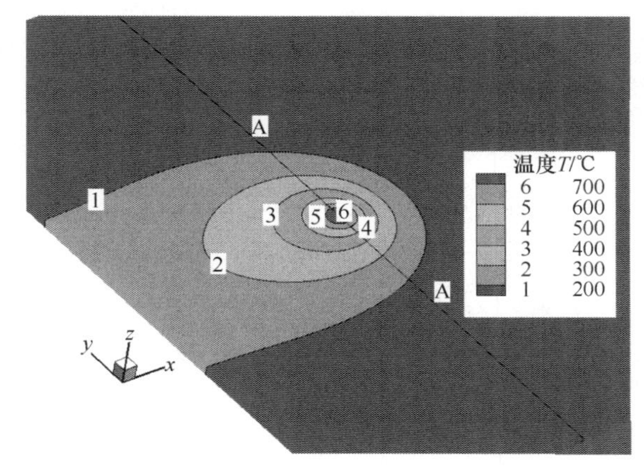

图 5-21　热源在某一位置的最大温度(后附彩图)

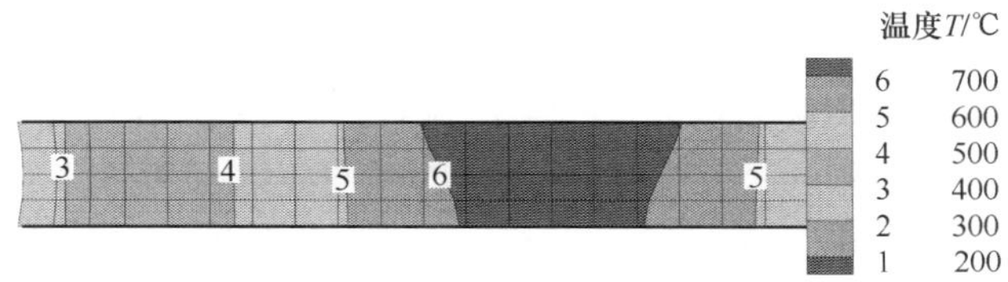

图 5-22　垂直焊缝截面上的最大温度轮廓

4. 变形计算结果

通过式(5.8)、式(5.9)和式(5.10)计算的弹塑性和弹性区域示意图如图 5-23 所示。各区域分别赋予弹塑性和弹性材料属性。非线性横向收缩计算时,其热负载为移动热源在不同位置最大温度时刻的温度场(如图 5-21 所示的温度场),这样就节约了移动热源在不同位置的升温过程计算时间。纵向收缩线弹性计算时,提取图 5-22 所示最大温度轮廓的各节点上温度值并结合式(5.8)、式(5.9)和式(5.10)计算各节点等效温度负载,施加在图 5-23 所示相应的区域,施加等效温度负载后的计算模型如图 5-24 所示。

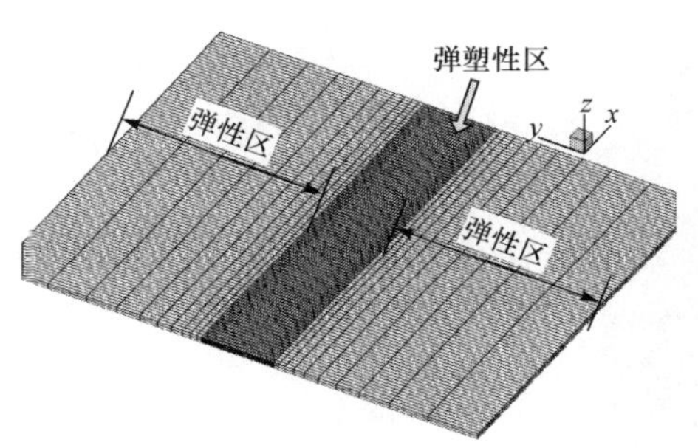

图 5-23 弹塑性区和弹性区示意图

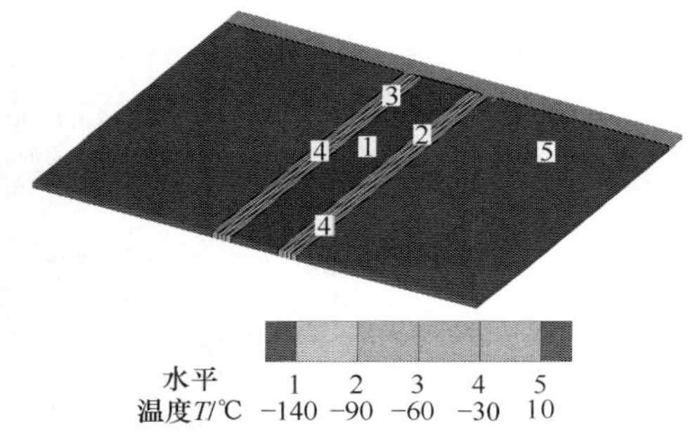

图 5-24 施加等效温度负载后的模型

焊接件的变形值可通过计算模型各节点相对于原始状态的位移量来表现。如图 5-25 所示为分别通过横向收缩和纵向收缩计算得到的变形以及最终变形。

从图 5-25(a)看出,横向收缩引起的焊接件 z 向位移在垂直焊缝方向上大致呈线性分布,在焊接件自由端远离焊缝端面上熄弧位置的熔池塌陷引起扭转造成该位置出现−1 mm 的 z 向位移,这与试验情况一致(图 5-19),起弧位置的 z 向位移大于熄弧位置,横向收缩造成的最大 z 向位移为 4.5 mm。图 5-25(b)中看出,整个焊缝和热影响区的纵向收缩使焊接件产生明显的拱形变形,在焊接件远端的 z 向变形最大达到 1.0 mm。图 5-25(c)是横向和纵向收缩共同作用下的焊接变形,最大 z 向位移达到 6 mm。图 5-25 也表明横向纵向收缩分离计算的方法能够定量评价这两种收缩对焊接变形的影响,横向收缩引起的 z 向位移大于纵向收缩。

图 5-26 所示为位移传感器测量点的 z 向残余变形计算和试验结果比较,图中测量点 2 的试验数据采用加热结束时的 z 向变形值。从图中看出,计算结果和试验结果符合较好,说明横纵收缩分离计算方法在大幅度提高计算效率的同时能保证相当准确的计算结果。

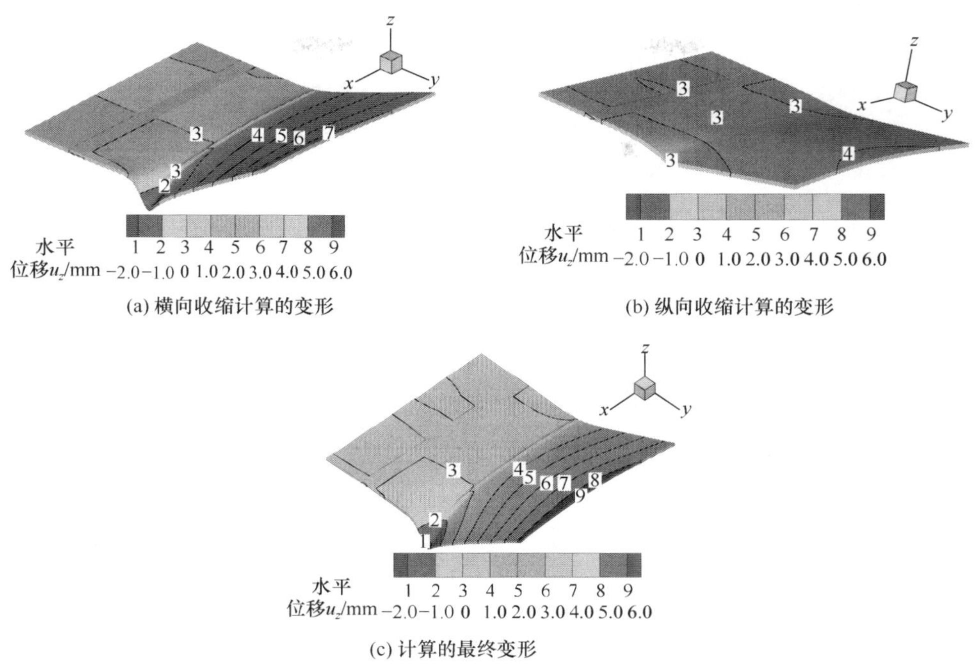

图 5-25　计算的横向、纵向收缩和最终变形(位移显示放大 10 倍)

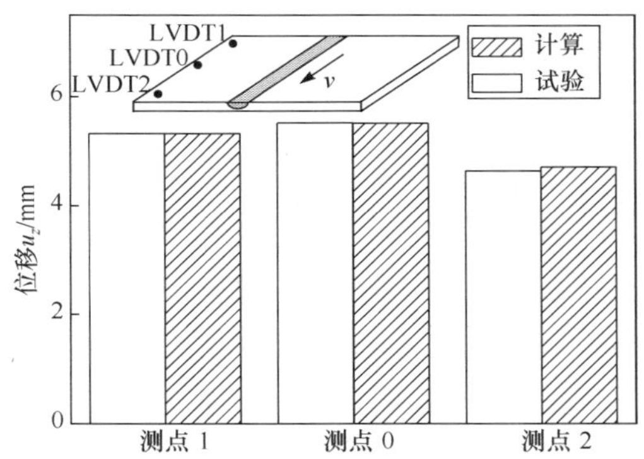

图 5-26　计算结果和试验结果比较

5.4.3　低碳钢堆焊

1. 焊接试验

试验材料为低碳钢,焊接件尺寸为 200 mm×150 mm×6 mm。采用机器人 CO_2 气体保护焊方法进行表面堆焊。焊接电流为 200 A,电压为 23.7 V,焊接速度为 70 cm/min。试板一端通过压板压紧固定,另一端自由。通过位移传感器测量焊接过程自由端的动态位移,试验装置示意和位移传感器的测量结果分别如图 5-27 和图 5-28 所示。

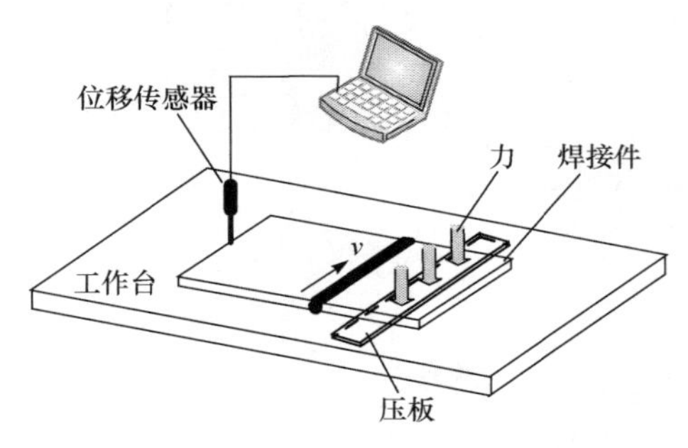

图 5-27　试验装置示意图

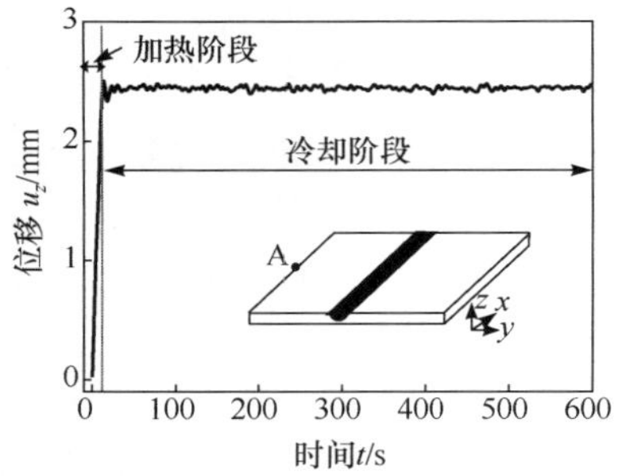

图 5-28　低碳钢堆焊动态变形

传感器测量的动态位移反映了该测量点的角变形变化过程。由图 5-28 中看出,焊接开始,焊接件就迅速产生角变形,加热结束后角变形立即不再增加,在很短时间内角变形稍有回落但很快保持一稳定值直到整个焊接件冷却到室温。这说明冷却阶段焊接件几乎没有变形,大部分角变形都发生在焊接加热阶段。根据 TCS(热收缩应变)机理,焊缝和热影响区的横向收缩是焊接角变形的主要驱动力。因此可以认为,对于试验采用的 200 mm×150 mm×6 mm 低碳钢表面堆焊,加热阶段的横向收缩对焊接变形起着决定性作用。

2. 计算过程

采用改进横纵收缩分离算法计算焊接应力变形,并和三维全弹塑性有限元计算结果进行比较。

首先,根据横向收缩算法,只考虑焊缝和热影响区从高温阶段开始的收缩作用来计算变形,将整个焊接件分为弹性区和弹塑性区两部分,两区域材料属性分别为弹性和弹塑性。弹塑性区的横向收缩产生角变形,弹性区对弹塑性区施加拘束。弹塑性和塑性区的边界通过产生屈服应变的温度 T_y 来判断。可以采用式(5.11)计算 T_y。

$$T_y=\frac{\sigma_s}{E\alpha} \tag{5.11}$$

式中,T_y 为产生屈服应变的温度,℃;σ_s 为材料的屈服应力,Pa;E 为弹性模量,Pa;α 为热膨胀系数,$℃^{-1}$。

对于本例采用的低碳钢,计算得到 $T_y=140$ ℃,由此得到的焊接件弹性区和弹塑性区划分如图 5-29 所示。图中,弹塑性区相对于弹性区很小,因而整个计算模型的计算时间能够显著减少。

然后,计算三维温度场,将移动热源在各位置的峰值温度(如图 5-30 所示 6 s 时刻的温度分布)作为非线性横向收缩计算的温度负载,进行弹塑性计算。

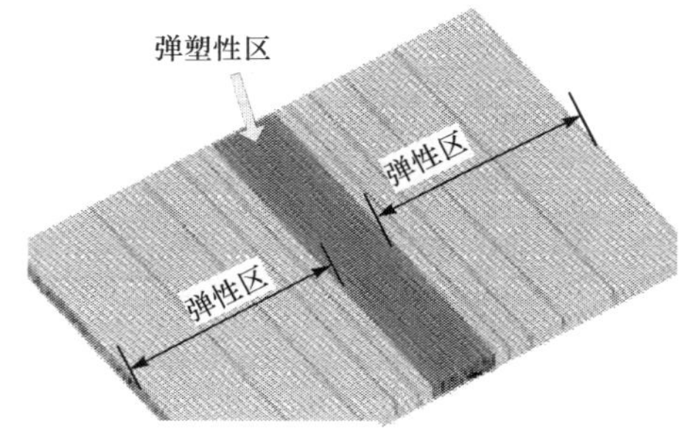

图 5-29　弹塑性和弹性区域示意图

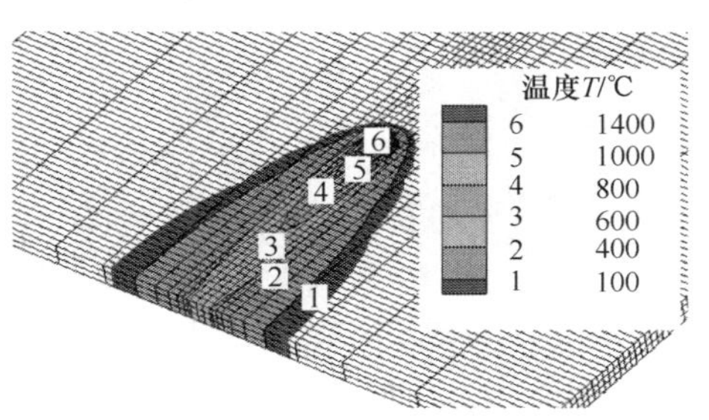

图 5-30　焊接 6 s 时刻的温度轮廓

最后,提取形成准稳态温度场后的某一峰值温度时刻在垂直焊缝截面上各节点的温度,结合式(5.8)～式(5.10)计算出产生最大不匹配热应变的等效温度,将该等效温度作为温度负载,在已有横向收缩变形的基础上进行弹性纵向收缩计算,最终得到残余应力和变形。施加等效热负载后的计算模型如图 5-31 所示。

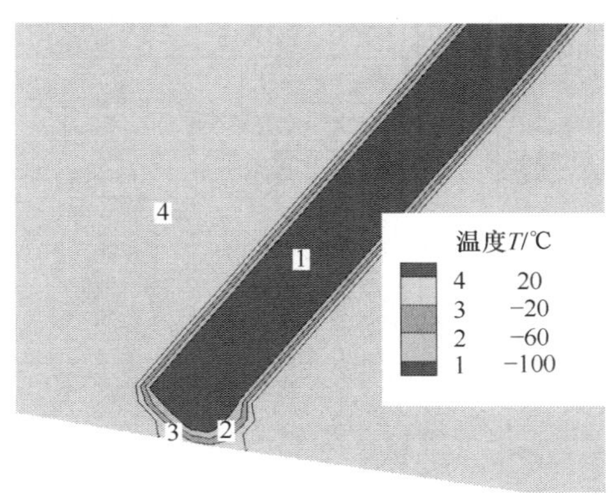

图 5-31　低碳钢计算的等效温度负载

3. 变形计算结果

采用横纵收缩分离算法整个计算时间为 1.4 h(包含冷却和加热阶段),采用三维全弹塑性模型计算时间为 8 h,横纵收缩分离算法的计算效率提高了近 6 倍。

横纵收缩分离算法计算的残余变形分别如图 5-32 和图 5-33 所示。从图中看出，横向收缩计算的焊接角变形非常大，自由端最大 z 向位移达到 3.5 mm，而纵向收缩计算得到的变形很小，最大 z 向变形接近零值(0.04 mm)。说明横向收缩角变形是该低碳钢焊接件的主要变形形式，这与试验测量结果一致。

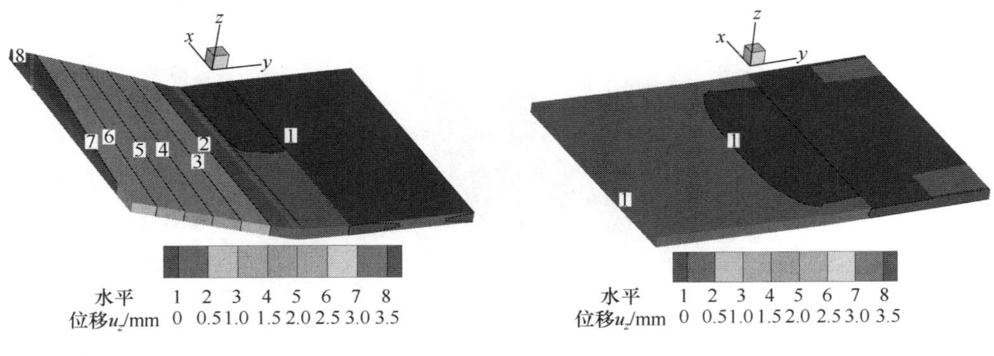

图 5-32　横向收缩计算的残余变形　　　　图 5-33　纵向收缩计算的残余变形

测量点的瞬态位移试验测得结果、三维全弹塑性计算结果和改进的横纵收缩分离算法计算结果比较如图 5-34 所示。

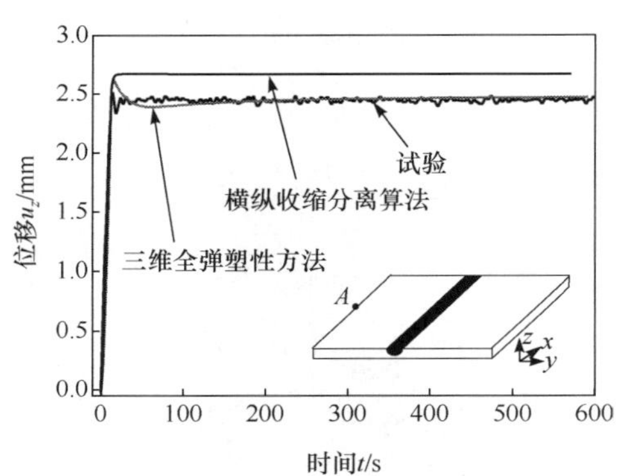

图 5-34　试验和计算的瞬态变形

由图 5-34 看出，采用全弹塑性计算的瞬态变形和试验结果符合相当好，横纵收缩分离计算方法计算的加热终止时刻变形结果和试验结果一致，但计算的残余变形和试验结果相差 0.23 mm。由于低碳钢在冷却阶段的变形(纵向收缩)几乎没有，因而可以只进行横向收缩计算加热阶段的变形，总共计算时间 45 min，计算效率比三维全弹塑性方法提高 10 倍以上。

4. 应力场计算结果

用横纵收缩分离法计算的横向和纵向残余应力场如图 5-35 和图 5-36 所示。

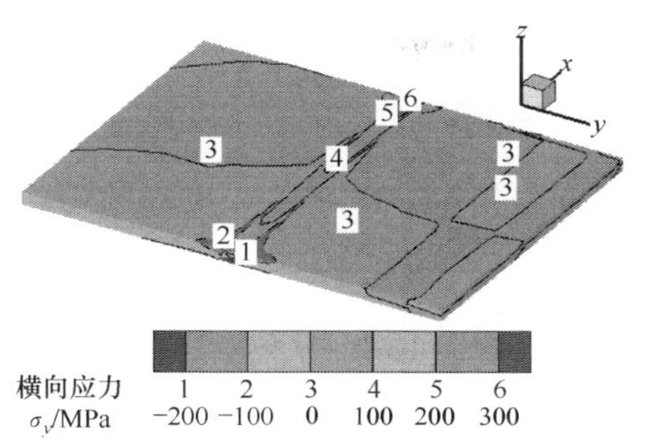

图 5-35　横向收缩产生的横向残余应力

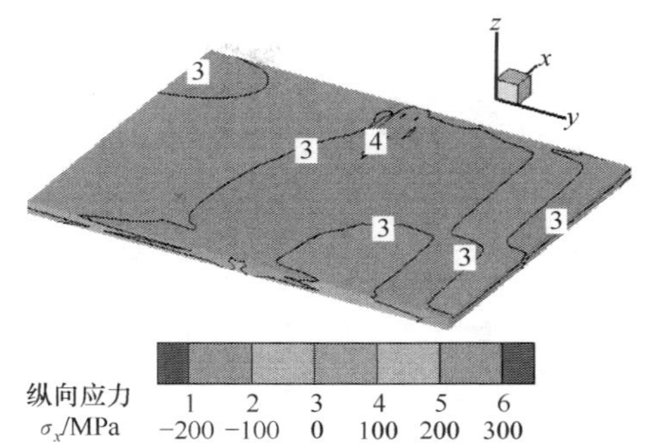

图 5-36　横向收缩产生的纵向残余应力

从图 5-35 和图 5-36 看出，横向收缩产生的纵向残余应力相对较小，纵向拉应力峰值为 100 MPa 左右；而横向拉应力出现在熄弧位置，达到 300 MPa 左右，横向压应力峰值出现在引弧位置，达到 200 MPa 左右，焊缝中部位置的横向残余应力为 100～150 MPa 的拉应力。

纵向收缩计算的残余应力分别如图 5-37 和图 5-38 所示。

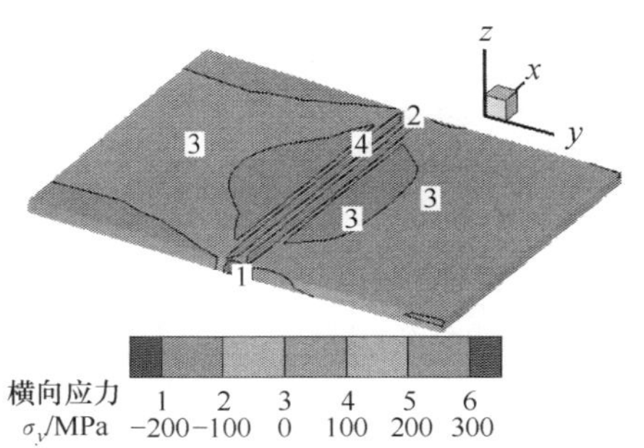

图 5-37　纵向收缩产生的横向残余应力

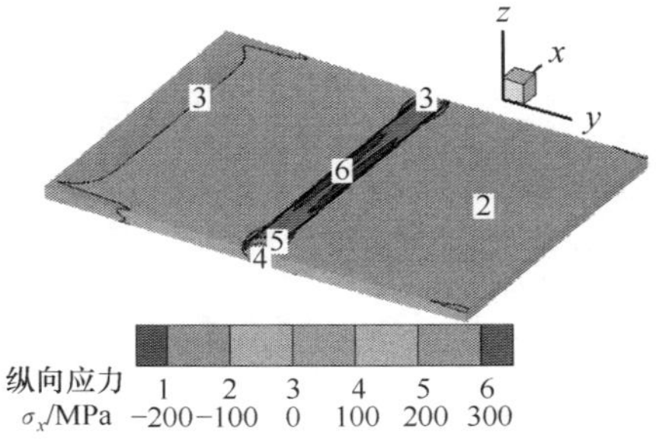

图 5-38　纵向收缩产生的纵向残余应力

从图 5-37 和图 5-38 看出，纵向收缩计算的横向应力较小，而纵向应力较大。说明纵向应力主要是纵向收缩引起的，而横向应力主要是横向收缩产生的。因而可以分别采用纵向收缩算法计算纵向残余应力，采用横向收缩算法计算动态变形和横向残余应力，以此进一步提高计算效率。

横纵收缩分离算法计算得到的焊接件上表面的横向和纵向残余应力分布如图 5-39 和图 5-40 所示。

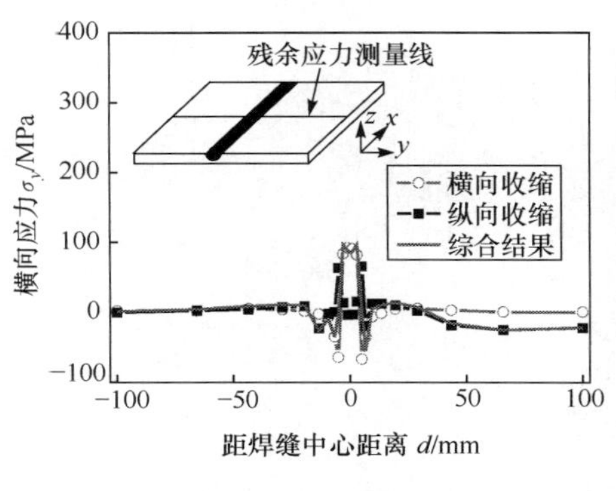

图 5-39　横向残余应力

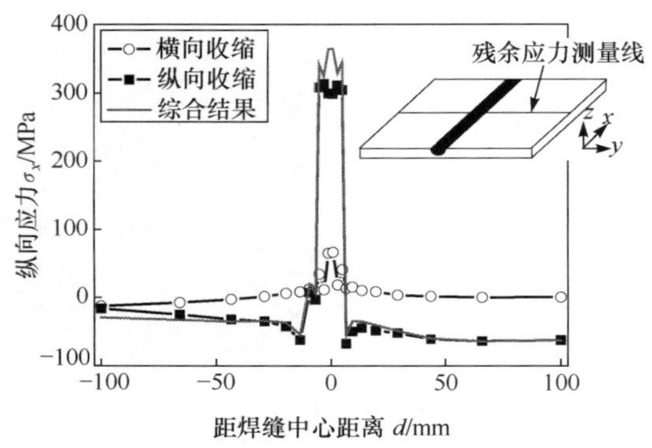

图 5-40　纵向残余应力

横纵收缩分离算法、三维全弹塑性模型计算的残余应力和试验测量结果比较如图 5-41 和图 5-42 所示。

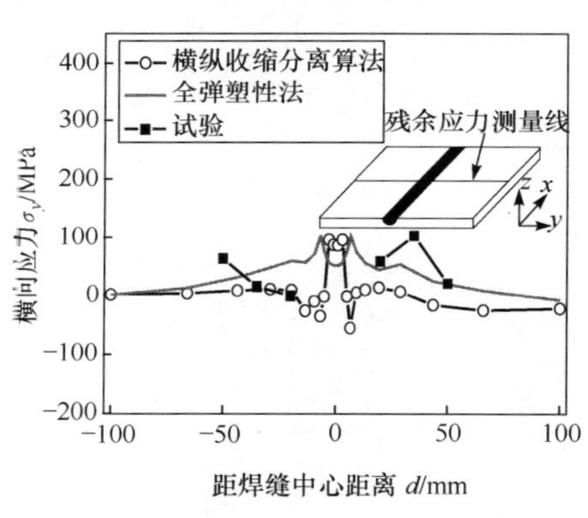

图 5-41　横向残余应力

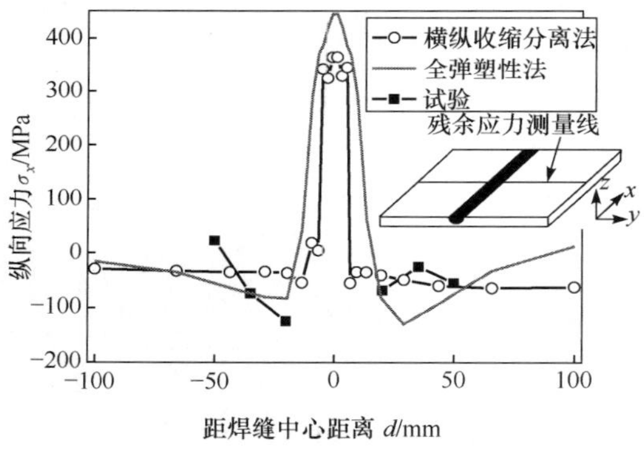

图 5-42　纵向残余应力

从图 5-41 和图 5-42 看出，横纵收缩分离算法计算的纵向应力和全弹塑性计算结果基本一致，只是焊接区的峰值应力分布范围小于全弹塑性计算结果，这可能是弹塑性区域划分过小以及弹塑性材料和弹性材料过渡的原因。横向残余应力全弹塑性计算结果大于横纵收缩分离算法计算结果，但两者分布趋势基本一致。横纵收缩分离算法计算时间是三维全弹塑性计算时间的 1/10 左右，计算效率大大提高。

5.5　迭代子结构法

5.5.1　迭代子结构的基本思想

迭代子结构方法根据焊接过程中只有热源附近的很小区域是非线性区域，而工件的其他大部分区域都是线性区域或弱非线性区域这一特点，对热弹塑性有限元计算过程进行简化，从而使计算速度大幅提高。焊接过程中，工件上的高温区域体积通常只占工件体积的很小比例，高能束焊接过程中尤其如此。如果把对整个模型的求解过程分解为一个较大模型的线性问题和一个较小模型的非线性问题，则可以节省大量的计算时间。Serizawa 等[24]使用该方法进行三维焊接应力变形分析研究的结果表明，这种方法可以使计算速度提高约17.8倍。

如图5-3所示，区域 B 是焊接热源附近的高温区域，也是工件中的强非线性区域，从图中可以看到强非线性区域在整个工件中所占的比例较小，在焊接过程中这个高温的强非线性区域随热源的移动而移动，采用下述步骤进行求解：

(1) 确定区域 B 为高温的非线性区域；

(2) 区域 A 是线性区域；

(3) Γ 是区域 A 和区域 B 之间的边界；

(4) 区域 B' 是对应于区域 B 的一个子结构；

(5) 分别对区域 $(A+B')$ 和区域 B 进行求解。

边界 Γ 处的连续通过迭代来保证实现，如图5-43所示：

(1) 对区域 $(A+B')$ 进行求解，计算得到边界 Γ 处的位移，同时保存刚度矩阵；

(2) 把上一步中得到的位移作为边界处的边界条件来求解区域 B；

(3) 计算区域 $\{(A+B')-(B)\}$ 和区域 B 的边界处的非平衡力；

(4) 将上一步计算得到的非平衡力返回到步骤(1)，对边界 Γ 处的位移进行修正；

(5) 重复上述步骤直到收敛。

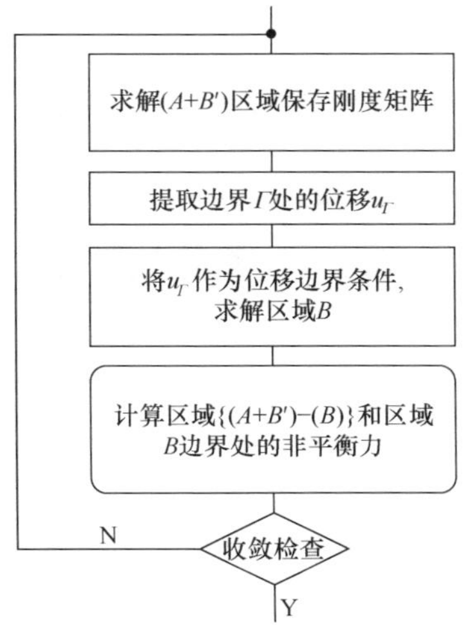

图5-43 迭代流程图[24]

5.5.2 迭代子结构法稳定性分析

三维迭代子结构计算过程中，确定合理的 B 区域大小对迭代子结构的计算过程具有非常重要的影响。B 区域选取过大，计算时间增加，B 区域选取过小，计算收敛困难。如何确定合理的 B 区域大小将直接影响焊接过程的计算效率。因此，本书提出通过单元温度及距电弧中心距离两个参数来确定强非线性区域 B 的大小。通过分析不同非线性区域 B 的大小对焊接结构计算结果的影响，讨论 B 区域确定算法的稳定性。在有限元计算过程中，根据定义的单元温度参数及距离参数由计算程序自动划分非线性区域 B，且区域 B 随热源的移动而移动。

通过 4 种情况讨论不同非线性区 B 的大小对迭代子结构计算稳定性的影响。计算模型设为 T 形焊接接头，材料选择为 SS400 碳钢，焊缝与母材设为同种材料。T 形接头的两侧焊缝分别焊接，第一道焊接完成后试板冷却到室温再进行另一侧道缝的焊接[50, 51]。焊接参数见表 5-1。

表 5-1　焊接参数

焊道	焊接电流 I/A	焊接电压 U/V	焊接速度 v/(cm · min^{-1})
第一道焊	180	24	30
第二道焊	175	24	30

T 形接头底板尺寸为 200 mm×200 mm×6 mm，翼板尺寸为 200 mm×50 mm×4.5 mm。设定焊接试板为自由状态，材料的热物理性能参数随温度变化而变化。约束条件及有限元计算模型如图 5-44 所示。

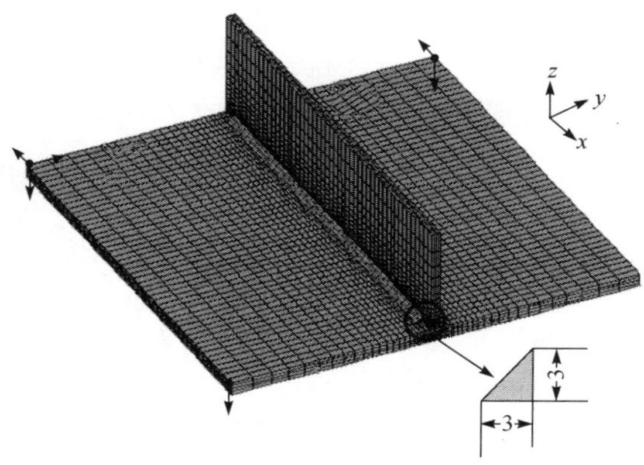

图 5-44　计算模型

通过两个限定条件(距焊接电弧热源中心的距离和试板单元的温度)调整 B 区的大小，计算如下 4 种情况：①距电弧中心距离小于 30 mm，单元温度高于

200 ℃;②距电弧中心距离小于 30 mm,单元温度高于 800 ℃;③距电弧中心距离小于 80 mm,单元温度高于 400 ℃;④距电弧中心距离小于 30 mm,单元温度高于 400 ℃。通过不同 B 区的大小,讨论迭代子结构计算方法的稳定性。

取 4 种不同情况下试板底面中截面位置焊接残余应力及变形的计算结果,如图 5-45 所示。

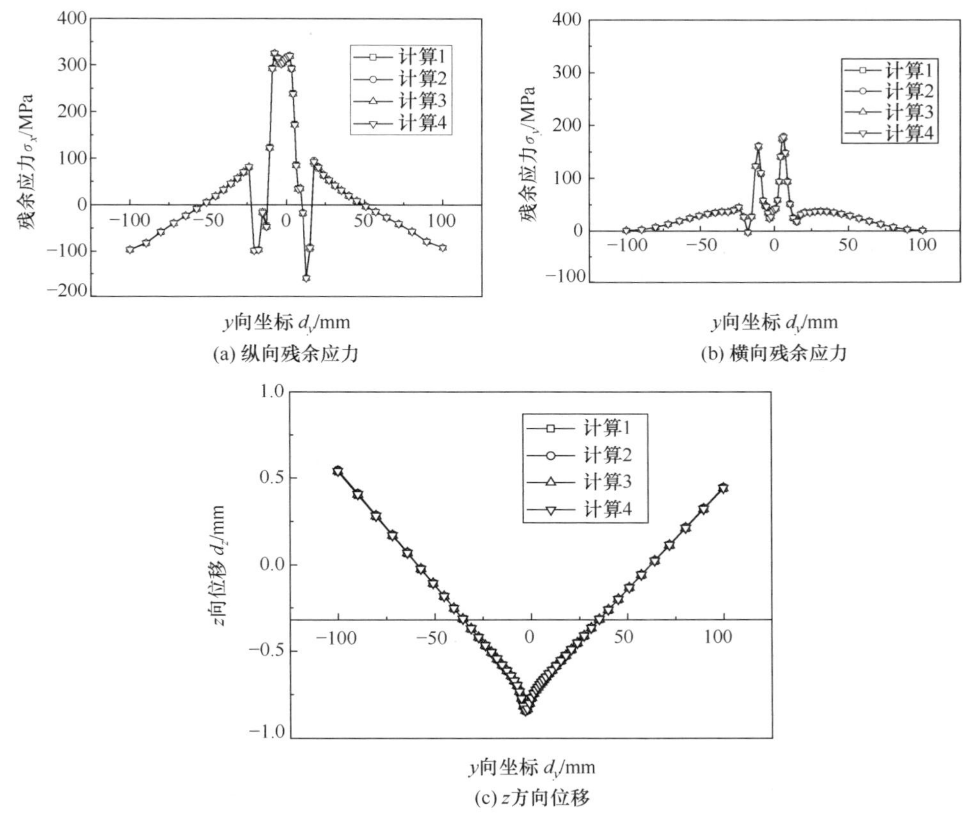

图 5-45　4 种情况应力变形计算结果

图 5-45 计算结果表明,对于相同结构模型不同大小的 B 区来说,采用迭代子结构方法计算所得的应力、变形结果完全一致,说明非线性区 B 的大小并未影响迭代子结构方法对焊接应力变形的预测结果。此结果说明,通过距焊接电弧热源中心的距离和试板单元的温度两个条件来确定非线性区 B 的大小,能使迭代子结构方法具有很高的稳定性。

5.5.3　长 T 形焊缝焊接变形

如图 5-46 所示的模型是某建筑机械中的一个部件[26],该部件由一个底板(x-z

平面内)和一个立板(y-z 平面内)组成。底板和立板的厚度分别是 14 mm 和 12 mm。立板的长度是 1600 mm,底板长度比立板大 50 mm。底板和立板之间通过 3 条角焊缝(即图 5-46 中的焊道 1、焊道 2 和焊道 3)连接起来,焊缝总长度为 2775 mm。由于这个工件中有多条非对称角焊缝,焊后会产生很大的残余变形,所以需要研究焊接顺序、装夹方式和预应变方案对焊接残余变形的影响规律,从而找到控制焊接残余变形的方法。

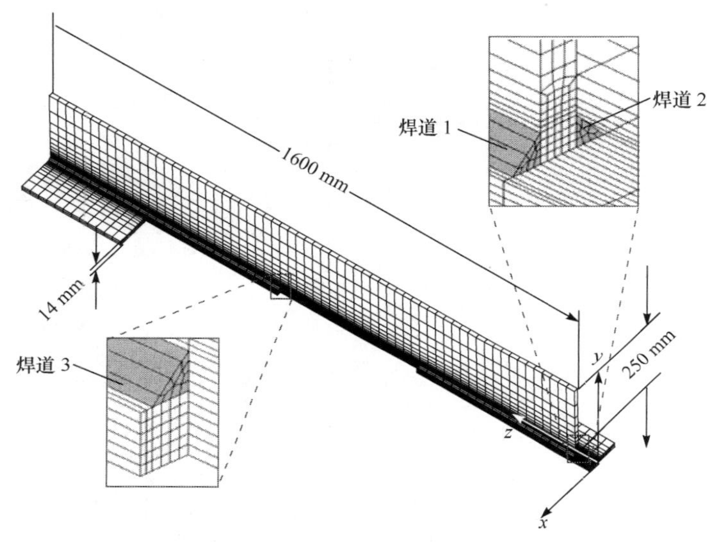

图 5-46　有限元网格

该模型中包含 13778 个单元和 16970 个节点。虽然三维热弹塑性有限元分析能够得到可靠的计算结果,但是由于模型较大,需要很长的计算时间,所以失去了对实际焊接生产中工艺制定的指导意义。采用迭代子结构方法则可以在很短的时间内通过三维热弹塑性有限元分析系统地研究焊接顺序、装夹方式和预应变方案对该工件焊接残余变形的影响规律,从而找到控制焊接残余变形的方法用来指导制定焊接工艺。

采用顺序耦合的方法来进行计算,首先求解焊接过程中的三维瞬态温度场,计算过程中通过依次加热焊缝中的单元来模拟热源的移动。考虑了对流换热和辐射散热,环境温度为 20 ℃。在结构分析中,把温度场计算结果作为体载荷按照时间顺序依次加载到模型上进行求解工件的变形。焊接过程中的电流、电压和焊接速度分别是 280 A、32 V 和 5 mm/s。

在加热阶段,每个载荷步的时间增量是 0.5 s。使用 DELL Precision 380 工作站 (3.8 GHz CPU,2 G 内存)进行计算,基于迭代子结构方法一次结构分析所需要的 CPU 时间只有约 2.5 h。

所研究的工件是建筑机械中的一个部件，在这个部件中，主要关心图 5-47 中 AB，MN，GC 和 TP 四条边的焊后残余变形。因为工件中的角焊缝都远离工件的几何中心位置，所以焊后角焊缝的收缩会使直线 MN 发生弯曲变形。图 5-48 比较了计算和试验测试的线 MN 的拱高。从图 5-48 中可以看到，迭代子结构法计算结果和试验结果基本一致。

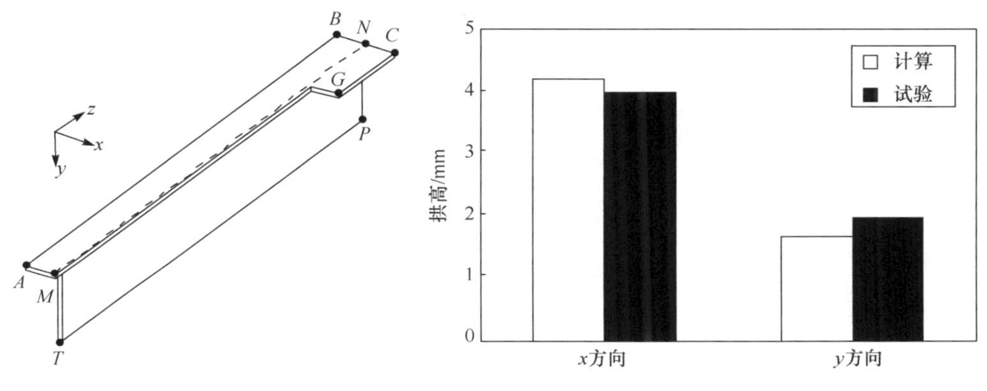

图 5-47　四条被测边的位置　　图 5-48　计算结果和试验结果的比较

5.5.4　大型结构焊接角变形

图 5-49 所示的模型是一个大型焊接结构，由底板（x-z 平面内）和翼板（y-z 平面内）组成，底板和翼板之间通过 12 道焊缝连接起来[51]。

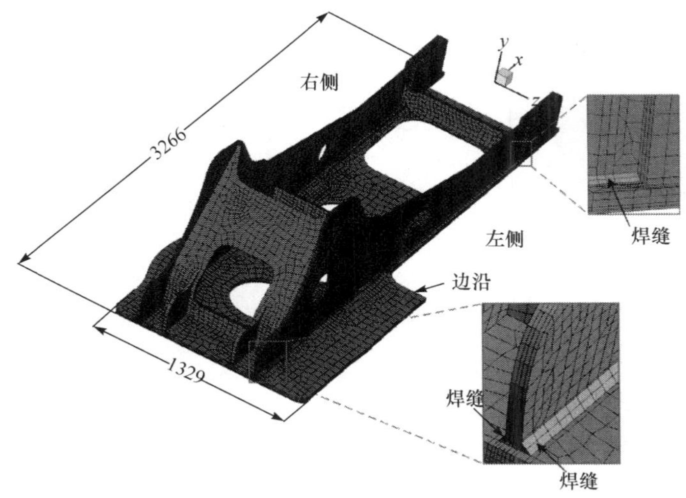

图 5-49　大型焊接结构模型[51]

模型包含 46662 个单元，59559 个节点。通过试验测量焊接结构左边沿和右边沿的变形，其结果用来验证有限元分析结果的准确性。焊接变形的测量位置如图 5-50 所示。

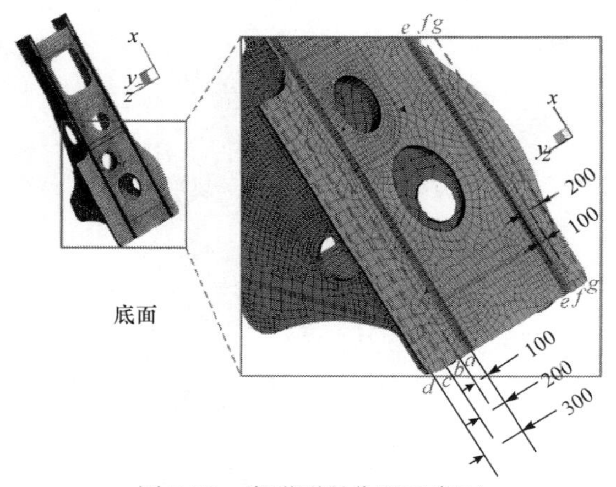

图 5-50　变形测量位置示意图

焊接时，先焊左侧结构，然后焊接右侧结构(图 5-49)。左侧和右侧的焊接顺序为：先进行外侧焊接，再进行内侧焊接，12 道焊接所采用的焊接参数如表 5-2 所示。

表 5-2　焊接参数

侧板		焊趾长度 L/mm	焊接电流 I/A	焊接电压 U/V	焊接速度 v/(mm · s^{-1})
左侧	外侧	14	380	34	3
		8	380	34	5.8
		14	380	34	2.6
	内侧	8	380	34	5.8
		8	380	34	5.5
		14	390	34	3
右侧	外侧	8	390	34	4.8
		14	390	34	3
		8	390	34	4.8
	内侧	8	380	34	6.3
		10	380	34	4.6
		8	380	34	6.3

采用间接耦合的方式进行计算。首先进行热分析，求解三维焊接温度场。采

用分段移动均匀体热源的方式按焊接速度依次加载长度为焊接电弧长度的加热单元，模拟焊接热源的移动。计算中考虑对流传热和辐射传热，设定环境温度为 20 ℃。在焊接热分析计算完成以后，进行结构分析，将温度场计算结果作为载荷按照时间顺序依次加载到模型上进行求解。计算过程中焊缝及母材设为同种材料，考虑材料热物理性能参数随温度的变化，焊接热输入参数与试验参数一致。

以迭代子结构方法计算该焊接结构的焊接变形，选择距电弧中心距离为 30 mm，单元温度超过 200 ℃的区域为非线性区域 B 区。B 区在计算过程中随着电弧的移动而移动且单元数量随着计算时间步的变化而变化。焊接角变形计算结果如图 5-51 所示。可以看出，经过 12 道焊以后，焊接结构左边沿和右边沿处产生了较大的焊接角变形，角变形的数值随着距焊缝中心的距离增加而线性增加。

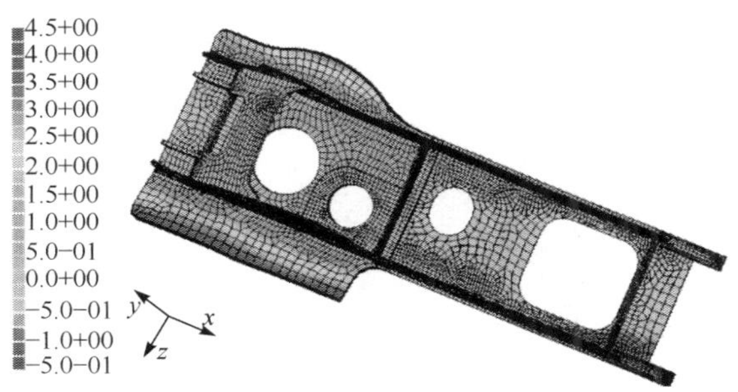

图 5-51　焊接角变形的云图计算结果(mm)(后附彩图)

7 条角变形测量线(aa、bb、cc、dd、ee、ff 及 gg)的测量结果与计算结果的比较如图 5-52 所示。由图可见，变形的计算结果与测量结果基本一致。但是，远离焊缝端计算结果与测量结果存在一定误差(测量线 dd 为 1 mm 左右)，但 1 mm 左右误差在大结构焊接变形预测允许的误差范围内。因此，迭代子结构算法能够高效准确预测大型结构的焊接角变形。

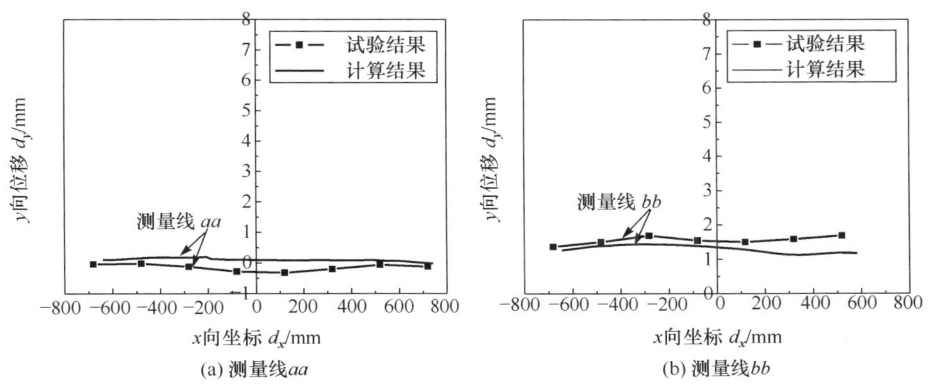

(a) 测量线aa　　(b) 测量线bb

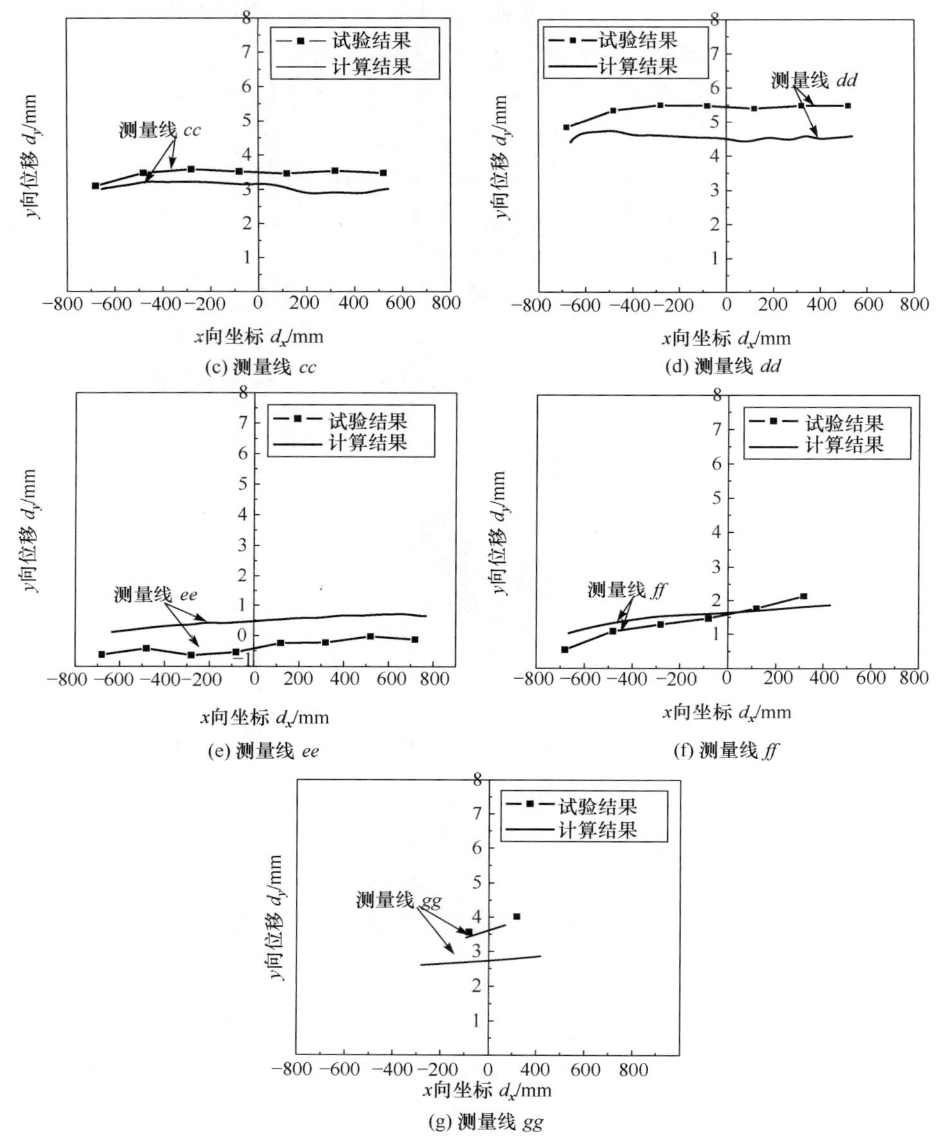

(c) 测量线 *cc*　　(d) 测量线 *dd*

(e) 测量线 *ee*　　(f) 测量线 *ff*

(g) 测量线 *gg*

图 5-52　角变形测量结果与计算结果

5.6　固有应变方法

5.6.1　固有应变概念及其实现过程

焊接应力是热应变、塑性应变及相变应变综合影响的结果。热应变、塑性应变和相变应变都是焊接变形和应力产生的根源，因而有共同的特征。焊接结束以后固有应变就是塑性应变、热应变和相变应变三者残余量之和[35]。

热弹塑性有限元法跟踪整个焊接过程，以给定的时间步长，计算出每一时刻的焊接温度场，并计算出每个时间段由于温度变化引起的应力应变增量，逐步累计叠加，最终得到残余应力与变形。因此该方法可以分析焊接过程中任何时刻的瞬态应力应变状态。该方法从原理上可以分析任何复杂结构的焊接应力与变形，但其缺点是计算量太大和计算时间太长。固有应变有限元法则避开整个焊接过程，着眼于焊接以后在焊缝和近缝区存在的固有应变。如果能找到固有应变大小和分布与焊接参数以及焊件尺寸等的关系，那么将固有应变作为初始应变值进行一次弹性有限元计算，就可以得到整个焊件的残余应力和变形，从而大大减少了计算工作量[35]。

Deng 等[37]将固有应变法发展为固有变形方法，大结构的固有应变可以通过小型结构或局部区域的热弹塑性有限元计算得到三种固有变形（横向收缩、纵向收缩和角变形），然后转换为三种固有应变（横向固有应变、纵向固有应变和曲率），再将固有应变作为初始应变施加到壳单元模型中进行弹性计算得到最终变形。对于图 5-53 所示的 T 形接头焊接件，纵向收缩力的计算式为[37]

$$F=\int E\varepsilon_x^{\mathrm{p}}\,\mathrm{d}A \tag{5.12}$$

式中，E 为弹性模量，Pa；$\varepsilon_x^{\mathrm{p}}$ 为焊接方向的塑性应变；A 为中截面的横截面积，m^3。

横向收缩 S 可以表达为

$$S=U_{yA}-U_{yB} \tag{5.13}$$

式中，U_{yA} 和 U_{yB} 是图 5-53 中线 A 和线 B（翼板的中线）的横向位移，m。

角变形可以表示为

$$\begin{aligned}\beta_1&=\arcsin\left(\frac{U_{ZD}-U_{ZC}}{B}\right)\\ \beta_2&=\arcsin\left(\frac{U_{ZE}-U_{ZC}}{B}\right)\end{aligned} \tag{5.14}$$

式中，β_1 为左侧翼板的角变形，rad；β_2 为右侧翼板的角变形，rad；B 为翼板的半宽，m；U_{ZD}、U_{ZC}、U_{ZE} 分别为图 5-54 中线 C、D、E 的挠度，m。

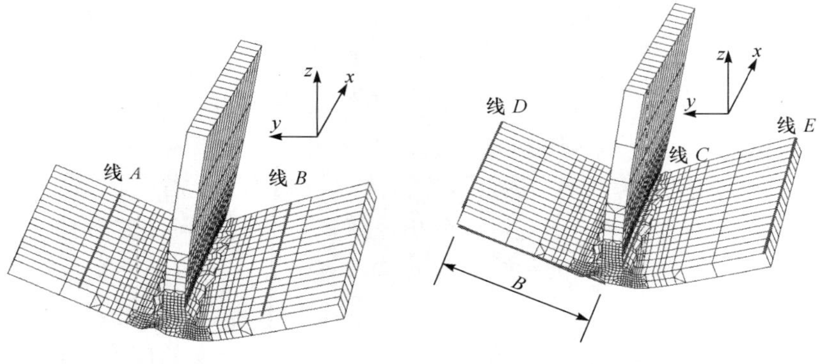

图 5-53　横向收缩计算示意图　　　　图 5-54　角变形计算示意图

将固有变形转换为固有应变的过程如下。对于 T 形接头，腹板和翼板的热输入可以采用式(5.15)进行计算。

$$
\begin{aligned}
Q_{\text{flange}} &= \frac{2h_{\mathrm{f}}}{2h_{\mathrm{f}}+h_{\mathrm{w}}}Q_{\text{total}} = \frac{2h_{\mathrm{f}}}{2h_{\mathrm{f}}+h_{\mathrm{w}}}(Q_1+Q_2) \\
Q_{\text{web}} &= \frac{h_{\mathrm{w}}}{2h_{\mathrm{f}}+h_{\mathrm{w}}}Q_{\text{total}} = \frac{h_{\mathrm{w}}}{2h_{\mathrm{f}}+h_{\mathrm{w}}}(Q_1+Q_2)
\end{aligned} \tag{5.15}
$$

式中，Q_{total}为总热输入(线能量)，$\mathrm{J \cdot m^{-1}}$；h_{w} 为腹板的厚度，m；h_{f} 为翼板的厚度，m；Q_1，Q_2 为左右焊道的热输入，$\mathrm{J \cdot m^{-1}}$。

根据不同的热输入，翼板的纵向固有应变 $\varepsilon_{x\mathrm{f}}^{*}$ 和腹板的纵向固有应变 $\varepsilon_{x\mathrm{w}}^{*}$ 为

$$
\begin{aligned}
\varepsilon_{x\mathrm{f}}^{*} &= -\frac{F \cdot Q_{\text{flange}}}{2B_{\mathrm{w}} \cdot h_{\mathrm{f}} \cdot E \cdot Q_{\text{total}}} \\
\varepsilon_{x\mathrm{w}}^{*} &= -\frac{F \cdot Q_{\text{web}}}{H_{\mathrm{w}} \cdot h_{\mathrm{w}} \cdot E \cdot Q_{\text{total}}}
\end{aligned} \tag{5.16}
$$

式中，H_{w} 为腹板上施加固有应变的区域尺寸，m；B_{w} 为翼板上施加固有应变的区域尺寸，m。H_{w}，B_{w} 为如图 5-55 所示的阴影线区域，即施加固有应变的区域[37]。

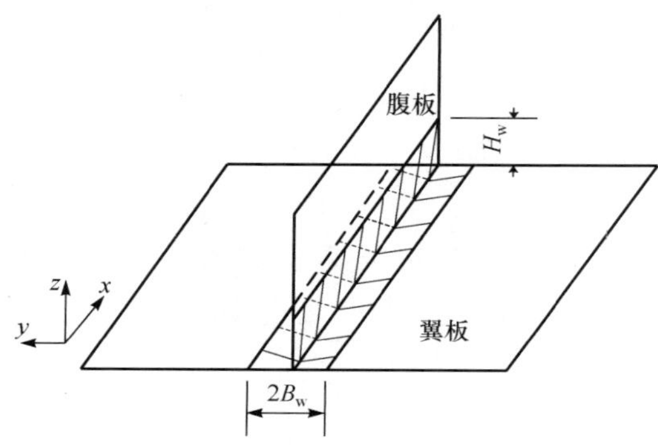

图 5-55　施加固有应变的区域[37]

只考虑翼板的横向固有应变。根据翼板的横向收缩 S,可以计算横向固有应变 ε_y'

$$\varepsilon_y' = -\frac{S}{2B_w} \tag{5.17}$$

由于纵向收缩力也会引起横向收缩 $\nu\varepsilon_x^*$,最终的横向方向固有应变可以写成

$$\varepsilon_y^* = \varepsilon_y' - \nu\varepsilon_x^* \tag{5.18}$$

式中,ν 为泊松比。

曲率 k_y^* 作为固有应变分量,可以通过平均角变形 β 来计算

$$k_y^* = -\frac{\beta}{B_w} \tag{5.19}$$

将固有应变作为初始应变加载到固有应变加载区,然后进行弹性计算得到焊接结构的最终变形。大型结构的焊接变形固有应变分析流程如图 5-56 所示。

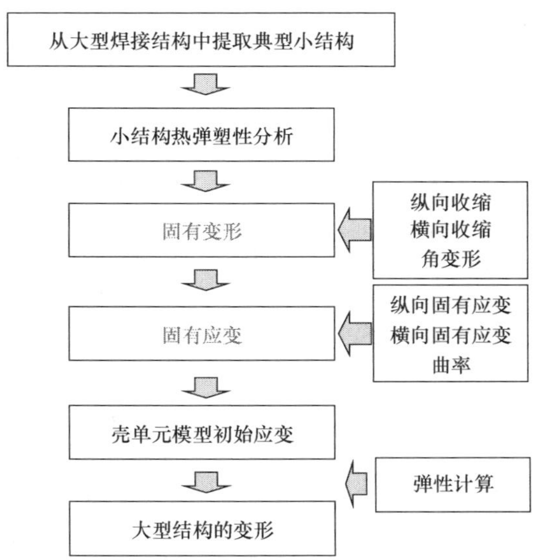

图 5-56　大型结构焊接变形的固有应变分析流程

5.6.2　回流器焊接变形预测

1. 计算过程

等温压缩机的回流器由厚度为 16 mm 的两块半环板和厚度为 20 mm 的九块筋板焊接而成,相邻筋板间隔均等,为 20°,每块筋板和半环的连接部位均为 T 形接头。共有 18 处 T 形接头,36 道焊缝,如图 5-57 所示。该结构具有以下特征:①多个弧形翼板的 T 形接头连接而成。②焊道多,焊缝短。该结构总共 36 道焊缝,每道焊缝长度为 200 mm。③结构庞大,直径达到 1380 mm。④该结构形状规

则,9 个工形结构在 180°范围内均布。

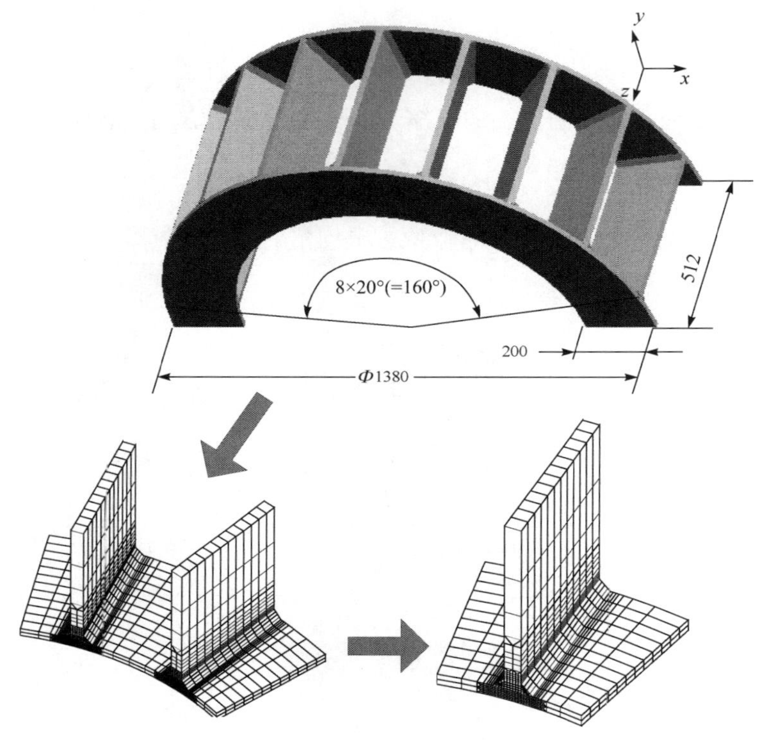

图 5-57　回流器结构

由于该结构焊道多,结构庞大,焊接时间长,采用弹塑性方法预测耗时长,可能无法得到计算结果。固有应变方法采用固有应变作为初始应变,且为弹性分析,避免了高度非线性的热弹塑性计算,因而能够在非常短的时间内(几分钟)得到计算结果。但大多数文献采用的固有应变方法都针对较长焊缝进行计算,假设固有应变在整个焊缝长度上均匀分布,可以忽略引弧和熄弧端应变变化对整个结构变形的影响。少有文献研究短焊缝多道焊接大型结构的焊接变形高效预测方法,也少有文献研究具有弧形翼板 T 形接头的固有应变方法适应性。本研究针对短焊缝(200 mm),多个弧形翼板 T 形接头组成的大型焊接结构,采用固有应变方法预测其焊接变形,研究固有应变方法在该类焊接结构上的适用性。

焊接回流器结构的固有应变法变形预测步骤[52]如图 5-58 所示,详述如下。

(1) 从焊接结构中划分出典型的焊接接头,根据设计焊接参数开展小结构焊接试验。结合焊接试验,对小型焊接结构进行弹塑性分析,得到固有变形和固有应变分量,将固有应变作为初始应变加载到壳单元建立的小结构模型上,进行弹性分析,验证固有应变算法和模型。

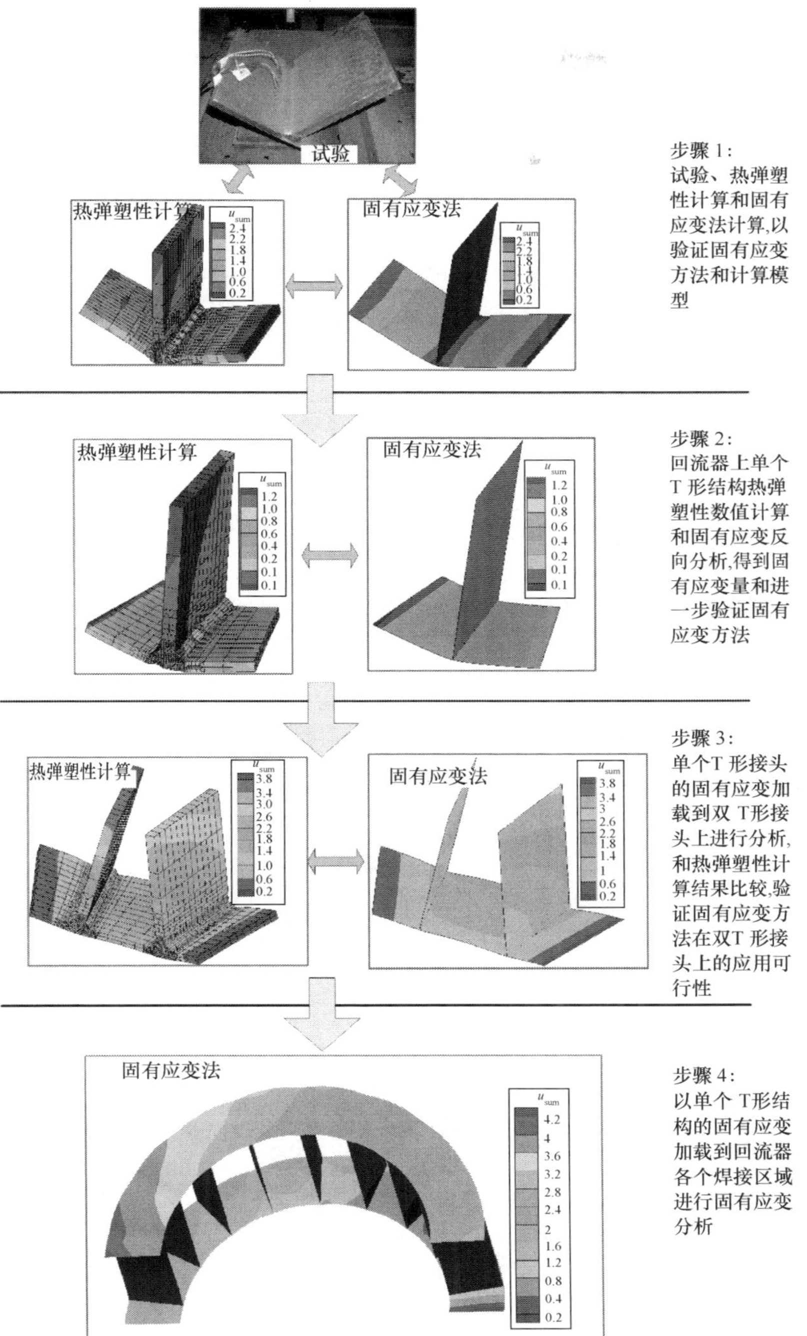

图 5-58　回流器焊接变形固有应变法计算流程[52]

从试验简化和方便的角度出发，本试验采用腹板和翼板都为矩形板的 T 形接头。采用固有应变法和弹塑性方法计算该 T 形接头的变形，并和试验比较，验证固有应变值和计算算法准确性。

(2) 回流器上局部 T 形接头焊接变形固有应变法和热弹塑性法预测。回流器上局部 T 形接头的结构和试验结构不一致，该局部 T 形接头的翼板为弧形，因而有必要在已有试验基础上通过弹塑性方法计算弧形翼板焊接所产生的固有变形和固有应变，然后采用固有应变方法计算变形，并和弹塑性计算结果进行比较和标定。

(3) 回流器上局部双 T 形焊接结构变形预测。针对回流器上局部双 T 形焊接结构进行热弹塑性计算和固有应变法计算，比较两者的计算结果，进一步验证固有应变方法。

(4) 回流器结构整体焊接变形的固有应变法预测。经过试验和热弹塑性计算的验证，将单个弧形 T 形接头的固有应变值施加到回流器的各焊接区域进行弹性计算，得到整个焊接结构的变形量。

以下部分对回流器结构焊接变形预测的 4 个步骤进行详细介绍。

2. T 形接头试验及有限元计算

T 形接头试验过程及热弹塑性有限元计算过程参见第 2 章、第 3 章内容。固有应变法计算模型如图 5-59 所示，图中也示意出施加的位移拘束。

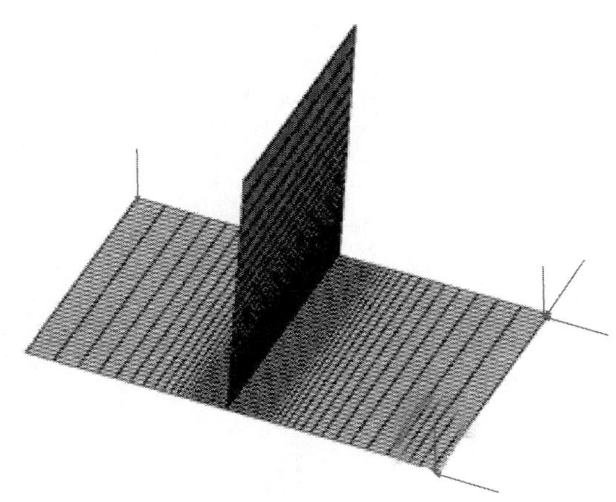

图 5-59　固有应变计算模型

两种模型计算的三个方向变形分布以及变形总和如图 5-60 所示。

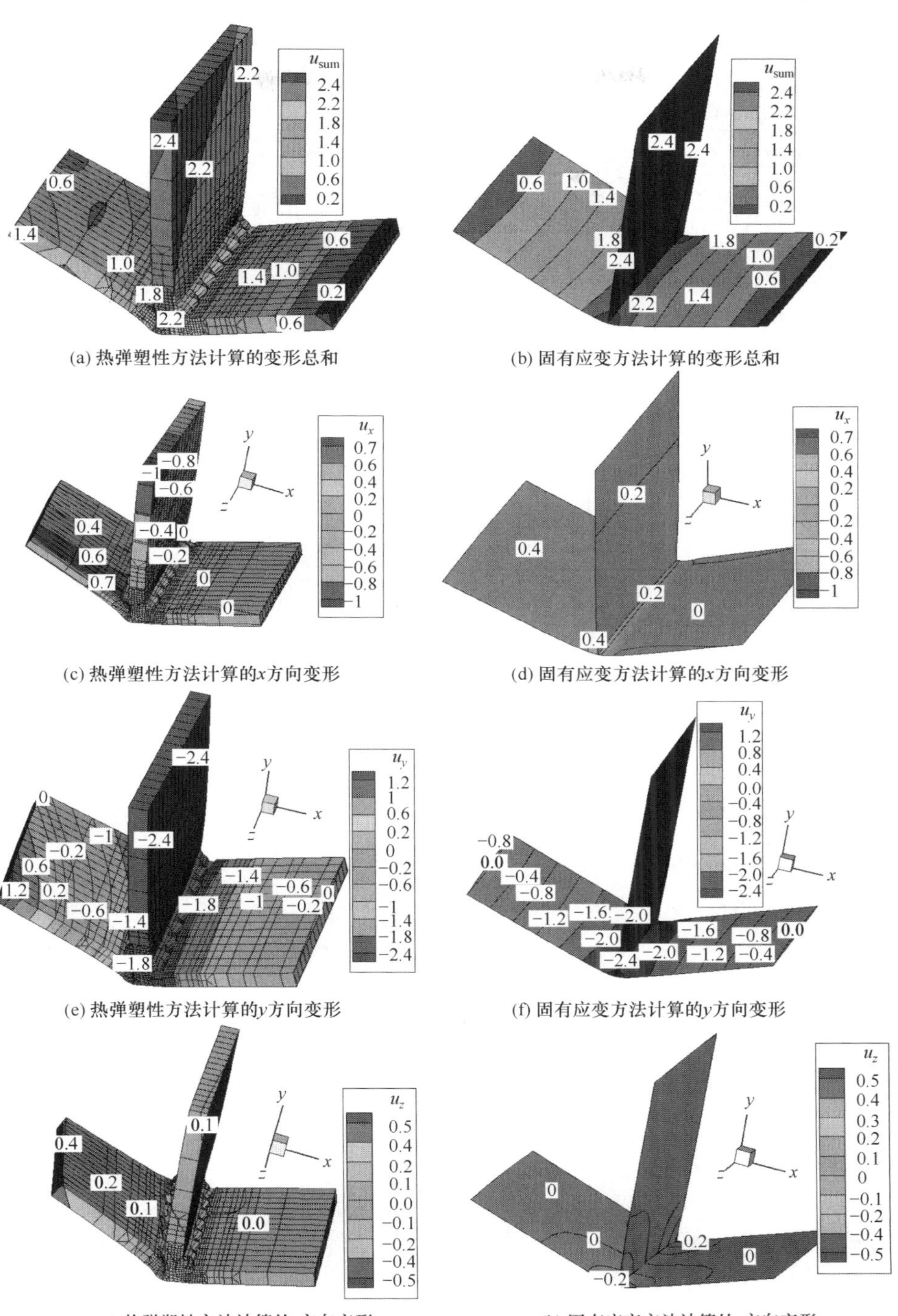

(a) 热弹塑性方法计算的变形总和　　(b) 固有应变方法计算的变形总和

(c) 热弹塑性方法计算的x方向变形　　(d) 固有应变方法计算的x方向变形

(e) 热弹塑性方法计算的y方向变形　　(f) 固有应变方法计算的y方向变形

(g) 热弹塑性方法计算的z方向变形　　(h) 固有应变方法计算的z方向变形

图 5-60　固有应变方法和热弹塑性方法计算结果(mm)

由图 5-60 看出，固有应变和热弹塑性计算的总变形幅度(u_{sum})差别不大，且分布趋势相近，但固有变形方法计算的变形量略小于热弹塑性计算值。y 方向变形是总变形量的主要变形部分，其余方向的变形量都比较小。从图中看出，固有应变计算的各方向变形都略小于热弹塑性计算值；固有变形方法无法反映厚度上的变形差异，也反映不出沿焊接方向的拱形变形。固有应变法由于只是考虑焊接产生的平均塑性应变，故其计算结果不能准确反映出引弧和熄弧端的变形情况。

为进一步比较固有应变方法和热弹塑性计算结果，选取翼板上三条线上的变形结果进行比较，该三条线如图 5-61 所示，两种计算方法得到的结果如图 5-62 所示。

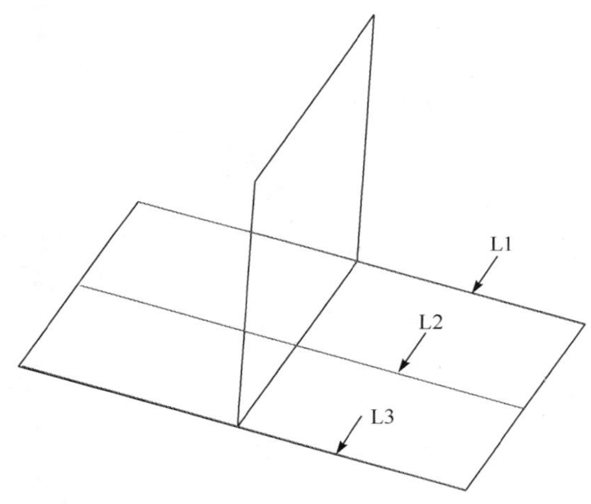

图 5-61　路径示意图

从图 5-62 看出，沿 L1 线的变形总和以及 y 方向变形热弹塑性计算结果和固有应变计算值符合较好，但是沿 L2 和沿 L3 线的变形分布两种方法计算结果差别较大。固有应变法计算的变形沿纵向方向几乎没有变化(这是由于假设焊接方向的固有应变恒定的原因)，而热弹塑性计算的变形结果沿纵向变化明显，反映出了焊接件的扭转变形特征。本试验研究的焊接结构焊缝较短，故在焊缝方向的应变分布差异较大，对于大型长焊缝的焊接结构而言，假设与焊缝方向一致的固有应变值更合理。总体来说，针对本试验研究的短焊缝焊接结构，采用固有应变计算变形具有一定的精度且计算效率高。

选取焊接件右端面的一条线(图 5-63)，分析两种模型计算的沿焊缝 y 方向的变形并和试验结果进行比较，试验测试示意图见第 3 章(图 3-6)。

试验测试得到的 y 向变形值为翼板两侧的 y 向变形量总和，故计算得到的变形量也是翼板两侧的变形量总和(图 5-64)。

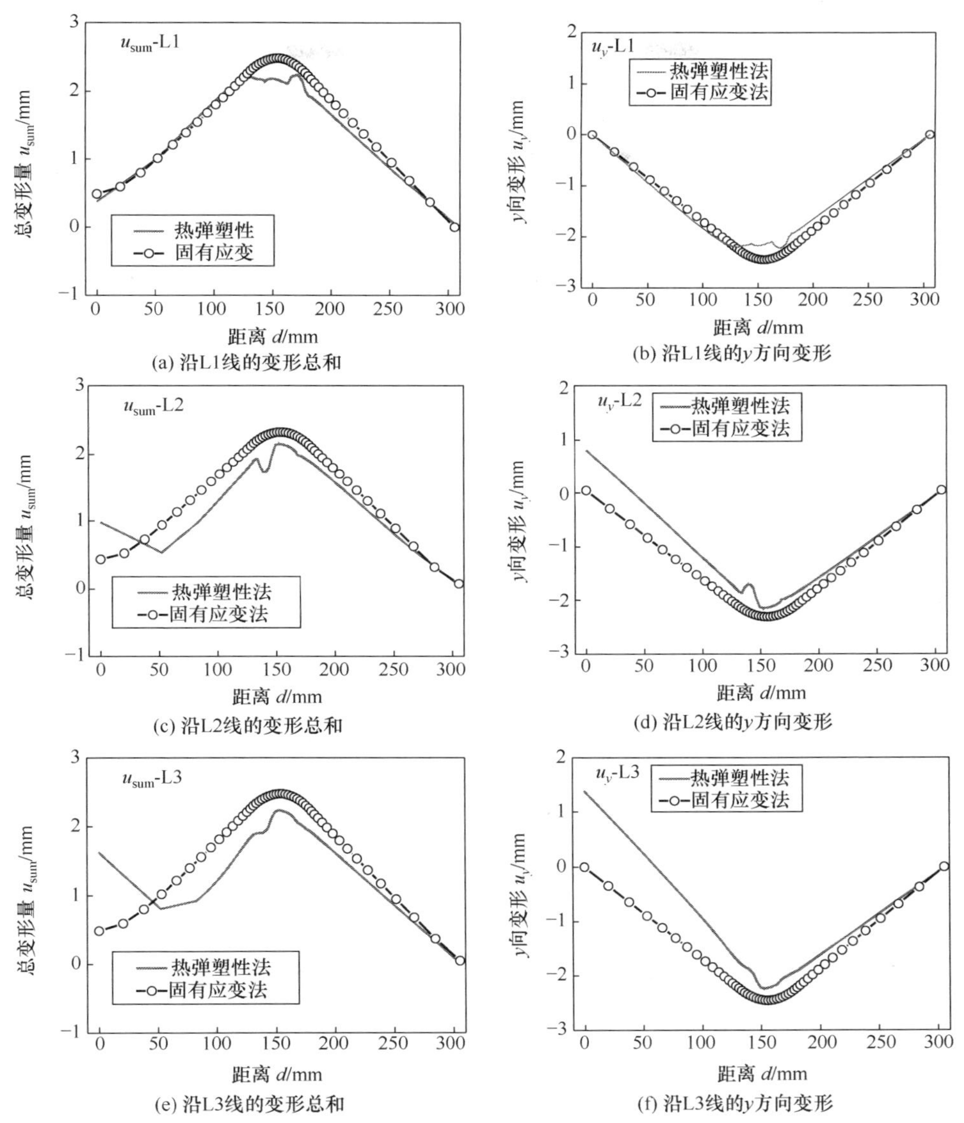

图 5-62　翼板上三条路径的变形分布

从图 5-64 看出，热弹塑性法计算的沿焊缝 y 方向变形结果和试验结果符合较好，固有应变法计算的沿焊缝 y 向变形结果小于试验结果。两种方法计算结果的最大差异值出现在端部，最大差值小于 1 mm。

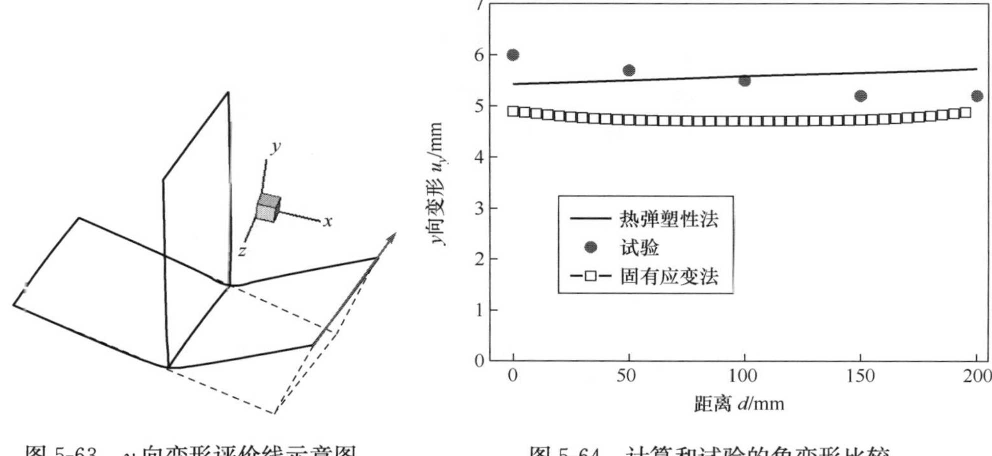

图 5-63　y 向变形评价线示意图

图 5-64　计算和试验的角变形比较

3. 局部 T 形接头焊接变形有限元计算

由于试验 T 形焊接接头的腹板和翼板都为矩形板,而回流器上的 T 形接头其翼板为弧形,所以需要对弧形翼板 T 形接头的固有变形和固有应变进行计算和反向分析。本研究采用热弹塑性法计算弧形翼板 T 形接头的固有应变,并将得到的固有应变加载到壳单元建立的模型中进行弹性分析,比较两者的变形计算结果。热弹塑性计算模型和固有应变计算模型如图 5-65 所示。两种模型计算得到的变形总和如图 5-66 所示。

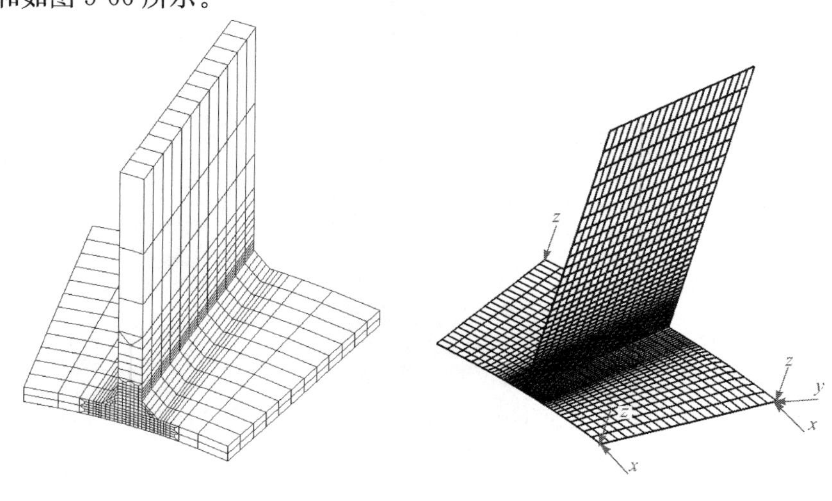

(a) 热弹塑性计算模型　　(b) 固有应变计算模型

图 5-65　热弹塑性和固有应变计算模型

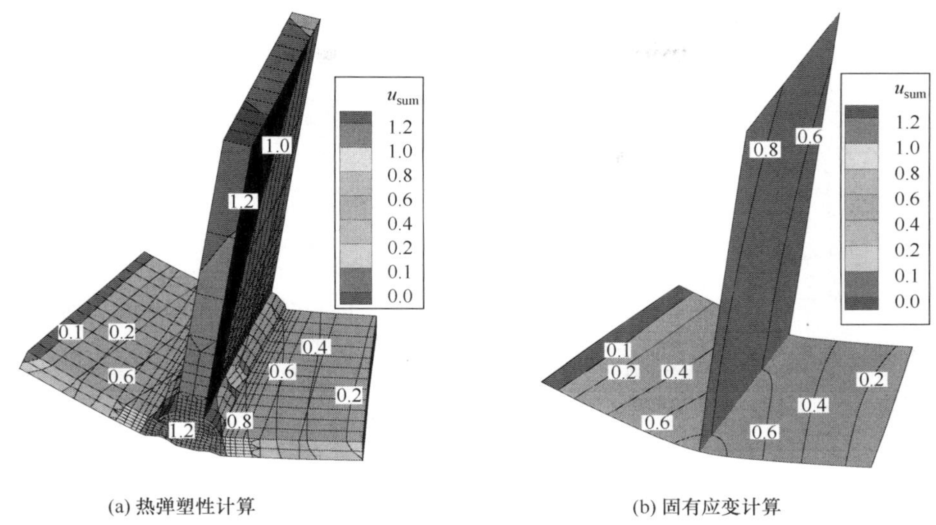

(a) 热弹塑性计算　(b) 固有应变计算

图 5-66　两种模型计算得到的变形总和(mm)

从图 5-66 看出，固有应变和热弹塑性方法计算的翼板上的变形分布趋势和变形值非常接近；不过弹塑性计算腹板上的变形值结果大于固有应变计算结果，这是热弹塑性法计算能反映出接头的扭转变形原因；固有应变计算最大变形值为 0.8 mm，而热弹塑性方法计算变形最大值为 1.2 mm。

选取翼板三条线上的变形比较两种模型的计算结果，如图 5-67 所示。

由图 5-67 看出，三条线上的固有应变计算变形值在焊缝区域小于热弹塑性方法计算的变形值，但两者分布趋势很接近。从图中也可以看出，弧形翼板长边 L1 线的大部分区域变形值大于短边 L3 线的变形值。

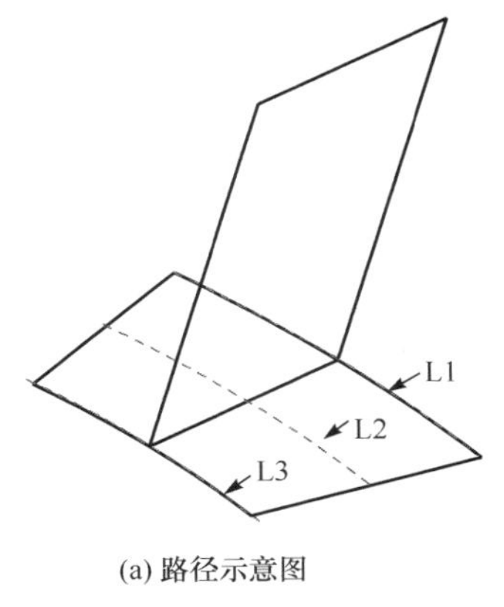

(a) 路径示意图

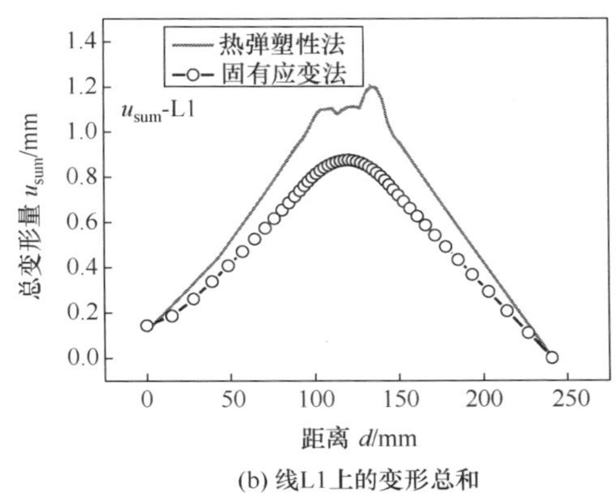

(b) 线L1上的变形总和

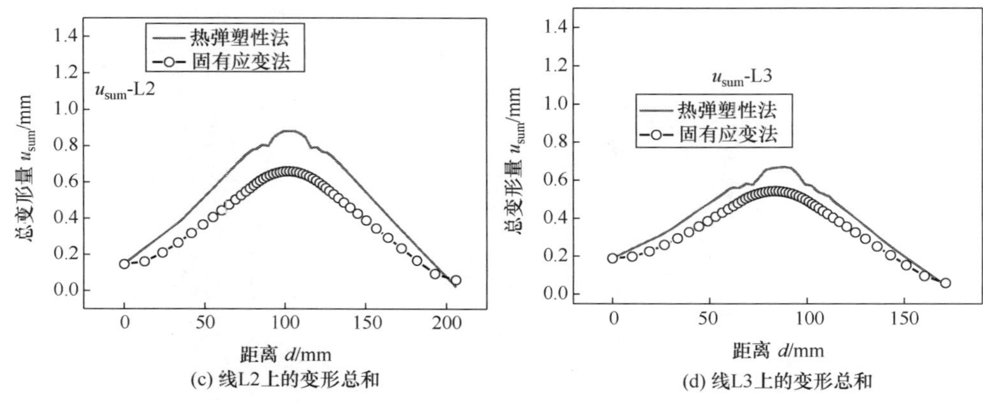

(c) 线L2上的变形总和　　(d) 线L3上的变形总和

图 5-67　两种模型计算结果比较

4. 双 T 形接头焊接变形有限元计算

为进一步验证固有应变方法在弧形翼板 T 形焊接接头上的应用，分析了弧形翼板双 T 形接头的热弹塑性方法和固有应变方法计算的焊接变形。两者模型如图 5-68 所示。两种模型计算得到的焊接变形总和如图 5-69 所示。

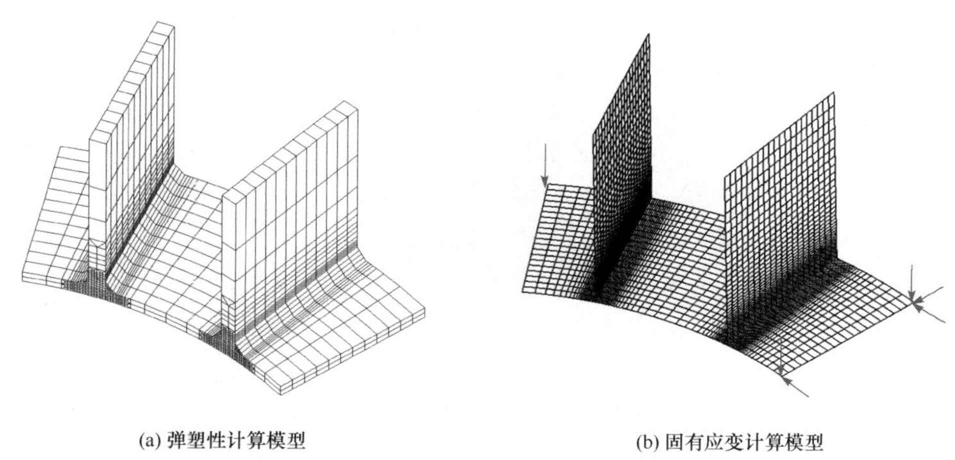

(a) 弹塑性计算模型　　(b) 固有应变计算模型

图 5-68　两种计算模型

从图 5-69 看出，两种模型计算的弧形翼板的变形分布完全一致，而热弹塑性模型计算的翼板变形值大于固有应变计算的变形值。这可能的原因是：引弧和熄弧端的应变分布与其余位置的应变分布不一致，而固有应变方法未能考虑这种不一致分布应变。

翼板三条线上两种模型计算的变形分布如图 5-70 所示。

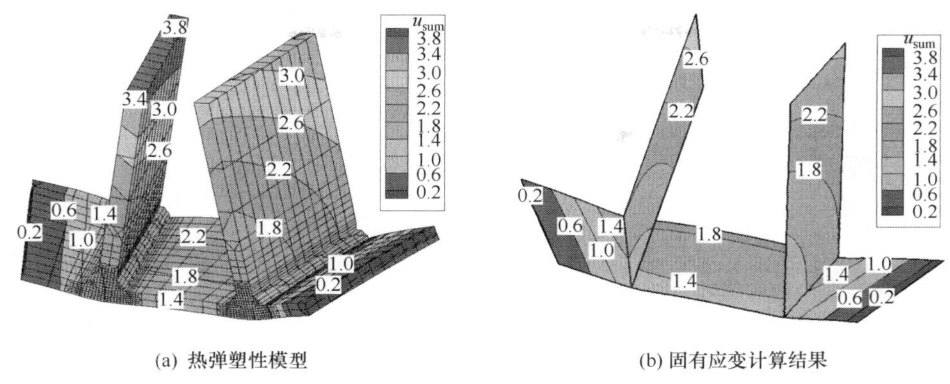

(a) 热弹塑性模型　　(b) 固有应变计算结果

图 5-69　两种模型计算的变形总量比较(mm)(后附彩图)

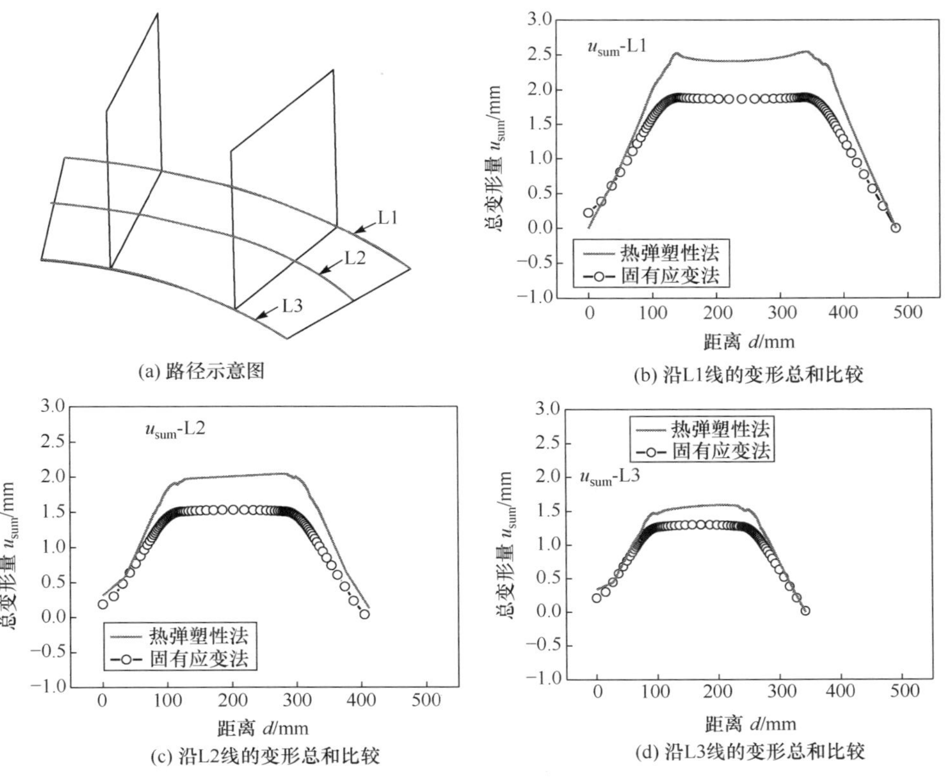

(a) 路径示意图　　(b) 沿L1线的变形总和比较

(c) 沿L2线的变形总和比较　　(d) 沿L3线的变形总和比较

图 5-70　两种模型计算结果比较

由图 5-70 看出，固有应变方法和热弹塑性方法计算的变形值在各条线上的分布趋势完全一致，不过固有应变方法计算的变形值小于热弹塑性方法计算的变形值，且两种模型计算结果的差异主要出现在翼板中部区域，弧形翼板长边的变形值差异较大，达到 0.5 mm 左右，两种模型计算的弧形翼板短边变形值结果差异较小，为 0.3 mm 左右；从图 5-70 看出，弧形翼板短边的变形值小于其长边的变形值。总体来说，固有应变方法计算结果能反映整个焊接结构的变形特征，得到的变形值也接近热弹塑性方法计算结果，而且固有应变方法计算时间只有几分钟，能高效预测出焊接结构的变形趋势和分布大小。

5. 回流器焊接变形

从以上分析表明，固有应变法能在非常短的时间内预测出焊接结构的变形趋势和分布大小，这对于热弹塑性方法无法计算的大型多道焊接结构非常重要。将单个弧形翼板 T 形接头热弹塑性方法计算得到的固有变形施加在所有的回流器 T 形接头上进行弹性计算。得到的计算结果如图 5-71 所示。

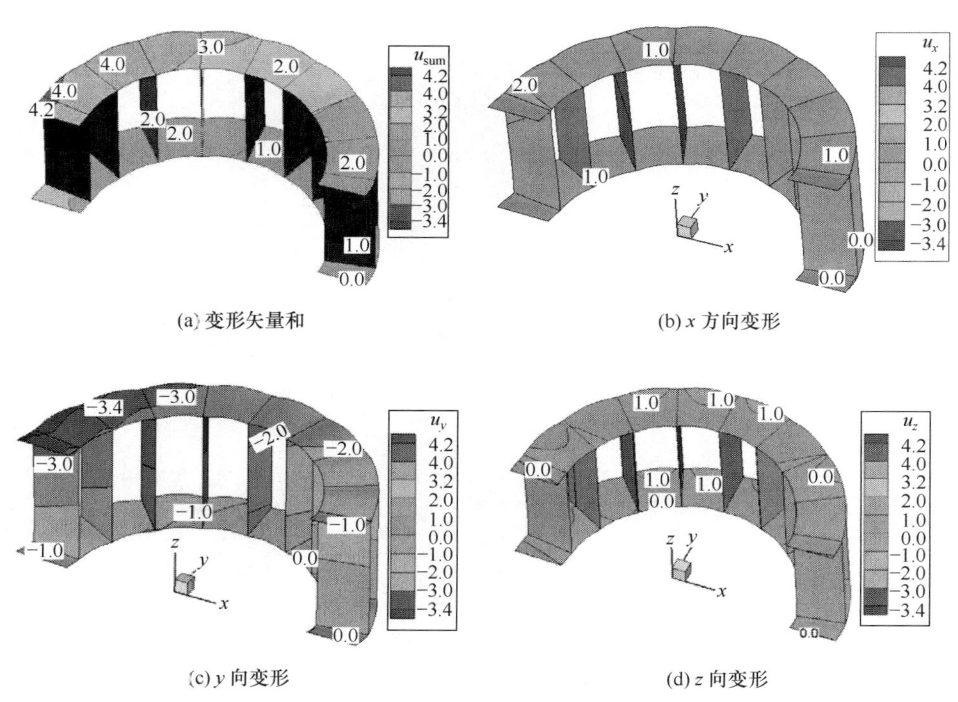

(a) 变形矢量和

(b) x 方向变形

(c) y 向变形

(d) z 向变形

图 5-71 固有应变计算的回流器焊接变形(mm)

由图 5-71 看出，回流器的最大变形量出现在未拘束的翼板端部位置，达到 4.2 mm。其中，x 方向和 y 方向的变形是回流器端部变形的主要部分，x 向最大变形为 2.4 mm，而 y 方向最大变形为 −3.4 mm。z 向变形主要出现在两腹板之间的区域，最大变形为 1.4 mm。从 x 向和 y 向的最大变形方向和位置看，整个回流器焊接后的直径有减小趋势；而两腹板之间的上翼板区域有向外凸出的变形趋势，下翼板区域有向内凹进的变形趋势。

选取翼板上的 4 条线，这 4 条线上的变形值如图 5-72 所示。

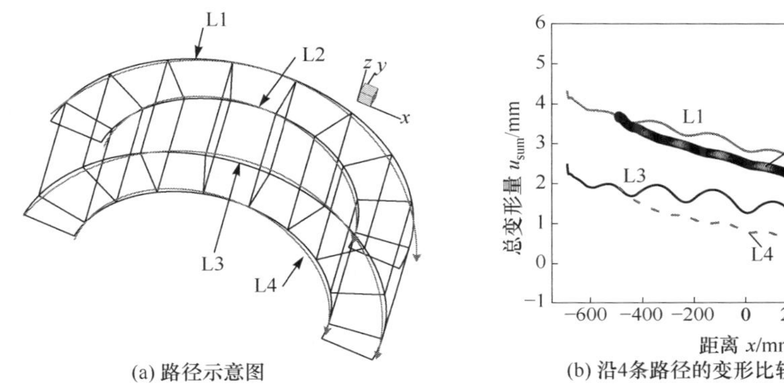

(a) 路径示意图　　(b) 沿4条路径的变形比较(随x坐标变化)

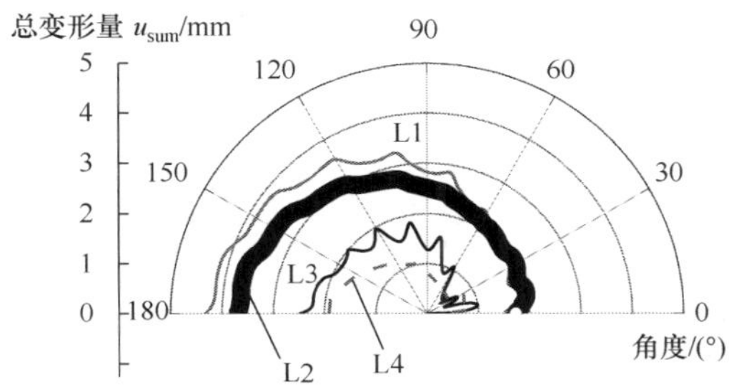

(c) 沿4条路径的变形比较(随角度变化)

图 5-72　回流器上 4 条线上的变形比较

由图 5-72 看出，L1 线左端部的变形最大，L4 线右端部的变形最小。且 L1 和 L2 线所在翼板的变形量大于 L3 和 L4 线所在翼板的变形量，翼板外圆弧的变形量大于内圆弧的变形量。

参 考 文 献

[1] 蔡志鹏. 大型结构焊接变形数值计算的研究与应用[D]. 北京：清华大学，2001.

[2] Mai T A, Spowage A C. Characterisation of dissimilar joints in laser welding of steel-kovar, copper-steel and copper-aluminium[J]. Materials Science and Engineering A, 2004, 374(1-2): 224-233.

[3] Luo X, Shinozaki K, Yoshihara S, et al. Analysis of temperature and elevated temperature

plastic strain distributions in laser welding HAZ study of laser weldability of Ni-base superalloys (report5)[J]. Welding International, 2002, 16(5): 385-392.

[4] Liu C, Zhang J X, Xue C B. Numerical investigation on residual stress distribution and evolution during multipass narrow gap welding of thick-walled stainless steel pipes[J]. Fusion Engineering and Design, 2011, 86(4-5): 288-295.

[5] 张建勋，刘川，张林杰. 焊接非线性大梯度应力变形的高效计算技术[J]. 焊接学报，2009，30(6): 107-112.

[6] Sarkani S, Tritchkov V, Michaelov G. An efficient approach for computing residual stresses in welded joints[J]. Finite Elements in Analysis and Design, 2000, 35(3): 247-268.

[7] Jiang W, Yahiaoui K, Hall F R, et al. Finite element simulation of multipass welding: full three-dimensional versus generalized plane strain or axisymmetric models[J]. The Journal of Strain Analysis for Engineering Design, 2005, 40(6): 587-597.

[8] Dong P. Residual stress analyses of a multi-pass girth weld: 3-D special shell versus axisymmetric models[J]. Journal of Pressure Vessel Technology, 2001, 123(2): 207-213.

[9] Dong P, Zhang J, Bouchard P J. Effects of repair weld length on residual stress distribution[J]. Journal of Pressure Vessel Technology, 2002, 124(1): 74-80.

[10] 刘川，张建勋，张林杰. 基于焊缝形状的二维焊接温度场模拟热源模型[J]. 材料热处理学报，2008，29(2): 177-180.

[11] 王蕊，刘川，张建勋. 5A12 铝合金有限宽薄板钨极惰性气体焊接的数值计算[J]. 中国有色金属学报，2008，18(4): 693-697.

[12] Prasad N S, Narayanan T K S. Finite element analysis of temperature distribution during arc welding using adaptive grid technique[J]. Welding Journal, 1996, 75(4): 123s-128s.

[13] Shi Q Y, Lu A L, Zhao H Y, et al. Development and application of the adaptive mesh technique in the three-dimensional numerical simulation of the welding process[J]. Journal of Materials Processing Technology, 2002, 121(2-3): 167-172.

[14] Lindgren L E, Häggblad H A, McDill J M J, et al. Automatic remeshing for three-dimensional finite element simulation of welding[J]. Computer Methods in Applied Mechanics and Engineering, 1997, 147(3-4): 401-409.

[15] Runnemalm H, Hyun S. Three-dimensional welding analysis using an adaptive mesh scheme[J]. Computer Methods in Applied Mechanics and Engineering, 2000, 189(2): 515-523.

[16] Duranton P, Devaux J, Robin V, et al. 3D modelling of multipass welding of a 316L stainless steel pipe[J]. Journal of Materials Processing Technology, 2004, 153-154: 457-463.

[17] Ueda Y, Nakacho K. Simplifying methods for analysis of transient and residual stresses and deformations due to multipass welding[J]. Transactions of Japan Welding Reasearch Institute, 1982, 11(1): 95-103.

[18] Yu S C, Chang Y S, Kim Y J, et al. Comparison of experimental and numerical analysis

data for BMI mock-up with dissimilar metal welds[C]// Proceedings of ASME Pressure Vessels and Piping Division Conference, 2008, Chicago, Illinois, 6: 543-547.

[19] Dong P, Hong J K, Bouchard P J. Analysis of residual stresses at weld repairs[J]. International Journal of Pressure Vessels and Piping, 2005, 82(4): 258-269.

[20] Shim Y, Feng Z, Lee S, et al. Determination of residual stresses in thick-section weldments[J]. Welding Journal, 1992, 71(9): 305s-312s.

[21] Keppas L K, Wimpory R C, Katsareas D E, et al. Combination of simulation and experiment in designing repair weld strategies: A feasibility study[J]. Nuclear Engineering and Design, 2010, 240(10): 2897-2906.

[22] Tan L, Zhang J X, Zhuang D, et al. Influences of lumped passes on welding residual stress of a thick-walled nuclear rotor steel pipe by multipass narrow gap welding[J]. Nuclear Engineering and Design, 2014, 273: 47-57.

[23] Brown S B, Song H. Rezoning and dynamic substructuring techniques in FEM simulations of welding processes[J]. Journal of Engineering for Industry, 1993, 115(4): 415-423.

[24] Serizawa H, Itoh S, Tsuda T, et al. Developement of 3-dimensional high-speed FEM for welding problem[C]// Zhang J X. Proceedings of the International Conference on Welding Science and Engineering, Xi'an, 2005: 240-246.

[25] Nishikawa H, Serizawa H, Murakawa H. Actual application of FEM to analysis of large scale mechanical problems in welding[J]. Science and Technology of Welding and Joining, 2007, 12(2): 147-152.

[26] Zhang L J, Zhang J X, Serizawa H, et al. Parametric studies of welding distortion in fillet welded structure based on FEA using iterative substructure method[J]. Science and Technology of Welding and Joining, 2007, 12(8): 703-707.

[27] 刘川，张建勋. 基于动态子结构的三维焊接残余应力变形数值模拟[J]. 焊接学报，2008，29(4)：21-24.

[28] Michaleris P, Debiccari A. Prediction of welding distortion[J]. Welding Journal, 1997, 76(4): 173-181.

[29] Tsirkas SA, Papanikos P, Pericleous K, et al. Evaluation of distortions in laser welded shipbuilding parts using local-global finite element approach[J]. Science and Technology of Welding and Joining, 2003, 8(2): 79-88.

[30] Andersen L F. Residual stresses and deformations in steel structures[D]. Lyngby: Technical University of Denmark, 2000.

[31] Ueda Y, Yuan M G. The characteristics of the source of welding residual stress(inherent strain) and its application to measurement and prediction[J]. Transactions of Japan Welding Research Institute, 1991, 20(2): 119-127.

[32] Ueda Y, Yuan M G, Mochizuki M, et al. A prediction method of welding residual stress using source of residual (report Ⅳ)-experimental verification for prediction method of

welding residual stresses in T-joints using inherent strains[J]. Transactions of Japan Welding Reasearch Institute，1993，22(1)：169-176.

[33] Ueda Y，Ma N X. Measuring method of three-dimensional residual stresses with the aid of distribution functions of inherent strain(Report Ⅰ)-a function method for estimating inherent strain distributions[J]. Transactions of Japan Welding Reasearch Institute，1994，23(1)：71-78.

[34] Yuan M G，Ueda Y. Prediction of residual stresses in welded T-and I-joints using inherent strains[J]. Journal of Engineering Materials and Technology，1996，118(2)：229-234.

[35] 汪建华，陆皓，魏良武. 固有应变有限元法预测焊接变形理论及其应用[J]. 焊接学报，2002，23(6)：36-40.

[36] 徐济进，陈立功，汪建华，等. 基于固有应变法筒体对接多道焊焊接变形的预测[J]. 焊接学报，2007，28(1)：77-80.

[37] Deng D，Murakawa H，Liang W. Numerical simulation of welding distortion in large structures[J]. Computer Methods in Applied Mechanics and Engineering，2007，196(45-48)：4613-4627.

[38] Camilleri D，Comlekci T，Gray T G F. Computational prediction of out-of-plane welding distortion and experimental investigation[J]. Journal of Strain Analysis for Engineering Design，2005，40(2)：161-176.

[39] Camilleri D，Gray T G F. Computationally efficient welding distortion simulation techniques[J]. Modeling and Simulation in Materials Science and Engineering，2005，13(8)：1365-1382.

[40] Camilleri D，Mollicone P，Gray T G F. Alternative simulation techniques for distortion of thin plate due to fillet-welded stiffeners [J]. Modeling and Simulation in Materials Science and Engineering，2006，14(8)：1307-1327. 627.

[41] Camilleri D，Mollicone P，Gray T G F. Computational methods and experimental validation of welding distortion models[J]. Proceedings of the Institution of Mechanical Engineers，Part L：Journal of Materials Design and Applications，2007，221(4)：235-249.

[42] Camilleri D，Comlekci T，Gray T G F. Thermal distortion of stiffened plate due to fillet welds computational and experimental investigation[J]. Journal of Thermal Stresses，2006，29(2)：111-137.

[43] Mollicone P，Camilleri D，Gray T G F，et al. Simple thermo-elastic-plastic models for welding distortion simulation[J]. Journal of Materials Processing Technology，2006，176(1-3)：77-86.

[44] Mollicone P，Camilleri D，Gray T G F. Procedural influences on non-linear distortions in welded thin-plate fabrication[J]. Thin-Walled Structures，2008，46(7-9)：1021-1034.

[45] 蔡志鹏，赵海燕，鹿安理. 焊接数值模拟中分段移动热源模型的建立及应用[J]. 中国机械工程，2002，13(3)：208-210.

[46] 王煜，赵海燕，吴甦. 电子束焊接数值模拟中分段移动双椭球热源模型的建立[J]. 机械工程学报，2004，40(2)：165-169.

[47] Zhang L J，Zhang J X，Kalaoui H，et al. A comparative study of the residual deformation of an automotive gear-case assembly due to deep-penetration high-energy welding[J]. Journal of Materials Processing Technology，2007，190(1-3)：109-116.

[48] 谢素明，江渡，兆文忠. 子结构技术及其在摇枕计算中的应用[J]. 大连铁道学院学报，2000,21(3)：17-20.

[49] 王真，赵章焰. 子结构技术在门座起重机门架结构有限元分析中的应用[J]. 武汉理工大学学报(交通科学与工程版)，2002，26(5)：678-680.

[50] Wang R，Zhang J X，Serizawa H，et al. Investigation of inherent deformation in fillet welded thin plate T-joints based on interactive substructure and inverse analysis method[J]. Computer Modeling in Engineering & Science，2009，44(1)：97-113.

[51] Wang R，Zhang J X，Liu C，et al. Welding distortion investigation in fillet welded joint and structure based on iterative substructure method[J]. Science and Technology of Welding and Joining，2009，14(5)：396-403.

[52] 刘川. 大厚度焊接件应力分布特征及大型结构焊接变形高效数值模拟研究[R]. 西安：西安交通大学，2011.

第6章　焊接应力变形机理及影响因素有限元计算研究

6.1　引　　言

实际焊接结构的焊接应力分布非常复杂，且受众多因素影响，如焊接方法及工艺、焊接件及熔敷材料性能、焊接件结构形状、拘束状态、焊前焊后为减小应力变形的各种处理方法等。采用试验方法研究焊接应力变形费时费力，首先，试验需要专门的设备，同时对焊接件具有一定的破坏性，如小孔法；其次，即使是无损检测方法，如衍射方法等，试验只能测量局部位置的残余应力，不能反映整个焊接件任意区域位置的应力状态，且受到设备状态、操作状态和环境因素的影响，具有随机性；再次，试验测量结果只能反映焊接后的残余应力，不能反映焊接过程中的应力演化，对于多道焊，不能分析各道焊接对于残余应力的影响和贡献大小，从而难以通过试验测得的残余应力来进行焊接过程优化；另外，试验测量的结果只能针对特定焊接件的结果，不能直接应用于其他焊接件上的分析[1]。采用有限元计算方法能够弥补试验的局限性，反映焊接过程应力和变形的演化历史以及焊接件的应力状态全貌，且不具破坏性，经济高效。少量试验和大量有限元计算结合是当今研究焊接问题的有效方法。基于热-力耦合的焊接热弹塑性有限元法已经在各行业各领域广泛应用于焊接应力变形产生机制、演化过程、分布状态预测等方面的研究。本章介绍基于有限元计算研究焊接应力变形变化过程机理、影响因素和调控方法的几个实例。

6.2　厚壁管道多道焊接应力变形演化过程[2]

6.2.1　厚壁管道焊接试验

采用TIG自动全位置对接焊焊接直径Φ680 mm、壁厚65 mm的奥氏体不锈钢管道，共进行45道焊接，历时9天；TIG自动全位置对接焊焊接直径Φ685 mm、壁厚70 mm的奥氏体不锈钢管道，共焊接73道，历时12天。其中，壁厚65 mm的管道焊接时，两管道垂直放置对接；壁厚70 mm的管道焊接时，两管道水平放置，点固后一端固定夹紧，一端简单支撑。

为了测量整个焊接过程焊接件的轴向收缩，采用位移传感器来测量自由端的动态轴向位移。传感器的布置如图6-1所示。为保证测点位置在焊接过程中不发生改变，在管道测量位置焊接一圆杆，并在圆杆上焊接一平板，焊接前后用水平仪来测量平板的位置以保证平板和金属杆垂直。安装传感器时保证传感器触头和平板垂直接触。

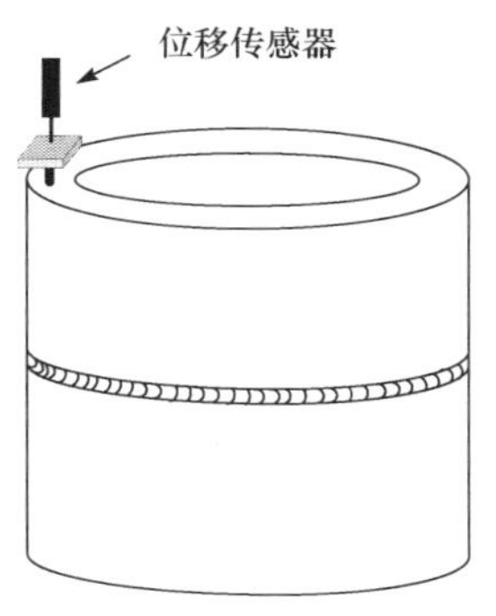

(a) 垂直固定管道的变形测量

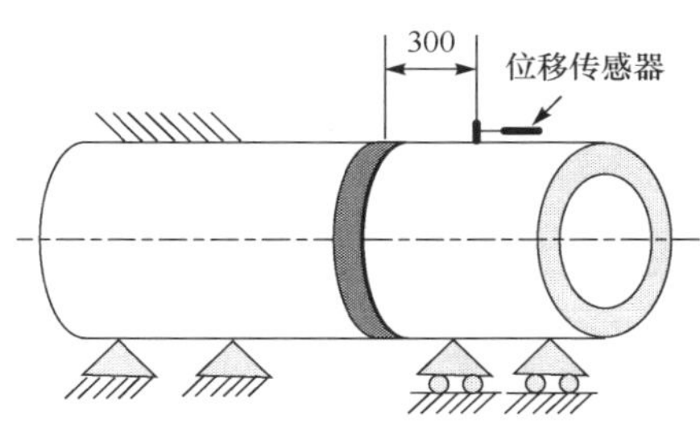

(b) 水平固定管道的变形测量

(c) 垂直固定管道测量照片

(d) 水平固定管道测量照片

图 6-1　轴向变形测量

6.2.2　计算模型

因为试验焊接时间长达 9～12 天，如果建立与试验过程完全一致的大厚度管道三维模型，计算时间会非常冗长；多道焊接涉及焊道的生长问题处理等，又会增加计算时间。所以已有的三维模型计算的文献基本上都是局限于单道焊接或很少道焊接的较小计算模型情况。如果不考虑起弧和熄弧效应以及补焊等，二维模型计算的应力场结果和三维模型基本一致。因此，本章采用轴对称模型计算厚壁管道焊接应力和变形。

1. 网格以及焊道划分

为了准确反映焊缝处的温度和应力梯度，在焊缝处密化网格，远离焊缝的地方网格逐渐稀疏。垂直固定焊接管道的计算模型在焊缝最小单元的大小为0.39 mm×0.5 mm，整个有限元模型包含 6742 个单元和 6553 个节点，焊缝区域包含 2232 个单元。水平固定焊接管道的计算模型包含 6966 个单元和 7039 个节点，焊缝处最小单元尺寸为 0.39 mm×0.5 mm，焊缝区域包含 2376 个单元。水平固定焊接管道的焊道顺序和网格模型分别如图 6-2 和图 6-3 所示。

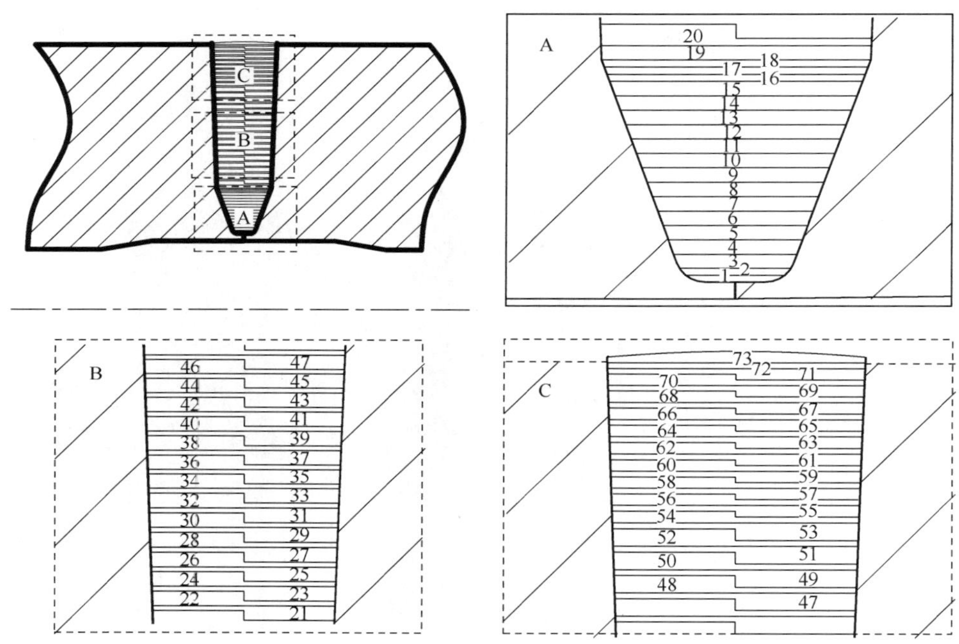

图 6-2 水平固定管道的焊道顺序

2. 材料模型及热源模型

设材料服从米塞斯屈服准则以及双线性随动强化模型[3,4]，且材料性能随温度变化，见图 6-4。随动强化模型能够模拟反复塑性变形和包辛格效应，这符合多道焊接时材料被反复加热冷却的特点。材料性能数据来自于试验以及文献[5]。其中，焊缝和母材的性能区别只在于屈服强度。

热源模型采用第 2 章提出的改进均匀体热源模型，施加到当前焊道单元上的热生成率随时间呈高斯函数变化[6]。

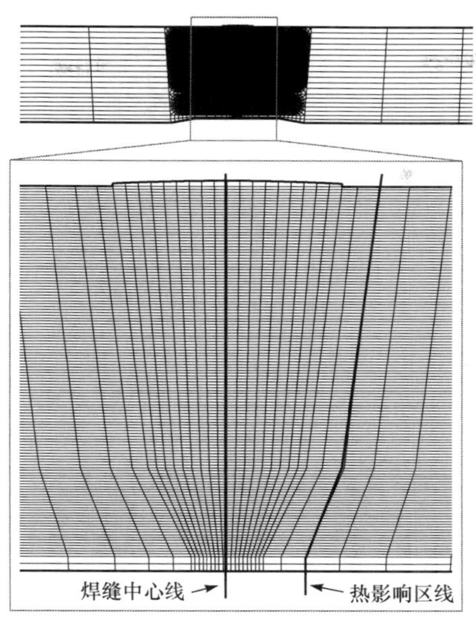

图 6-3　水平固定管道焊缝区域的网格

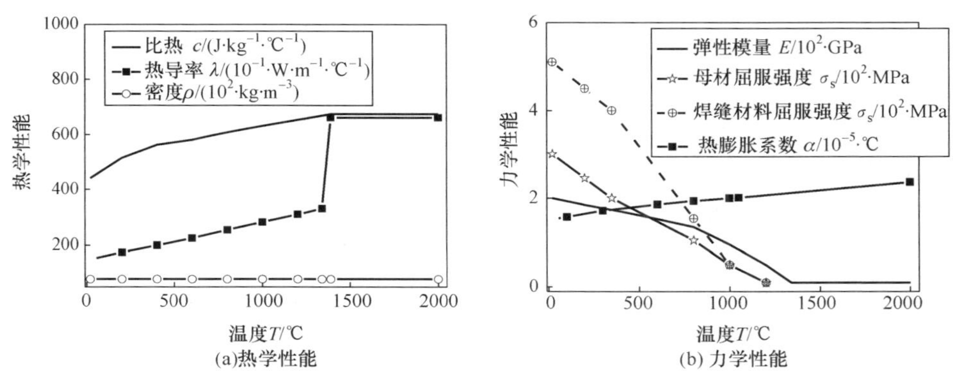

图 6-4　材料性能[5]

6.2.3　计算结果及分析

1. 计算时间

采用轴对称模型计算时，每道焊接时间简化为移动热源通过研究平面的时间和温度冷却至层间温度时间的总和，这样有限元计算的焊接时间大大减少。垂直固定焊接管道应力计算时间为 7.3 h，水平固定焊接管道应力计算时间为 16 h，能在可以接受的时间内对长焊接周期大厚度管道进行有限元计算和分析。

2. 温度场计算结果

水平固定焊接管道第 1 道、第 10 道、第 20 道、第 30 道、第 55 道和第 73 道升温终止时刻的温度场结果如图 6-5 所示。

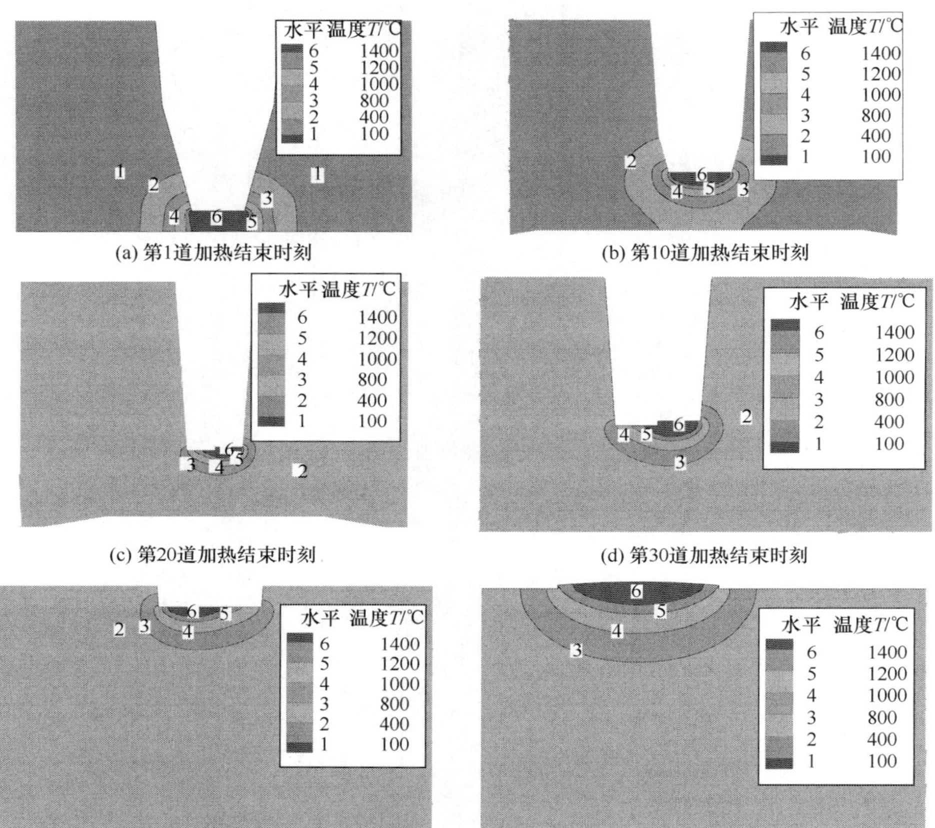

(a) 第1道加热结束时刻

(b) 第10道加热结束时刻

(c) 第20道加热结束时刻

(d) 第30道加热结束时刻

(e) 第55道加热结束时刻

(f) 第73道加热结束时刻

图 6-5 水平固定焊接管道的温度场计算结果

温度场计算结果的准确性通过熔化区和热影响区的尺寸以及试验测量的热循环曲线来判断。从图 6-5 看出，在加热终止时刻，代表各道熔敷金属的单元都在熔点温度(1400 ℃)以上，说明整个当前焊接焊道完全处在液态，且热影响区宽度都为距焊缝几个毫米，计算结果比较合理。

3. 应力场计算结果

垂直固定焊接管道轴向和环向残余应力分布分别如图 6-6 和图 6-7 所示。

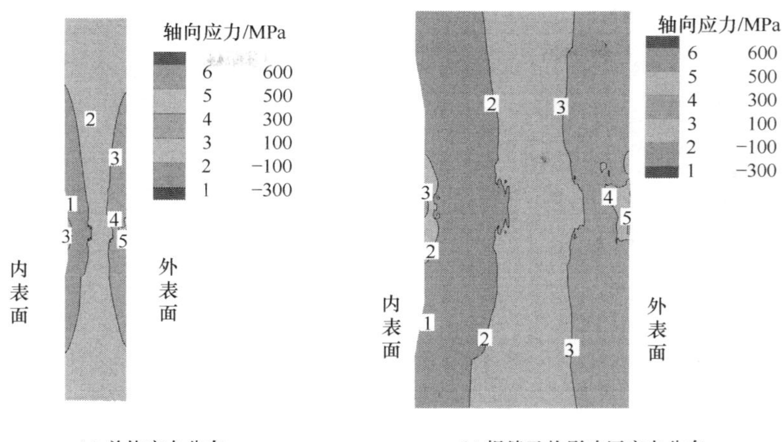

(a) 总体应力分布 (b) 焊缝及热影响区应力分布

图 6-6 垂直固定焊接管道的横向残余应力分布轮廓

从图 6-6 看出,垂直固定焊接管道的轴向残余应力在近外表面区域为拉应力,峰值达到 500 MPa,在近内表面焊缝区域内轴向应力为较小拉应力,峰值为 200 MPa 左右,但近内表面远离焊缝位置区域轴向应力为压应力,焊缝中心轴向应力沿厚度分布从外表面到内表面基本上为拉应力—压应力—拉应力趋势。

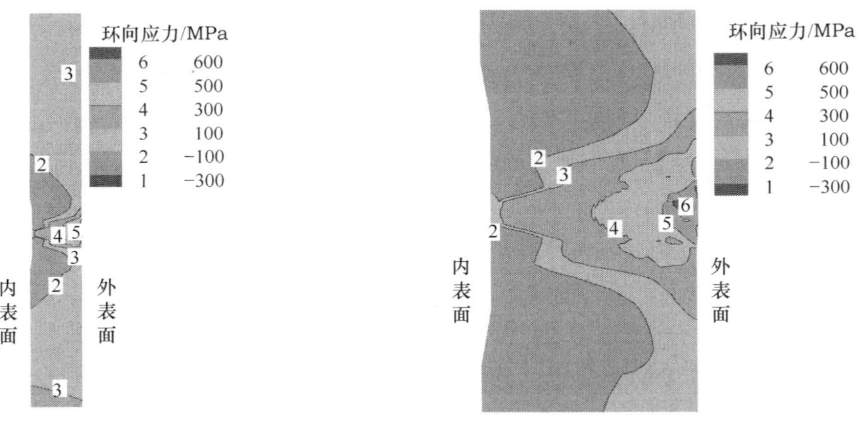

(a) 总体应力分布 (b) 焊缝及热影响区应力分布

图 6-7 垂直固定焊接管道的环向残余应力分布

从图 6-7 看出,垂直固定焊接管道的环向残余应力在焊缝及热影响区为拉应力,外表面达到 600 MPa 左右,内表面接近 0。靠近内表面邻近焊缝区域环向应力为压应力。

水平固定焊接管道的残余应力分布如图 6-8 所示。

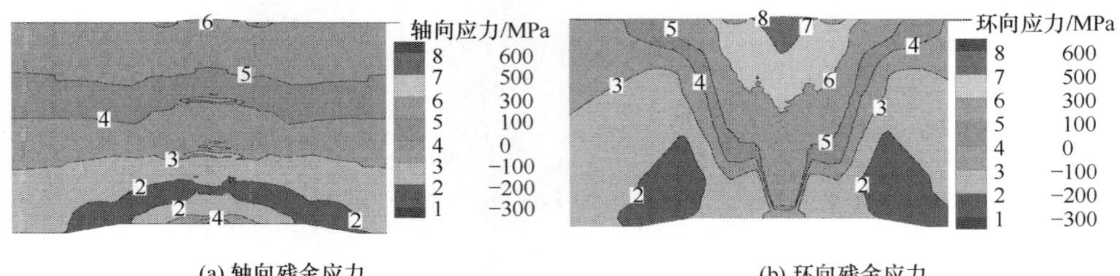

(a) 轴向残余应力　　(b) 环向残余应力

图 6-8　水平固定焊接管道的残余应力分布

从图 6-8 看出，水平固定焊接管道的轴向残余应力在近外表面区域为拉伸应力，在近内表面区域为压缩应力，中部位置轴向残余应力非常小。环向残余应力在焊缝区域为拉应力，远离焊缝位置环向拉应力迅速减小，并变为压应力。峰值拉伸环向应力(550 MPa 左右)出现在外表层焊缝中心处，峰值压缩环向应力(−200 MPa 左右)出现在内表面上距焊缝中心 30 mm 左右位置。

6.2.4　轴向收缩高效计算

1. 轴向收缩计算方法

大厚壁管道焊接时，由于焊缝深，焊道多，管道轴向收缩非常显著，焊接完成后工件难以准确装配。本节采用试验和有限元计算相结合的方法分析管道轴向收缩的规律，预测收缩量，以便准确设计焊接装配尺寸。实际焊接时，电弧在移动过程中只是加热焊缝和母材局部很少的区域，而厚壁管道的刚度很大，该局部加热区域的膨胀不足以引起管道的整体膨胀，整圈焊接结束后焊缝整体处在冷却收缩阶段，整圈焊缝的收缩力足够大而引起整个管道的轴向收缩。轴对称模型假设整个焊缝同时加热和冷却，计算的变形结果反映每道焊接熔敷金属整体的膨胀和收缩效应，其计算出的膨胀量不能反映实际焊接情况，但计算的收缩量正好能体现整圈焊缝的收缩。由此，不考虑轴对称模型计算中的膨胀量而只计算轴向收缩量，能够反映实际焊接时三维情况的轴向收缩量[7]。基于以上分析，本例只累加每道焊接时管道的收缩量来预测实际焊接轴向收缩量，并对垂直固定焊接和水平固定焊接管道的轴向收缩总量和变化过程进行预测和分析。

2. 垂直固定焊接管道轴向收缩

将垂直固定焊接的每道轴向收缩量累加，计算和试验测量的垂直固定焊接管道轴向收缩随时间变化曲线如图 6-9 所示。

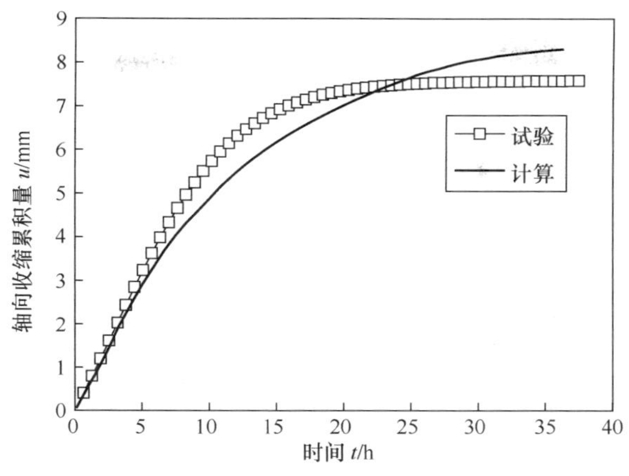

图 6-9　轴向收缩量随时间变化

从图 6-9 看出,计算和测量的垂直固定焊接管道的累积轴向收缩量随时间变化趋势相同,焊接开始的轴向收缩明显,并迅速增加,在焊接 15 h 之后很快趋于平衡,这说明焊接到一定时间后整个管道的轴向收缩基本不变,焊接管道的轴向变形存在一个主要收缩阶段。测量的最终轴向收缩量为 7.58 mm,计算的最终轴向收缩量为 8.31 mm,说明本例提出的通过轴对称模型计算具有三维效应的管道焊接轴向收缩方法非常有效。

图 6-10 为计算和测量的垂直固定焊接管道每道焊接轴向收缩量随焊道数的变化曲线。焊缝填充高度反映了整个焊接管道的整体性程度与连接刚度,从焊接前的两管道局部点固在一起,逐步随填充金属高度的增加演变成完全连接在一起的焊接结构。填充金属高度增加,管道的刚度增加,从而对焊缝和热影响区的拘束度增加,因而对管道的轴向收缩量影响显著。图 6-10 中的横坐标也标出了各道焊接结束后焊缝的填充高度与壁厚的比值。从图 6-10 看出,随焊道增加,计算和测量的轴向收缩量变化的趋势非常接近;轴向收缩量在焊接 15 道之后(焊缝填充到 26%壁厚位置)其收缩量明显下降,20 道之后(焊缝填充到 40%壁厚位置)轴向收缩非常小,30 道之后(焊缝填充到 72%壁厚位置)收缩量几乎为零。计算和测量结果表明,垂直固定焊接管道的主要轴向收缩阶段发生在焊缝填充高度为 0～40%壁厚的焊接阶段。

比较计算和测量的焊缝填充到不同高度时的轴向收缩量,如表 6-1 所示。表 6-1 中,计算的前 30 道焊接轴向收缩总量为 7.64 mm,与前 30 道收缩量的测量值 7.62 mm 非常接近(测量的最终收缩量 7.58 mm 小于前 30 道收缩量之和,是因为 30 道之后每道焊接轴向变形主要为很小的膨胀)。测量的最终收缩量和前 30 道收缩量非常接近,为了进一步提高计算效率,可以通过累计前几十道主要收缩阶段

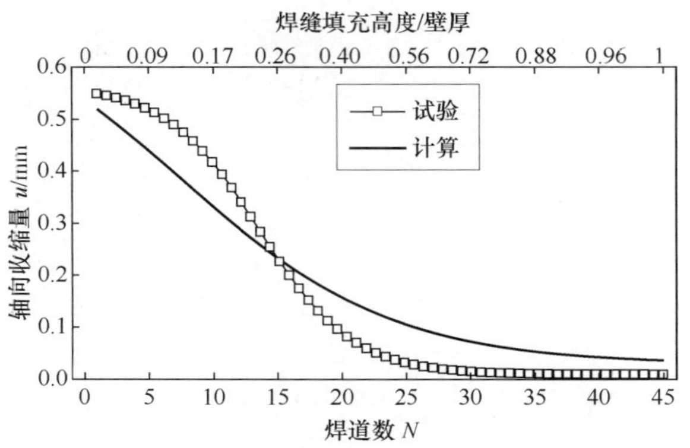

图 6-10 各道轴向收缩量

的总收缩量来定量评价实际焊接轴向收缩总量。

表 6-1 焊缝填充到不同高度时的轴向收缩量

焊道数 N	焊缝填充高度与壁厚比值/%	总收轴向缩量 u/mm	
		计算值	测量值
15	26	5.61	6.41
20	40	6.48	7.36
30	72	7.64	7.62
45	100	8.31	7.58

从图 6-10 和表 6-1 看出，焊缝填充到 40%壁厚位置(第 20 道)时，收缩量迅速下降，说明 40%壁厚的焊缝填充厚度使得管道的刚度足够大，焊缝膨胀和收缩受到的拘束作用明显。因此，通过轴对称模型计算焊缝填充厚度达到 40%壁厚的累积收缩量可以高效预测焊接管道的最终收缩总量，比较计算焊缝填充到 40%壁厚时的轴向收缩累积量(6.48 mm)和测量的最终收缩量(7.58 mm)，两者的相对误差为 14.5%。

3. 水平固定焊接管道轴向收缩

水平固定焊接管道轴向收缩量随时间变化如图 6-11 所示。从图 6-11 看出，试验测得的焊接轴向收缩随时间的变化趋势和计算结果相似，水平固定焊接管道的大部分轴向收缩量产生于前几十道焊接阶段。但计算的最终轴向收缩量为 12.77 mm，而测量的最终轴向收缩量为 7.50 mm，两者差别较大的主要原因是：水平固定焊接管道的固定方式是水平放置且一端固定一端简单支撑，轴对称模型不能准确考虑这种简单支撑约束方式和重力的作用。对于垂直固定焊接管道，其固定方式为两管道垂直对接,一端固定一端自由,轴对称模型能反映这种拘束方式和重力作用,因而垂直固定焊接管道最终轴向收缩量的计算值和试验结果非常接近。这也说明计算模型能否准确表达拘束对于计算结果影响很大。

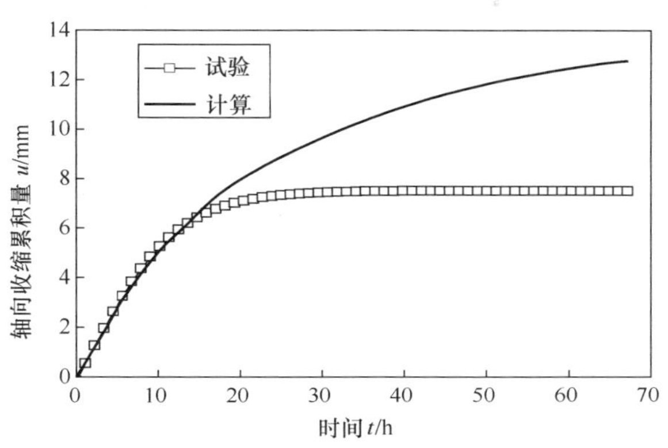

图 6-11　轴向收缩量随时间变化

水平固定焊接管道自由端面上一点的每道轴向收缩量随焊道变化如图 6-12 所示。

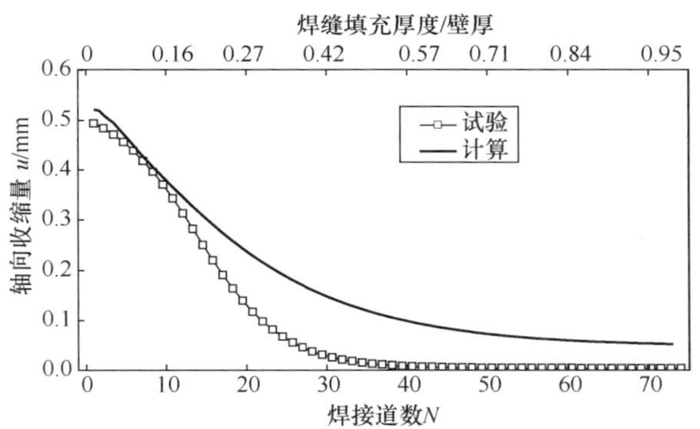

图 6-12　轴向收缩量随焊道的变化

从图 6-12 看出,试验测得的焊接轴向收缩随焊道变化趋势和计算结果非常相似。计算和试验得到的焊接管道轴向收缩量在焊接 20 道之后(焊缝填充厚度达 27%壁厚)开始显著下降,25 道之后(焊缝填充厚度达到 36%壁厚)的轴向收缩量非常小。试验和计算表明水平固定焊接管道的主要收缩阶段为前 30 道焊接阶段(焊缝填充高度为 0～40%壁厚阶段),因此可以比较计算和试验得到的前几十道焊接收缩总量。

计算和测量焊缝填充到不同高度时的轴向收缩量见表 6-2。从表 6-2 可以看出，焊缝填充至40%壁厚时，测量的轴向收缩量为7.34 mm，而焊接结束后的轴向收缩总量为7.50 mm，说明焊缝填充至40%壁厚之后管道的收缩量非常小，焊缝填充高度为0～40%壁厚的焊接阶段为主要收缩阶段。比较焊缝填充至40%壁厚轴向收缩总量的计算值(8.99 mm)和焊后轴向收缩总量的测量值(7.50 mm)，两者的相对误差为19.9%。

表6-2　焊缝填充到不同高度时的轴向收缩总量

焊道数 N	焊缝填充高度与壁厚比值 /%	总收轴向缩量 u/mm	
		计算值	测量值
20	27	7.61	6.88
25	36	8.53	7.09
28	40	8.99	7.34
30	42	9.29	7.41
73	100	12.77	7.50

以上分析表明，尽管轴对称模型不能完整反映三维管道的拘束和整体效应，计算焊接轴向变形时出现明显的膨胀量而造成相对收缩量小，但是通过只计算收缩量的方法累积主要轴向收缩阶段的收缩量，可以高效且较准确地预测焊接轴向变形的趋势，较好预测焊接管道总轴向收缩量。对垂直固定焊接管道，由于轴对称模型能较好体现其拘束条件，故计算结果和测量结果非常接近，相对误差为14.5%；对于水平固定焊接管道，由于轴对称模型未能更完整反映其拘束条件，故计算结果和测量结果差别较大，相对误差为19.9%。

6.2.5　厚壁管道焊接的应力演化过程

1. 垂直固定焊接管道

壁厚65 mm，垂直固定45道焊接管道的轴向和环向应力轮廓变化如图6-13和图6-14所示。

从图6-13看出，前10道新填充焊缝区域的轴向残余应力为压应力，且随焊道增加压应力值减小，内表面位置的残余应力为拉应力，且随焊道增加，拉应力值增加；在第20道时(焊缝填充高度达到40%壁厚)，新填充焊缝区域轴向应力已经演变成大于300 MPa的拉应力，而内表面区域轴向应力演变为－400～－200 MPa的压应力；随后内表面的压应力区域不断增加，新增焊缝区域的拉应力区也增加；除内表面小部分区域呈现较小拉应力外，20道之后在焊缝中心从外表面到内表面整体呈现明显的拉应力－压应力分布，这种分布趋势一直保持到焊接结束。

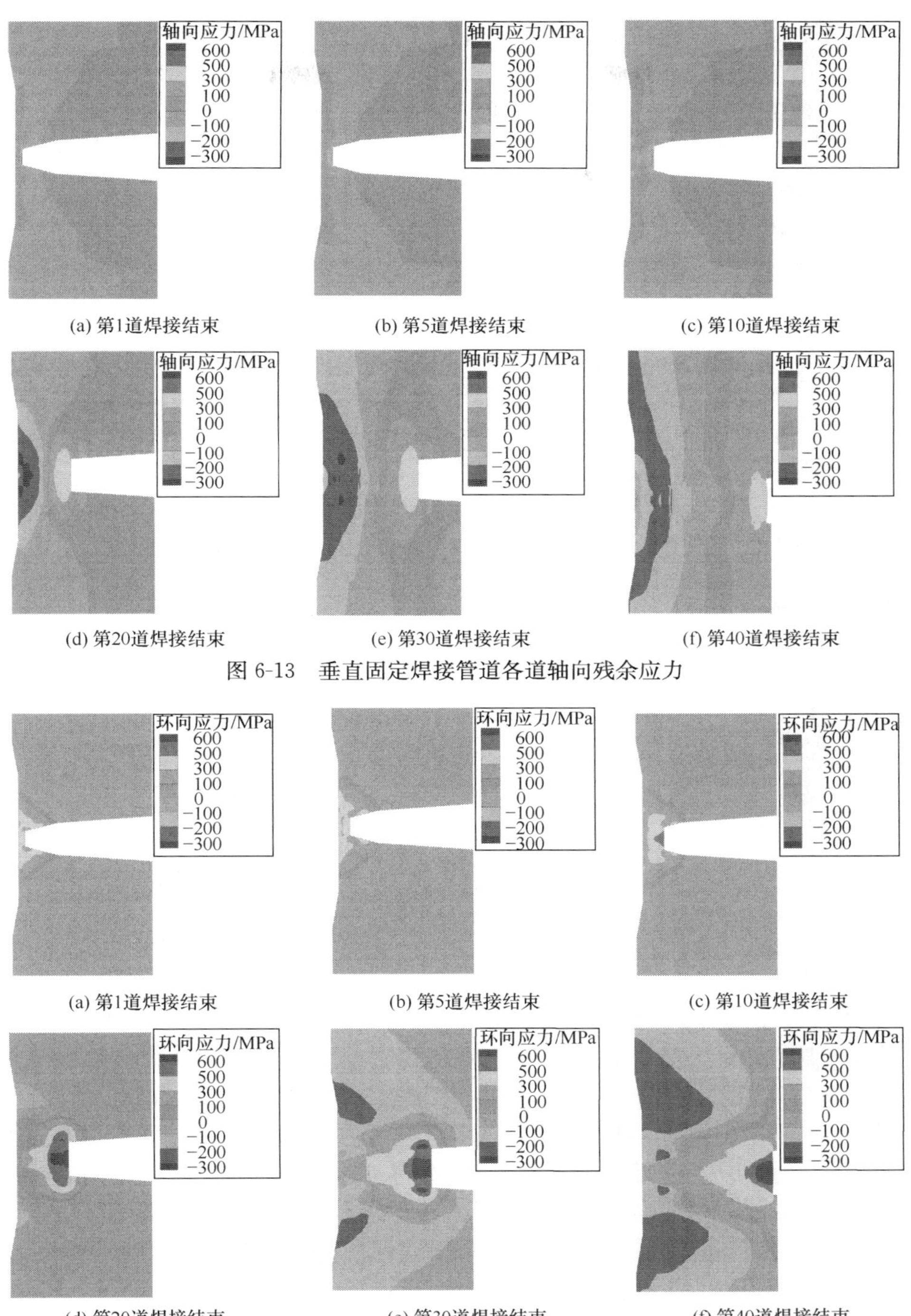

(a) 第1道焊接结束　(b) 第5道焊接结束　(c) 第10道焊接结束

(d) 第20道焊接结束　(e) 第30道焊接结束　(f) 第40道焊接结束

图 6-13　垂直固定焊接管道各道轴向残余应力

(a) 第1道焊接结束　(b) 第5道焊接结束　(c) 第10道焊接结束

(d) 第20道焊接结束　(e) 第30道焊接结束　(f) 第40道焊接结束

图 6-14　垂直固定焊接管道的环向应力变化(后附彩图)

从图 6-14 看出，前 10 道焊接的环向应力在整个焊缝区域为较小的拉应力，且焊缝新熔敷金属区域的拉应力最大，随焊道增加，拉应力增加，20 道焊接结束后焊缝附近出现压应力，峰值压应力出现在内表面邻近焊缝中心区域(距焊缝中心约 30 mm 位置)；随焊道增加，压应力分布区域和幅值都增加，拉应力分布区域也增加，拉应力峰值接近材料的屈服界限，这种分布趋势保持到焊接结束。

随焊道增加，焊缝中心和热影响区轴向应力沿厚度的分布曲线分别如图 6-15 和图 6-16 所示。

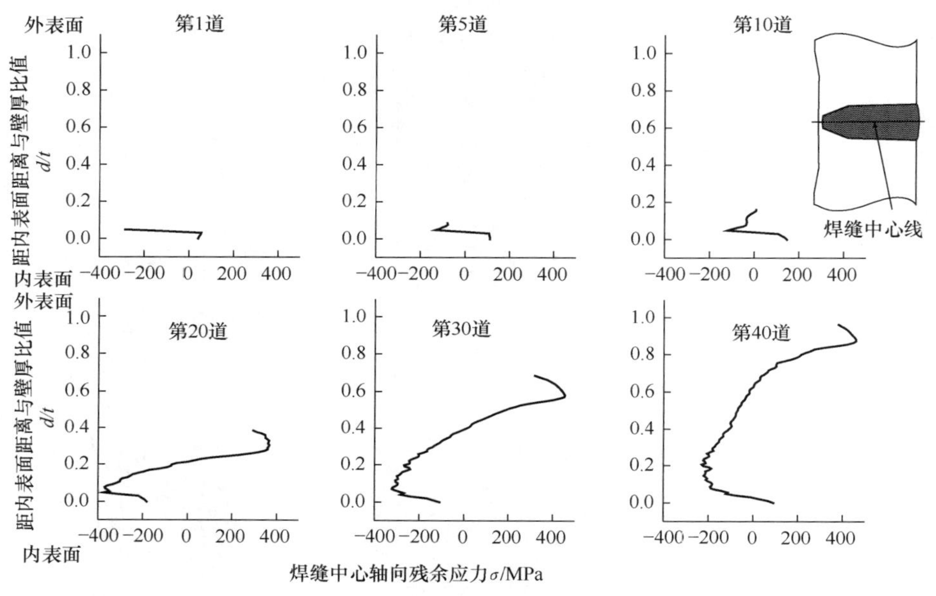

图 6-15 垂直固定焊接管道焊缝中心轴向应力

从图 6-15 看出，焊缝中心轴向应力在第 1 道至第 5 道焊接结束后为压应力，随焊道增加，压应力值减小，当焊缝填充到约 3%厚度时出现拉应力，第 20 道焊接结束时(焊缝填充至 40%壁厚高度)，轴向应力整体呈现拉压弯曲型分布，此后这种分布一直持续到焊接结束。

比较图 6-16 和图 6-15 可以发现，前 10 道焊接焊缝和热影响区的轴向应力状态从外表面到内表面都为压应力一拉应力分布，热影响区产生的应力值非常小，第 10 道焊接后轴向应力开始形成拉压弯曲型分布，在第 20 道焊接(焊缝填充至 40%壁厚位置)形成稳定的拉压弯曲型分布(近内表面区域为压缩轴向残余应力，近外表面区域为拉伸轴向残余应力)，这种分布一直保持到焊接结束。

由 6.2.4 节关于焊接轴向收缩的变化分析可知，当焊缝填充至 40%壁厚位置时，焊接管道的轴向收缩明显下降，说明此时管道的刚度足够大，对焊缝的拘束作

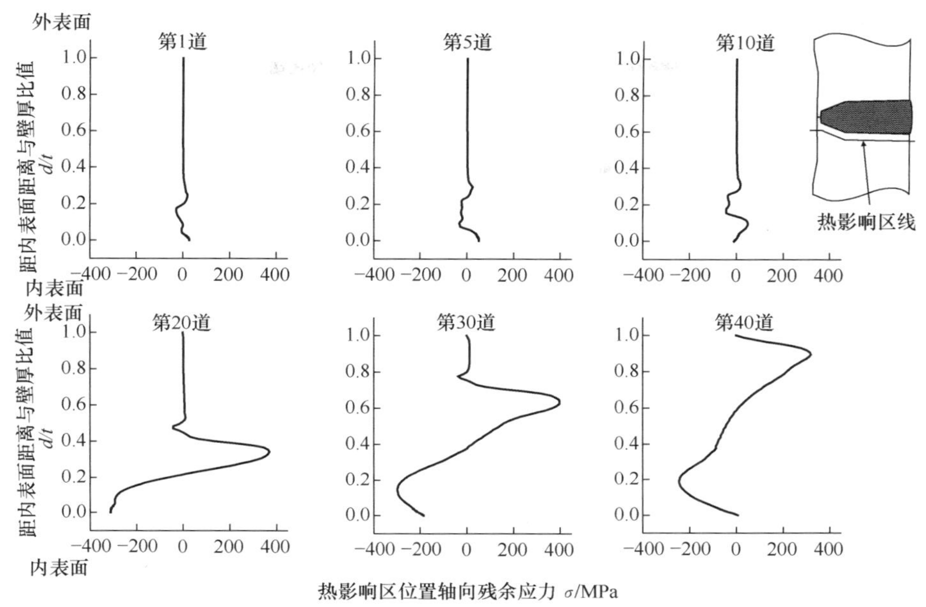

图 6-16　热影响区位置轴向残余应力随焊道变化

用明显；同时，焊缝中心位置的轴向残余应力也形成了稳定的拉压分布形态（近内表面区域为压缩应力，近外表面区域为拉伸应力），拉压应力峰值也基本不变。这表明管道轴向收缩和轴向应力峰值与分布受焊缝填充高度（焊接管道的刚度）影响显著。

垂直固定 45 道焊接壁厚 65 mm 的管道焊缝中心和热影响区沿厚度分布的环向应力随焊道变化情况分别如图 6-17 和图 6-18 所示。

从图 6-17 看出，焊缝中心环向应力在前 10 道焊接时都为拉应力，且随焊道增加，拉应力增加，10 道焊接之后（焊缝填充 20%厚度），内表面区域的环向残余应力开始减小，但靠近新形成外表面区域的拉应力不断增加，在第 20 道焊接结束时（焊缝填充至 40%厚度位置），内表面区域的环向残余应力接近 0，而新形成的外表面区域应力增加到 600 MPa 后不再增加（接近材料的屈服强度），这种环向残余应力分布一直保持到焊接结束。焊缝填充到 40%厚度位置时，管道的刚度已经增加到足够大，对焊缝的拘束作用也足够大，因而新形成外表面的环向应力接近材料的屈服强度。

比较图 6-18 和图 6-17 看出，环向应力在前 10 道焊接时，靠近内表面区域为拉应力，且焊缝中心的拉应力随焊道增加而增加，热影响区的拉应力保持在 300 MPa，随后随焊道增加，靠近内表面区域的拉应力减小，靠近外表面区域拉应力峰值增加，在第 20 道焊接结束后（焊缝填充至 40%壁厚），近内表面区域环向应力减小为压应力，靠近外表面区域拉应力峰值达到材料的屈服极限，不再增加。

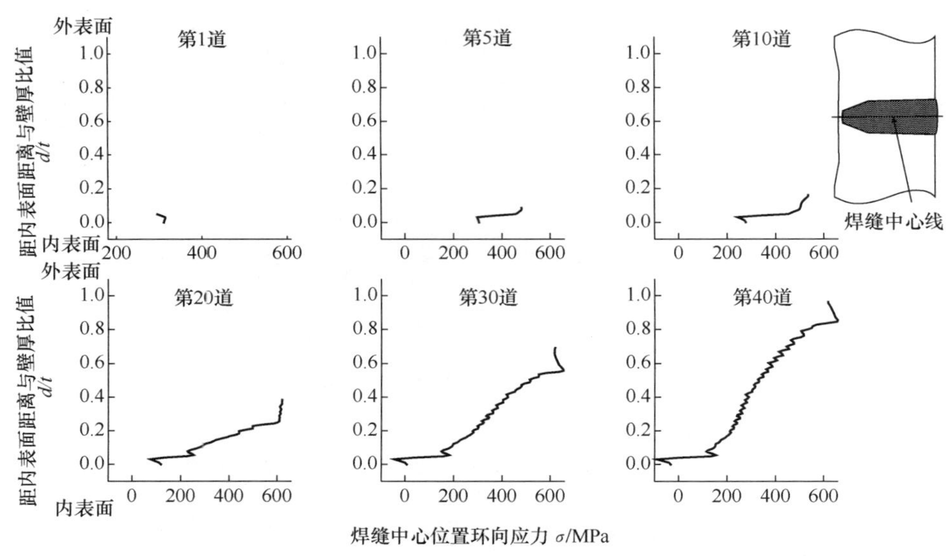

图 6-17　垂直固定焊接管道焊缝中心的环向应力随焊道的变化

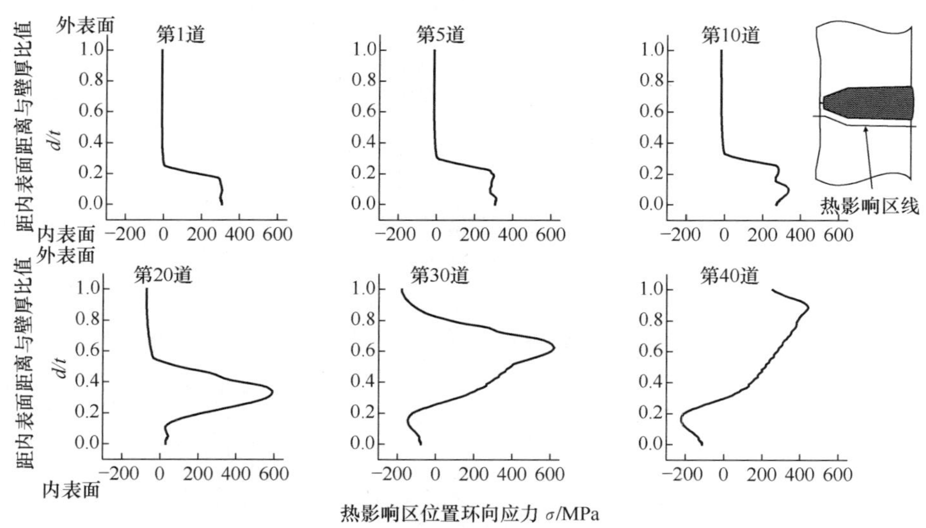

图 6-18　垂直固定焊接管道热影响区位置环向应力随焊道的变化

2. 水平固定焊接管道

图 6-19 和图 6-20 分别为水平固定壁厚为 70 mm 的管道轴向和环向应力的演化过程。

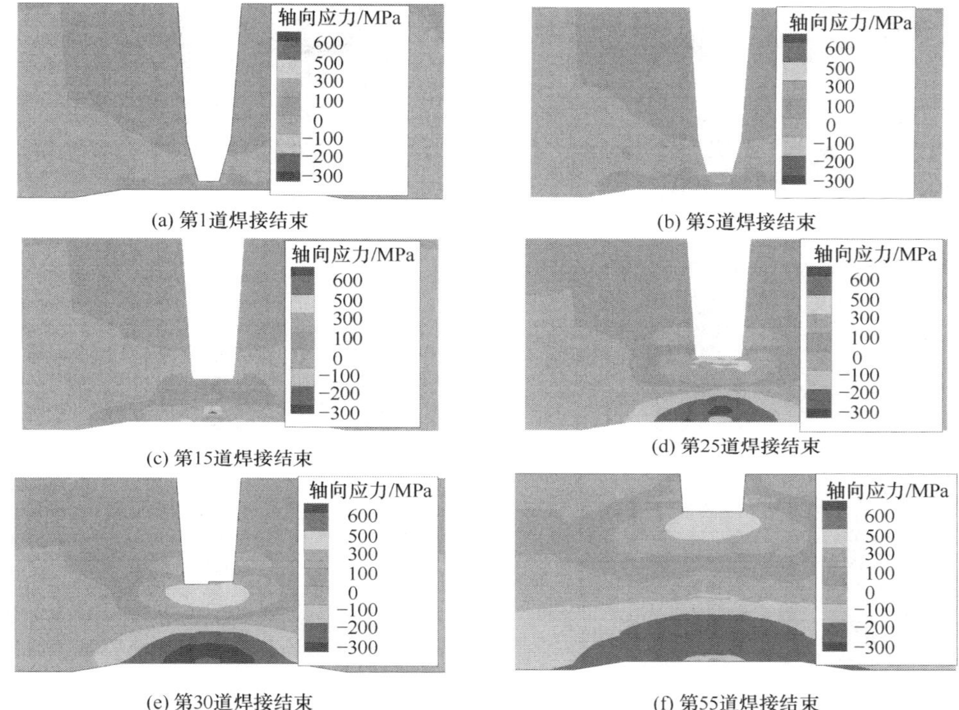

(a) 第1道焊接结束　(b) 第5道焊接结束　(c) 第15道焊接结束　(d) 第25道焊接结束　(e) 第30道焊接结束　(f) 第55道焊接结束

图 6-19　水平固定焊接管道轴向应力演化过程

从图 6-19 看出，第 1 道焊接后新填充焊缝的轴向应力为压应力，焊缝和热影响区的内表面轴向应力为拉应力，随焊道增加，新生成焊缝区域的压应力值减小，即应力逐渐增加；在第 5 道焊接结束时，新生成的焊缝材料其应力仍然为压应力，焊缝中心内表面母材处为拉应力；在第 15 道焊接结束后，焊缝中心位置轴向应力从内表面到外表面呈现拉应力—压应力—拉应力的变化趋势，在母材和焊缝材料交界处出现明显的拉应力和压应力转化；随后，内表面母材内的拉应力随焊道增加而减小，在第 25 道时，焊缝中心母材应力已经变为压应力（焊缝填充到 36%厚度），峰值压应力仍然在焊缝材料和母材材料的交界处；此后随焊道增加，内表面的压应力分布区域增加，新增焊道的拉应力分布区域也增加，直到焊接结束。

从图 6-20 看出，第 1 道焊接结束后焊缝及其周边材料的环向应力呈现 300 MPa的拉应力；随焊道的增加，当前焊道环向应力为高拉应力，前几道焊道及周边材料为较小拉应力；从第 30 道焊接（焊缝填充到壁厚的 42%）结束到最终焊接结束，焊缝中心位置除内表面呈现较小压缩环向应力外，其余区域呈现拉伸环向应力。

进一步分析焊缝中心及热影响区位置厚度上的应力演化过程，如图 6-21、

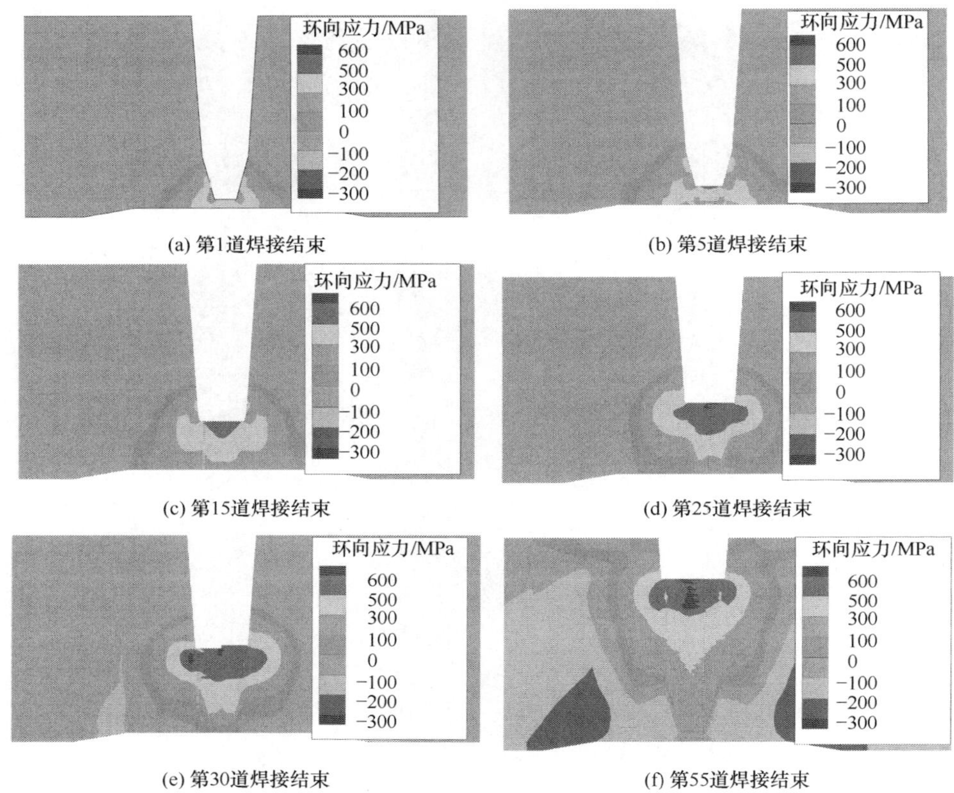

(a) 第1道焊接结束　(b) 第5道焊接结束

(c) 第15道焊接结束　(d) 第25道焊接结束

(e) 第30道焊接结束　(f) 第55道焊接结束

图 6-20　水平固定焊接管道环向应力演化过程

图 6-22、图 6-23 和图 6-24 所示。

从图 6-21 看出，第 1 道焊接结束后，焊缝中心的轴向应力为压应力，峰值压应力为－300 MPa，随焊道增加应力增加，压应力值减小；从第 15 道焊接后的应力分布看出，当焊缝填充至 10％厚度时开始出现拉伸轴向应力，15 道焊接结束后，靠近外表面的熔敷金属区域为拉伸轴向应力分布区，内表面区域仍然是压应力区；20 道焊接之后（焊缝填充至 27％壁厚位置），内表面区域残余应力为压应力，靠近外表面区域为拉应力，呈现明显的弯曲型应力分布；在 30 道焊接结束时（焊缝填充至 42％壁厚位置），上表面的拉应力峰值达到 400 MPa，内表面区域仍然为压应力，随后拉应力峰值不再增加，这种弯曲型的残余应力一直保持到焊接结束。从以上分析看出，焊缝中心轴向应力沿厚度拉压稳定分布形式在第 20 道焊接（焊缝填充至 27％厚度）开始形成，在 30 道焊接（焊缝填充至 36％壁厚位置）达到峰值拉应力，然后保持拉压稳定分布直到焊接结束，说明轴向拉应力峰值和稳定的分布形式与焊缝填充高度相关。

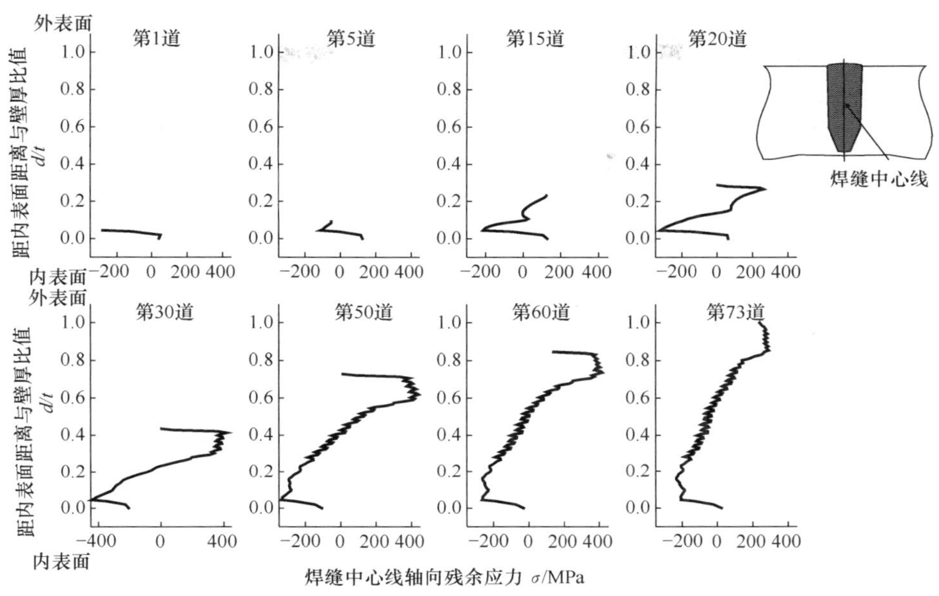

图 6-21　水平固定焊接管道焊缝中心轴向应力随焊道变化

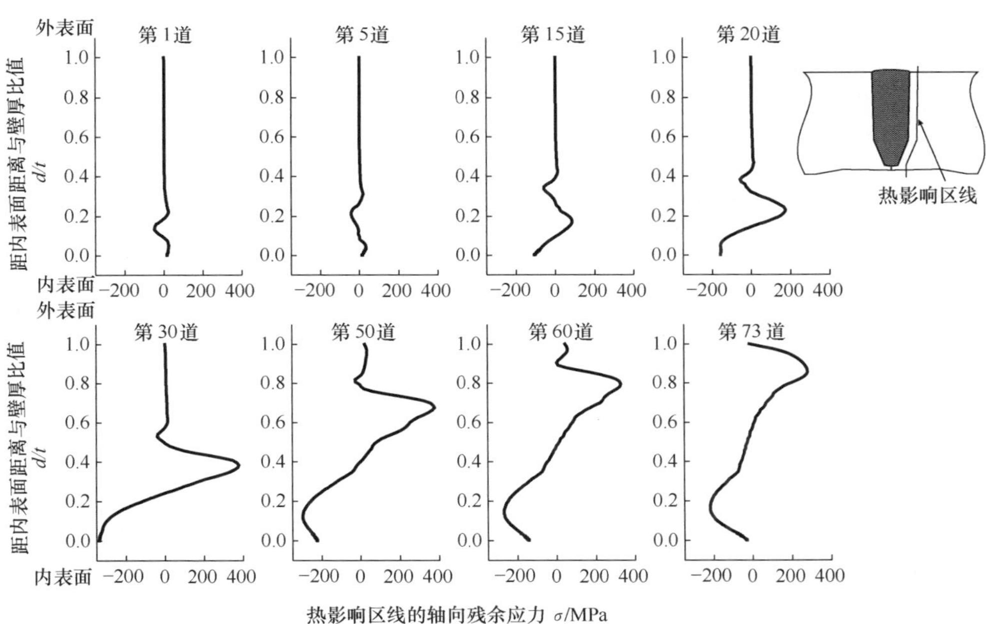

图 6-22　水平固定焊接管道热影响区沿厚度分布轴向应力

从图 6-22 看出，第 1 道焊接结束后，热影响区厚度上的轴向应力在焊缝附近为压应力，随焊道增加内表面压应力值增加，邻近新形成外表面区域的热影响区拉应力增加，在第 20 道至第 30 道时（焊缝填充 27%～36%厚度），热影响区的拉应力一压应力轴向应力分布形成，并保持到焊接结束；30 道焊接之后，每道焊接结束后邻近内表面区域的热影响区压应力峰值都达到 300 MPa，且出现在距内表面 18%壁厚的位置，近外表面区域的热影响区拉应力峰值出现在距新形成的外表面以下 15%厚度的位置（达到 400 MPa），整个焊接结束后的残余应力峰值略小于焊接 30 道至 73 道中形成的峰值残余应力。

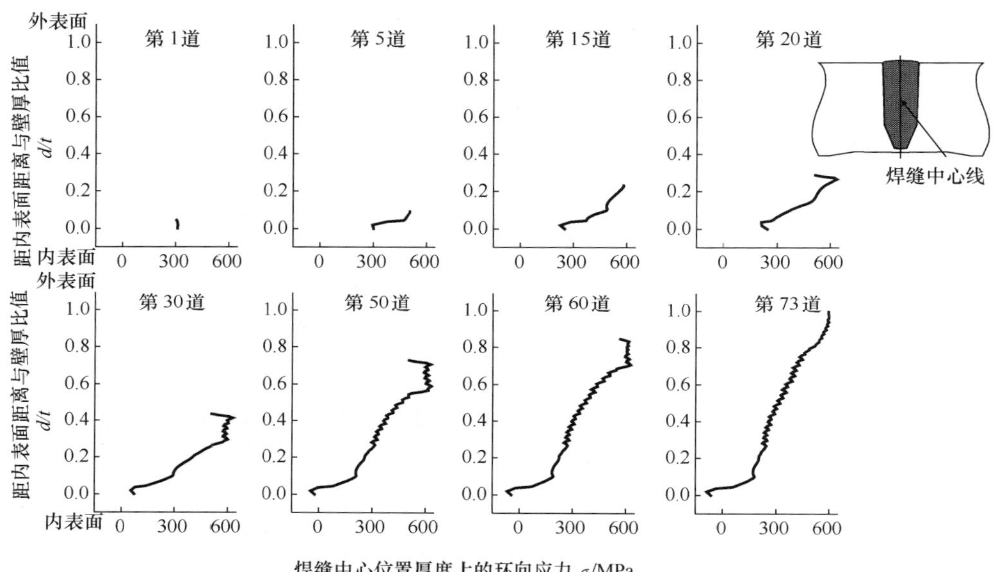

图 6-23　水平固定焊接管道焊缝中心环向应力随焊道变化过程

从图 6-23 看出，第 1 道焊接结束后，焊缝中心环向应力为 300 MPa 的拉伸应力，随焊道的增加，新熔敷材料内部拉伸应力增加，每道焊接结束后的峰值应力出现在焊缝新形成外表面以下几毫米的位置；当焊缝中心的峰值拉伸应力达到约 600 MPa 后（第 15 道，焊缝填充高度为 20%厚度），外表面环向应力值不再增加，内表面环向应力值缓慢减小，最终减少到接近零值（第 30 道，焊缝填充高度为 36%壁厚）后不再减小，此后焊缝中心厚度上的应力分布为：随距内表面距离增加，环向应力值增加，距外表面 10 mm 厚度区域应力为 600 MPa 的拉伸应力，内表面区域接近零，这种应力分布一直保持到焊接结束。因此，焊缝中心厚度上稳定环向应力是在第 20 道至第 30 道之后形成（焊缝填充至 27%～36%厚度）。

从图 6-24 看出，第 1 道焊接结束后，热影响区位置的环向应力在新形成的焊缝周围呈现为拉应力；随焊道增加，焊缝新形成外表面区域的拉应力增加；在第 20 道焊接结束时（焊缝填充到 30%厚度），近内表面热影响区的拉应力开始减小，近

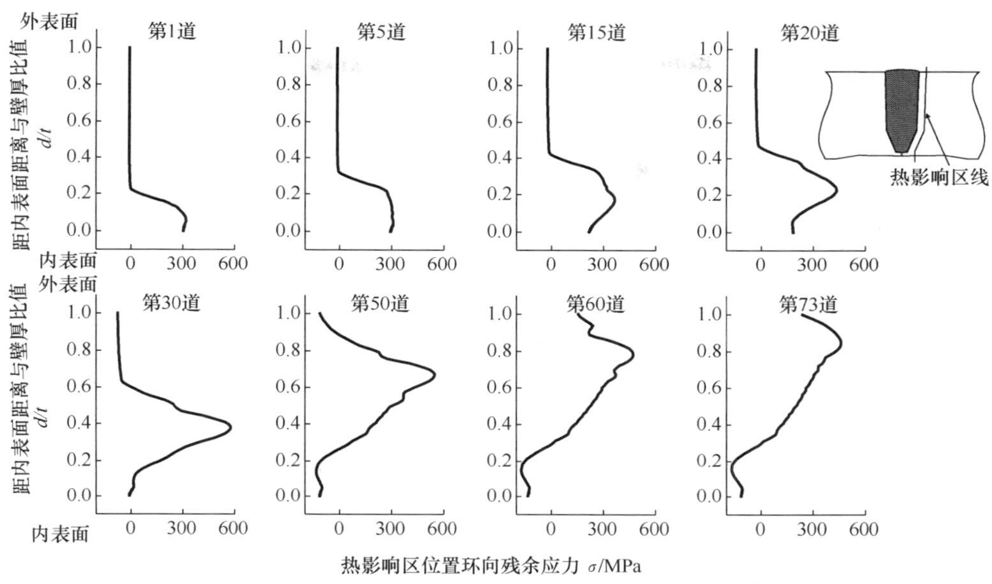

图 6-24　水平固定焊接管道热影响位置环向应力随焊道变化

外表面的热影响区拉应力仍然增加；在第 30 道焊接结束时(焊缝填充到 36％厚度)，内表面热影响区的环向应力接近零，靠近新形成外表面的热影响区环向应力达到 600 MPa；此后这种内表面热影响区环向应力接近零，靠近新形成外表面的热影响区环向应力达到 600 MPa 左右，这种分布持续到焊接结束。

通过对两种固定方式大厚壁管道的焊接有限元计算和分析，可以得到以下结论。

(1) 随焊缝填充金属高度增加，焊缝中心位置轴向应力沿厚度分布的演化过程为：轴向应力在焊接开始为压应力，随填充高度增加，新形成外表面区域的压应力逐渐增加，并逐渐增大为拉应力，内表面为基本保持不变的压应力且分布区域随填充高度增加；当焊缝填充至 40％壁厚位置时，形成靠近外表面区域为拉应力，靠近内表面区域为压应力的分布形式，并保持这种分布直到焊接结束。

(2) 焊缝中心位置环向应力沿厚度分布的演化过程为：环向应力在焊接开始为拉应力，随填充高度增加，新形成的外表面区域的拉应力不断增加，内表面的拉应力不断减小；当焊缝填充至 40％壁厚高度时，外表面拉应力接近焊缝材料的屈服强度后不再增加，内表面环向应力减小到接近零，这种分布一直持续到焊接结束。

(3) 当焊缝填充至约 40％壁厚位置时，焊接管道的刚度足够大，焊接应力形成稳定分布形式，且轴向和环向拉应力峰值不再增加，轴向收缩也不会显著增加，说明焊接件刚度决定厚度上应力峰值和分布形式，也决定轴向收缩量。当焊缝填充至一定位置时，管道的刚度足够大，对焊缝的拘束作用足够大，使焊缝和热影响区厚度上残余应力分布形式和峰值保持稳定，不随焊道增加而变化。

6.3　局部去除材料对焊接应力影响[8]

焊接结构可能会进行一定的机加工去除局部材料，然后进行装配等工序。去除局部材料会改变焊后残余应力的分布，因而焊接结构的服役性能受到重分布后的应力影响。因此，研究去除局部材料之后重分布的焊接应力有利于更好理解焊接应力对结构的影响，更准确分析和预测焊接结构的服役性能。

本节采用试验和有限元计算相结合的方法研究对接焊试板经铣削掉局部材料后的应力变化。介绍相关焊接试验和焊后铣削过程，并测量焊后和铣削后的残余应力来验证有限元计算结果。采用有限元计算方法重点分析焊后残余应力和局部材料去除后应力分布差异，以及去除材料的尺寸变化对沿厚度方向应力分布的影响。

6.3.1　试验过程

焊接试验与第 2 章介绍的多道焊一致，焊接工艺参数、焊接方法、试板尺寸、焊接顺序和焊缝形貌等见第 2 章(图 2-45 和图 2-46)。

焊接后，采用小孔法测量表面残余应力，并采用铣削方法去除局部材料。铣削时，从上下表面交替进行，结合小孔法在新形成的表面上测量表层应力。直到焊接板厚度上只剩余 6 mm 厚的材料后结束铣削和小孔法测量。每次去除的局部区域尺寸 x 方向为 200 mm，y 方向为 60 mm，z 方向尺寸为 2 mm，如图 6-25 所示。

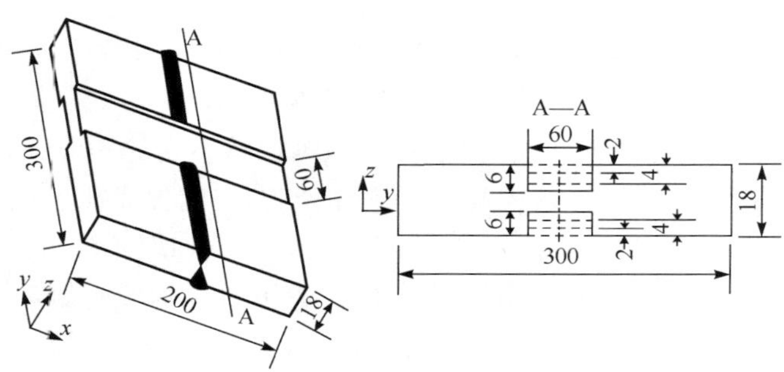

图 6-25　去除材料区域的尺寸示意图

应力测量和铣削加工交替进行，整个测量及加工步骤如下。

(1) 首先采用小孔法测量上下表层的焊后残余应力。将型号为 BE120-2CA-K 的应变片粘贴在经过仔细抛光打磨后的表面上，然后在应变片的中心处钻直径 2 mm 深 2.5 mm 的小孔，通过静态应变仪记录钻孔后的释放应力所产生的应变，由释放应变计算应力。表面应力测量位置位于焊接件的中截面，如图 6-26(a)所示。先测量远离焊缝区域的应力，然后将焊缝上下表面的余高打磨抛光再测量焊缝区域的应力。

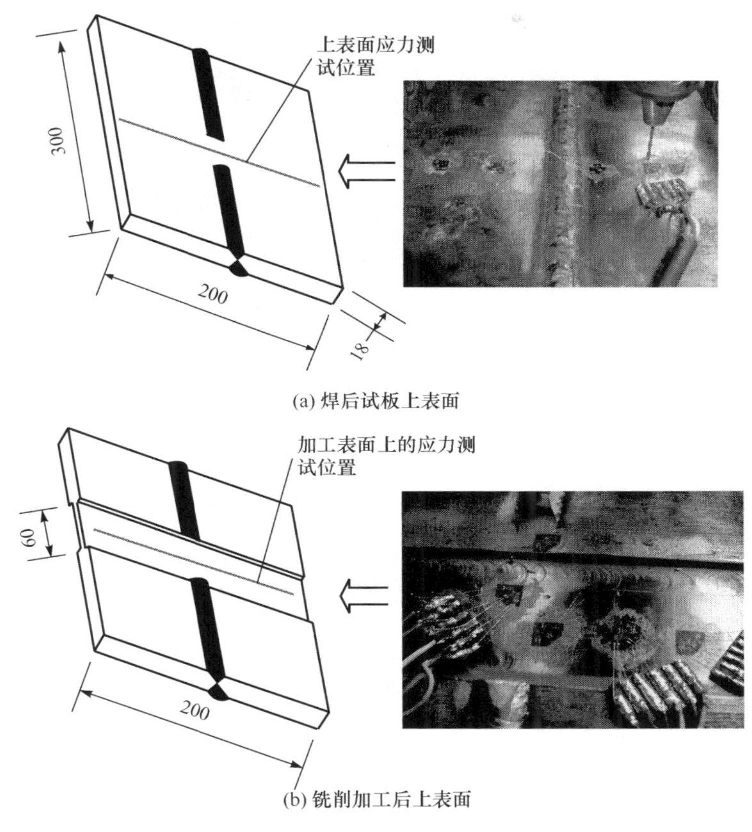

图 6-26　残余应力测量图

(2) 上表面进行铣削加工，去除 2 mm 厚的材料。铣刀为 18 mm 的锥柄立铣刀。铣削速度 500 r/min，切削深度为 0.5 mm，进给速度为 50 mm/min。铣削时不断加入冷却液以避免加工热应力产生。当去除材料厚度达到 1.5 mm 时，切削深度变为 0.1 mm，以使铣削产生的应力最小。铣削时，夹紧力不能太大，以避免试板产生塑性变形，但试板上要施加足够的夹紧力保证铣削时试板不会振动。铣削加工照片如图 6-27 所示。

(3) 将试板翻转并装夹在工作台上，采用步骤(2)同样的铣削加工参数从下表面进行铣削加工，直到铣去材料厚度达到 2 mm 后停止加工。

(4) 采用步骤(1)中的小孔法在铣削加工新形成表面上测量应力。加工表面在粘贴应变片之前经过仔细打磨。测量位置仍然是试板的中截面位置，如

图 6-27 铣削加工照片

图 6-26(b)所示。

(5) 重复步骤(2)到步骤(4),直到铣削掉 12 mm 厚的材料,并且每次铣削加工表面都进行了应力测量。每次铣削掉 2 mm 厚的材料后就更换一把新铣刀。

6.3.2 有限元模型和计算过程

焊接温度场和应力场有限元计算分别见 2.2 节和 3.4 节。

焊接过程的热弹塑性模拟之后,模拟的焊接应力作为下一步铣削加工模拟的预应力条件。本例所进行的铣削试验中,采用冷却液最大限度避免了机加工时热应力产生,而且选择合适的加工参数最大限度减小加工应力,因而铣削加工的材料去除模拟可以用 ANSYS 软件的单元生死技术来实现。将属于去除材料的单元杀死,然后进行弹塑性稳态分析,计算结果就是去除材料之后的重分布应力。应力测量试验结果也验证了基于简单应力释放假设计算重分布应力的正确性。

6.3.3 模型验证

计算和测量温度结果比较参见第 2 章(图 2-49)。焊后表面应力测量和计算结果比较见第 3 章(图 3-15)。

从上下表面去除掉相同厚度材料后,在加工表面测量应力,同时采用有限元计算方法计算去除材料后的应力重分布。图 6-28、图 6-29 和图 6-30 所示为去除 4 mm、8 mm 和 12 mm 厚局部材料之后在加工表面上测量和计算应力比较。

由图可见,大多数测量点的计算结果和测量结果符合很好,且计算和测量结果的应力分布趋势相当接近。因此,本例的模型和方法可以用于进一步研究局部材料去除对焊后应力的影响。

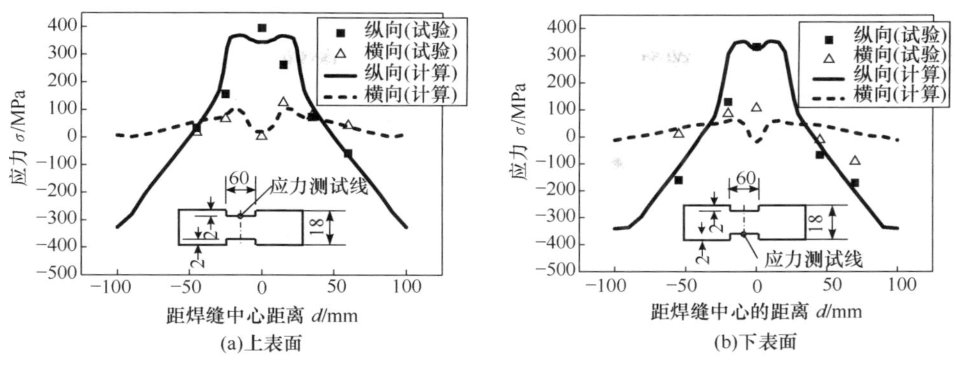

(a)上表面 (b)下表面

图 6-28 4 mm 厚的局部材料去除后测量和计算应力比较

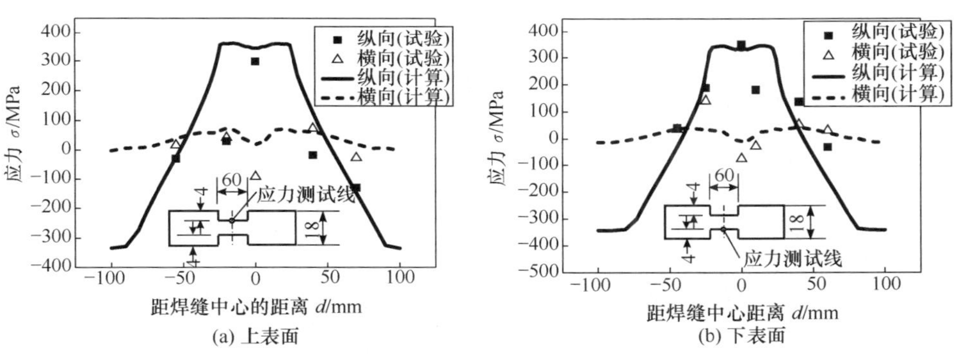

(a) 上表面 (b) 下表面

图 6-29 8 mm 厚的局部材料去除后测量和计算应力比较

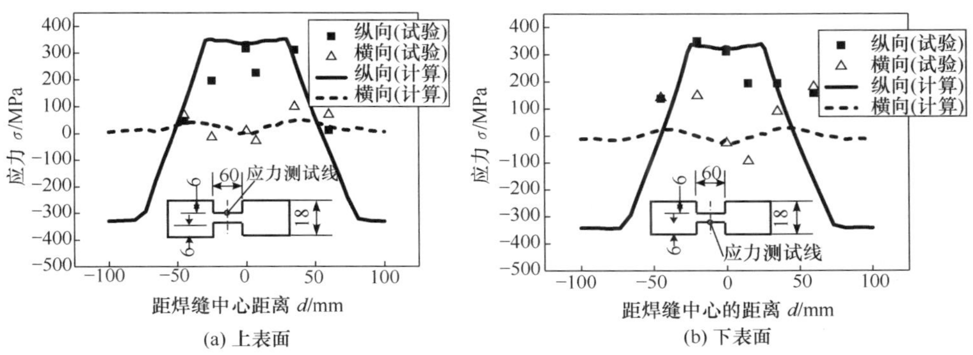

(a) 上表面 (b) 下表面

图 6-30 12 mm 厚的局部材料去除后测量和计算应力比较

6.3.4　结果和讨论

1. 焊后应力及 12 mm 厚局部材料去除后的应力

图 6-31 为计算的焊后及 12 mm 厚局部材料去除后的应力分布。

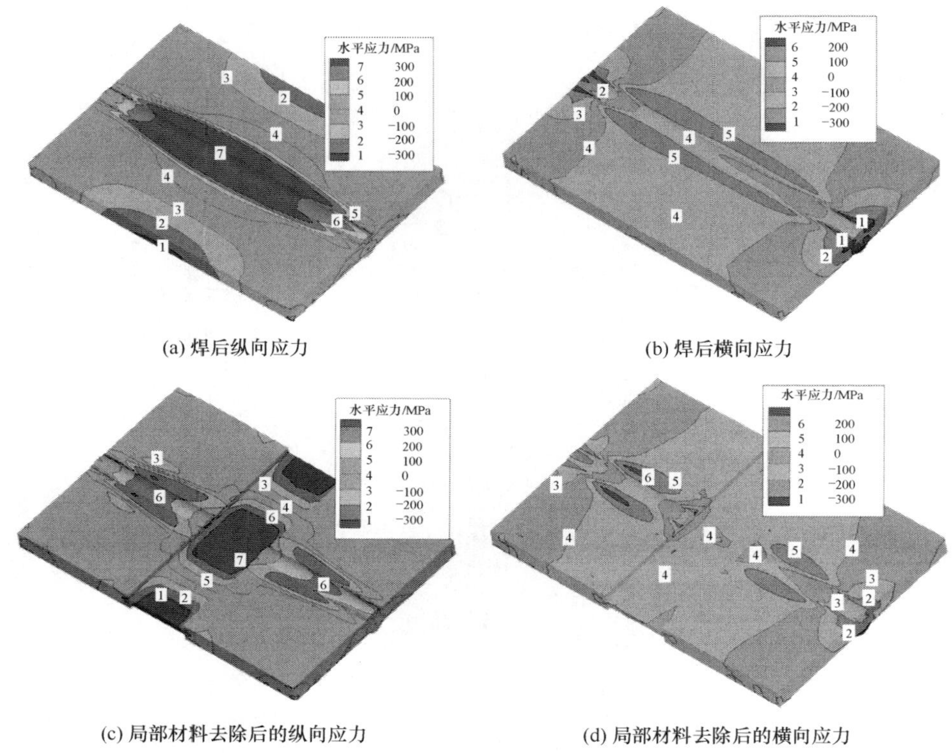

图 6-31　焊后及去除 12 mm 厚局部材料后的应力分布轮廓(后附彩图)

从图 6-31 看出，与焊后应力相比，去除 12 mm 厚的局部材料后造成上表面剩余区域的纵向应力降低。此外，在铣削区域的边缘位置，横向和纵向应力与焊后应力相比显著降低。

2. 沿厚度的应力分布

沿厚度方向分布的应力通过试验难以测量，而数值分析为研究构件内部应力提供了非常有效的工具。本例重点关注去除局部材料前后沿厚度分布应力的变化。焊缝区域(距焊缝中心线 0～10 mm 区域)内，距焊缝不同位置的由局部去除材料所引起的应力变化趋势相近；远离焊缝区域(距焊缝中心 20～40 mm 区域)内，距焊缝中心不同位置的应力变化趋势也相近。因此，选择距焊缝中心 0 mm 和

40 mm的两条线来分析由于去除材料而造成的焊后应力变化。两位置的示意图如图 6-32 所示。

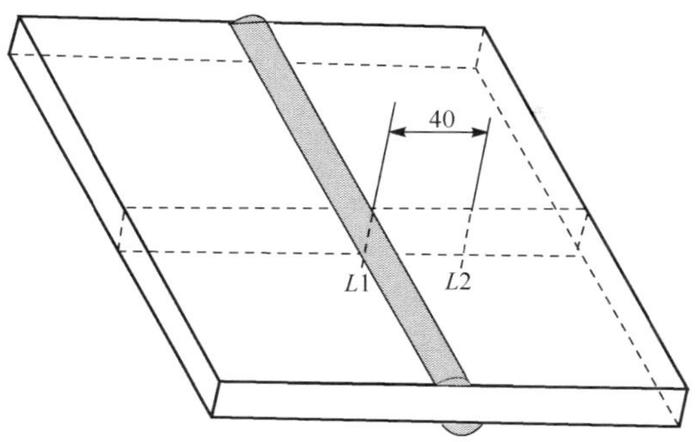

图 6-32　沿厚度分布应力研究位置

本例共研究了 7 种局部去除材料的方式(图 6-33),分别为:从焊接件上表面去除 200 mm×60 mm 区域(例 1)、从下表面去除 200 mm×60 mm 区域(例 2)、从上下表面交替去除 200 mm×60 mm 区域(例 3)、从上下表面交替去除 60 mm×60 mm 区域(例 4)、从上下表面交替去除 60 mm×120 mm 区域(例 5)、从上下表面交替去除 60 mm×300 mm 区域(例 6)以及从上下表层交替去除 120 mm×60 mm 区域(例 7)。

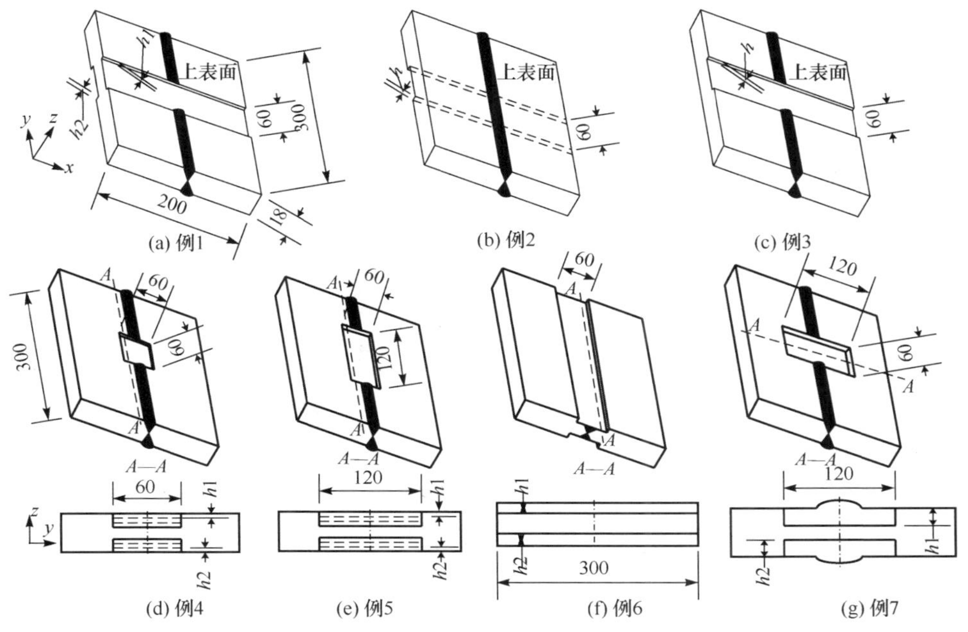

图 6-33　去除材料方式示意图

1）从不同表面去除材料对沿厚度分布应力影响

例 1、例 2 和例 3 这三种情况从不同的表面去除材料，且去除区域尺寸一致。这三种情况可以研究从不同表面去除材料对焊接应力的影响。图 6-34 为从不同表面去除材料对沿厚度分布应力的影响。

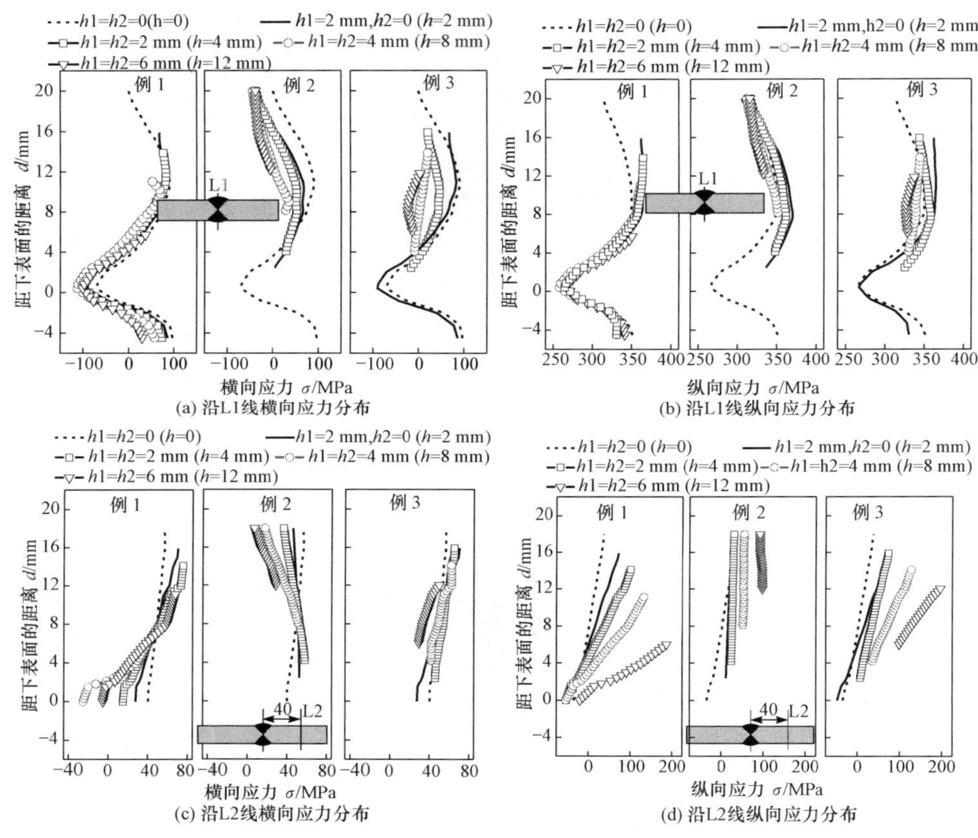

图 6-34　从不同表面去除局部材料后的应力变化

焊后残余应力是一种平衡应力状态。从焊后试件去除材料后，试件中的应力将会重新分布并达到一种新的与焊后应力不同的平衡状态。由图 6-34 看出，当从上表面去除局部材料时，剩余材料内的上部分区域应力增加而下部分区域应力减小；当从下表面去除局部材料时，剩余材料内的应力变化呈相反趋势。

根据 Zhang 等[9]的研究，材料去除的影响可以近似通过在切削边界上反向施加等效弯矩和从残余应力场得到的力来表示。因为本例研究对象中，去除材料内的大部分纵向应力为拉伸应力，而沿横向方向所有材料都被去除掉，所以去除材料后可以等效于在切割边界上施加纵向方向的压应力，从而在试板上产生一弯矩。

因此，当从试板上部去除局部材料时，会产生一个作用在切割边界上的等效顺时针弯矩，这样会导致试板剩下部分的上部区域应力增加，而下部分区域应力减小。当从下部去除材料时，会产生一个作用在试板上的等效逆时针弯矩，造成试板剩余部分的上部分区域应力减小而下部分区域应力增加。从上部去除和从下部去除材料产生的弯矩作用相反，因而采用从上下表面交替去除材料方式时，产生的弯矩作用一定程度上会相互平衡和抵消。

从图 6-34 看出，采用从上部或从下部去除材料方式，焊缝中心位置的应力受去除材料影响较小，且距焊缝 40 mm 位置的横向应力变化很小，但随去除材料厚度增加，距焊缝 40 mm 位置的纵向应力变化显著(对于从下部去除材料方式(例 2)，距下表面 12 mm 位置的纵向应力从－5 MPa 增加到 187 MPa)。采用上下表面交替去除材料方式，焊缝区域纵向应力变化较小，而横向应力随去除材料厚度增加而逐渐减小；在远离焊缝区域，横向应力变化很小但纵向应力随去除材料厚度增加显著增加(去除 12 mm 厚度材料后，距下表面 12 mm 位置的纵向应力从焊后 17 MPa 增加到约 200 MPa)。从图 6-34 也可以总结出，当去除少量局部材料(如 2 mm 厚局部材料)时，焊缝中心位置的横向和纵向应力变化相当小。

2) 去除不同纵向尺寸局部区域对应力的影响

例 4、例 5 和例 6 三种情况去除区域的横向尺寸都为 60 mm，而纵向尺寸分别为 60 mm、120 mm 和 300 mm。可研究去除不同纵向尺寸局部区域对焊后应力的影响。图 6-35 为从上下表面交替去除材料且去除不同纵向尺寸区域时的应力变化。

从图 6-35 看出，当 2 mm 厚的局部材料从试件上部分去除后，焊缝中心的应力变化很少。总体来说，在焊缝区域，去除局部材料对横向应力的影响大而对纵向应力的影响小；但在远离焊缝区域，去除局部材料对纵向应力的影响大于对横向应力的影响。此外，当去除区域纵向尺寸为 60 mm 时(例 4)，随去除材料厚度增加，焊缝中心的横向应力减小得更多。

3) 去除区域的横向尺寸变化对应力的影响

例 4、例 7 和例 1 三种情况采用从上下表面交替去除材料方式，去除区域的横向长度分别为 60 mm、120 mm 和 200 mm，可以分析去除材料区域横向尺寸变化对应力的影响。图 6-36 为这三种情况下沿厚度应力的变化。从上部去除材料等效于给试板施加一顺时针弯矩，而从下部去除材料等效于给试板施加一逆时针弯矩。由图 6-36 也可以看出，去除 2 mm 厚的局部材料对焊缝中心的应力分布和大小影响较小。随去除材料厚度增加，局部材料去除使焊缝区域的横向应力不断减小，而远离焊缝区域的纵向应力不断增加，对于去除材料横向长度达 200 mm 时

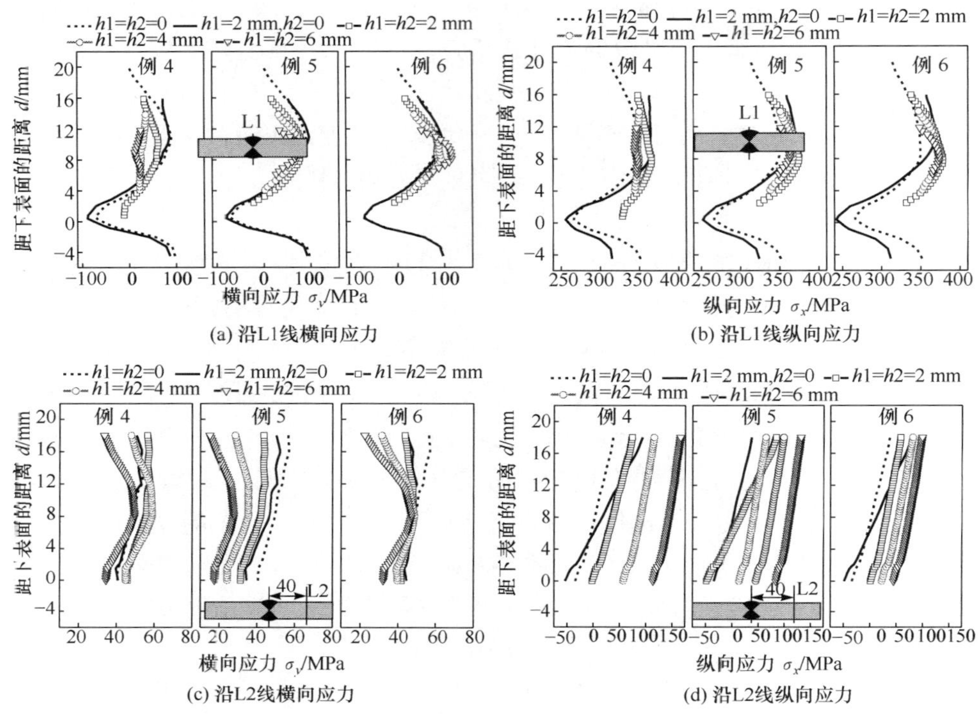

(a) 沿L1线横向应力

(b) 沿L1线纵向应力

(c) 沿L2线横向应力

(d) 沿L2线纵向应力

图 6-35 去除不同纵向尺寸的局部区域对应力的影响

(例 1),其横向应力比其他情况减小更显著。

本例基于少量的试验验证计算模型,然后通过大量计算分析局部去除材料对电弧多道焊接残余应力的重分布影响。可以得到以下结论。

(1) 去除较少的局部材料(如本例研究中 2 mm 厚局部材料)对焊缝中心位置的横向和纵向应力影响非常小。

(2) 随去除材料厚度增加,局部材料去除对焊缝区域的横向应力影响比对纵向应力影响显著,而在远离焊缝区域位置,局部去除材料后纵向应力变化比横向应力变化大。

(3) 当从试板上部去除材料时,剩余厚度内的上部分区域应力将增加,而下部分区域应力会减小;从试板下部去除材料时,剩余厚度内的应力将发生相反变化。去除局部材料而对焊后应力的影响可以认为相当于试板上施加了一等效的顺时针或逆时针弯矩作用。采用从上下表面交替去除材料方式,去除局部材料引起的等效弯矩作用能在一定程度上相互抵消。

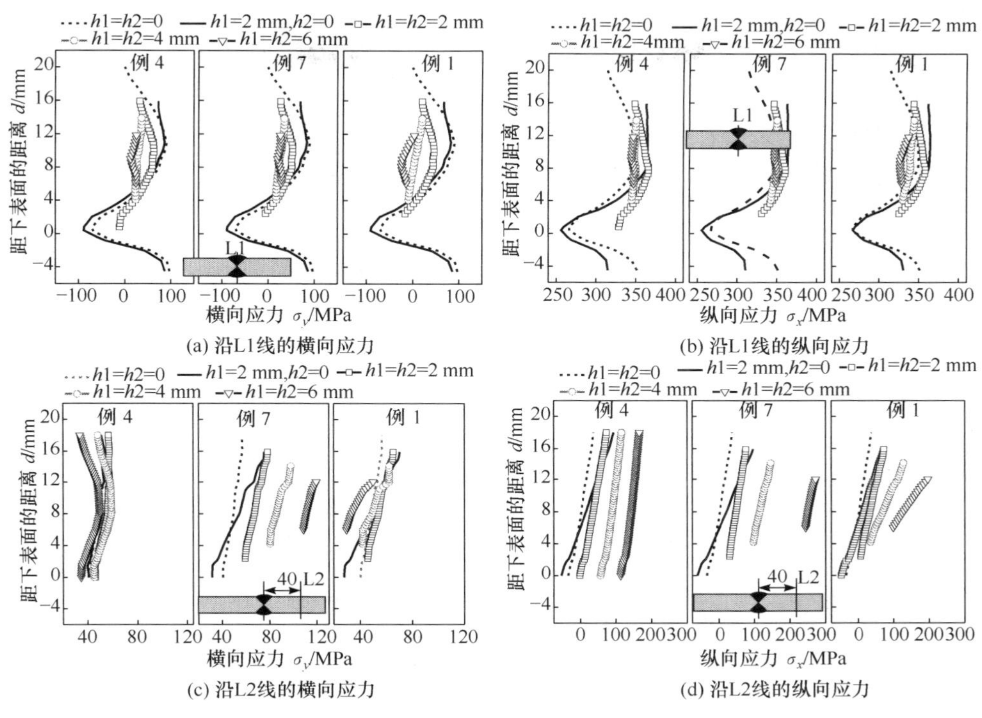

(a) 沿L1线的横向应力　(b) 沿L1线的纵向应力

(c) 沿L2线的横向应力　(d) 沿L2线的纵向应力

图 6-36　去除不同横向尺寸的材料区域对应力的影响

6.4　外拘束力对焊接应力变形的影响

6.4.1　焊接应力变形三维多体耦合有限元计算

众多研究表明，外加拘束条件对焊接应力变形影响显著，并且人们不断寻找合适的计算模型和测试方法研究外拘束（夹具、支撑等）对焊接应力变形的影响[10-16]。焊接件在工作台和夹具的作用下，随焊接热源的移动，局部材料膨胀收缩产生焊接应力和变形，如果夹具的刚度较低，则夹具会随焊接件变形而变形，夹具施加到焊接件上的力也会在焊接过程中变化。针对这种焊接情况，本节采用三维多体耦合模型，将焊接件、工作台、压板和夹具在有限元模型中统一建模，考虑这些焊接辅件与焊接件的相互作用关系，分析焊接过程中夹紧力的变化，并通过试验测量焊接夹具的夹紧力和焊接变形，验证计算模型。

1. 试验过程

试验材料为低碳钢，采用 CO_2 机器人气体保护焊进行表面堆焊。试板尺寸为

200 mm×150 mm×6 mm，焊丝型号为 ER70S-6，焊丝直径 1.2 mm。采用的焊接参数为：焊接电流为 200 A，电压为 24 V，焊接速度为 70 cm · min^{-1}，保护气体流量为 16 L · min^{-1}。试板一端通过压板压紧固定，另一端通过压板和应变式力传感器施加预压紧力压住，压板宽 25 mm。位移传感器测量试板右端面的动态变形，力传感器测量试板在焊接过程中的动态拘束力（夹紧力），并通过力传感器对试板施加初始拘束力。位移传感器和力传感器在试验前都经过仔细标定。试验装置示意如图 6-37 所示。

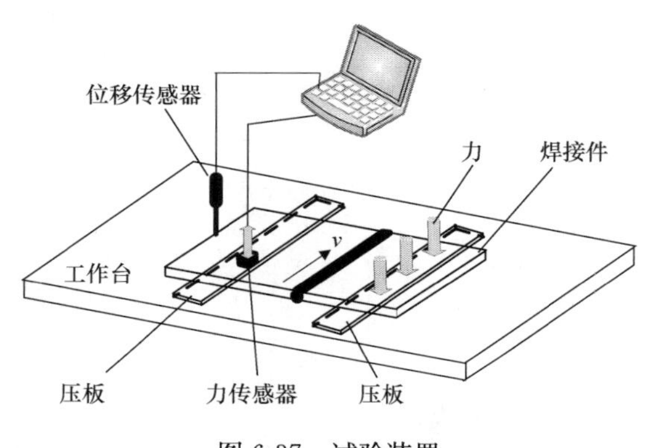

图 6-37　试验装置

2. 计算过程

由于表面堆焊的焊接热从焊接件上表面传入，且本试验焊接速度较快，焊接热输入较小，焊接熔深小，所以认为焊接件和工作台之间传热小，并且焊接过程中焊接件的变形比较大，造成焊接件和工作台之间的接触热阻不断变化；为简化计算，且为了进一步研究在相同热输入和温度负载下焊接件的应力变形，温度场计算时不考虑焊接件、工作台和压板之间的传热，只建立焊接件模型。采用移动高斯表面热源计算三维瞬态温度场。温度场计算过程和第 2 章介绍的表面堆焊温度场计算过程一致。

采用热力顺序耦合方法进行计算，先对焊接件建模，计算焊接瞬态温度场，然后建立多体耦合有限元模型，将温度场计算结果作为负载施加到焊接件上，进行弹塑性非线性计算。弹塑性计算时，假设材料服从双线性等向强化法则和米塞斯屈服准则。温度场计算时忽略相变影响。假设焊缝和母材的材料属性相同。

3. 三维多体耦合有限元模型[17]

为了建立包括焊接件、工作台、压板和力传感器在一起的三维多体耦合有限元模型，需考虑焊接件和工作台、压板之间的接触关系。采用一定刚度的弹簧单元来模拟弹性力传感器和夹具对焊接件的弹性压紧作用。采用 8 个弹簧单元布置在焊接件左端压板中部，弹簧的总刚度为 1.25 kN/mm。弹簧单元的一端节点和压板上相同位置节点通过位移耦合保证压板和弹簧不分离，弹簧单元的另一端节点施加不同的初始位移来改变施加在压板上的预压紧力(初始拘束力)。

焊接件和压板在电弧和弹簧力作用下产生焊接变形，压板和焊接件为柔性-柔性的面面接触关系，焊接件和工作台之间为柔性-刚性的面面接触关系。考虑摩擦对焊接变形和焊接应力的影响，摩擦系数设为 0.3。限制刚性工作台的所有自由度。焊接件与压板的接触、工作台与焊接件的接触关系限制了焊接件的 3 个方向的自由度，因此，焊接件受到工作台和压板的接触约束。由于焊接件右端采用压板强力压紧，右端上下表面部分节点的 x、y、z 向位移自由度为 0，所以只在多体耦合模型中建立左端压板模型。建立的多体耦合有限元模型如图 6-38 所示。整个三维多体耦合模型共 9324 个节点和 7502 个单元，其中包含 4725 个六面体实体单元，2769 个接触单元和 8 个弹簧单元。

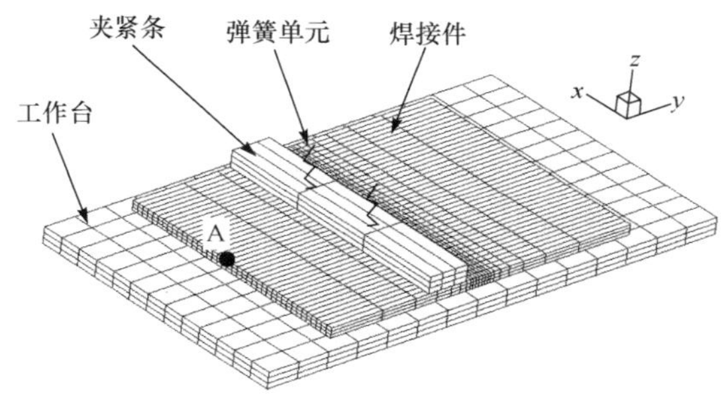

图 6-38　多体耦合有限元模型

考虑到焊接过程中的夹具释放，焊接件冷却至室温后将焊接件上施加的外约束一一解除来模拟夹具释放。释放夹具后的多体耦合有限元模型如图 6-39 所示。本例建立的多体耦合模型的外拘束主要是弹簧单元的位移、压板和焊接件的接触约束以及焊接件右端施加的位移约束，将这些拘束一一释放后，约束图 6-39 中 A 点的 x、y、z 方向自由度，B 点的 y、z 方向自由度和 C 点的 z 方向自由度，以防止模型刚性移动。

由于三维多体耦合模型包含工作台和焊接件之间、压板和焊接件之间的接触和摩擦，整个非线性计算问题涉及材料非线性(材料属性随温度变化而变化)、几何非线性(焊接件局部受热产生非均匀非线性变形)和状态非线性(各实体之间的接触关系随焊接过程变化)，所以计算耗时。第 4 章介绍的高效率有限元计算方法和第 5 章介绍的有限元计算精度影响因素为多体耦合模型的高效和高精度计算提供了有力的保证。采用的多体耦合模型应力变形高效计算方法有：①根据第 4 章中

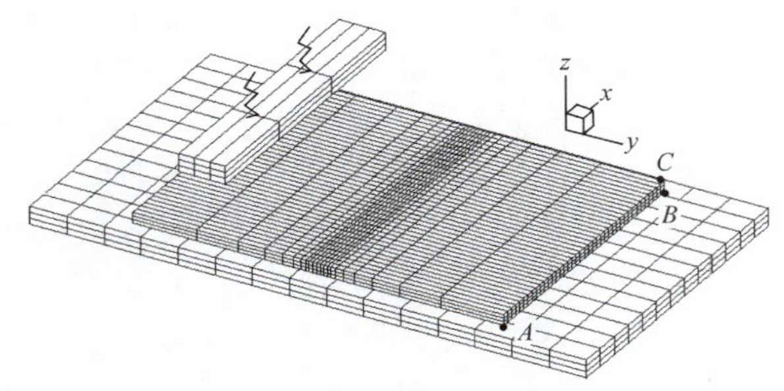

图 6-39　拘束释放后计算模型

的横向纵向收缩分离高效计算思想，应力变形计算时，只加载瞬态温度场计算时移动热源在各位置的峰值温度；②通过 MTS 算法将弹性和弹塑性区域分开并赋予不同的线性和非线性材料属性(为了反映拘束位置的应力状态，将弹塑性区域适当扩大)；③适当选择冷却阶段应力变形计算的载荷步数。采用高效算法和多体耦合热弹塑性模型，整个应力变形计算时间在 70 min 左右(包含拘束力释放过程)。这样，能在可接受的计算时间内对焊接过程进行大量的计算试验。

4. 试验与计算结果分析

1）焊接温度场

图 6-40 为焊接 3 s 时的温度场，沿图中 A—A 线截取垂直焊缝方向的横断面温度轮廓和实际焊缝轮廓比较，如图 6-41 所示。由图可见，计算预测的熔化区(温度高于 1400 ℃区域)和热影响区温度轮廓和实际焊缝轮廓符合良好，说明温度场计算准确。

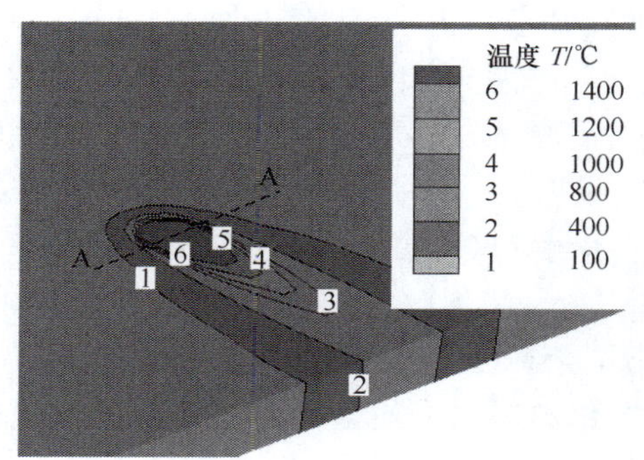

图 6-40　焊接 3 s 时的温度场计算结果(后附彩图)

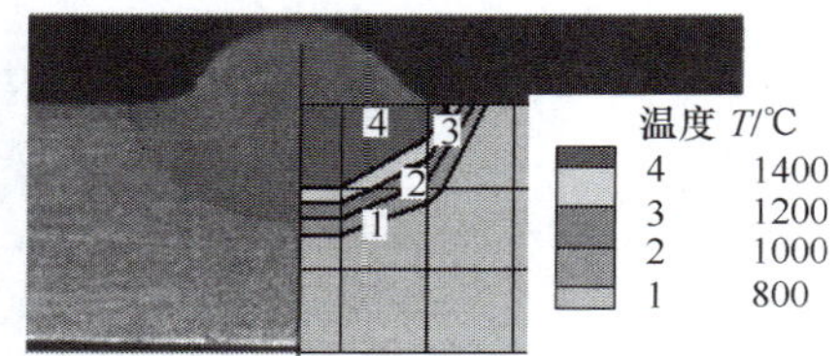

图 6-41　焊缝形貌和计算温度轮廓图(后附彩图)

2）动态变形和拘束力计算

焊接件变形可以通过计算模型中各节点相对于焊接前的位移量来表示。采用三维多体耦合热弹塑性有限元模型计算 1 kN 初始拘束力作用在距焊缝 20 mm 位置时，不同时刻焊接件的变形(位移)，如图 6-42 所示。

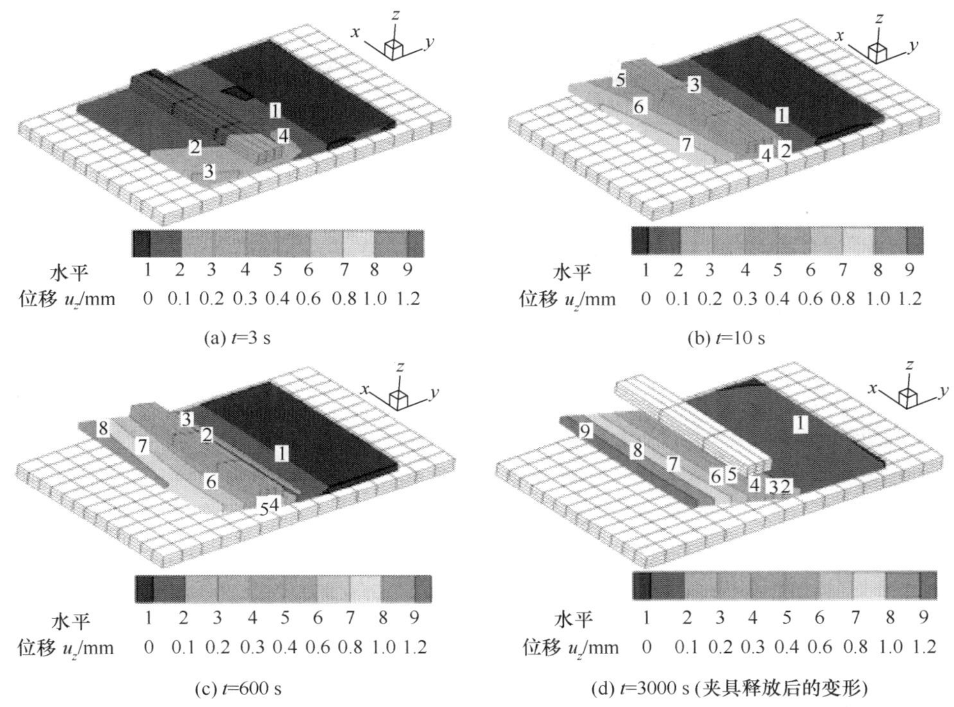

图 6-42　1 kN 初始拘束力作用在距焊缝 20 mm 位置时不同时刻的变形(后附彩图)

从图 6-42(a)、(b)中看出，焊接加热过程中，焊接件左端的变形分布不均匀，热源先经过的部位翘曲量大。当焊接件冷却至室温时，焊接件左端在焊接终止位置的翘曲反而比焊接起始位置大(图 6-42(c))。但是拘束释放后，整个焊接件左端的变形趋于一致。

图 6-43 所示为不同初始拘束力作用在距焊缝 20 mm 位置时的位移测量点(图 6-38 中 A 点)的 z 向动态位移。

由图 6-43 看出，施加初始拘束力后的测量点位移量显著减小，说明焊接变形比不施加拘束力的变形显著减少。焊接刚开始，焊接件端部的 z 向位移就迅速增加，焊接结束时 z 向位移迅速降低，并很快达到一个平衡值。初始拘束力越大，焊接件 z 向位移峰值越小，残余位移值也越小。从图中看出，当拘束位置在距焊缝 20 mm 时，3 kN 初始拘束力能完全抑制焊接件的残余位移(残余变形)，但在焊接加热时焊接件稍有翘曲；5 kN 初始拘束力能抑制焊接在加热和冷却过程中的变形。多体耦合模型计算的在 0.65 kN 和 1 kN 拘束力下的动态位移和试验结果符合很好。

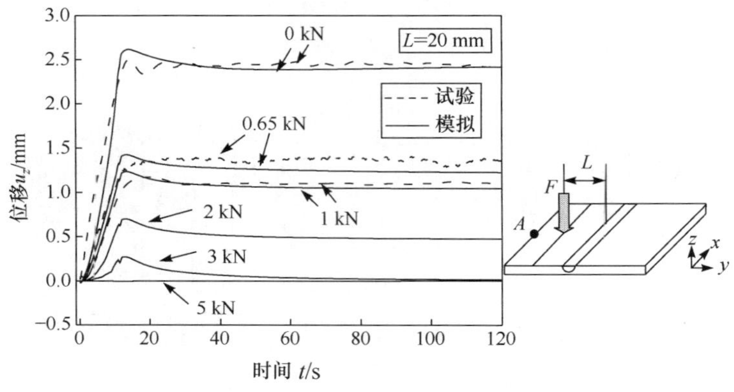

图 6-43　不同初始拘束力作用时的动态位移

多体耦合模型中，所有弹簧单元的合力即为焊接件对压板的反作用力，该力也就是试验中力传感器测得的力。不同大小初始拘束力作用在距焊缝 20 mm 位置时的动态拘束力如图 6-44 所示。

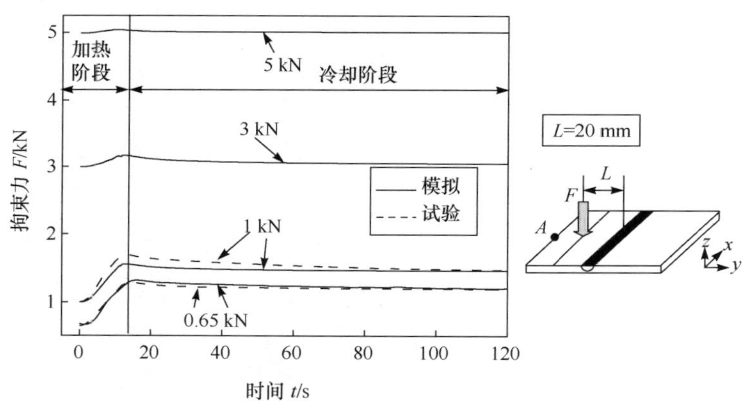

图 6-44　压板作用于焊接件上的动态拘束力

由图 6-44 可见，压板作用在焊接件上的拘束力是动态变化的，焊接开始时迅速上升，焊接加热结束时到达峰值，然后迅速降低并很快到达平衡值。初始拘束力越大，作用在焊接件上的拘束力峰值和平衡值越大。1 kN 和 0.65 kN 初始拘束力情况下，计算的拘束力变化趋势和试验结果符合很好。

因为作用在焊接件上的拘束力是抵抗焊接件变形的反变形力，所以作用在压板上的拘束力变化趋势和焊接件 z 向位移的变化趋势相同。初始拘束力越大，焊接件残余 z 向位移越小，焊接结束后的恒定拘束力也越大。

6.4.2　外拘束对焊接变形的影响[18]

1. 外拘束力大小和位置的影响

基于经试验验证的多体耦合计算模型，通过调整弹簧单元上施加的位移载荷，可以实现在焊接件上施加不同初始夹紧力(拘束力)。不同初始拘束力(1 kN、3 kN、5 kN)作用在距焊缝中心不同位置时焊接件左端面上表面中心点(图 6-38 中 A 点)的动态 z 向位移如图 6-45 所示。不同拘束位置上(距焊缝中心 10 mm、30 mm和 50 mm)作用不同大小拘束力的动态 z 向位移如图 6-46 所示，图 6-46 中包含了拘束释放后的测量点位移变化过程。

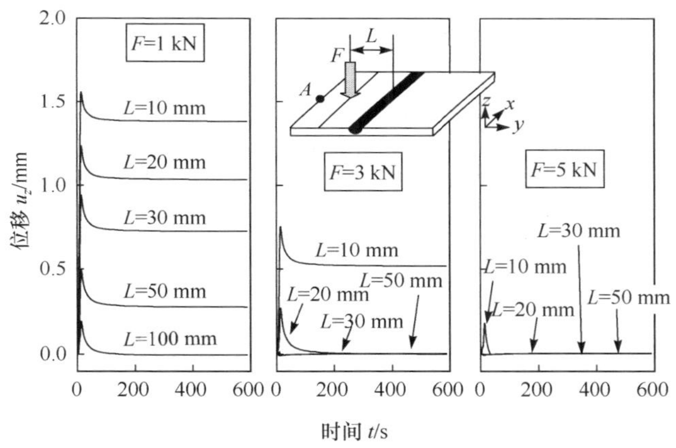

图 6-45　初始拘束力作用在不用位置时的位移变化

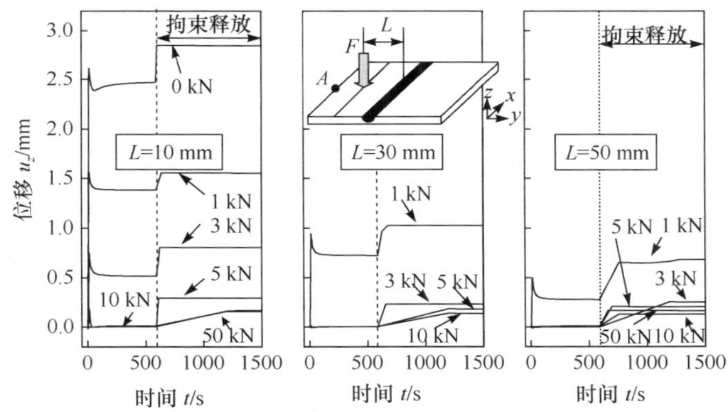

图 6-46　不同位置作用不同初始拘束力的动态位移

焊接件左端上表面中心点的 z 向位移反映了焊接件该点的角变形。由图 6-45

和图 6-46 看出，施加拘束力后的角变形和无拘束力的角变形变化趋势相同，在焊接开始角变形即迅速增加，加热结束角变形立即下降，并很快趋于一个平衡值。拘束释放后，角变形出现反弹。施加拘束力后焊接角变形明显小于无拘束力情况。

焊接过程中，不同初始拘束力作用于不同位置时焊接件的角变形不同。初始拘束力一定时，焊接角变形随拘束作用位置距焊缝距离的增加而减小，给定初始拘束力时，存在使残余角变形最小的最短拘束距离。对本例研究对象，初始拘束力为 1 kN、3 kN 和 5 kN 时，控制焊接残余变形的最小拘束距离分别为距焊缝100 mm、50 mm 和 10 mm。拘束位置一定时，初始拘束力越大，角变形越小。拘束位置不变时，存在能完全抑制焊接角变形的最小拘束力，当拘束位置距焊缝 10 mm、30 mm和 50 mm 时，抑制本例试验的焊接角变形所需的最小初始拘束力分别为 5 kN、3 kN 和 3 kN。因此，可以通过多体耦合计算模型对拘束力大小和拘束位置进行优化，以更好地控制焊接变形。

焊接结束拘束释放后，焊接角变形有一定程度的反弹(拘束释放前后的变形差值)。不同大小和位置的初始拘束力释放后角变形的反弹不一致。本章进一步研究了拘束释放对焊接变形的影响。

2. 拘束力释放的影响[18]

不同大小初始拘束力作用不同位置时焊接结束后拘束释放前后的 z 向位移量以及反弹量如图 6-47 所示。

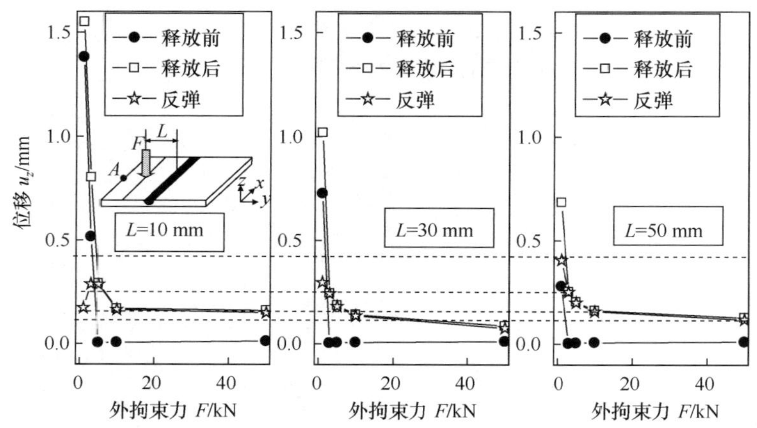

图 6-47　拘束释放前后的位移变化以及反弹量

从图 6-47 看出，当拘束力小于 10 kN 时，拘束力作用位置距焊缝越远，对焊接件变形抑制能力越大，焊接件的变形量越小，变形反弹量越大；当拘束力大于 10 kN时，拘束力作用在不同位置时都能抑制焊接变形，且焊接变形的反弹量都趋于恒定;拘束力作用在距焊缝 10 mm 位置时,3 kN 拘束力的变形反弹量最大,这是拘束力作用在焊缝附近的塑性变形区上的外拘束力和热应力的综合作用结果。

从图 6-47 中也可以看出,1 kN 初始拘束力下,拘束位置距离焊缝中心越远,焊接变形越小,但是拘束释放后的反弹量越大。当初始拘束力大于 3 kN 且拘束位置距焊缝中心距离大于 10 mm 时,焊接变形能被完全抑制且拘束释放后的反弹量几乎一致。值得注意的是,当拘束位置作用在距离焊缝 10 mm 位置时,该位置正好是焊接塑性应变区,在该位置上施加 3 kN 拘束力时拘束释放后的反弹量最大。从图 6-47 分析说明,拘束释放后的残余变形可以通过在给定的位置施加合适的拘束力或者将给定拘束力施加在一合适的位置来得到有效控制。

3. 拘束弯矩的影响[18]

焊接变形受很多因素的影响,如热输入、拘束状态和焊接件结构等。对于本例试验和计算研究对象,焊接件尺寸和焊接热输入都一致,焊接变形只是随着外拘束力大小和位置发生变化。一定位置上作用一定拘束力相当于给焊接件施加了一个弯矩的作用,定义拘束弯矩 W_R 为拘束力大小 F 和作用位置距焊缝中心距离 L 的乘积,其表达式为

$$W_R = F \times L \tag{6.1}$$

式中,W_R 为拘束弯矩,N · m;F 为拘束力,N;L 为拘束力距焊缝中心的距离,m。

由于施加在焊接件上一定位置的拘束力 F 在焊接过程中是不断变化的,所以拘束弯矩 W_R 在焊接过程也是不断变化的。本例选择初始拘束力作为计算拘束弯矩的力值,计算的初始拘束弯矩和焊接变形的关系见图 6-48。

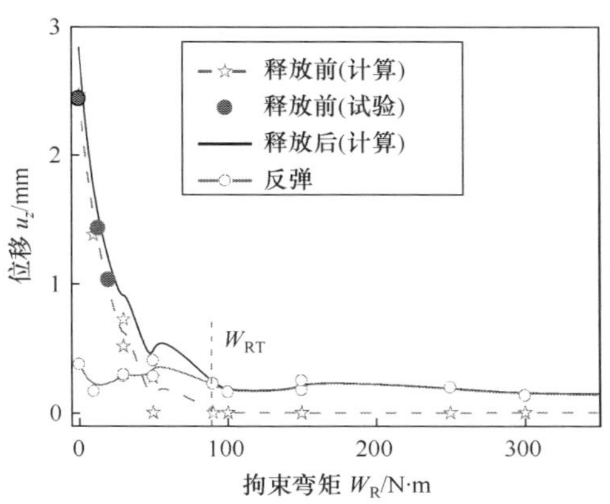

图 6-48　拘束弯矩和残余变形的关系

由图 6-48 看出,无论拘束力大小和拘束位置如何变化,只要拘束弯矩相同,则拘束释放前的焊接变形一致,拘束释放后的变形也基本一致。随初始拘束弯矩增

加，焊接变形迅速减小，当拘束弯矩增加到一定阈值 W_{RT} 时，焊接变形不再减小，拘束释放前角变形为零。拘束释放后，由于反弹，角变形保持在一很小的值，所以当初始拘束弯矩大于 W_{RT} 时，如果不释放夹具则焊接角变形能被完全抑制，夹具释放后角变形反弹至一很小恒定值。

6.4.3 外拘束对焊接应力的影响[19, 20]

1. 多体耦合与位移约束模型比较

当 50 kN 拘束力作用在距焊缝 50 mm 的位置时，拘束位置处节点的位移在焊接过程中一直为零。位移约束模型只对焊接件建模并通过对受约束位置的节点施加零位移来实现该拘束状态。对 50 kN 拘束力作用在距焊缝 50 mm 位置的拘束状态分别采用多体耦合模型和位移约束模型进行计算，比较焊接件冷却至室温后两种模型计算的焊接应力，计算结果如图 6-49 所示。

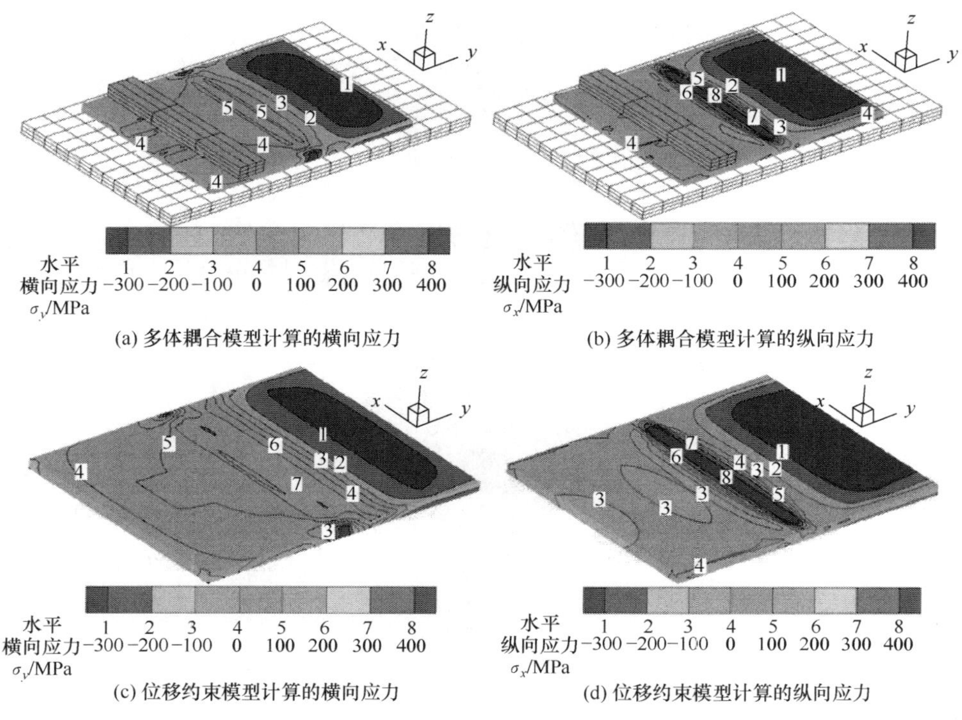

图 6-49　多体耦合和位移约束模型计算的焊接应力

从图 6-49 看出，在焊缝区，位移约束模型计算横向应力比多体耦合模型计算的横向应力值大约高 100 MPa，拉伸应力分布区域比多体耦合模型计算出的区域大很多；两种模型计算的纵向应力变化不是很明显。由于焊接件右端大部分节点施加位移约束以模拟焊接件右端的强力固定，所以右端计算出来的横向和纵向应力为很大压应力。

对于本例研究的焊接件，其焊缝较短，加热结束后整个焊缝温度相对于其余部位的温度较高，焊缝及热影响区的受热膨胀和冷却收缩主要发生在横向，压板、工作台和焊接件之间的摩擦力主要阻碍焊接件的横向膨胀和收缩，因此影响焊接件的横向应力，对纵向应力几乎没有影响。因此，本例主要讨论拘束力对冷却至室温后焊接件横向应力的影响。沿焊缝中心上下表面的横向应力比较如图 6-50 所示。

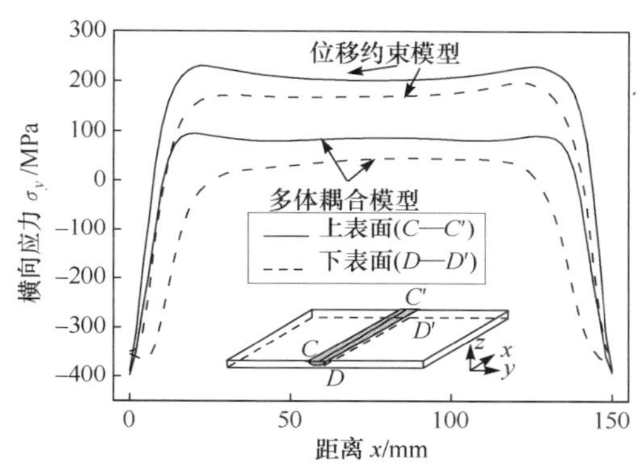

图 6-50　多体耦合和位移约束模型计算的横向应力

从图 6-50 看出，位移约束模型计算的焊缝中心横向应力比多体耦合模型计算的应力显著增加，上下表面的峰值应力增加 100 MPa 以上，说明位移约束模型除了不能反映焊接过程中变化的外拘束条件，还因为施加刚性约束造成计算结果比多体耦合模型的计算结果大。

2. 外拘束大小的影响

图 6-51 为不同初始拘束力作用于距焊缝中心 10 mm 位置时焊缝中心上下表面的横向应力分布。

从图 6-51 看出，拘束力小于 5 kN 时，随拘束力增加，焊缝中心上表面横向应力增加，下表面横向应力减小；当初始拘束力大于 5 kN 时，上表面焊缝中心横向应力减小而下表面的横向应力增加。

堆焊时焊缝的横向收缩主要发生在焊接件的上部分材料，而焊接件底部受到上部收缩产生的弯矩作用。焊接件和工作台的接触面积和所受摩擦力随初始拘束力的增加而增加，即焊接件收缩受到的阻力增加，焊接件不能自由变形，故上表面应力随初始拘束力的增加而增加，上表面的收缩对下表面所产生的弯矩也减小，因而随初始拘束力增加下表面的应力而有所减小；当初始拘束力增加到一定值(5 kN)时，由于拘束位置距焊缝较近，拘束位置处的变形使焊缝处受到拉伸，抵消

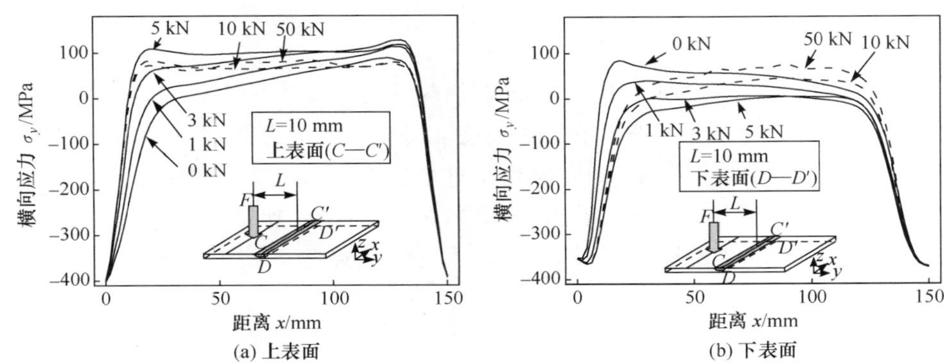

(a) 上表面　　(b) 下表面

图 6-51　不同初始拘束力作用在距焊缝 10 mm 位置的横向应力

了上表面的热收缩应力，同时造成了下表面的拉伸应力。机械应力和热应力综合作用使上表面横向应力减小，而下表面应力增加。

在距离焊缝 50 mm 位置作用不同初始拘束力时，焊缝中心横向应力分布如图 6-52 所示。

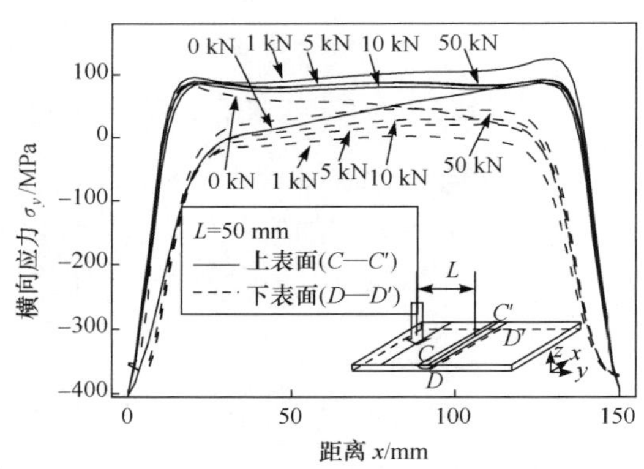

图 6-52　不同初始拘束力作用于距焊缝 50 mm 位置时的横向应力分布

由图 6-52 看出，由于拘束力作用距离距焊缝较远，尽管焊缝中心上表面应力随拘束力增加有减小的趋势，但变化较小，即焊缝中心上表面残余应力基本上不受初始拘束力大小变化影响；在初始拘束力较小时，下表面应力随拘束力的增加而增加，该应力主要是由拘束力产生的应力。由图 6-52 还看出，施加拘束力时，上表面应力比不施加拘束力时显著增加，而下表面应力比不施加拘束力时显著减小。

进一步分析焊接应力随拘束力变化规律，初始拘束力作用在距焊缝 10 mm 和 50 mm 位置时的上下表面焊缝中心点的横向应力随拘束力变化如图 6-53 所示。

从图 6-53 看出，施加拘束力时，上表面残余应力比不施加拘束力时（$F=0$ kN）显著增加，而下表面残余应力比不施加拘束力时显著减小。

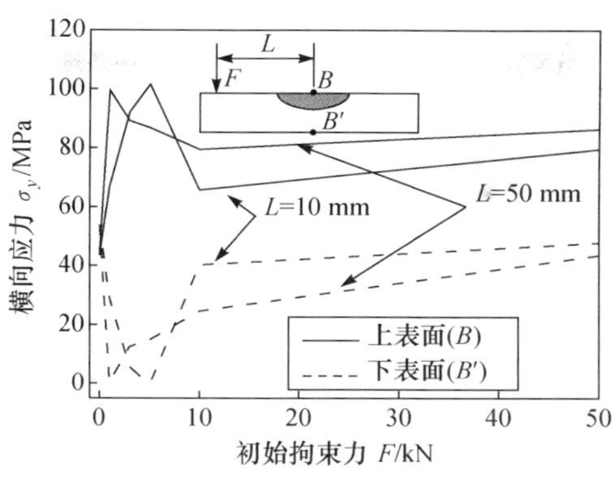

图 6-53　焊缝中心上下表面应力随拘束力变化

当拘束距离 $L=10$ mm，初始拘束力 $F<5$ kN 时，焊接件和工作台的接触面积和所受摩擦力随初始拘束力的增加而增加，即焊接件收缩受到的阻力增加，上表面的收缩对下表面所产生的弯矩也减小，因而下表面的应力随初始拘束力的增加而减小；上表面的收缩受到拘束力的制约，焊接件不能自由变形，因而上表面应力随拘束力的增加而增加；$F>5$ kN 时，拘束弯矩抵消了上表面的热收缩应力，同时造成了下表面的拉伸应力。机械应力和热应力综合作用使得上表面应力减小，下表面应力增加；拘束力增加到一定程度(10 kN)时，上下表面的残余应力变化平缓。

当拘束距离 $L=50$ mm 时，拘束力 F 距焊缝中心较远，$F<1$ kN 时，上表面焊缝中心点的应力随 F 增加而增加，下表面应力随 F 增加而减小；$F>1$ kN 时，上下表面的应力变化与 $F<1$ kN 情况相反。

3. 拘束释放的影响

焊接结束有时会把焊接过程中的外部拘束释放，如压板移除等，外拘束的释放会使焊接应力重新分布。多体耦合模型中的外拘束主要是弹簧单元的位移约束、压板和焊接件的接触约束以及焊接件右端施加的位移约束，当焊接件冷却至室温后，将这些拘束一一释放，并对焊件右端面上的三点施加位移约束，以防止模型刚性移动，然后进行弹塑性计算得到拘束释放后的焊接应力分布。图 6-54 为 10 kN 初始拘束力施加在距焊缝 10 mm 位置时拘束释放前后的焊接应力分布。

由图 6-54 看出，拘束释放后应力峰值降低了 50 MPa，焊接件右端强力约束造成的压应力得到释放。

10 kN 和 50 kN 初始压力作用在距焊缝 10 mm 和 50 mm 时，释放拘束前后的焊缝中心横向应力分布如图 6-55 和图 6-56 所示。

从图 6-55 看出，10 kN 初始拘束力作用在距焊缝 10 mm 和 50 mm 的位置时，

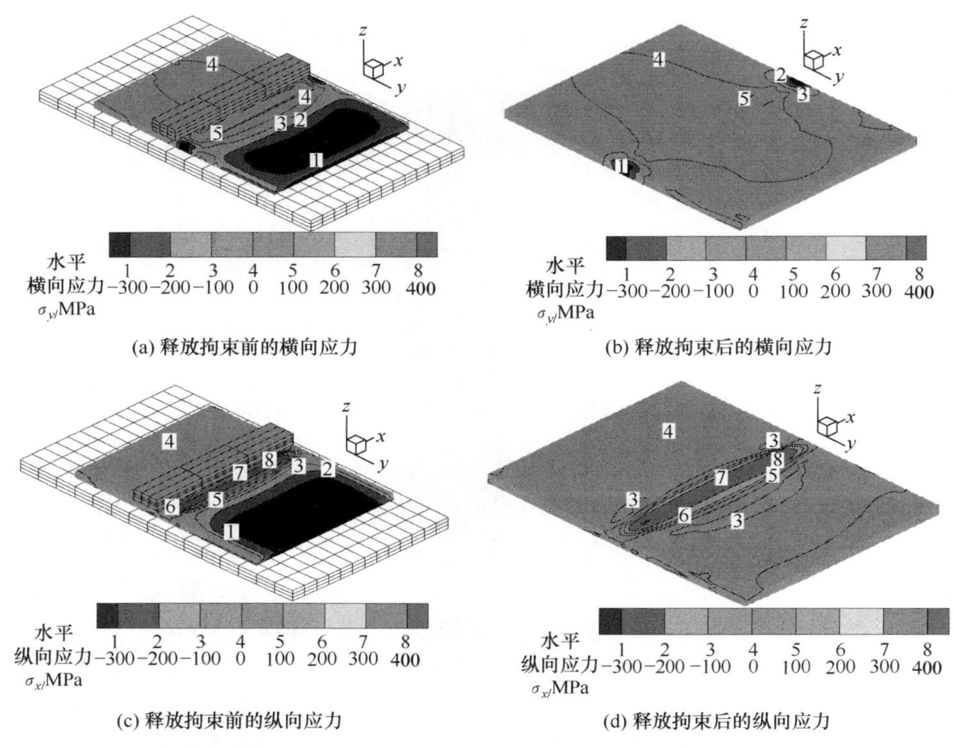

(a) 释放拘束前的横向应力　(b) 释放拘束后的横向应力

(c) 释放拘束前的纵向应力　(d) 释放拘束后的纵向应力

图 6-54　距焊缝 10 mm 施加 10 kN 拘束力的应力分布

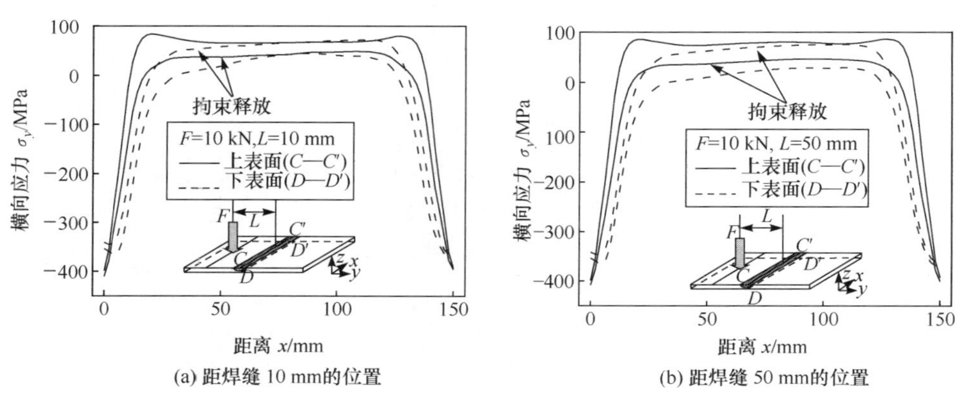

(a) 距焊缝 10 mm的位置　(b) 距焊缝 50 mm的位置

图 6-55　拘束释放前后的横向应力(F=10 kN)

释放拘束后焊缝中心处上表面的横向应力降低,而下表面横向应力增加。这是因为拘束释放后上表面应力释放,焊接件产生一定角变形而对焊缝下表面造成拉伸,产生附加拉伸应力造成下表面横向应力增加。

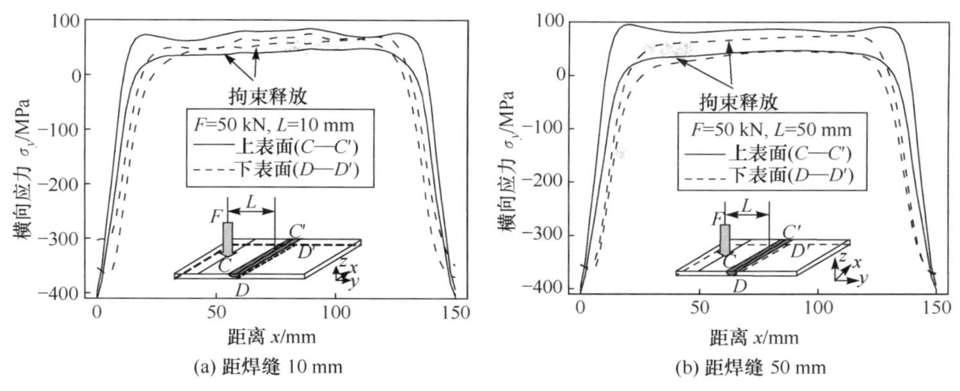

(a) 距焊缝 10 mm　(b) 距焊缝 50 mm

图 6-56　拘束释放前后的横向应力(F=50 kN)

由图 6-56 看出，50 kN 初始拘束力作用在距焊缝 10 mm 的位置(图 6-56(a))，拘束释放后上表面焊缝处应力降低，但下表面横向应力没有明显变化；当 50 kN 拘束力作用远离焊缝时(图 6-56(b))，其拘束力产生的应力对焊缝变形没有大影响；当拘束卸载时，焊接件的变形使上表面应力降低，下表面受拉伸，产生拉伸应力造成下表面横向应力增加。

6.5　外拘束控制 T 形接头焊接角变形研究[21]

施加外部拘束是一种非常适合于焊接过程中对焊接变形进行实时控制的方法。在焊接过程中通过施加外部拘束，实现在焊接过程中施加一定预应变量(反变形)的目的，补偿加热阶段焊接结构的塑性缩短，增加焊缝的塑性延展，从而实现焊接变形的控制。为了更好地理解外部拘束控制焊接变形的过程，本节采用试验与有限元计算相结合的方法研究刚性夹持和施加外力两种方式对焊接变形实时控制的效果。

6.5.1　刚性夹持和外部拘束控制变形有限元计算

焊接变形随着外拘束的大小和拘束距离的变化而发生变化。当施加外部拘束时，拘束产生的力矩与拘束距离成正比。因此，减小焊接变形最有效的外拘束位置是拘束施加在远离焊缝中心的位置。以下的分析以 T 形结构为例，讨论外拘束对焊接变形的影响。T 形结构底板尺寸为 1000 mm×1000 mm×28 mm，翼板尺寸为 1000 mm×40 mm×22 mm，有限元计算模型如图 6-57 所示。模型中单元和节点数分别为 9950 和 13056。为简化计算，仅对 T 形结构右侧施焊，结构左侧底板进行刚性固定。焊接参数选择如下：焊接电流 390 A，焊接电压 34 V，焊接速度

8 cm · min^{-1},焊接热效率为 80%。焊接过程中采用两种外拘束方式,刚性夹持及外拘束力,均施加在 T 形接头右侧自由端。

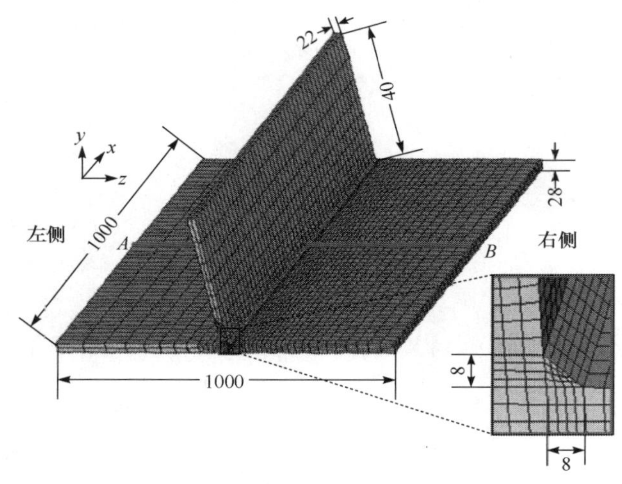

图 6-57　T 形接头有限元模型

图 6-58 所示为两种拘束方式在焊接过程中的施加位置。以刚性夹持来说,第一种施加位置为 T 形结构底板边沿的所有节点,即焊接过程中底板边沿所有节点均在 y 方向施加刚性拘束;第二种施加位置为 T 形结构底板的两个角边,即焊接过程中底板两角边所有节点均在 y 方向施加刚性拘束。外拘束力的施加位置与刚性夹持位置一致,共分析了 4 种外拘束力幅值(20 kN,40 kN,48 kN,60 kN)。

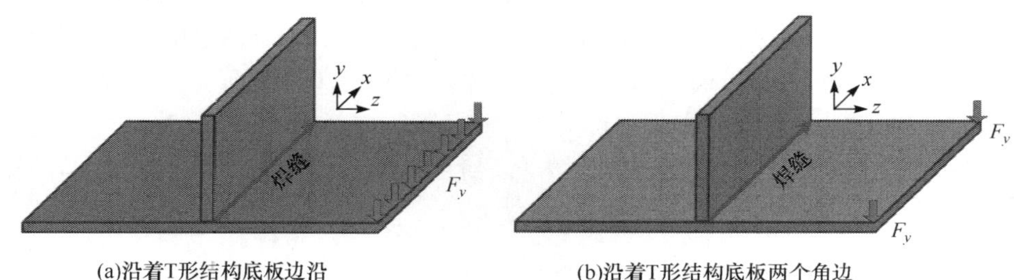

(a)沿着T形结构底板边沿　　(b)沿着T形结构底板两个角边

图 6-58　外拘束施加位置

试板角变形的大小定义为试板在焊接过程中沿 y 方向的位移值 d_y。最终的角变形大小是指外拘束释放以后的焊接角变形大小。通过有限元模型计算自由条件、刚性夹持条件及外拘束力条件下焊接试板的角变形。比较直线 AB(AB 位置见图 6-57)在不同拘束条件下 d_y 的计算结果。

试板在自由条件下的计算结果如图 6-59 所示。从计算结果可以看出,焊缝中心到试板边缘的角变形分布几乎是线性的,角变形随着距焊缝中心距离的增加而线性增加。焊接试板角变形沿焊接方向(x 方向)非均匀分布，相对于起弧端，在收弧端焊接角变形更大。经过一道焊接后，d_y 的最大值为 3.9 mm。

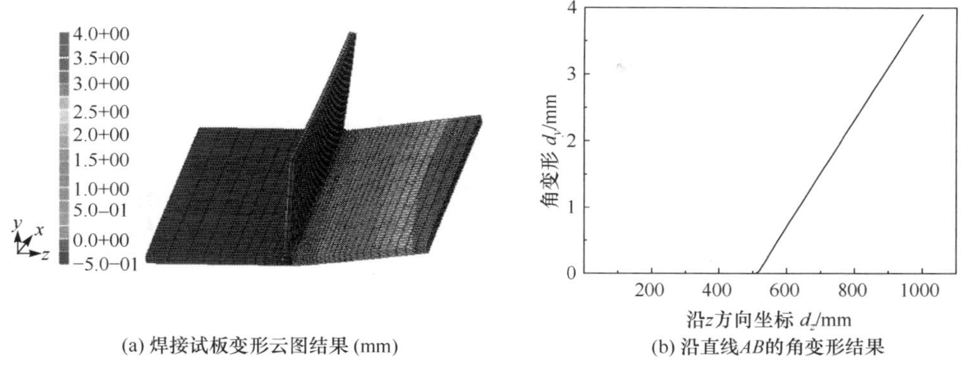

(a) 焊接试板变形云图结果 (mm)　(b) 沿直线AB的角变形结果

图 6-59　自由条件下焊接试板变形计算结果

在刚性夹持条件下，焊接试板沿线 AB 的 d_y 计算结果如图 6-60 所示。从计算结果可以看出，在刚性夹持条件下 d_y 略有减小。当 T 形结构底板两角边在焊接过程中刚性固定时，d_y 最大值由 3.9 mm 减小到 3.25 mm；当 T 形结构底板边沿在焊接过程中刚性固定时，d_y 最大值由 3.9 mm 减小到 3.1 mm。从根本上说，焊接变形实际上与焊接过程产生的塑性应变有关。刚性夹持并未产生足够的塑性延展来减少焊接接头的残余塑变，说明在夹持条件下并未产生引起较大下弯曲角变形的预应变。因此，刚性夹持释放以后，试板角变形并未明显减小，此结果说明刚性夹持不是减小焊接试板角变形的有效措施。

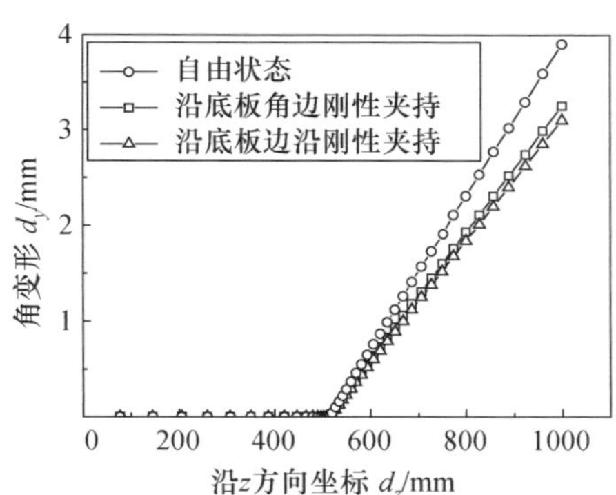

图 6-60　刚性夹持条件下沿线 AB 的角变形计算结果

图 6-61 为在不同的外拘束力条件下，焊接试板沿线 AB 的 d_y 的计算结果。计算结果表明，在外拘束力作用下，d_y 随着外力的增加而减小，最大的外力产生最小的角变形，甚至产生沿 y 负方向的角变形结果。因此，从计算结果可以得出，附

加外力对焊接试板角变形有很大影响。通过在焊接过程中施加外拘束力，产生预应变引起下弯角变形，最终使焊接所引起的残余角变形显著减小。

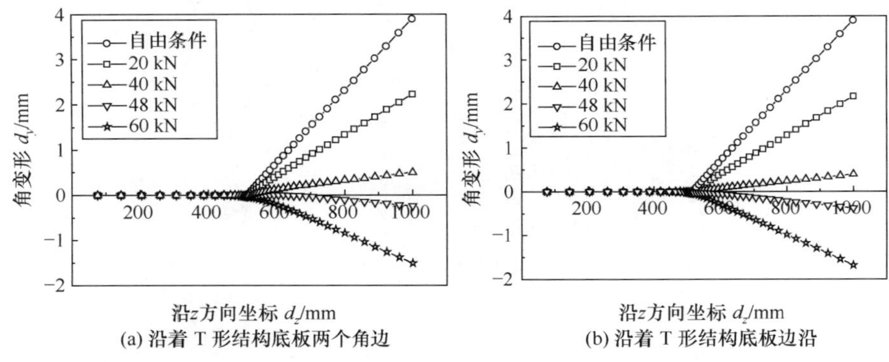

(a) 沿着 T 形结构底板两个角边　(b) 沿着 T 形结构底板边沿

图 6-61　外拘束力条件下沿线 AB 的角变形计算结果

图 6-62 所示为在刚性夹持及外拘束力作用下 B 点最大 d_y 的计算结果。从计算结果可以看出，刚性夹持在焊接过程中未使焊接试板产生过变形，因此最大 d_y 在刚性夹持条件下变化不大，而最大 d_y 随着外拘束力的增加而线性减小。无论在刚性夹持条件还是在外拘束力条件下，外拘束施加位置（整边沿或角点）对焊接角变形的最大值均没有产生显著影响。因此当拘束距离恒定，拘束施加位置对焊接试板角变形的大小没有影响。

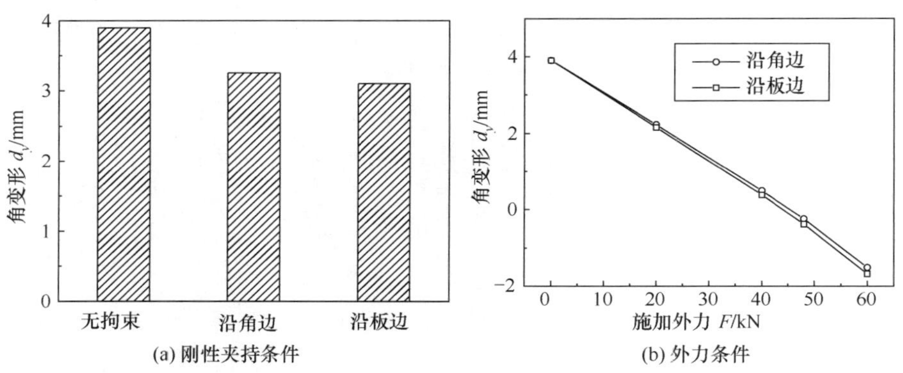

(a) 刚性夹持条件　(b) 外力条件

图 6-62　测点 B 最大角变形值

6.5.2　试验分析

通过外拘束力作用下的焊接试验，来验证施加外拘束力减小焊接角变形的计算模型。试验中所用的 T 形焊接结构底板尺寸为 400 mm×300 mm×16 mm，翼板尺寸为 300 mm×100 mm×16 mm，焊接试验装置如图 6-63 所示。以工作台上大尺寸平板作为试验平台，焊接接头底板中心通过点焊的方式焊接在试验平台上。底板与试验平台之间预留 20 mm 的间隙。两侧焊道的焊接参数相同：焊接电流 I=130 A，焊接电压 U=22 V，焊接速度 v=34 cm · min^{-1}。第一道焊接完成以后冷却至室温，然后进行第二道焊接。在第一道焊接完成后，焊完一侧的底板通过外装夹的方式进行刚性固定。进行第二道焊接之前，试件自由端底板边沿中心处施加 20 kN 外拘束力，测试外力作用下底板的变形情况（图 6-62）。试板有限元模型如图 6-64 所示。有限元计算所使用的焊接参数、装夹条件与试验过程一致。

图 6-63　试验装置

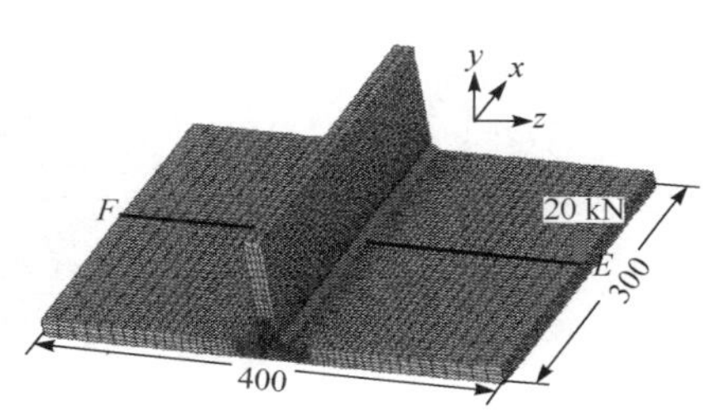

图 6-64　有限元模型

图 6-65 所示为 T 形接头焊接变形的计算结果。从计算结果可以看出，经过一道焊接后，试板的最大角变形为 3.92 mm（图 6-65(a)），两侧焊接完成以后，试板的最大角变形由 3.92 mm 增加到 7.62 mm（图 6-65(b)）。然而，如图 6-65(c) 所示，在第二道焊接过程中施加外拘束力，试板最大角变形减小到一个非常小的值 −5.6 mm。当外力释放以后，角变形弹性恢复至 −1.3 mm（图 6-65(d)）。

T 形接头底板上的 E 点（位置为 x=150 mm，见图 6-64）在无拘束及外力拘束条件下的计算结果如图 6-66 所示。从计算结果可以看出，在外拘束力条件下 E 点动态角变形形成过程可以分为 3 个阶段：焊接加热阶段、焊接冷却阶段和附加外力释放以后的阶段。

计算结果表明，外力拘束焊接条件下，在焊接加热阶段（300～356 s），焊缝及近缝区膨胀使焊接试板产生向下角变形，使角变形值减小到 −6 mm。在焊接冷却阶段，由于附加外力的作用，焊缝横收缩以及向上（沿 y 轴正方向）的角变形受到限制，角变形大小在冷却阶段保持不变。在第三阶段，当外力释放以后，试板发生弹性恢复，角变形增加至 −1.3 mm，这个变形值成为最终的残余角变形。以上分析表明，外拘束力能将焊接试板的角变形控制在一个很低的水平。

沿直线 EF（x=150 mm，见图 6-64）的角变形计算及试验结果如图 6-67 所示。

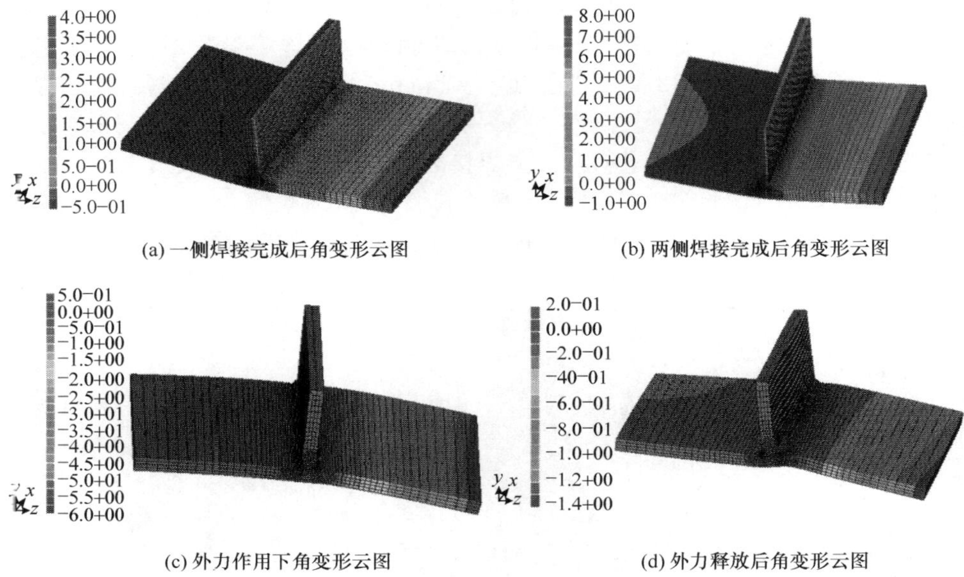

(a) 一侧焊接完成后角变形云图　　(b) 两侧焊接完成后角变形云图

(c) 外力作用下角变形云图　　(d) 外力释放后角变形云图

图 6-65　焊接角变形计算结果(mm)

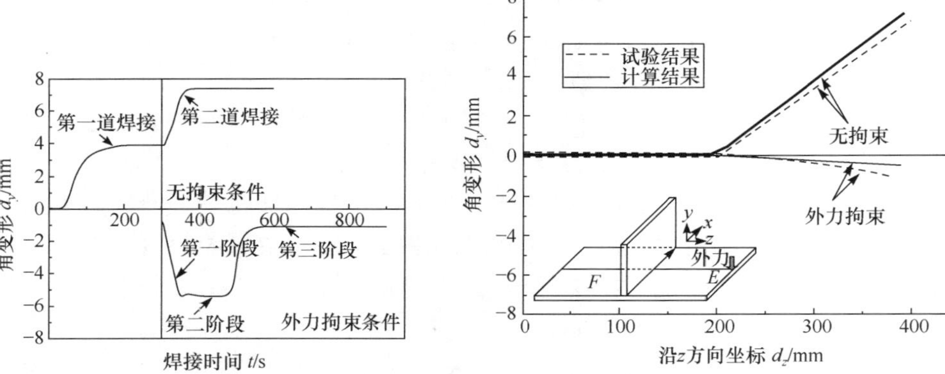

图 6-66　底板上 E 点动态角变形结果　　图 6-67　沿直线 EF 的角变形计算及试验结果

图 6-67 结果表明,沿直线 EF 的角变形计算结果与试验结果一致,有限元模型能够准确计算外拘束力作用下焊接试板的角变形。

由前述分析可知,在焊接过程中施加外拘束力是一种简单有效的实时控制焊接变形的方法。可以通过附加外拘束力的方法来控制图 5-49 所示的大型焊接结构的焊接变形。由第 5 章迭代子结构方法计算大型结构焊接变形的预测结果可知,该大型焊接结构的焊接变形主要产生于焊接结构的左边沿(图 5-51)。因此,在焊接过程中,可在试板左边沿中心位置施加 8.8 kN 外拘束力来控制该结构的焊接角变形。在外拘束力作用下,该大型结构的焊接角变形计算结果如图 6-68 所示。

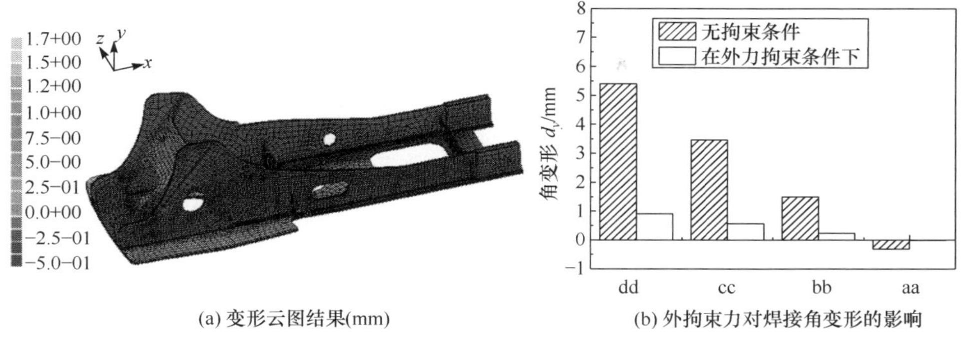

(a) 变形云图结果(mm) (b) 外拘束力对焊接角变形的影响

图 6-68 8.8 kN 外力作用下大结构焊接变形计算结果

计算结果表明,施加外拘束力能够有效减小大结构焊接角变形。从距焊缝中心不同距离的测点在外力施加前后焊接角变形的变化(图 6-68(b))可以看出,近缝区(测量线 aa)变形值在外力作用下减小到 0,远离焊缝端的最大角变形值降低为未施加外力变形值的 17%左右。

参考文献

[1] Sarkani S, Tritchkov V, Michaelov G. An efficient approach for computing residual stresses in welded joints[J]. Finite Elements in Analysis and Design, 2000, 35(3): 247-268.

[2] Liu C, Zhang J X, Xue C B. Numerical investigation on residual stress distribution and evolution during multipass narrow gap welding of thick-walled stainless steel pipes[J]. Fusion Engineering and Design, 2011, 86(4-5): 288-295.

[3] Dong P. Residual stress analyses of a multi-pass girth weld: 3-D special shell versus axisymmetric models[J]. Journal of Pressure Vessel Technology, 2001, 123(2): 207-213.

[4] Dean D, Hidekazu M. Numerical simulation of temperature field and residual stress in multi-pass welds in stainless steel pipe and comparison with experimental measurements[J]. Computational Materials Science, 2006, 37(3): 269-277.

[5] Brickstad B, Josefson B L. A parametric study of residual stresses in multi-pass but-welded stainless steel pipes[J]. International Journal of Pressure Vessels and Piping, 1998, 75(1): 11-25.

[6] 刘川, 张建勋, 张林杰. 基于焊缝形状的二维焊接温度场模拟热源模型[J]. 材料热处理学报, 2008, 29(2): 178-180.

[7] 刘川. 金属熔焊应力变形高效数值计算技术及其应用研究[D]. 西安: 西安交通大学, 2009.

[8] Liu C, Zhang J X. Numerical and experimental investigations on the modification of as-wel-

ded residual stress after local material removal[J]. Journal of Strain Analysis for Engineering Design, 2011, 46(6): 444-455.

[9] Zhang J M, Dong P S, Brust F W, et al. Modeling of weld residual stresses in core shroud structures[J]. Nuclear Engineering and Design, 2000, 195(2): 171-187.

[10] Mahapatra M M, Datta G L, Pradhan B, et al. Modelling the effects of constraints and single axis welding process parameters on angular distortions in one-sided fillet welds[J]. Proceedings of the Institution of Mechanical Engineers. Part B: Journal of Engineering Engineering Manufacture, 2007, 221(3): 397-407.

[11] Malik A M, Qureshi E M, Dar N U, et al. Analysis of circumferentially welded thin-walled cylinders to investigate the effects of varying clamping conditions[J]. Proceedings of the Institution of Mechanical Engineers. Part B: Journal of Engineering, 2008, 222(7): 901-904.

[12] Schenk T, Richardson I M, Kraska M, et al. A study on the influence of clamping on welding distortion[J]. Computational Materials Science, 2009, 45(4): 999-1005.

[13] Heinze C, Schwenk C, Rethmeier M. Numerical calculation of residual stress development of multi-pass gas metal arc welding under high restraint conditions[J]. Materials and Design, 2012, 35: 201-209.

[14] Schenk T, Doig M, Esser G, et al. Influence of clamping support distance on distortion of welded T joints[J]. Science and Technology of Welding and Joining, 2010, 15(7): 575-582.

[15] Wahab M A, Alam M S, Painter M J, et al. Experimental andnumerical simulation of restraining forces in gas metal arc welded joints[J]. Welding Journal, 2006, 26(2): 35s-43s.

[16] Adak M, Soares C G. Effects of different restraints on the weld-induced residual deformations and stresses in a steel plate[J]. The International Journal of Advanced Manufacturing Technology, 2014, 71(1-4): 71: 699-710.

[17] 刘川，张建勋，牛靖. 焊接动态拘束变形三维多体耦合数值计算[J]. 机械工程学报，2010，46(6)：83-86，92.

[18] Liu C, Zhang J X. Numerical simulation of transient welding angular distortion with external restraints[J]. Science and Technology of Welding & Joining, 2009, 14(1): 26-31.

[19] Liu C, Zhang J X. Investigation of external restraining force effects on welding residual stresses using 3D thermal elastic-plastic multi-body coupling FE model[J]. Proceedings of the Institution of Mechanical Engineers. Part B-Journal of Engineering Manufacture, 2009, 223(12): 1591-1600.

[20] 刘川，张建勋. 外拘束力对堆焊焊接残余应力影响研究[J]. 中国机械工程，2009，20(10)：1234-1239.

[21] Wang R, Zhang J X, Liu C, et al. Welding distortion investigation in fillet welded joint and structure based on iterative substructure method[J]. Science and Technology of Welding and Joining, 2009, 14(5): 396-403.

第 7 章　大型复杂焊接结构应力变形有限元计算工程应用

本章介绍焊接应力变形有限元计算的几个工程实例，包括高能束焊接应力变形、大型筒体焊接应力变形及大型核电转子构件焊接应力分析。

7.1　前齿轮-法兰装配体激光深熔焊应力变形[1,2]

汽车传动系统中齿轮和法兰之间的连接通常采用螺栓连接接头。激光深熔焊接技术的迅速发展使激光焊接接头代替汽车传动系统中齿轮和法兰之间的螺栓连接接头成为可能。用激光深熔焊接接头来取代载重汽车传动系统中齿轮和法兰之间的螺栓连接接头，可以减轻汽车重量、降低油耗，还可以降低汽车行驶中产生的噪音。但是激光焊接过程会在工件中产生残余应力和变形。虽然试验研究是控制和减少焊接残余变形最可靠的方法，但是试验研究有成本高、周期长的缺点，通常不可能对关心的每一种情况都进行试验研究。采用试验方法对于三维的残余应力场进行研究也会受到很多限制，即使是采用破坏性的检测方法也很难检测到详细的三维残余应力分布。对于焊接过程中的瞬态三维应力，更不可能通过试验手段得到。三维热弹塑性有限元方法是一种非常成熟、可靠的焊接残余应力与变形预测方法，采用这种方法可以得到不同工艺条件焊接过程中详细的瞬态三维应力和变形的演变过程及焊后的三维残余应力与变形分布。

如图 7-1 所示为研究的两种焊接接头型式，图 7-1(a)是 0°接头型式，它由一束沿垂直方向向下传播照射到工件表面的激光束加工而成。图 7-1(b)是 30°接头型式，它由一束沿与垂直方向成 30°夹角入射到工件表面的激光束加工而成。本节通过研究两种接头形式对焊接应力变形的影响，找到减小前齿轮-法兰装配体激光深熔焊接残余应力变形的方法。

7.1.1　计算模型

如图 7-2 (a)所示为采用 0°接头的前齿轮-法兰装配体的实体模型，连接齿轮和法兰的环焊缝外径为 320 mm。图 7-2 (b)是 0°接头前齿轮-法兰装配体的有限元网格，它由 11639 个单元和 28867 个节点组成。前齿轮-法兰装配体的网格由两种类型的实体单元组成，在焊缝及其附近区域使用了 20 节点六面体高阶单元，在远离焊缝的区域使用了 10 节点四面体单元，两种单元之间采用金字塔单元进行过渡。在距离焊缝中心 8 mm 以内的区域使用细密的网格，远离焊缝区域采用稀疏

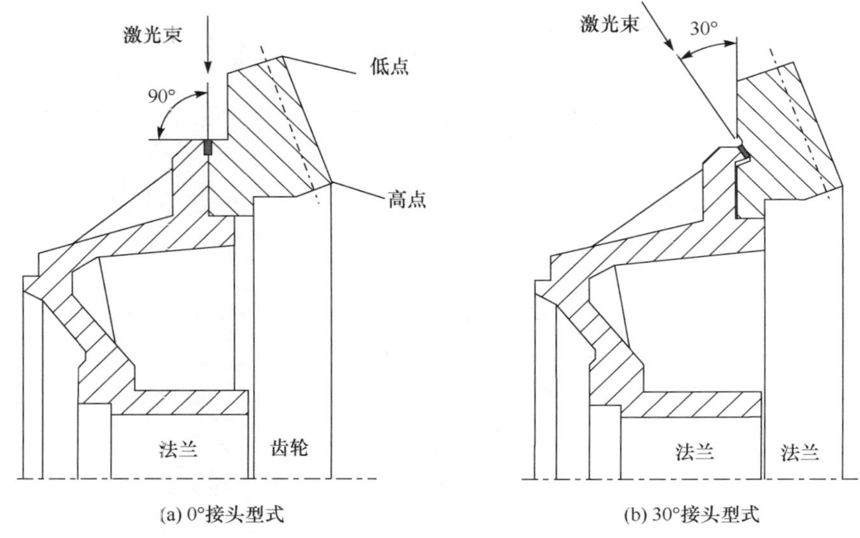

(a) 0°接头型式　(b) 30°接头型式

图 7-1　两种激光焊接头型式

的网格，模型中最小单元尺寸为 0.5 mm×1 mm×1.75 mm。两种不同接头型式的前齿轮-法兰装配体采用同样的网格划分方法，在焊缝及其附近区域采用相同的网格划分方案，以确保其计算结果的可比性。

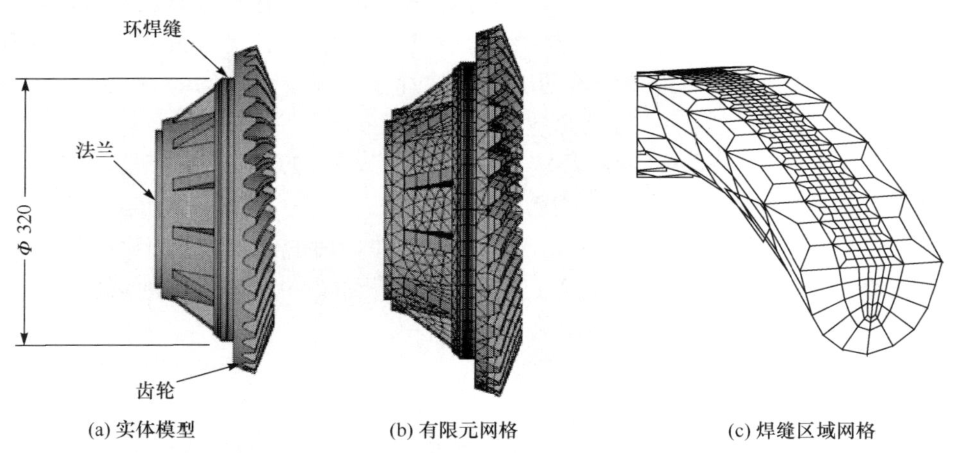

(a) 实体模型　(b) 有限元网格　(c) 焊缝区域网格

图 7-2　0°接头前齿轮-法兰装配体模型示意图

7.1.2　材料属性

图 7-3 是本研究采用的材料热物理性能参数和力学性能参数，法兰采用的材料牌号是 SAE15V24，齿轮采用的材料牌号是 SAE8822。假设焊缝材料的性能参

数是法兰材料性能参数与齿轮材料性能参数的平均值。如图 7-3 所示，齿轮材料与法兰材料的屈服应力不同，其他性能参数均相同。假设材料服从 von-Mises 屈服准则和双线性等向强化准则。

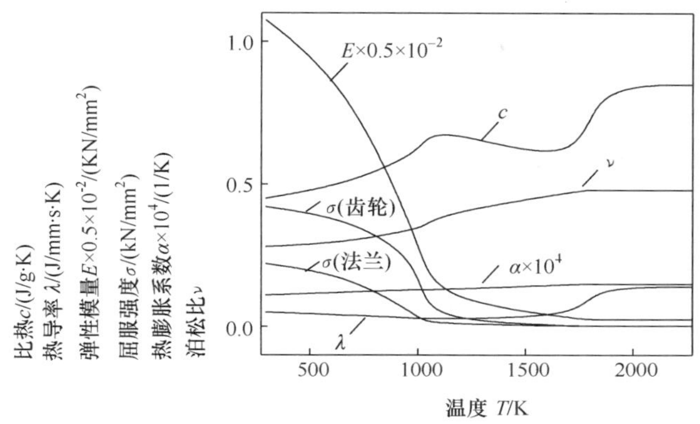

图 7-3　与温度相关的材料性能参数

7.1.3　边界条件

在热分析中，热载荷以节点热生成率的形式加载到模型上，在模型表面覆盖一层表面效应单元来模拟向周围环境的对流散热，忽略了辐射热损失。

图 7-4 是采用 0°接头型式的前齿轮-法兰装配体模型的边界条件示意图。在力学分析中，将图 7-4 (a)中的面 A 上所有节点在三个方向上的位移约束设为零，以防止模型发生刚体移动。此外，图 7-4 (b)所示的接触面和目标面上覆盖接触单元组成一个接触对，来模拟齿轮实体和法兰实体的接触对焊接残余变形的影响。另外，为了简化，采用节点耦合集来模拟齿轮和法兰之间的热缩过盈配合，对图 7-4 (a)中面 B 和面 C 上的节点在三个方向上的位移分别进行耦合。

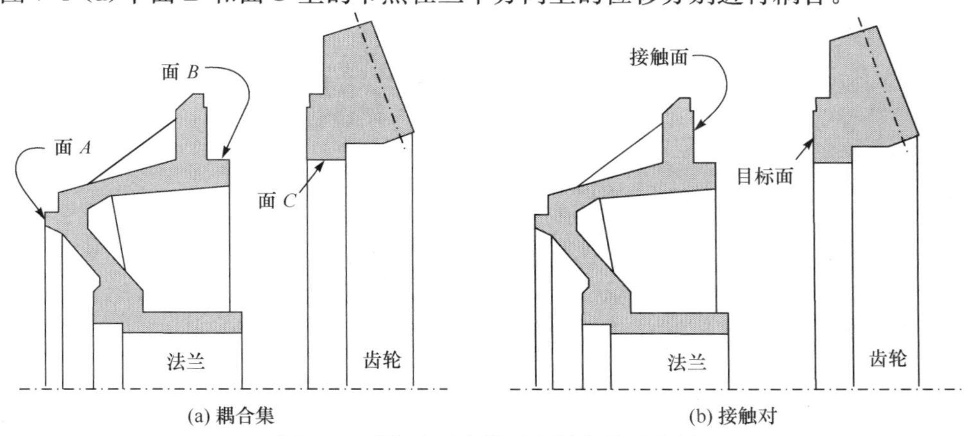

图 7-4　0°接头型式模型边界条件示意图

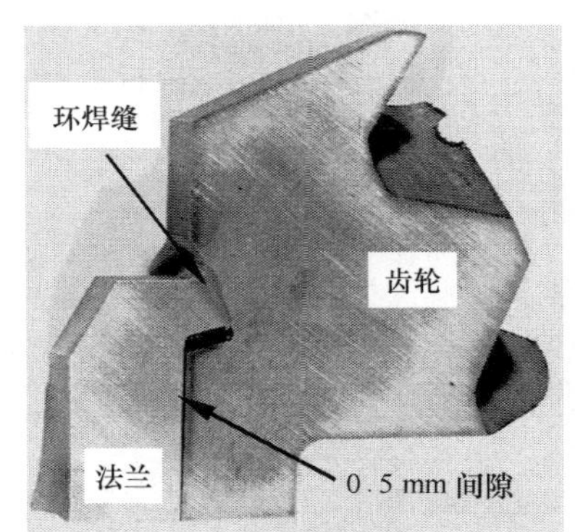

图 7-5　30°接头的实际横截面

如图 7-5 所示是采用 30°接头型式的前齿轮-法兰装配体激光深熔焊接接头的横截面试样。可以看到 30°接头中齿轮和法兰之间有一个 0.5 mm 宽的间隙，所以在该模型的结构分析中没有使用接触单元，除此之外，30°接头型式模型结构分析中的边界条件与 0°接头型式模型完全一样。

7.1.4　计算过程

本例采用间接耦合的方式来计算激光深熔焊接残余应力变形。首先，通过非线性瞬态热分析来求解移动热源焊接过程的温度场，并按照时间顺序保存温度场计算结果。然后，把瞬态热分析计算结果作为结构分析的载荷来计算焊接过程中产生的应力和变形，得到冷却至室温后工件的残余应力和变形。结构分析中使用的网格与热分析中使用的网格完全相同，只是单元类型不同。

由于焊接过程是一个高度非线性的过程，工件上的温度急剧变化，材料的属性也随着温度急剧变化，所以选用全牛顿-拉弗森法迭代求解，每次迭代都对材料属性和刚度矩阵进行更新。使用了单元休眠技术实现焊缝的生长并避免塑性应变累积，当某个单元的温度超过材料的熔点时就将该单元休眠掉，此前该单元中形成的塑性应变全部清除。

采用带状均匀体热源模型来计算前齿轮-法兰装配体激光深熔焊接的温度场。带状均匀热源模型将焊缝划分为等长的很多小段，然后通过依次加热各小段焊缝来模拟移动热源的焊接过程。这种简化既考虑了加热先后顺序对残余变形的影响，又大大提高了计算的效率。

使用带状热源模型计算前齿轮-法兰装配体的残余变形之前，先通过简化齿轮-法兰装配体模型研究热生成率对焊缝形貌的影响、焊缝分段数量对残余变形计算结果影响及载荷步数对计算精度和效率的影响。最终确定将焊缝划分为等长的 60 段，然后依次加热这 60 段焊缝来模拟移动热源的焊接过程，热载荷以节点热生成率的方式加载，热生成率取值为 1500 W/mm^3。焊接过程共花费了 40 s，用 540 个载荷步进行计算，随后的冷却过程用另外的 40 个载荷步进行计算。结构分析中采用的载荷步设置与热分析中采用的载荷步设置完全一致。结构分析在 HP XW4100 工作站上完成，一次完整的结构分析需要花费约 185 h。

7.1.5　计算结果与讨论

1. 残余变形

在上述研究的基础上，对比计算了 0°和 30°两种不同焊接接头型式对前齿轮-法兰装配体激光深熔焊接残余变形的影响。

主要关心图 7-1 所示的齿顶高点和低点在焊后的变形情况，因此，在此只给出了齿顶高点和低点的位移计算结果，如图 7-6 所示。

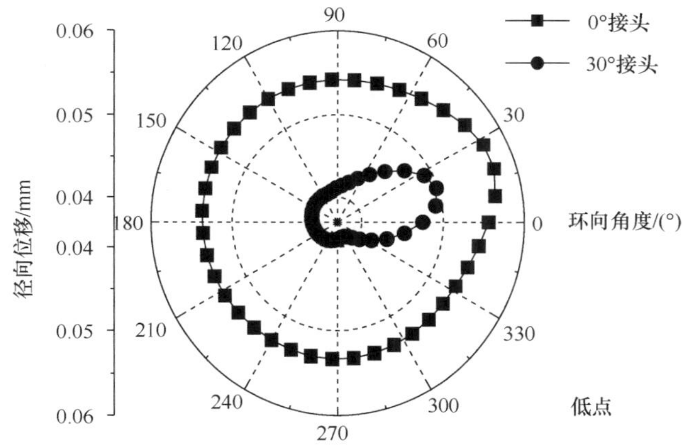

(a) 低点的径向位移

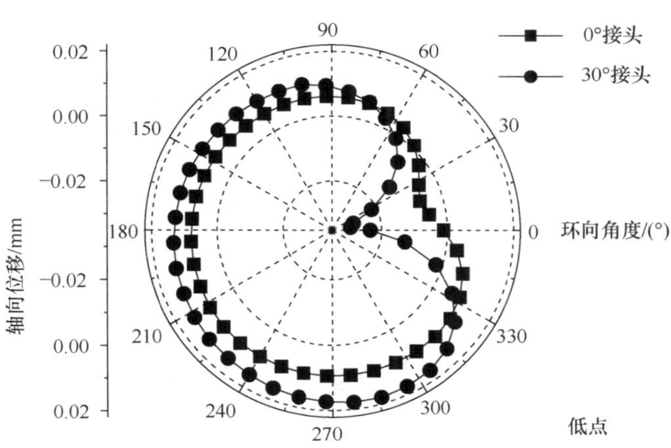

(b) 低点的轴向位移

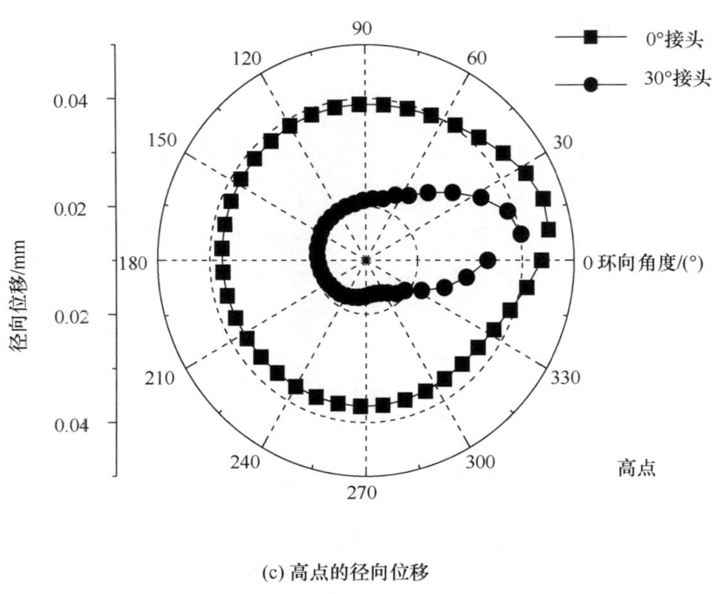

(c) 高点的径向位移

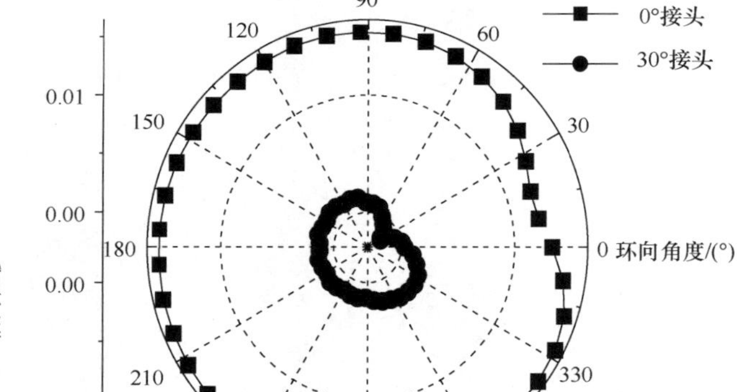

(d) 高点的轴向位移

图 7-6 接头型式对齿轮-法兰装配体残余变形的影响

图 7-6 (a)是 0°接头和 30°接头齿顶低点的径向位移计算结果比较。由图可以看到,采用两种接头型式得到的齿顶低点径向位移均为正值,并且采用 0°接头时齿顶的径向位移大于采用 30°接头时的齿顶径向位移。这主要是因为前齿轮-法兰装配体中 0°接头焊缝横向收缩的方向与径向垂直,而 30°接头焊缝横向收缩的方

向与径向不垂直，所以 30°接头焊缝的横向收缩可以抵消齿顶低点沿径向正方向的一部分位移。

图 7-6 (b)所示是两种不同接头型式下齿顶低点的轴向位移。在始焊位置，即环向坐标为 0°的位置附近，采用 30°接头时齿顶低点的轴向位移远小于采用 0°接头时的齿顶低点轴向位移。分析认为，这主要是因为在 30°接头中齿轮和法兰之间有一个 0.5 mm 宽的间隙(图 7-5)，接头沿轴向受到的拘束度较小，在焊接第一段焊缝时会产生较大的横向收缩。这一点与试验中观察到的情况一致。在实际的焊接过程中，在始焊位置，即环向坐标为 0°的位置处焊完第一段定位焊缝后，由于 30°接头齿轮装配体中定位焊缝横向收缩受到的拘束较小，在其环向坐标为 180°的位置处出现了宽度约为 1 mm 的间隙，而采用 0°接头的齿轮装配体在焊完第一段定位焊缝后其环向坐标为 180°的位置处没有出现明显的间隙。

从图 7-6 (b)还可以看到，在远离焊缝始焊位置的区域，采用 30°接头的前齿轮-法兰装配体的齿顶轴向位移略大于采用 0°接头的前齿轮-法兰装配体的齿顶轴向位移。这一方面是因为 0°位置附近的定位焊缝形成后使其他位置处焊缝的横向拘束度增大，另一方面也因为 0°接头中焊缝的横向收缩方向与坐标系的轴向完全一致，所以与 30°接头相比，0°接头中焊缝的横向收缩可以更多地抵消齿顶低点的轴向正方向位移。

图 7-6 (c)是两种接头型式下得到的齿顶高点的径向位移。从图 7-6 (c)可以看到，采用 30°接头时齿顶高点的径向位移小于采用 0°接头时的齿顶高点径向位移。图 7-6 (d)所示是两种接头型式下得到的齿顶高点的轴向位移。由图可以看到，采用 30°接头时齿顶高点的轴向位移也小于采用 0°接头时齿顶高点的轴向位移。

2. 残余应力场

图 7-7 是 0°接头中环向坐标为 90°位置处横截面上的残余应力场计算结果。由图可见，因为在冷却过程中焊缝金属的收缩受到了周围金属的约束，所以在焊缝中心附近区域存在一个拉应力区域，而距焊缝中心稍远的地方形成了一个很大的压应力区域，与焊缝区域的拉应力平衡。从图 7-7 还可以看到，各个方向上拉应力的峰值都出现在焊缝金属的中心区域。从图 7-7 (a)可以看到，随着距焊缝中心的距离的增大，径向拉应力不断减小，在距离焊缝中心约 5 mm 的位置径向拉应力为零，距离焊缝中心更远的地方则出现了径向压应力区域。比较图 7-7 中各个方向上的残余拉应力可以发现，0°接头中径向拉应力的峰值要大于另外两个方向上的拉应力峰值。

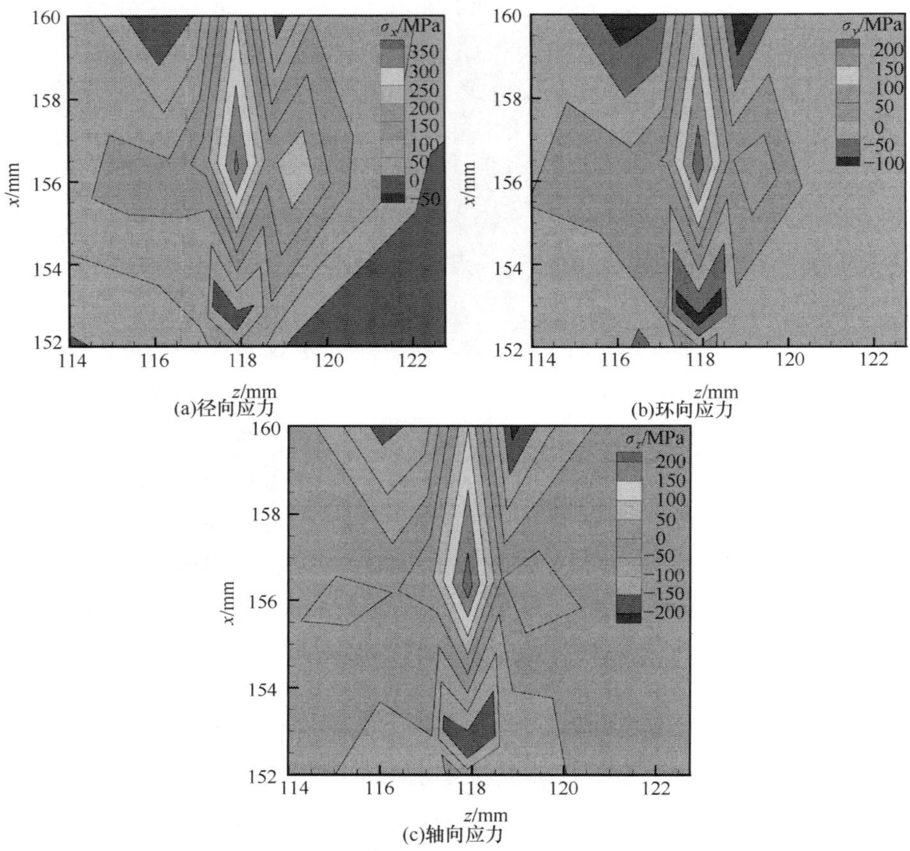

图 7-7　0°接头中环向坐标为 90°的横截面上的残余应力场

图 7-8 是 30°接头中环向坐标为 90°位置处横截面上的残余应力的分布情况。和 0°接头中残余应力分布规律相似，30°接头中 3 个方向上残余应力的拉应力区都出现在焊缝的中心区域。与 0°接头不同的是，30°接头中的最大轴向应力约为 270 MPa，大于径向拉应力峰值和环向拉应力峰值。此外，比较图 7-7 和图 7-8 可以看到，采用 30°接头时焊缝的上表面附近区域都是压应力区域，而 0°接头焊缝的上表面附近区域则存在一个很窄的拉应力区域。

从图 7-6～图 7-8 的结果可以看出，齿轮-法兰装配体激光深熔焊接接头的残余应力和变形对接头型式十分敏感。综合考虑接头各个方向上的位移和应力结果，认为 30°接头型式优于 0°接头型式。

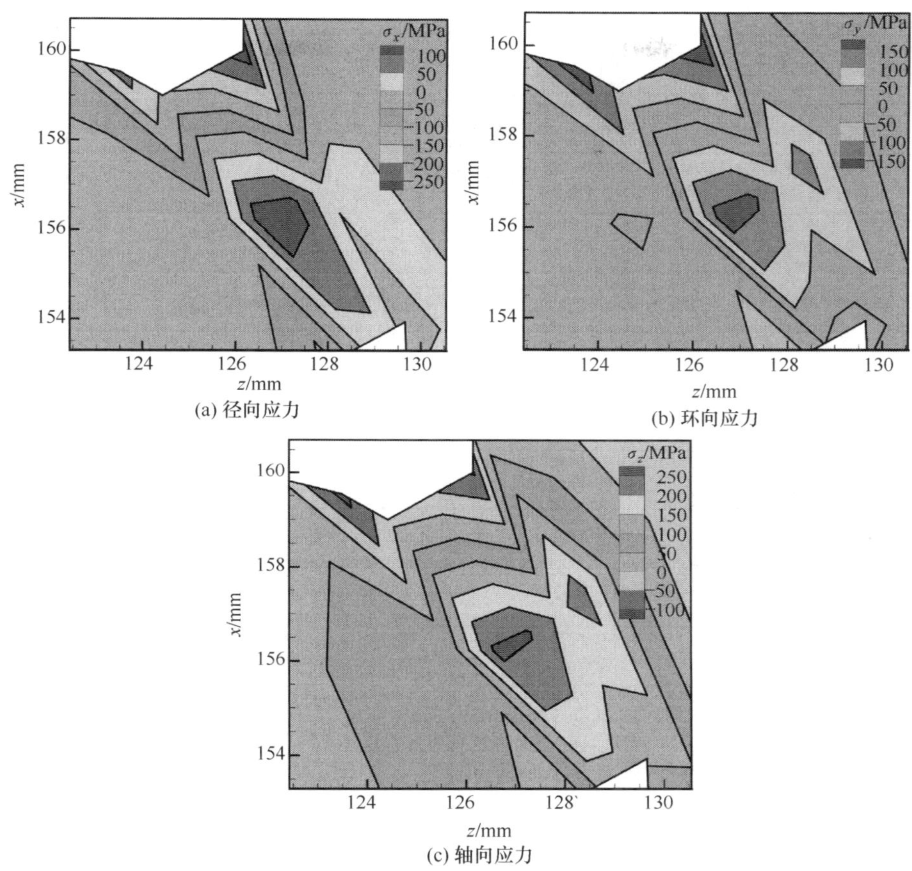

(a) 径向应力

(b) 环向应力

(c) 轴向应力

图 7-8 30°接头中环向坐标为 90°的横截面上的残余应力场

7.2 大型厚壁筒体斜插弯管接头应力变形快速预测[3-5]

大型厚壁圆筒是工业生产中很多常用设备的基础结构，用于承载液体或气体等介质，也可作为化工合成的容器。厚壁圆筒在承受单纯内外压时受力情况比较简单，也易于控制。但当在圆筒上开有接管口，或存在一定的焊缝时，由于结构完整性及对称性发生了改变，筒体各部位将产生不均匀的应力，并会因此产生不利的变形状态。尤其是当筒体上已进行过焊接操作时，焊缝部位往往是结构上应力数值最高、应力集中最严重的区域，且常常伴随着因焊缝收缩而产生的较大变形，从而影响结构的后续装配及使用。

对于厚壁圆筒上带有接管的接头，在焊接中最重要的问题是厚壁筒体圆度的改变及接管与筒体之间焊缝区域的不均匀收缩。由于筒体圆度及环形焊缝的不均匀收缩很难实时测量，而一旦产生又难以校正，所以如果在焊接前就能预测到接头的变形规律，就可以对筒体及焊缝的不均匀变形进行相应的控制，以改善焊后接头质量。如果带有接管的圆筒结构壁厚很厚，焊接中需要多层多道焊才能完成，则除了变形接头还可能产生很大的不均匀残余应力，尤其是大梯度残余应力状态的焊缝周边，将成为接头使用过程中最为薄弱的区域，如不进行处理将成为很大的安全隐患。

由于测量困难，基于数值技术对厚壁筒体焊接问题进行研究是非常有效的方法。但是大型厚壁多道焊结构计算过程中，由于焊道数非常多，且实际焊接过程非常漫长，有限元计算的时间将持续数天甚至数十天。所以有必要研究针对大型焊接结构的快速预测模型和方法。本节介绍厚壁筒体切向斜插弯管接头焊接应力变形的有限元计算，建立了 3 种有限元快速预测模型，分别为简化焊道数、简化热源移动过程及两者都简化的模型，分析了 3 种简化模型预测大型厚壁筒体结构焊接过程的异同，并利用最为节约计算时间的一种模型，对厚壁筒体斜插弯管接头的应力、变形特征进行数值快速预测。

7.2.1　有限元模型

如图 7-9 所示，厚壁筒体斜插弯管接头由两部分组成，在一个外径为 3650 mm 的厚壁筒体上相贯焊接一个外径为 1650 mm 的弯管，两结构壁厚均为 125 mm。弯管切向斜插在厚壁筒体上，弯曲半径为 5000 mm。

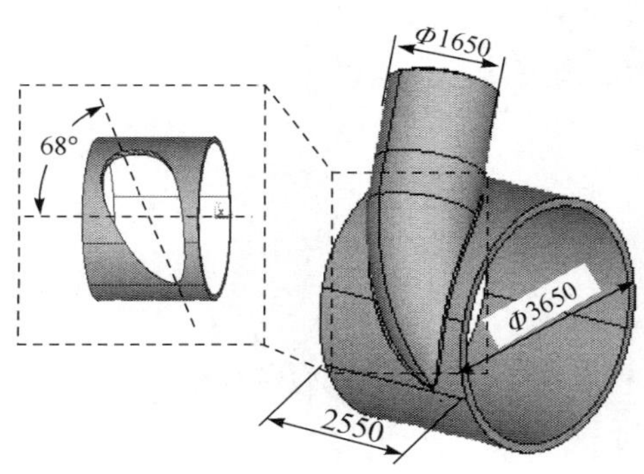

图 7-9　筒体切向斜插弯管结构及坡口示意图

根据实际构件尺寸，建立了1∶1实体模型并进行有限元网格划分。结构网格划分如图 7-10 所示。由于接头形状较不规则，焊缝不对称并且曲率变化很大，所以采用六面体网格划分比较困难，甚至会大幅度增加接头单元数量。因为计算过程仅为预测过程，且要考虑计算效率，所以单元类型采用四面体单元。将实体模型离散成 50514 个单元，其中焊缝部位最小单元尺寸约为 5 mm×5 mm×12 mm，焊缝深度方向网格尺寸略大。结合实际施工过程，对厚壁筒体一侧端面施加轴向固定约束，以防止结构在水平方向上移动。在同一侧筒体端面上远离弯管焊接部位某点处施加限制 3 个方向自由度的固定约束，以防结构转动。为简化计算，设定焊缝及母材同为 20G 碳钢，其材料属性如图 7-11 所示。

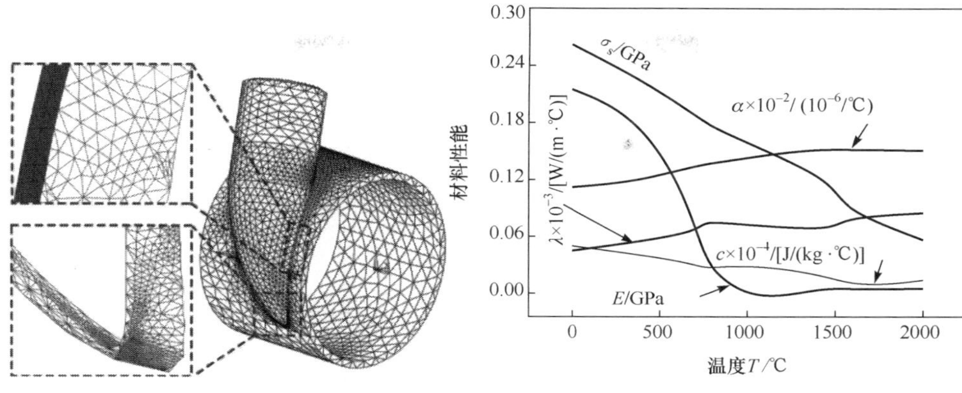

图 7-10　筒体切向斜插弯管接头有限元模型

图 7-11　材料性能

α：线膨胀系数；σ_s：屈服强度；E：弹性模量；c：比热；λ：导热系数；ρ(密度)＝7.89×10^6 kg/m^3

采用综合换热系数代替对流和辐射系数，以体现散热效应。所用参数中的“应变硬化模量 E_T”取为 1%×E(弹性模量)[6]。

焊接过程为焊条电弧焊，采用相贯外坡口，具体工艺参数如表 7-1 所示。

表 7-1　焊接工艺参数

参数	参数值
坡口形式	相贯外坡口
焊接方式	焊条电弧焊
试验材料	20G
焊接速度	16 cm·min^{-1}
单道焊接平均时间	100 min

7.2.2　简化计算及其结果比较

1. 简化方式的确定

建立 3 种简化模型，以分析简化焊道数与简化热源移动过程对接头应力的影响。

A 模型：因模型焊道数约 120 道，总焊接时间需 200 h 以上，如对 120 道焊接逐道进行计算，计算量巨大。多道焊的中间过程对于残余应力影响相对不太重要，因此本例将焊道数简化为 5 道，焊接初期打底焊阶段的所有焊道简化为 1 道，焊接末期盖面焊阶段的所有焊道简化为 1 道，而焊接中期填充焊阶段的所有焊道简化为 3 道。此时 5 道焊缝基本可以代表焊缝为 120 道时的状态。焊道数简化为 5 道后的焊接顺序及焊缝尺寸如图 7-12 所示。计算中不考虑热源移动的影响。

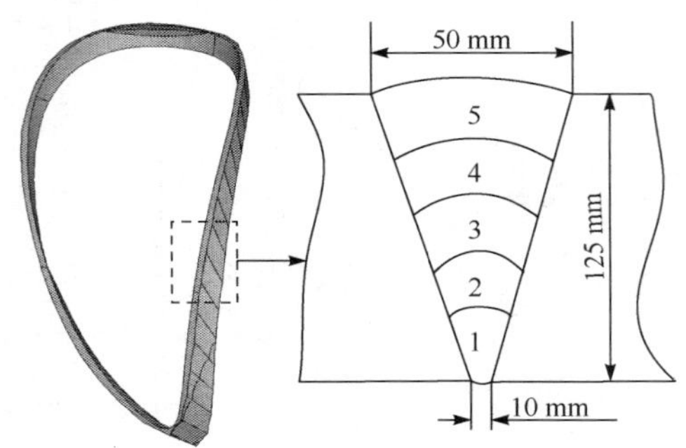

图 7-12　焊道数为 5 道时的焊接顺序

B 模型:将整个焊缝简化为 1 道。焊缝各部位顺序加热,即考虑热源移动的影响。

C 模型:将焊缝简化为 1 道,且不考虑热源移动的影响。即焊道数与热源移动过程同时简化。

3 种计算模型的简化方式如表 7-2 所示。为比较结果,3 种模型均采用同样的有限元单元与材料性能参数,且计算中采用相同的总热输入。简化焊道数时,因为将焊道数合并,在焊接过程中,焊缝向母材的热传导将快于实际过程,相当于母材内的热扩散慢于实际过程,母材内温度梯度增大。所以按比例将母材的导热系数适当增大,即可增大母材内部的热扩散,使整个接头的温度梯度保持在正常范围内。而冷却过程中不涉及焊道数简化的问题,因此恢复正常的导热系数,使整个热传导计算过程尽量接近实际过程。

表 7-2　3 种计算模型简化方式

模型	焊道数	热源移动
A	5	否
B	1	是
C	1	否

2. 简化计算结果比较

为比较简化模型计算结果,取位于焊缝较平直区域内焊缝中心线上一点 A 作为研究点;另以此点为边界,沿垂直焊缝方向在筒体外表面取一研究区域 B。

1) 残余应力计算结果比较

图 7-13 比较了采用 3 种简化模型所得到的接头 A 点沿焊缝深度不同位置 h 处的米塞斯等效残余应力 σ_m 分布,其中深度 0 位置在内表面。

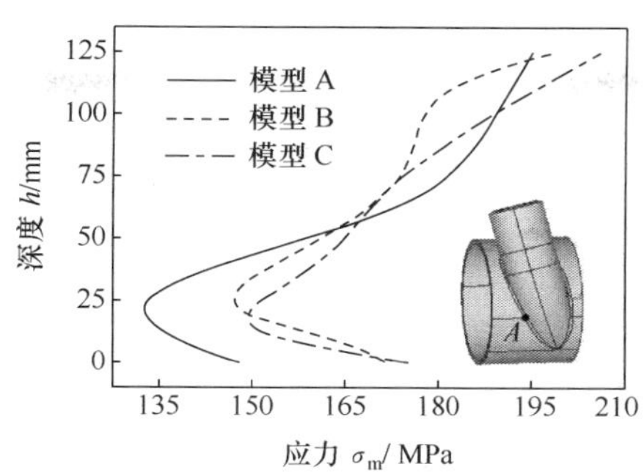

图 7-13 3种模型 A 点处焊缝不同深度处的等效应力

从图 7-13 可知,3 种简化模型焊缝不同深度处的等效残余应力计算结果比较接近。由于采用多道焊模拟,模型 A 结果最符合相关资料厚壁容器深度方向应力分布的典型描述[1],而简化为一道焊缝并没有使应力结果改变很大。3 种模型的应力计算值相差不大,在应力差别最大的距焊缝内表面 25 mm 处,3 种模型计算出的残余应力仅相差 10%左右。

比较模型 B 与 C,简化热源移动过程对厚壁容器焊道填充方向,也就是焊缝深度方向的应力结果影响较小。采用简化焊道数的方法进行厚壁容器焊接应力计算,在焊道填充方向的误差要大于简化热源移动过程。

图 7-14 为利用 3 种简化模型所得的 B 区域内外表面,沿垂直焊缝方向,不同位置 d 处的等效残余应力 σ_m 分布。其中 0 位置为焊缝中心。由图可知,对于焊缝表面等效应力梯度的模拟结果,采用简化焊道数方法明显要好于简化热源移动过程的方法。因此,当研究相同焊道平面内的应力状态时,采用热源逐步移动方式进行加载的精度相对而言要更高一些。

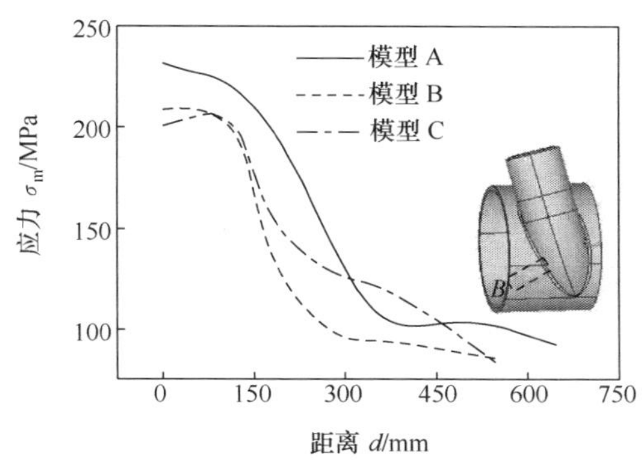

图 7-14 3种模型 B 区域距离焊缝不同位置处的等效应力

为说明简化方式对接头整体残余应力的影响，图 7-15 对比了 3 种简化模型计算出的接头等效残余应力 σ_m 分别达到屈服极限 σ_s 的 80%、60%及 50%的区域。可见 3 种模型整体等效应力计算结果是比较接近的。3 种模型应力达 80%σ_s 的区域都位于焊缝上，应力达 50%σ_s 的区域也几乎全位于筒体近缝区，弯管上应力较小。

采用简化焊道数与简化热源移动过程的方式，接头应力基本分布规律没有很大的差异。但采用不简化焊道数，焊缝上应力数值最高，而采用热源逐步移动方式接头上高应力区域最宽。

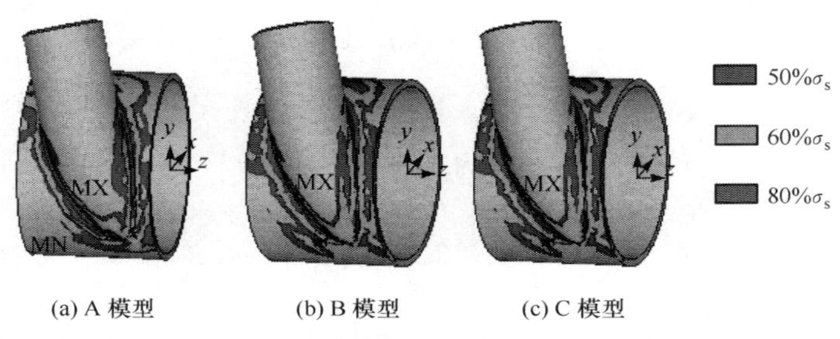

(a) A 模型　(b) B 模型　(c) C 模型

图 7-15　3 种简化模型所得等效残余应力分布

2）过程应力计算结果比较

为体现简化方式对接头过程应力的影响，对 3 种简化模型 A 点处内外表面部位不同时刻的过程应力 σ 进行比较，如图 7-16 所示。从图中看出，简化焊道数对接头过程应力具有一定影响，会使应力峰值出现时间提前；而简化热源移动过程，则会明显增大过程应力的峰值。比较而言，由于接头内表面焊道填充较早，3 种模型焊缝内表面应力峰值出现的时刻相差更小。可见简化焊道数，对于焊道数较多和焊接时间较长的接头的过程应力可能具有更大的影响。

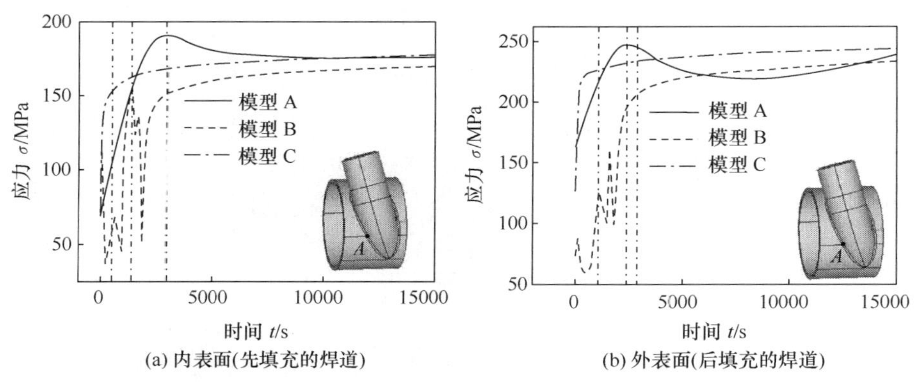

(a) 内表面(先填充的焊道)　(b) 外表面(后填充的焊道)

图 7-16　3 种模型点 A 处内外表面的等效残余应力

7.2.3　利用简化模型进行快速预测

通过对厚壁筒体斜插弯管接头应力特征的分析，比较了 3 种简化计算模型的特点。采用焊道数与热源移动过程都简化的模型 C 进行计算，会使焊缝深度方向各点的应力略有增大，同时会使接头过程应力峰值有所增大，但增大的幅度都在 20%以内。而采用此简化计算模型，可大幅缩短计算时间。因计算量太大，120 道焊接完全计算是很难完成的。而对比焊缝为 5 道与焊缝为 1 道的模型，两者计算时间相差 4 倍。因此可估算，若计算焊道为 120 道的模型计算时间将比焊道数简化为 1 道的模型多 100 倍左右，实际上是很难完成的，而且也与快速预测的目标相背离。因此，本节选用焊道数与热源移动过程都简化的模型 C 进行接头应力和变形的快速预测。

1. 应力特征分析

前面已对接头的残余应力与过程应力进行了分析，但分析的仅为 Mises 应力，本节采用模型 C 对接头内外表面的纵向及横向残余应力进行分析。图 7-17 为接头 B 区域内外表面沿垂直焊缝方向不同位置处的纵向和横向应力分布，其中 0 位置为焊缝中心线处。

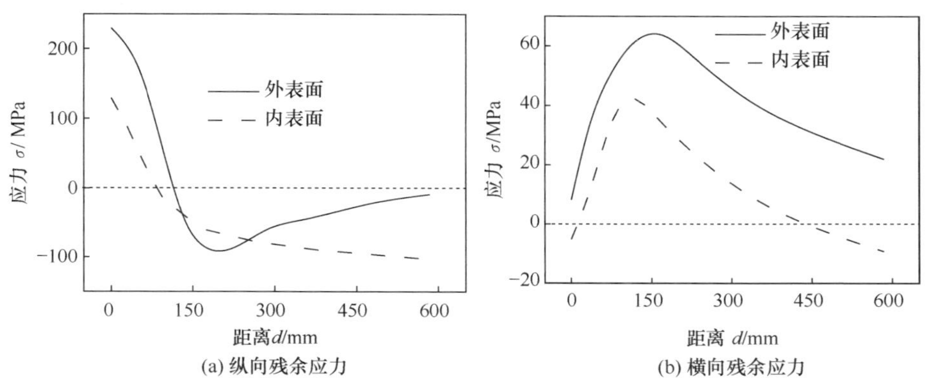

(a) 纵向残余应力　(b) 横向残余应力

图 7-17　距离焊缝不同位置处内外表面的残余应力

从图 7-17 可看出，焊缝外表面应力数值明显高于内表面，这是由于接头采用外坡口形式，外表面的热输入大于内表面。由此可见，不同焊层上的热输入量直接决定大型厚壁容器焊缝深度上的应力分布。

2. 变形特征分析

为分析接头的变形特征，选取厚壁筒体左、右两端面圆度变化率、弯管外轮廓线位移及焊缝的圆度变化率进行特征位移分析，研究区域如图 7-18 所示。因为实际位移很小，所以将各点实际位移等比例扩大，图 7-19、图 7-20 和图 7-21 所示位移曲线均为示意图。

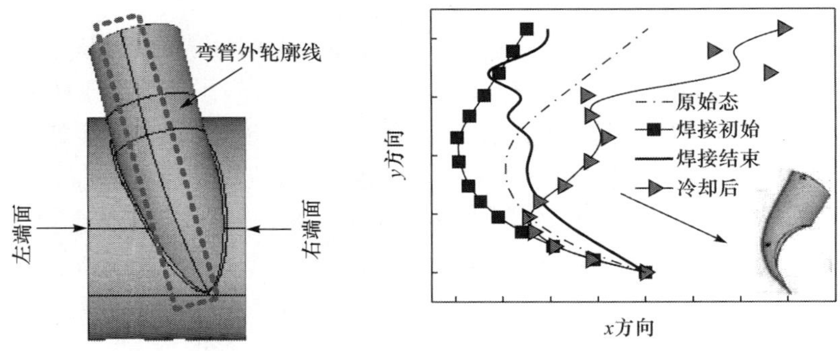

图 7-18　变形研究区域　　图 7-19　弯管轴线上各点位移曲线

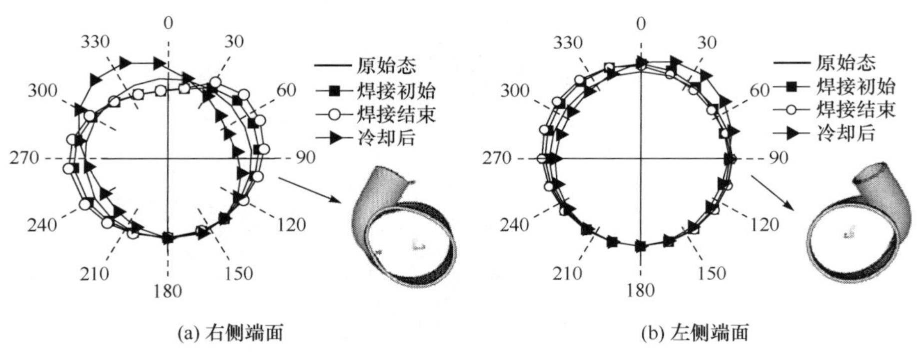

图 7-20　筒体两侧端面上各点位移曲线

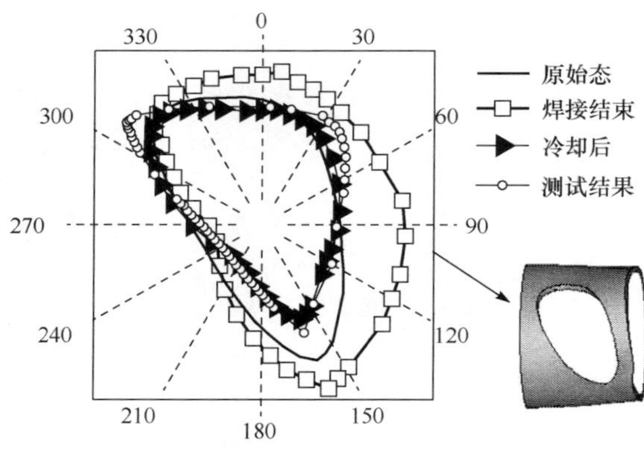

图 7-21　坡口曲线上各点的位移曲线

1）弯管变形特征

接头焊接及冷却过程中弯管受热不均匀，因此，弯管相对厚壁筒体轴线将产生“靠近”与“远离”的位移。图7-19表示弯管外轮廓线上各点不同时刻的相对位移。越靠近弯管顶端，位移量越大。弯管位于焊缝以上的部分，冷却过程中产生波浪变形。焊接初始弯管因受热不均产生膨胀差，呈“远离”筒体状态，随后逐渐“靠近”筒体，最终与筒体距离变小，且轴线曲率增大。

2）厚壁筒体圆度变形特征

由于焊缝对称轴相对于筒体环向是倾斜的，厚壁筒体在焊接中所受热量也产生了差异。图7-20表示厚壁筒体左右两侧圆度变化。在焊接和冷却过程中，筒体圆度变化规律正好相反。焊接过程中曲率变大的地方，冷却过程中将呈相反变形。而圆周上部靠近焊缝的部位（右侧330°，左侧30°左右）在焊接和冷却过程中变形始终很大。随着焊接进行，筒体端面圆周变得更加“扁长”，而冷却过程则相反，最终形成沿垂直焊缝平面方向的椭圆状变形。厚壁筒体左侧圆周所形成的“椭圆状”变形量，则明显小于右侧圆周。

3）相贯焊缝曲线变形特征

图7-21表示焊缝上各点在不同时刻的位移变化。焊接中最靠近筒体右侧端面的一段焊缝，出现了较大“凸出”，而冷却时此部位又回复到原始状态，最后因焊缝收缩，此部位曲率小于原始状态。而与此区域对称的区域（以圆心中心对称），位移却很小。可见，相贯焊缝对称轴与厚壁筒体轴线之间的角度对焊缝部位的变形有重要影响。

7.3 大型核电转子构件焊接应力[7]

汽轮机转子是核电站的核心部件之一。随着机组容量增大，转子的尺寸也随之不断增加，大型整体锻压转子的制作难度和成本已经非常大。目前我国的大型整体锻压转子主要依赖于进口，其购买的周期长，成本高，而且这种情况也威胁到国家的能源安全和独立性。针对这种情况，大型汽轮机焊接转子已经开始得到重视和发展[8]，国内多家汽轮机制造厂商开始引进和采用大型汽轮机焊接转子。

焊接转子由多个小的锻件对拼而成，通常由轴头和多个轮盘焊接组成（图7-22）。焊接转子相比于整体锻压转子有很多优点：第一，其制备难度较小，制备周期短，成本低；第二，由于其内部含有多个中空腔体，转子的整体质量轻，运行启动快，可以满足快速启动的要求；第三，可以针对转子不同位置的工作环境，更换不同的材料，以降低成本，同时提高转子的服役性能。

相比于整体锻压转子，焊接会导致各种问题，如焊接缺陷、焊接接头的组织和力学性能不均匀性、焊接残余应力等，这些问题都可能会影响转子的运行能力和使

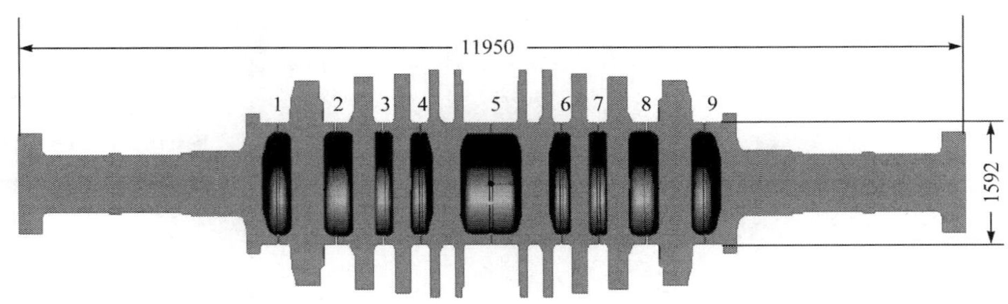

图 7-22 焊接转子

用寿命。因此,在使用焊接转子之前,必须研究清楚这些可能危害转子服役性能的因素。由于焊接残余应力对焊接结构的不利影响,焊接核电转子的残余应力日益受到人们的关注[9~14]。

实际生产中,为了不破坏焊接转子成品,一般只能通过测量模拟件的残余应力来了解最终焊接转子残余应力的大小和分布情况。然而,由于模拟件只是整个焊接转子的一小部分,和实际焊接转子之间存在形状以及尺寸上的差异,这种差异最终导致焊接转子的残余应力场可能会和模拟件的应力场存在一定的差异。

除了在实际生产过程中工艺波动等因素,这种差异还可能来源于两个方面。一是由于实际工件和模拟件之间存在尺寸和形状上的差异,这种差异会导致焊接过程中温度场不同,而温度场直接影响焊接过程中不均匀性塑性变形,因而会影响最终残余应力场的大小和分布。二是由于实际工件和模拟件之间的尺寸和形状差异,会导致焊接过程中接头拘束度的不同,这种拘束度差异,也会引起应力场的差异。

针对大型核电用汽轮机焊接转子在实际生产中遇到的问题,本节介绍利用有限元计算的方法分析大型焊接转子和转子模拟件焊接及热处理后残余应力场的差异,研究大型转子焊接过程中温度场、应力场的演变过程和焊后热处理对焊接残余应力的消除作用,为转子的焊接工艺及应力调控提供理论参考。

7.3.1 计算模型

首先建立一个与实际转子相同的模型,再建立一个与转子模拟件相同的模型,对两个模型加载相同的热源载荷,通过比较两个模型的温度场、焊接应力场和经焊后热处理的应力场之间的差别,分析结构形状和尺寸差异对焊接残余应力场的影响,分析两个模型最终应力场差别。

实际焊接转子模型和转子模拟件的模型均按照实际工件尺寸建模。在模拟实际焊接转子时,建立了轴头和一个轮盘对焊的模型,该模型的形状和尺寸如图 7-23(a)所示,建立的二维轴对称有限元模型如图 7-23(b)所示。焊接转子模拟件的形状和尺寸如图 7-24(a)所示,建立的有限元模型如图 7-24(b)所示。有限元模型为二维轴对称模型,划分网格时,焊缝区域网格细化,最小单元尺寸为 0.5 mm。焊缝区域按照实际焊接接头的焊缝形貌建模,如图 7-24(c)～(g)所示。计算温度场时,使用的单元为 PLANE55,焊接应力场以及焊后热处理后应力场计算采用的单元为 PLANE182。

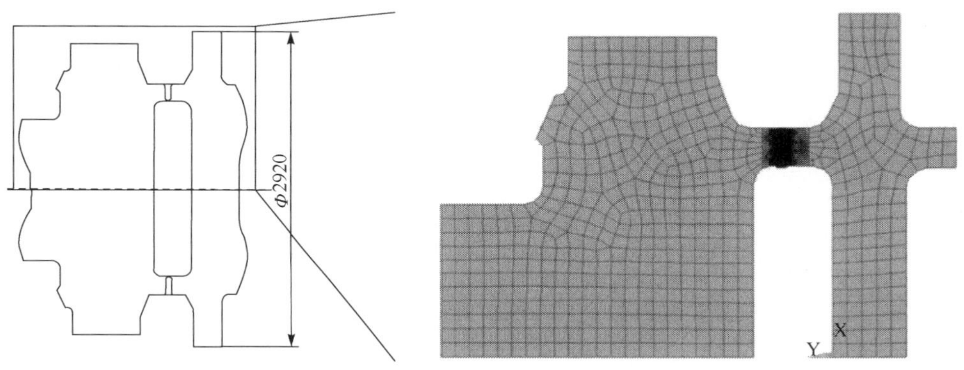

(a) 实际焊接转子轴头和轮盘对焊的形状和尺寸　　(b) 焊接转子的二维轴对称有限元模型

图 7-23　实际焊接转子的形状及其有限元模型

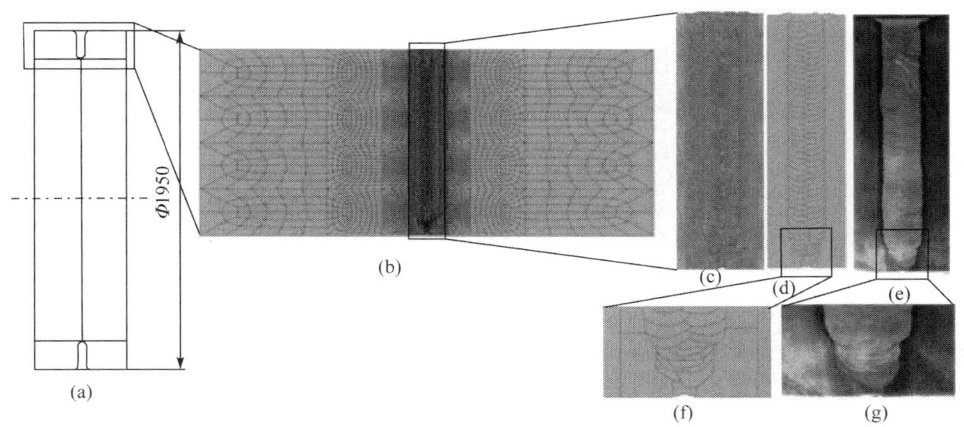

(a)　(b)　(c)　(d)　(e)　(f)　(g)

图 7-24　转子模拟件及其有限元模型

(a) 焊接转子模拟件的形状和尺寸;(b) 焊接转子模拟件的二维轴对称有限元模型;
(c) 焊缝处的网格划分;(d) 焊缝处的有限元模型,按照实际焊缝的焊道形貌建模;
(e) 焊缝的形貌;(f) 焊缝根部附近的模型;(g) 焊缝根部形貌

7.3.2　计算过程

采用热力间接耦合方式计算焊接应力场。首先选用均匀体热源模型计算温度场，然后将瞬态温度场计算结果作为负载施加在结构单元上计算应力场。焊接工艺参数如表 7-3 所示。

表 7-3 焊接模拟时采用的焊接工艺参数

焊道	电流 I/ A	电压 U/V	焊接速度 v/(mm · min^{-1})
打底 TIG 焊	225	9.5	600
填充 TIG 焊	260	9.8	900
1～2 道埋弧焊	300	29	400
剩余埋弧焊	550	29	500

实际焊接过程中，焊道数目多达 110 多道，在计算过程中，如果对每一道进行精确计算，将要耗费大量的计算时间。计算时，对焊接转子的焊道进行合并，前 90 道焊缝计算时将每 10 道合并为一道，将第 91～102 道焊缝合并为一道，为了保证能够模拟出最后 4 道盖面焊对残余应力场的影响，最后 4 道焊接不采用焊道合并处理。

7.3.3 焊接温度场

两种模型的温度场计算结果如图 7-25、图 7-26 和图 7-27 所示，其中图 7-25 为第 1 道(前 10 道焊道的合并焊道)计算的结果对比，左侧为实际焊接转子的计算结果，右侧为转子模拟件的计算结果。图 7-26 为第 6 道(第 51～60 道焊道的合并焊道)计算的结果对比，图 7-27 为第 11 道(第 1 道盖面焊)计算的结果对比。

从图 7-25(a)、(b)可以看出，对于在焊缝根部附近的焊道，焊接转子和转子模拟件的温度场之间存在较明显的差别。模拟结果显示，实际焊接转子的峰值温度达到 3164 ℃，而转子模拟件的峰值温度只有 2970 ℃。导致该温度场差异的原因是实际焊接转子和转子模拟件在焊缝根部附近有较大的尺寸差异。实际焊接转子根部为一个突出的台阶状，而转子模拟件焊缝附近没有这个台阶，相当于转子模拟件在焊缝附近额外加了两块冷铁。在相同的热源功率作用下，模拟件的熔池温度和高温区域会小于实际焊接转子。冷却 150 s 之后，这种由于形状和尺寸差异导致的温度场分布差异仍然很明显，如图 7-25(c)、(d)所示。

除了焊缝根部存在明显的形状和尺寸差异，实际焊接转子和模拟件在焊缝区域的其他部位并没有明显尺寸差异。从图 7-26(a)、(b)看出，中间部分焊道加热结束之后，两种结构计算的温度场大小和分布几乎相同，实际焊接转子加热结束之后，熔池峰值温度为 2786 ℃，而转子模拟件的熔池峰值温度为 2784 ℃。冷却到 150 s 时，两种结构的温度场依然没有明显差异，如图 7-26(c)、(d)所示。

由于两种结构在焊缝顶部区域附近的形状和尺寸差异不大，所以加热结束以及冷却时间较短时，两种结构计算的温度场的大小和分布差异并不明显，如图 7-27 所示。

(a) 焊接转子第1道加热结束时　　(b) 转子模拟件第1道加热结束时

(c) 焊接转子第1道冷却150 s时　　(d) 转子模拟件第1道冷却150 s时

图 7-25　第 1 道(前 10 道焊道的合并焊道)的计算温度场结果(℃)

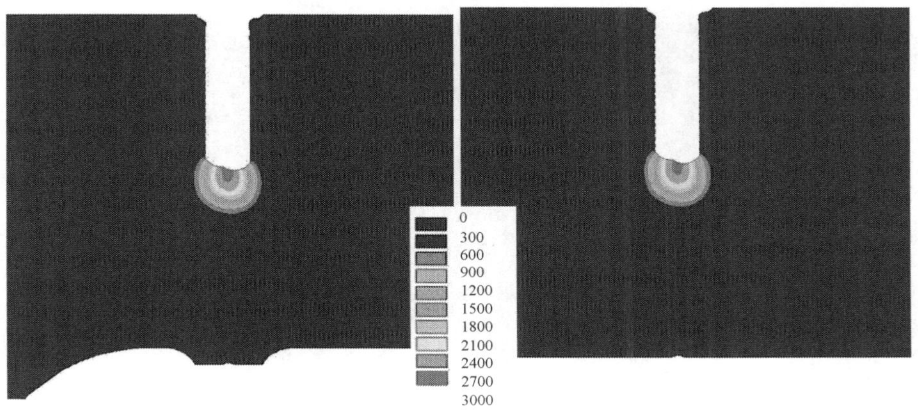

(a) 焊接转子第6道加热结束时　　(b) 转子模拟件第6道加热结束时

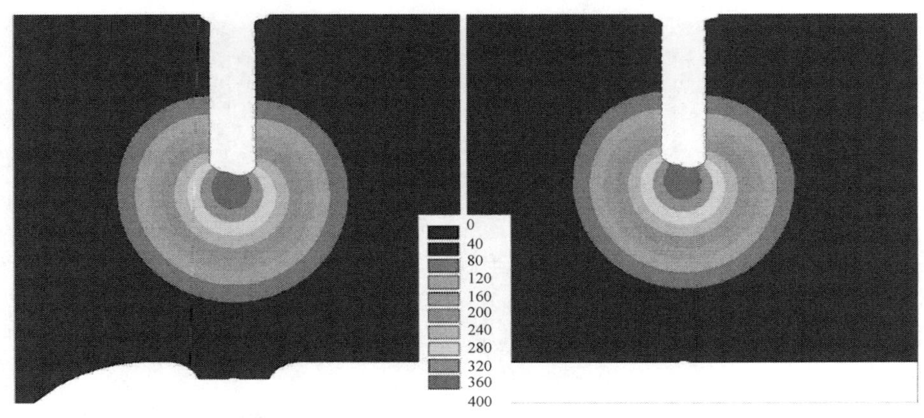

(c) 焊接转子第6道冷却150 s时　　(d) 转子模拟件第6道冷却150 s

图 7-26　第 6 道(第 51～60 道焊道的合并焊道)的计算温度场结果对比(℃)

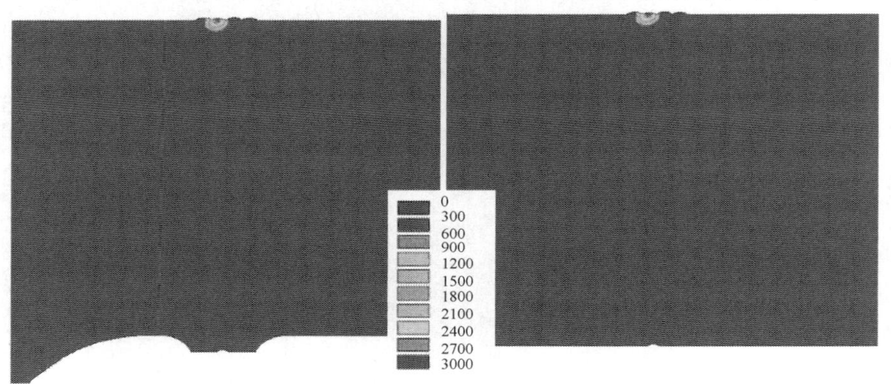

(a) 焊接转子第11道加热结束时　　(b) 转子模拟件第11道加热结束时

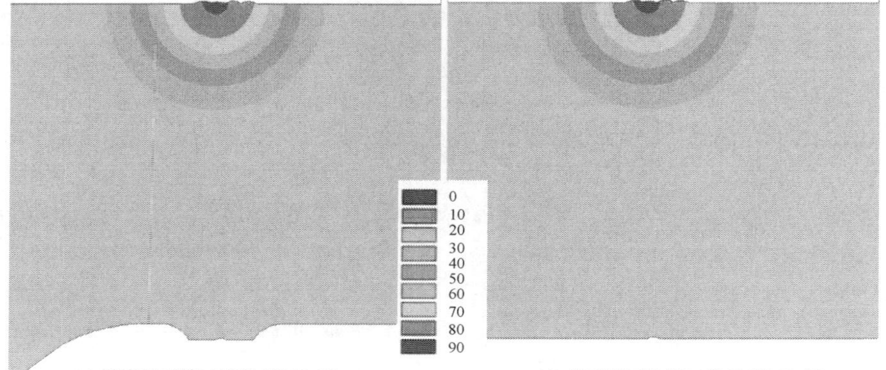

(c) 焊接转子第11道冷却150s时　　(d) 转子模拟件第11道冷却150s时

图 7-27　第 11 道(第 1 道盖面焊焊道)的计算温度场结果对比(℃)

7.3.4　焊接残余应力场

焊接转子和模拟件的焊后残余应力场如图 7-28、图 7-29 和图 7-30 所示。从图中可以看出，转子模拟件和实际焊接转子的环向应力场及径向应力场的分布趋势基本相同，只有数值上存在较小的差别。但是两者轴向应力的计算结果却有明显差别。主要表现在转子模拟件在焊缝底部区域有一个明显的高值拉应力区，而实际焊接转子在该区域却没有这样的拉应力区(图 7-29)。

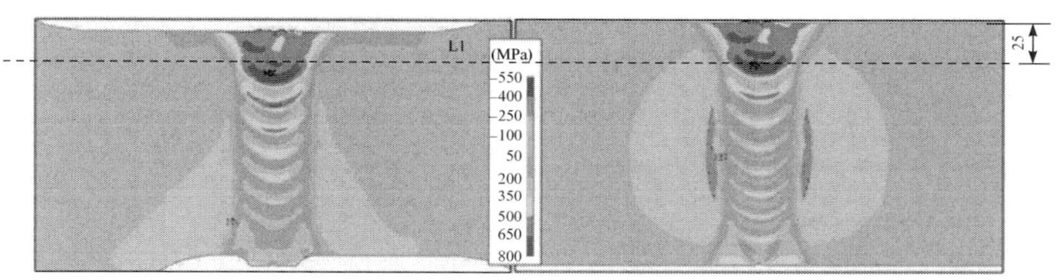

(a) 转子模拟件　　(b) 焊接转子

图 7-28　环向应力 σ_x 计算结果

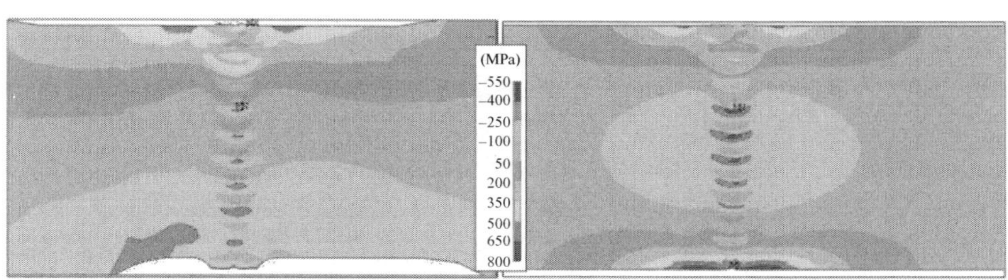

(a) 转子模拟件　　(b) 焊接转子

图 7-29　轴向应力 σ_y 计算结果

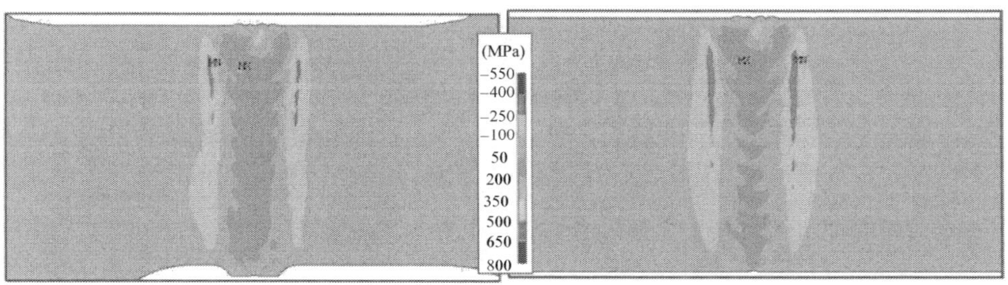

(a) 转子模拟件　　(b) 焊接转子

图 7-30　径向应力 σ_r 计算结果

转子模拟件和实际焊接转子轴向应力的分布差异来自两个方面。第一，两者结构的局部差异性。实际焊接转子在焊缝底部存在一个台阶状的凸起，而转子模拟件中并没有这样的凸起。实际焊接转子因为这个凸起的存在，焊缝两侧的拘束度减小，从而当焊缝轴向存在应力时，可以通过轴向的变形将应力释放掉。另外一个重要原因是转子模拟件和实际焊接转子存在的整体结构差异，这种差异影响到焊接轴向应力分布，使焊缝根部的拉应力值进一步减小。焊缝的径向收缩是导致焊缝根部存在拉应力的一个重要原因。径向的收缩导致焊缝区域发生偏向结构内部的弯曲，这种弯曲会导致内壁焊缝区域存在一个附加拉应力区。大的外部约束可以有效地抑制结构发生这种弯曲变形，从而降低内部附加拉应力的大小和分布范围。由于大结构导致的刚度，所以实际焊接转子径向收缩的影响小；而转子模拟件的径向收缩大，引起的弯曲附加应力导致转子模拟件焊缝根部存在高值拉应力区。

7.3.5 焊后热处理的有限元计算

1. 材料的蠕变性能

焊后热处理对于焊接残余应力的消除作用主要来自两个方面。第一，加热到高温时，由于材料力学性能（尤其是屈服强度和弹性模量）随温度升高而发生变化。随着温度升高，材料的屈服强度会下降，当残余应力大于材料的屈服强度时，构件会发生局部塑形变形，应力会发生重分布，导致高应力区域的应力下降。第二，材料在高温和残余应力的共同作用下，会发生蠕变，应力因为蠕变得到释放而不断下降[15-17]。

工件内部残余应力在高温下发生的应力重分布，可以通过给弹塑性有限元模型施加温度载荷计算得到。蠕变对残余应力的消除作用，需要选择适当的蠕变模型以及施加随时间变化的温度载荷进行计算。

在进行有限元计算时，材料的蠕变模型采用 Norton 隐式模型，其表达式如下

$$\dot{\varepsilon}=C_1\sigma^{C_2}\mathrm{e}^{-\frac{C_3}{T}} \tag{7.1}$$

式中，$\dot{\varepsilon}$ 为蠕变率，s^{-1}；C_1、C_2、C_3 为蠕变参数；σ 为应力，MPa；T 为温度，K。

因为没有 20Cr2NiMo 的高温蠕变参数，所以有限元中具体的蠕变参数来自文献[18]中的 30Cr1Mo1V 的蠕变参数，同时考虑到这两种钢的屈服强度上的差异，对其进行了修正，修正方法如下

$$\dot{\varepsilon}=C_1\left(\frac{\sigma_{s1}}{\sigma_{s2}}\sigma\right)^{C_2}\mathrm{e}^{-\frac{C_3}{T}}=C_1'\sigma^{C_2}\mathrm{e}^{-\frac{C_3}{T}} \tag{7.2}$$

式中，σ_{s1} 为 30Cr1Mo1V 的屈服强度，635 MPa；σ_{s2} 为 20Cr2NiMo 的屈服强度，685 MPa。

修正之后的蠕变参数为：$C_1'=4.40\times10^{-28}$，$C_2=4.312$，$C_3=27912$。

热处理的升温速度为 100 ℃/h，保温温度为 590 ℃，保温时间为 20 h，降温速度为 100 ℃/h。因为升温过程中，温度较低，时间较短，所以在低于 400 ℃时不考虑蠕变，只考虑温度超过 400 ℃的加热阶段及保温阶段蠕变对应力的消除作用。

2. 焊后热处理温度场均匀性对应力场的影响

焊后热处理温度场的处理方式之一是对工件直接施加理想的均匀温度载荷进行模拟[19]，即采用理想的均匀温度场来模拟焊后热处理温度。然而，由于转子及其模拟件尺寸很大，热处理过程中很难保证其整体的温度场均匀性，而温度场的不均匀性会导致热处理过程中引入新的热应力，影响工件焊后热处理的计算结果。同时，由于温度场的不均匀性，导致热处理过程中焊接转子内部区域的温度低于外表面，使蠕变速率比均匀温度场情况下的蠕变速率低，导致其残余应力消除速度慢。

为了分析焊后热处理过程中不均匀温度场对焊后热处理的影响，利用有限元计算焊后热处理的不均匀温度场，并利用该不均匀温度场计算焊后热处理过程中的应力场变化。

图 7-31 为焊接转子模拟件在刚开始进入保温阶段的温度场。从图中可以看出，焊接转子模拟件在进行焊后热处理时，存在不同程度的温度场不均匀性。图 7-32为热处理温度为 590 ℃时节点 4046 处的温度变化曲线。从图中可以看出，厚壁工件焊后热处理时，由于热量需要经过长时间传导才能够到达内部，所以不能保证温度场的均匀性。

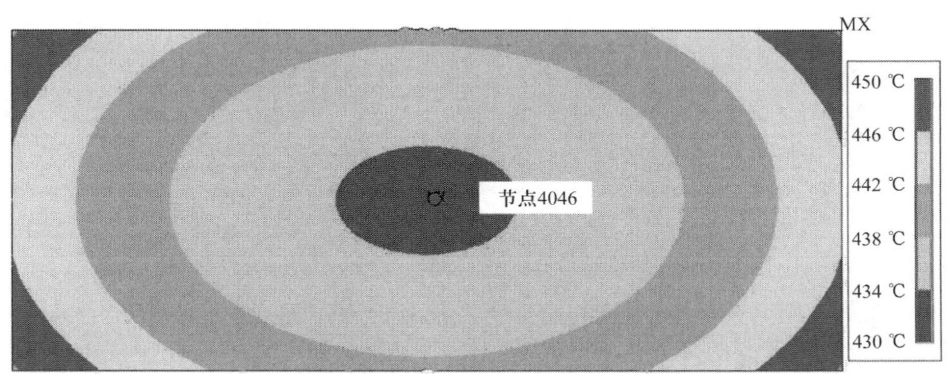

图 7-31　加热结束时焊接转子模拟件的温度场

按照均匀温度场和不均匀温度场计算的焊后热处理转子模拟件的残余应力场如图 7-33 和图 7-34 所示。图 7-35 为按照均匀温度场和不均匀温度场计算的沿直线 L1（如图 7-28 所示，距上表面 25 mm 位置）环向残余应力的对比。

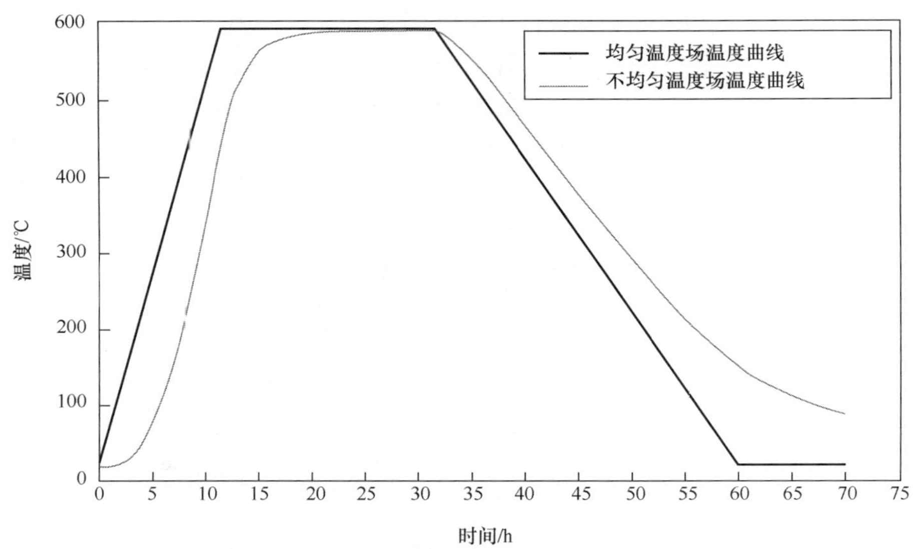

图 7-32　节点 4046 处热处理温度曲线

从图 7-33 和图 7-34 可以看出，不均匀温度场和均匀温度场计算得到的焊后热处理应力场分布趋势基本一致，但是不均匀温度场计算的应力值大于理想均匀温度场的计算结果。主要原因是不均匀温度场情况下，工件的加热速度要低于理想均匀温度场的加热速度，在不均匀温度场中，工件在 590 ℃的保温时间仅有理想均匀温度场的 1/2 左右(图 7-32)，这会导致工件的实际保温时间缩短，应力消除作用减弱。从图 7-35 可以看出，利用不均匀温度场计算得到的应力场要更加接近试验测量结果，说明利用不均匀温度场能够更好地模拟焊后热处理过程。

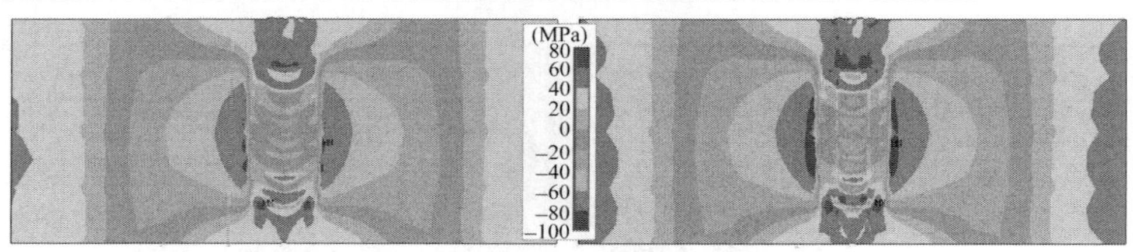

(a) 均匀温度场　　(b) 不均匀温度场

图 7-33　转子模拟件经过焊后热处理之后的环向应力场

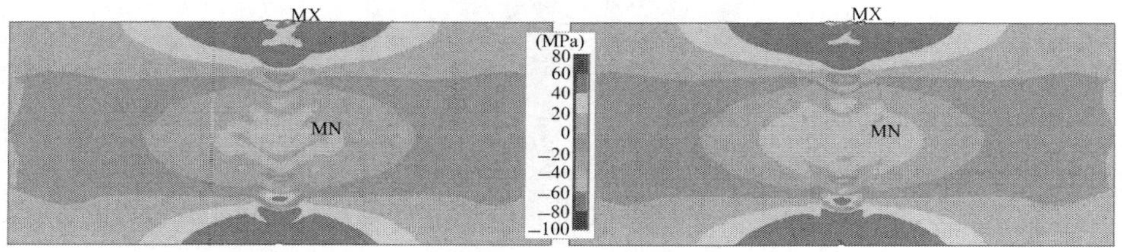

(a) 均匀温度场　　(b) 不均匀温度场

图 7-34　转子模拟件经过焊后热处理之后的轴向应力场

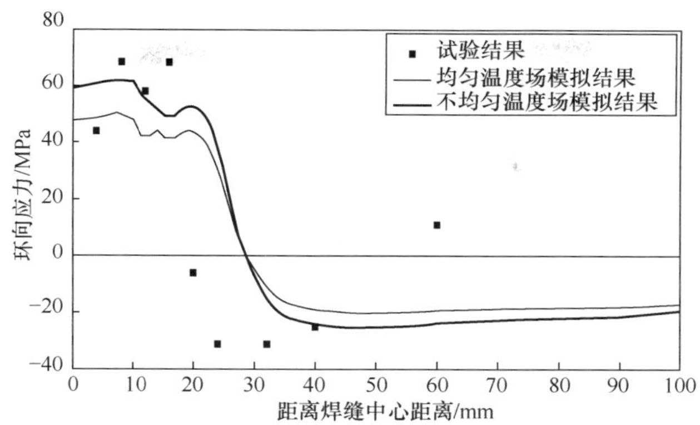

图 7-35　距离转子外表面约 25 mm 处的环向残余应力模拟和测量结果对比

3. 热处理温度对残余应力场的影响

本例分别研究了热处理温度为 550 ℃、570 ℃、590 ℃及 610 ℃时，焊接转子模拟件热处理后的应力分布。热处理时采用不均匀温度场进行计算。图 7-36 为距上表面一定距离位置(图 7-28 中的 L1 线，距上表面 25 mm 位置)的环向应力分布，图 7-37 为直线 L1 上的轴向残余应力分布。

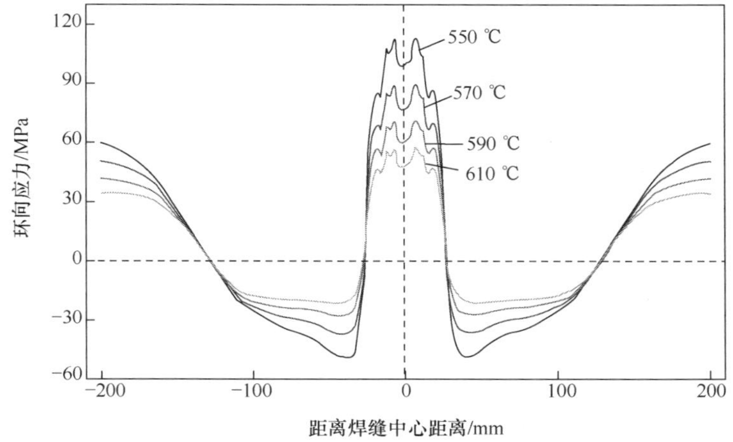

图 7-36　直线 L1 上的环向残余应力分布

从图 7-36 和图 7-37 可以看出，热处理温度对焊后热处理的影响很明显。随着热处理温度的逐渐上升，焊后热处理之后的应力逐渐下降。热处理温度为 550 ℃时，直线 L1 上的环向残余应力的峰值为 114 MPa，而热处理温度上升到 610 ℃时，环向残余应力的峰值下降到 56 MPa。轴向残余应力的变化规律和环向

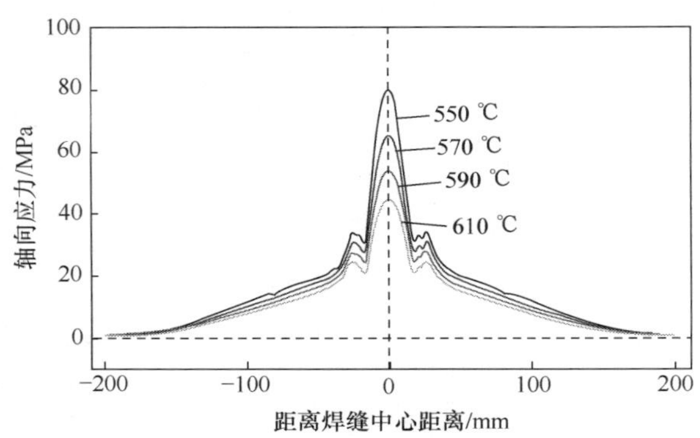

图 7-37 直线 L1 上的轴向残余应力分布

残余应力相似，热处理温度为 550 ℃时，直线 L1 上的轴向残余应力峰值为 80 MPa，当热处理温度上升到 610 ℃时，轴向残余应力的峰值下降到 45 MPa。

4. 热处理时间对残余应力的影响

为了能够表征焊后热处理保温时间对于残余应力消除的影响，取出直线 L2 上不同时间的环向应力及两个点应力随时间的变化。直线 L2 及点 1 和点 2 的位置如图 7-38 所示。其中，点 1 位于焊缝根部区域，为模型中的节点 9219，位于热处理前轴向残余应力的高值应力区。点 2 位于焊缝上部，为模型中的节点 2913，位于热处理前环向残余应力的高值应力区。

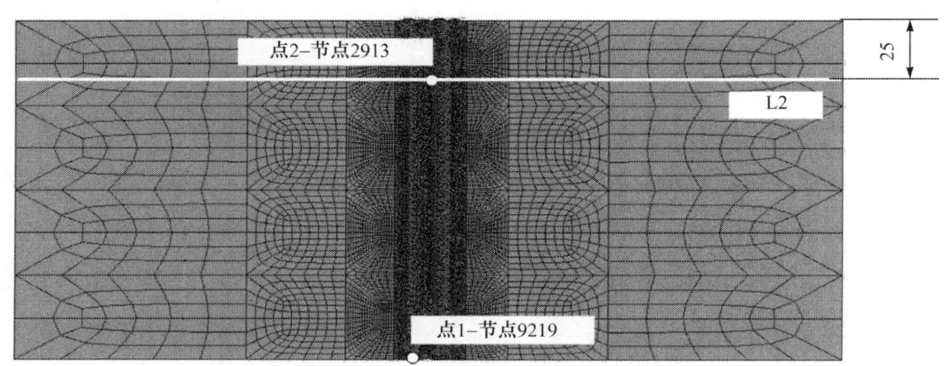

图 7-38 各点位置示意图

不同热处理时间，沿直线 L2 的环向残余应力分布如图 7-39 所示，点 1 三个方向残余应力随热处理时间的变化如图 7-40 所示，点 2 三个方向残余应力随热处理时间的变化如图 7-41 所示。表 7-4 和表 7-5 分别为热处理过程中，点 1 和点 2 在不同热处理时间的三向残余应力值。

由图 7-39、图 7-40 和图 7-41 可以看出，热处理对于残余应力的消除作用主要发生在热处理的第 10～20 h，超过 20 h 之后（保温 8.6 h 之后），残余应力的下降

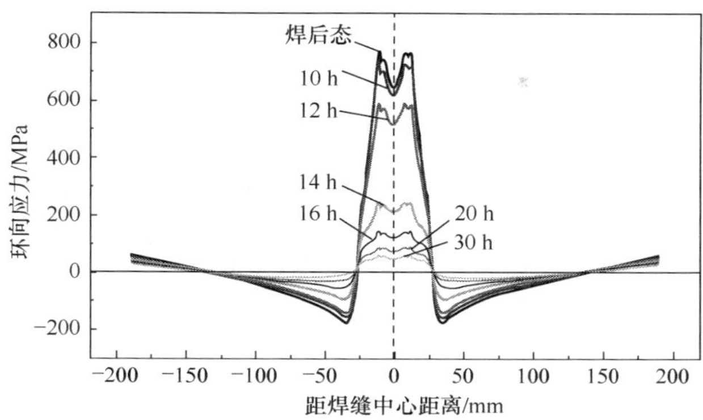

图 7-39　直线 L2 上的环向残余应力随热处理时间的变化

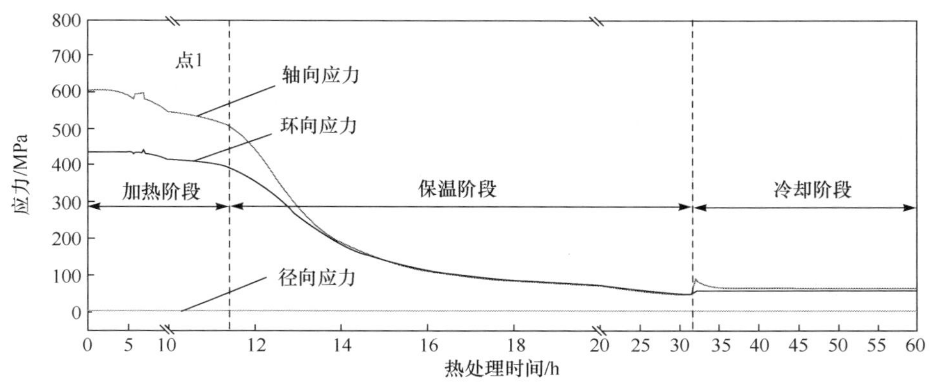

图 7-40　点 1 残余应力随热处理时间的变化

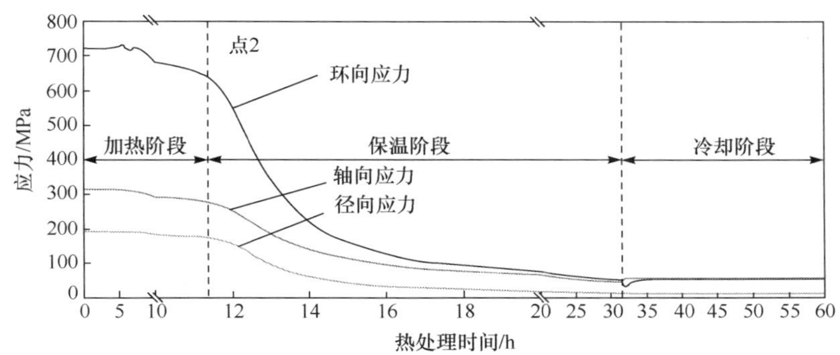

图 7-41　点 2 残余应力随热处理时间的变化

速度明显降低，应力值几乎保持不变。

表 7-4　点 1 残余应力随热处理时间的变化

热处理时间	0 h	10 h	12 h	14 h	16 h	20 h	30 h
环向应力/MPa	435	412	357	185	113	72	49
轴向应力/MPa	603	547	440	188	112	70	48
径向应力/MPa	2.7	2.7	1.7	0.2	0.05	0	0

表 7-5　点 2 残余应力随热处理时间的变化

热处理时间	0 h	10 h	12 h	14 h	16 h	20 h	30 h
环向应力/MPa	721	683	552	223	128	78	52
轴向应力/MPa	315	294	253	141	97	65	46
径向应力/MPa	193	185	155	61	33	19	13

从图 7-40、图 7-41 及表 7-4、表 7-5 可以看出，前 10 h，点 1 的轴向残余应力由 603 MPa 下降到 547 MPa，下降了 56 MPa，仅占到总下降量的 10%；而在热处理的第 10～20 h，轴向残余应力由 547 MPa 下降到 70 MPa，下降了 477 MPa，占到总下降量的 85.9%；之后 12.4 h 的保温过程中，应力下降到 48 MPa，仅下降了 22 MPa，占总下降量的 4.0%。点 2 的残余应力变化规律与点 1 相同，点 2 的环向应力在热处理的第 10～20 h，下降了 605 MPa，占总下降量的 90.0%。

图 7-42 和图 7-43 分别为点 1 和点 2 的残余应力下降速率，单位为 MPa/h。从图中可以看出，两点下降速率最快的时间段均集中在热处理的 10～20 h，热处理时间超过 20 h 之后，残余应力下降的速率很低，低于 10 MPa/h。

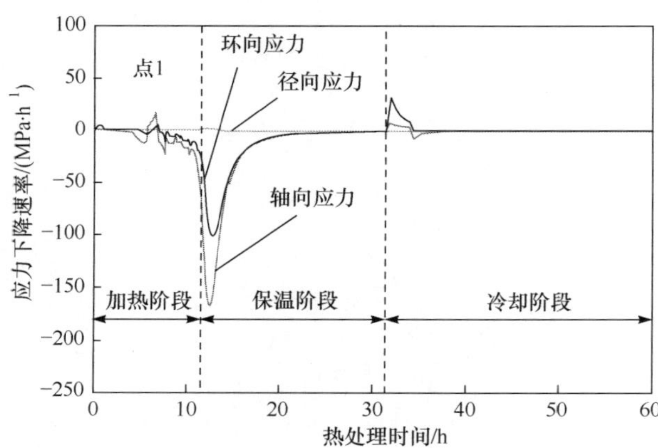

图 7-42　点 1 残余应力下降速率随热处理时间的变化

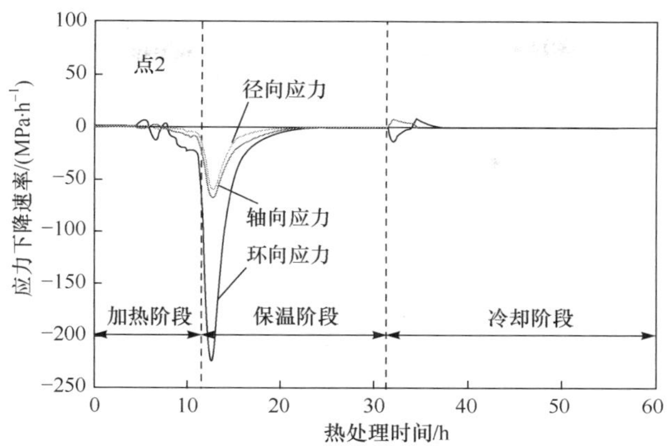

图 7-43　点 2 残余应力下降速率随热处理时间的变化

7.3.6　焊接微区力学性能对应力场的影响

熔化焊是一个复杂的物理化学冶金过程，并伴随非均匀热循环作用，这使得焊缝、热影响区的化学成分和组织与母材相比有一定程度的差异，导致焊接接头各区域及各区域内部存在力学性能不均匀性。焊接接头的力学不均匀性会直接影响焊接接头的断裂行为[20-23]以及焊接接头可靠性评估[24]。只有考虑焊接接头的力学不均匀性才能准确反映焊接接头的强度[25]。对于大厚度构件多道焊接而言，这种焊缝区域的力学不均匀性表现更加明显，在厚度方向和垂直焊缝方向都具有不均匀性特征，这会影响焊接残余应力场的大小和分布情况。

目前的焊接应力有限元计算还很少考虑到焊接接头的力学性能不均匀性特征，一般将焊缝和母材的力学性能作简化处理，如视为同种材料。对于研究强度不匹配焊接接头的断裂力学参量时，才将焊缝、热影响区和母材的力学性能分开考虑，但也很少考虑焊缝内部、热影响区内部的力学性能不均匀性特征。

为了探讨焊接接头的力学性能不均匀性对焊接转子应力场的影响，针对焊接转子模拟件，建立了包含焊接接头力学性能不均匀性的有限元模型，并对其施加与均匀力学性能模型相同的温度场载荷，计算其焊接应力场和经过焊后热处理的应力场。

为了得到焊接接头区域的力学性能不均匀性，利用微压剪试验得到了焊接接头不同区域的剪切强度。微压剪方法是在小冲孔试验法[26, 27]、微冲压试验[28, 29]和微剪试验[30, 31]的基础上发展而来的，已成功应用于焊接接头微区力学性能不均匀性的评价[32-34]。图 7-44 (a)为焊接接头不同位置处的微压剪试验结果，共测量了 13 层材料的剪切强度。从图中可以看出，母材的剪切屈服强度在不同厚度层基本保持不变，焊接热影响区的剪切强度最高，母材处的剪切强度最低。根据微压剪试验得到的剪切强度结果和母材的屈服强度，等比例计算了焊接接头各个区域的屈服强度，建立了包含焊接接头材料力学性能不均匀性的焊接转子模拟件有限元模型，如图 7-44(b)所示。其中整个焊接接头分为五个区域，母材的屈服强度为 685 MPa，焊缝的屈服强度为 635 MPa，热影响区的屈服强度为835 MPa，母材和热影响区过渡区域的屈服强度为 716 MPa，焊缝和热影响区过渡区域的屈服强度为 702 MPa。

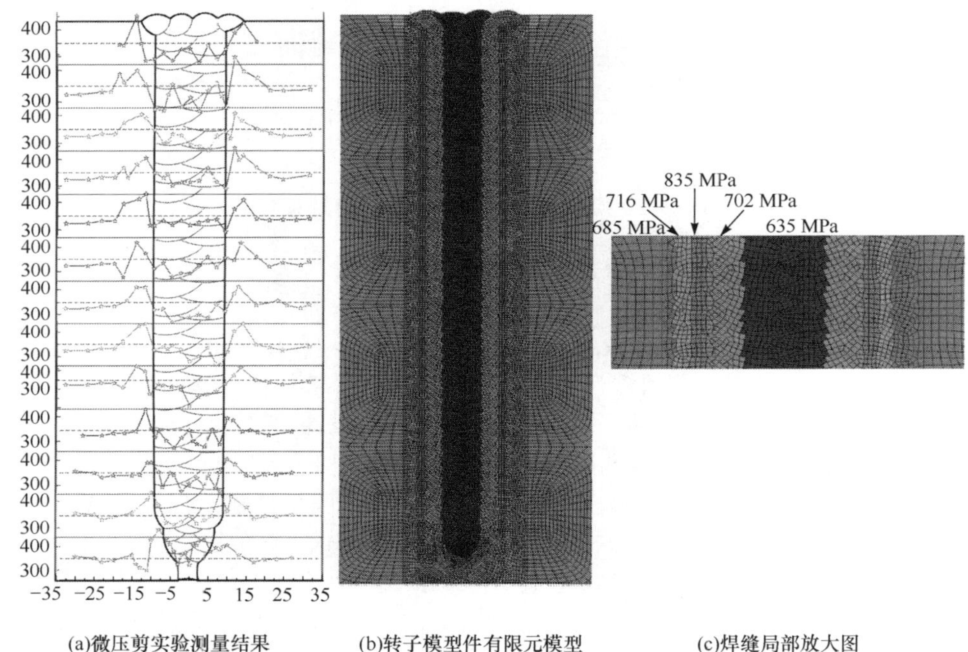

(a)微压剪实验测量结果　(b)转子模型件有限元模型　(c)焊缝局部放大图

图 7-44　包含力学性能不均匀性的焊接转子模拟件模型

不均匀力学性能模型的焊接残余应力场和焊后热处理的有限元计算方法，与均匀力学性能模型的计算方法相同。因为这两种模型中，只考虑力学性能不均匀性，不考虑其热学性能不均匀性，所以两种模型计算的温度场不会有明显差异。因此计算不均匀力学性能模型的应力场时，采用和均匀力学性能模型相同的温度场载荷。

考虑了焊接接头材料力学不均匀性的有限元模型，其计算使用的温度场载荷与均匀力学性能的有限元模型相同。不均匀力学性能模型计算的焊接应力场与均匀力学性能模型计算得到的焊接应力场对比如图 7-45 和图 7-46 所示。图 7-47 为图 7-45 中直线 L3 上的环向焊接残余应力分布对比，图 7-48 为图 7-46 中直线 L4 上的轴向残余应力分布对比。

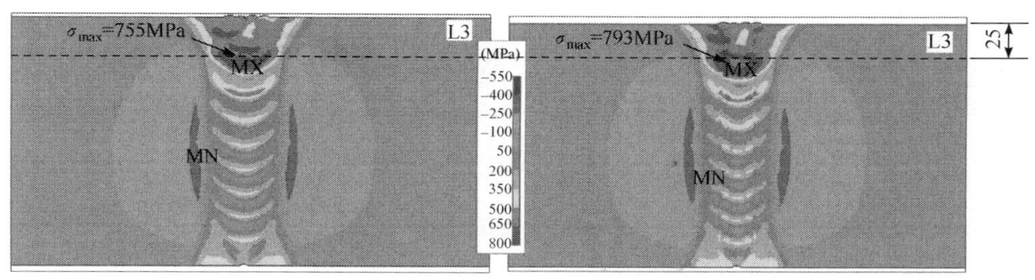

(a) 均匀力学模型　　(b) 不均匀力学模型

图 7-45　环向焊接残余应力对比

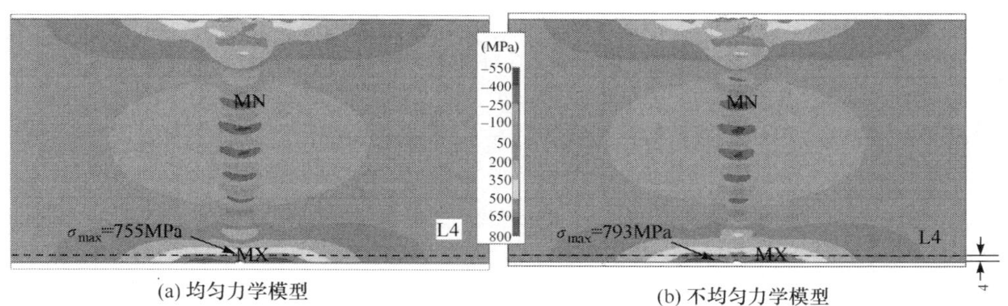

(a) 均匀力学模型　　(b) 不均匀力学模型

图 7-46　轴向焊接残余应力对比

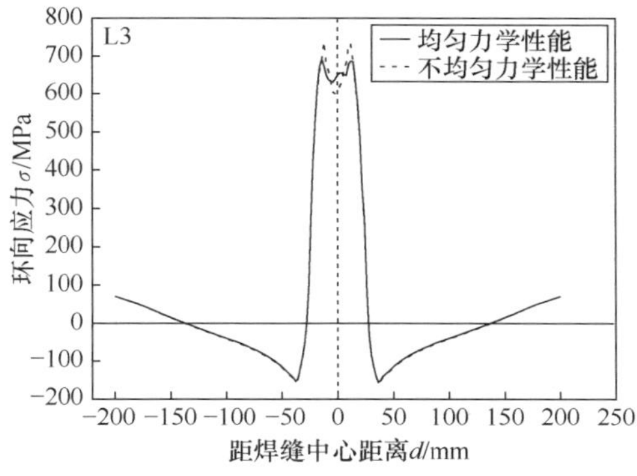

图 7-47　沿线 L3 的环向残余应力

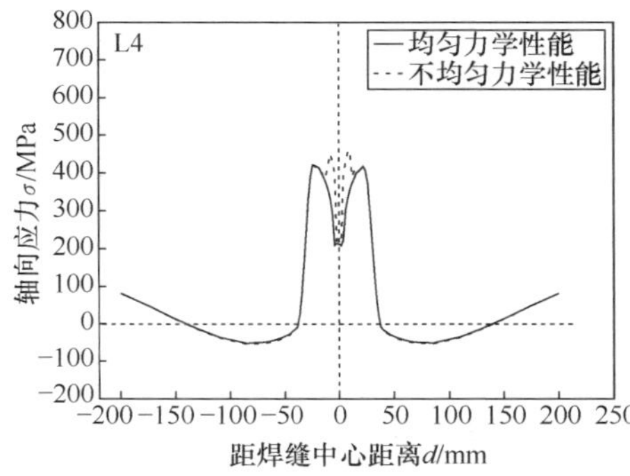

图 7-48　沿线 L4 的轴向残余应力

从图 7-45 和图 7-46 可以看出，力学不均匀性模型的计算结果和均匀力学性能模型的计算结果在分布趋势上并没有明显的差别，但焊缝区域的残余应力数值略有差别。均匀力学性能模型计算得到的峰值环向拉应力为 755 MPa，不均匀力学性能模型计算得到的峰值环向拉应力为 795 MPa。均匀力学模型计算的峰值轴向拉伸残余应力为 785 MPa，不均匀力学性能计算的峰值轴向拉应力为 753 MPa。

从图 7-47 和图 7-48 也可以看出，两种模型计算的轴向和环向残余应力的整体分布趋势并没有较大差异，但在焊接接头区域，不均匀力学性能模型计算的焊接热影响区残余应力值较高，而焊缝处残余应力较低。

参考文献

[1] Zhang L J, Zhang J X, Kalaoui H, et al. A comparative study of the residual deformation of an automotive gear-case assembly due to deep-penetration high-energy welding[J]. Journal of Materials Processing Technology, 2007, 190(1-3):109-116.

[2] 张林杰. 金属材料激光深熔焊成形机理研究[D]. 西安：西安交通大学，2008.

[3] 张可荣，张建勋，黄嗣罗，等. 大型厚壁筒体斜插弯管接头应力特征有限元快速预测[J]. 西安交通大学学报，2010，44(3)：68-71.

[4] 张可荣，张建勋，黄嗣罗，等. 大型厚壁筒体斜插弯管结构焊接变形及其演变数值模拟[J]. 材料工程，2011，(1)：64-67,71.

[5] 张可荣. 焊接过程快速数值预测体系及其在工程预研中的应用[D]. 西安：西安交通大学，2011.

[6] Barsoum Z. Residual stress prediction and Relaxation in welded tubular joint[J]. Welding in the World, 2007, 51(1-2): 23-30.

[7] 庄栋. 核电汽轮机低压焊接转子残余应力测量与有限元模拟[D]. 西安：西安交通大学，2012.

[8] Watanabe E, Tanaka Y, Nakano T, et al. Development of new high efficiency steam turbine [J]. Mitsubishi Heavy Industries Ltd. Technical Review, 2003, 40(4): 1-6.

[9] 蔡志鹏，黄欣泉，潘际銮. 汽轮机焊接转子接头残余应力研究一：25Cr2Ni2MoV 钢核电转子模拟件热处理前后残余应力的对比[J]. 热力透平，2011，40(3)：159-164.

[10] 蔡志鹏，黄欣泉，潘际銮. 汽轮机焊接转子接头残余应力研究二：带有弹性槽的 30Cr2Ni4MoV 模拟件热处理前后残余应力变化[J]. 热力透平，2011，40(4)：231-234.

[11] 蔡志鹏，曹彬，潘际銮，等. 汽轮机焊接转子接头残余应力研究三：125 MW 及 1000 MW 汽轮机低压焊接转子产品残余应力[J]. 热力透平，2012,41(1)：54-59.

[12] 邓实，谢永慧. 大型核电汽轮机焊接转子残余应力数值模型研究[J]. 汽轮机技术，2009，51(5)：321-325.

[13] 谢永慧，邓实，张荻. 汽轮机转子焊接的三维有限元数值模型研究[J]. 热力透平，2010，39(1)：12-18.

[14] 任维佳，吴爱萍，赵海燕，等. 大型电机转子焊接残余应力的数值分析[J]. 焊接学报，2002，23(2)：92-96.

[15] Ueda Y, Fukuda K. Analysis of welding stress relieving by annealing based on finete element method[J]. Transactions of Japan Welding Reasearch Institute, 1975, 4(1): 39-45.

[16] Yaghi A H, Hyde T H, Becker A A, et al. Finite element simulation of welding and residual stresses in a P91 steel pipe incorporating solid-state phase transformation and post-weld heat treatment[J]. Material Science and Engineering A, 2008, 43: 275-293.

[17] Massé T, Lejeail Y. Creep mechanical behaviour of modified 9Cr1Mo steel weldments: Experimental analysis and modelling[J]. Nuclear Engineering and Design, 2013, 254: 97-110.

[18] 姚可夫，石伟，林东海，等. 30Cr1Mo1V 转子钢蠕变行为的试验研究[J]. 现代制造工程，2005，(8)：62-64.

[19] 王泽军. 球形储罐局部消应力热处理的机理与效果评价研究[D]. 天津：天津大学，2007.

[20] 张建勋，史耀武. 焊接力学性能不均匀性对断裂韧性特征值的影响[J]. 物理测试，1994，(4)：39-42.

[21] 张建勋，史耀武. 焊接力学性能不均匀性对材料延性断裂影响的研究[J]. 西安交通大学学报，1994，28(4)：80-85.

[22] 薛河，史耀武. 力学性能不均匀性对焊接接头三点弯曲试样塑性区发展规律的影响[J]. 机械强度，1999，21(4)：281-284.

[23] 龚晓燕，焦康，赵凌燕，等. 焊接接头力学性能不均匀性对管道裂纹断裂参量的影响分析[J]. 西安科技大学学报，2013，33(2)：211-215.

[24] 田锡唐，范瑞祥. 力学性能不均匀性对焊接接头断裂和疲劳的影响以及焊接接头可靠性的评估[J]. 机械工程，1991，2(4)：3-6.

[25] 朱亮，陈剑虹. 力学性能不均匀焊接接头的强度预测[J]. 焊接学报，2005，26(5)：13-16，26.

[26] Song M, Guan K S, Qin W, et al. Comparison of mechanical properties in conventional and small punch tests of fractured anisotropic A350 alloy forging flange[J]. Nuclear Engineering and Design, 2012, 247: 58-65.

[27] Shindo Y, Horiguchi K, Sugo T, et al. Finite element analysis and small punch testing for determining the cryogenic fracture toughness of austenitic stainless steel welds[J]. Journal of Testing and Evaluation, 2000, 28(6): 431-437.

[28] 王志成，乔及森，陈剑虹，等. 微冲压法评定铝合金焊接接头局部力学性能[J]. 热加工工艺，2008，37(1)：82-86.

[29] 王志成，乔及森，陈剑虹，等. 轿车用铝合金焊接接头局部力学性能分析[J]. 焊接学报，2009，30(1)：21-24.

[30] 史耀武，周宁宁，张新平，等. 微剪实验及对焊接头力学性能的评价[J]. 焊接学报，1994，15(4)：235-240.

[31] 汤忠斌，徐绯，许泽建，等. 焊缝结构微区材料力学性能研究[J]. 机械强度，2010，32(1)：58-63.

[32] Zhao X L, Zhang J X, Song X, et al. Investigation on mechanical properties of laser welded joints for Ti-6Al-4V titanium alloy[J]. 2013, 29(12): 1405-1413.

[33] 郭伟，牛靖，张建勋，等. 试样厚度对微冲剪试验结果的影响[J]. 焊接，2012，(5)：31-34.

[34] 郭伟. 焊接接头微区力学性能微压剪试验测试与评价技术研究[D]. 西安：西安交通大学，2012.

彩　　图

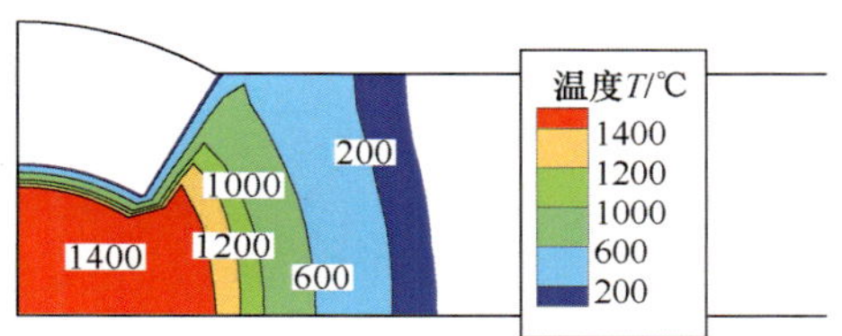

图 2-20　第 1 道加热终了时刻温度场

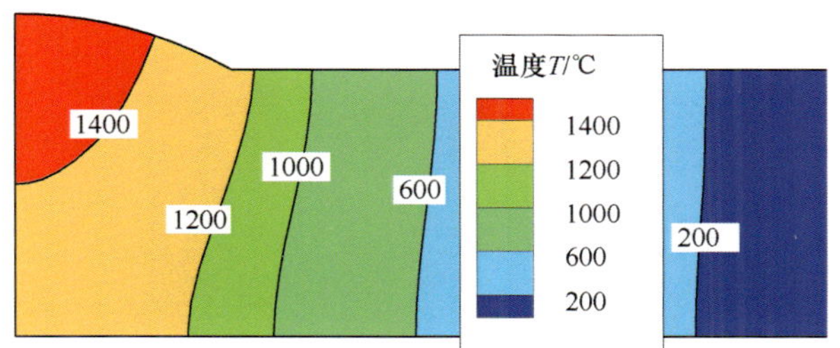

图 2-21　第 2 道加热终了时刻温度场

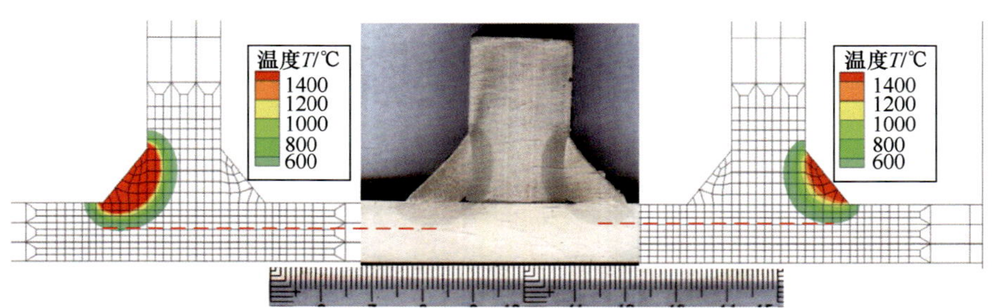

图 2-37　计算的焊缝形貌和实际焊缝比较

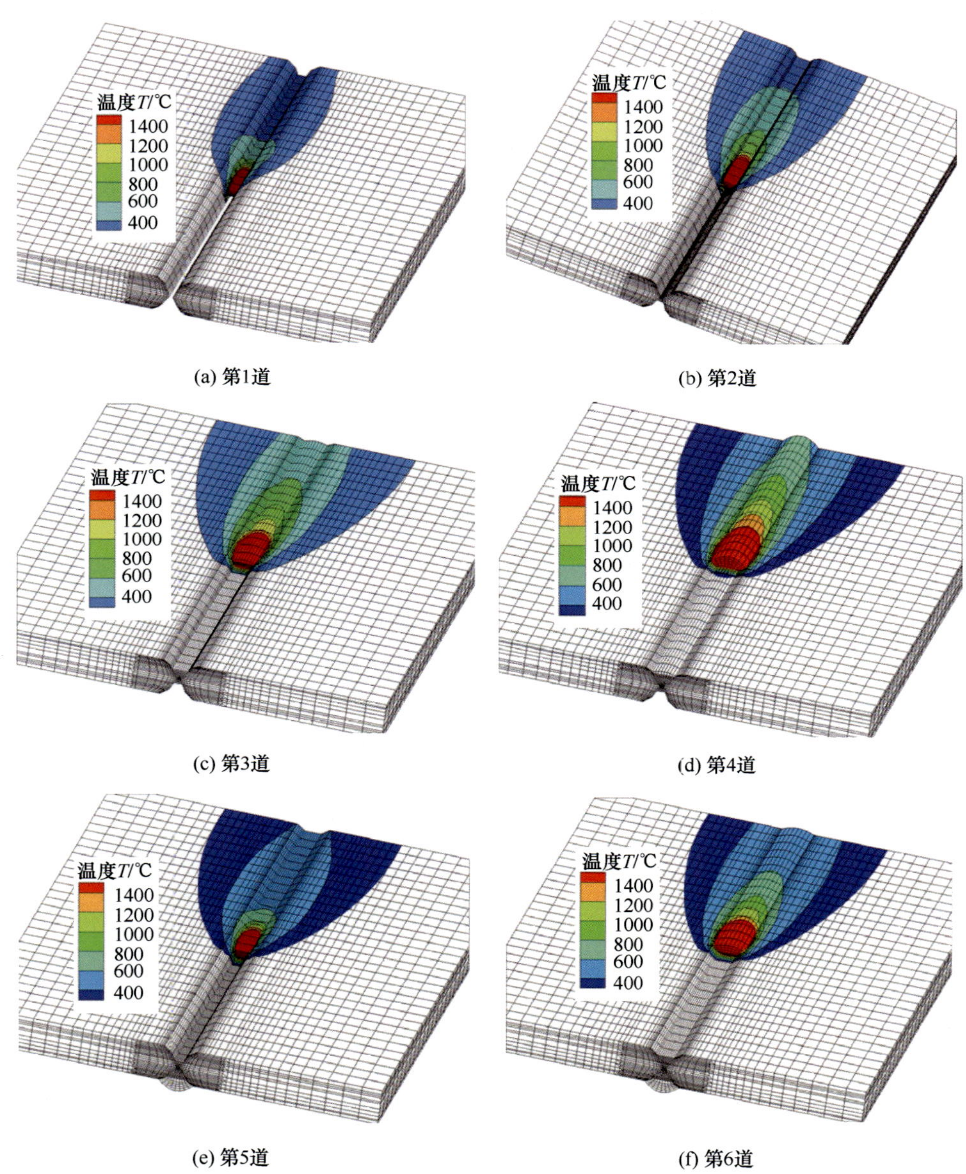

图 2-48　计算的各道温度场

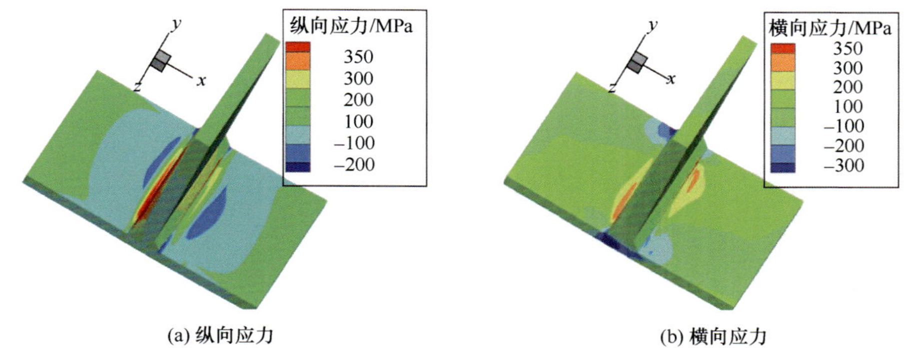

(a) 纵向应力　　(b) 横向应力

图 3-8　残余应力分布

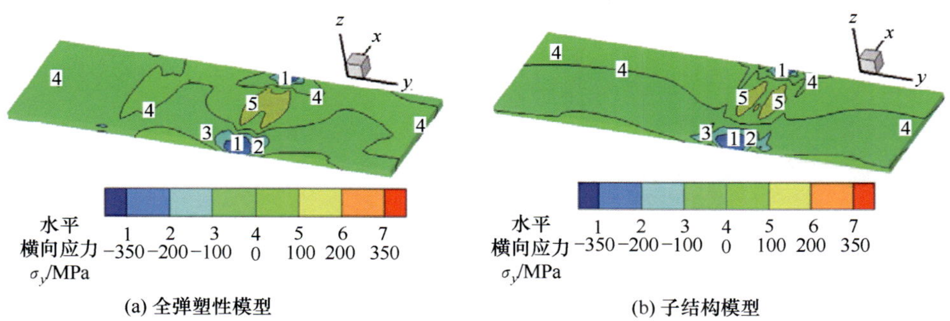

(a) 全弹塑性模型　　(b) 子结构模型

图 5-10　横向残余应力分布

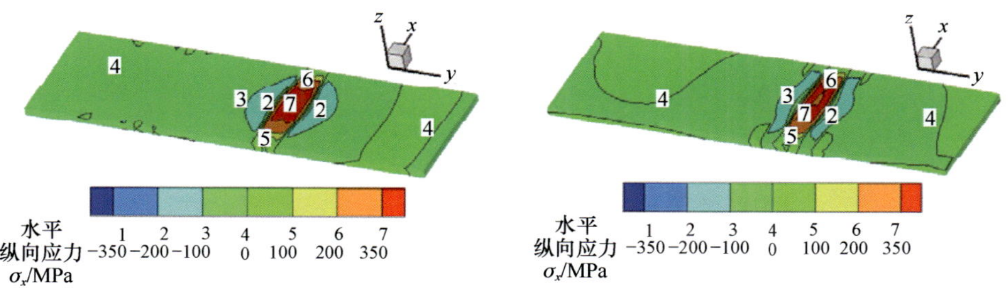

(a) 全弹塑性模型　　(b) 子结构模型

图 5-11　纵向残余应力分布

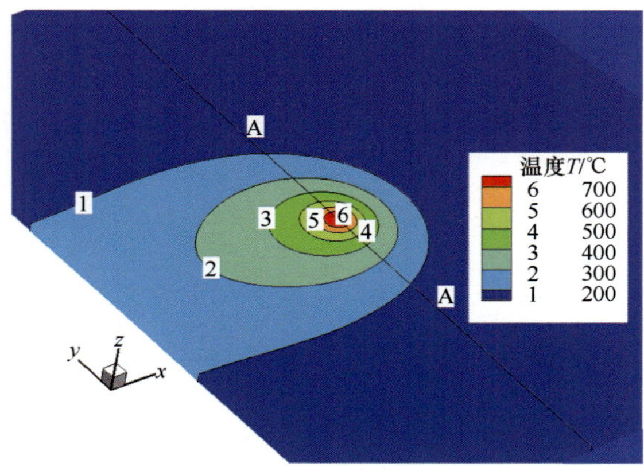

图 5-21　热源在某一位置的最大温度

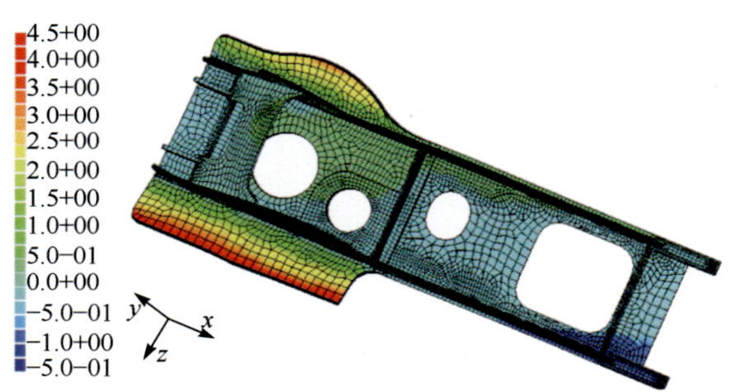

图 5-51　焊接角变形的云图计算结果(mm)

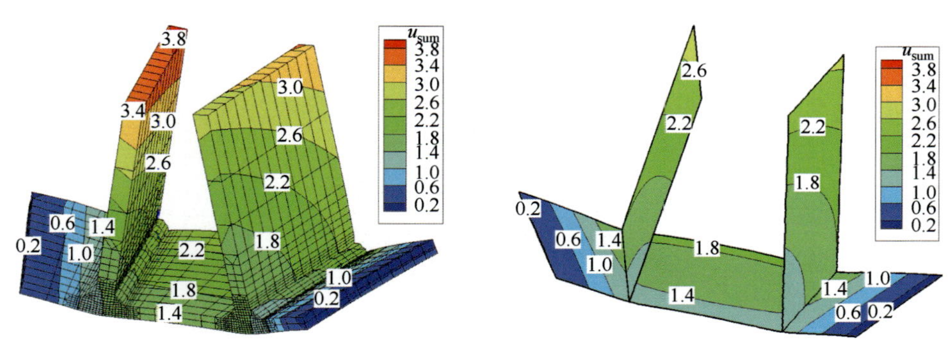

(a) 热弹塑性模型　　(b) 固有应变计算结果

图 5-69　两种模型计算的变形总量比较(mm)

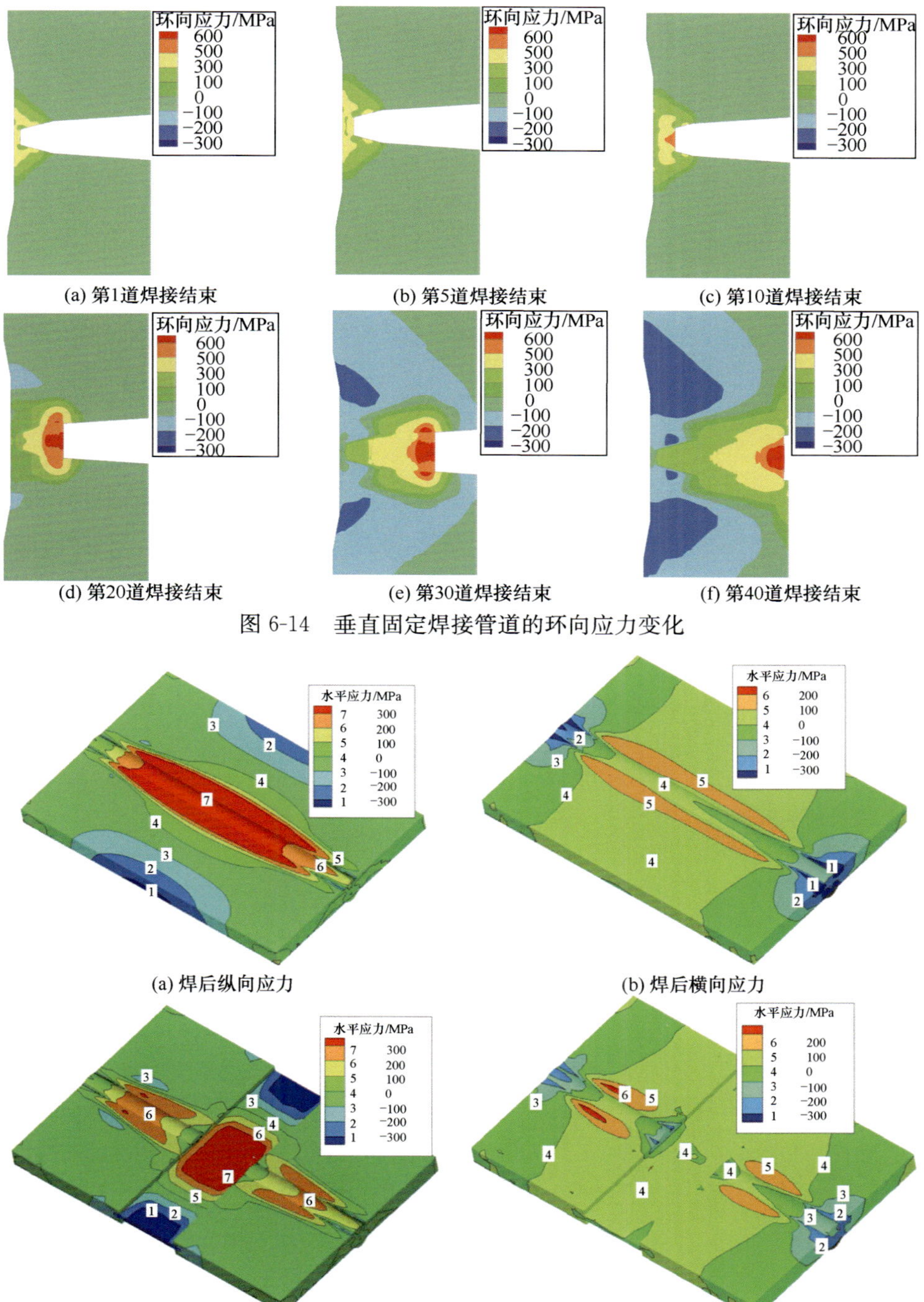

(a) 第1道焊接结束 (b) 第5道焊接结束 (c) 第10道焊接结束

(d) 第20道焊接结束 (e) 第30道焊接结束 (f) 第40道焊接结束

图 6-14 垂直固定焊接管道的环向应力变化

(a) 焊后纵向应力 (b) 焊后横向应力

(c) 局部材料去除后的纵向应力 (d) 局部材料去除后的横向应力

图 6-31 焊后及去除 12mm 厚局部材料后的应力分布轮廓

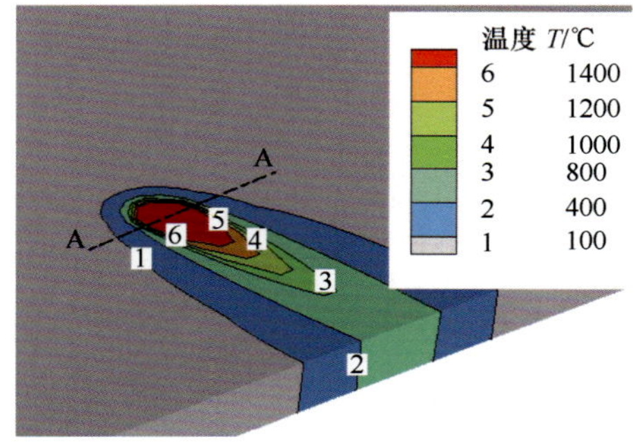

图 6-40 焊接 3 s时的温度场计算结果

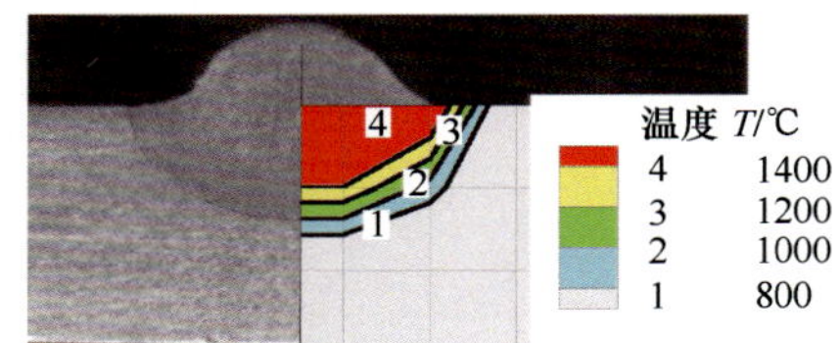

图 6-41 焊缝形貌和计算温度轮廓图

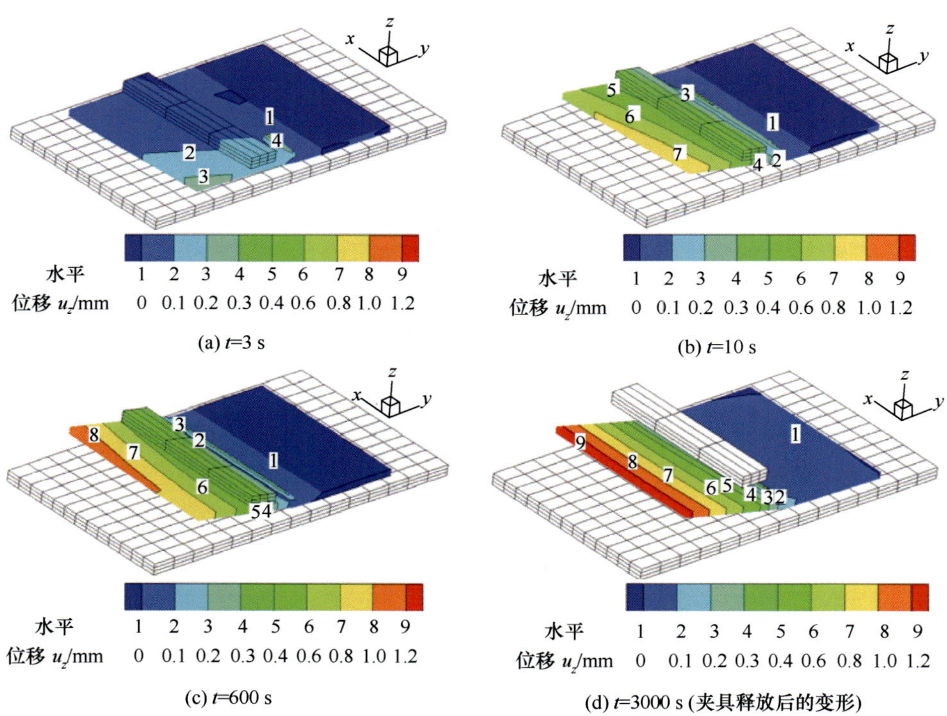

图 6-42 1 kN 初始拘束力作用在距焊缝 20 mm 位置时不同时刻的变形